普通高等学校机械类一流本科专业建设创新教材

机械系统设计方法及应用

颜云辉 等 编著

科 学 出 版 社

北 京

内容简介

本书系统全面地阐述了机械系统设计的基本概念、相关的科学理论和实用方法。本书体现了方法论的思想，突出创新设计理念，以丰富的实际案例为素材，合理安排教材内容。全书包括：绪论、机械系统的总体设计、动力系统设计、执行系统设计、传动系统设计、操控系统设计、机械结构设计、加工中心的机械系统设计。

本书可作为机械类专业本科生“机械系统设计”课程的教材，也可作为相关工程技术人员学习参考的资料。

图书在版编目(CIP)数据

机械系统设计方法及应用 / 颜云辉等编著. —北京：科学出版社，2021.11

（普通高等学校机械类一流本科专业建设创新教材）

ISBN 978-7-03-069882-7

Ⅰ. ①机… Ⅱ. ①颜… Ⅲ. ①机械系统－系统设计－高等学校－教材 Ⅳ. ①TH122

中国版本图书馆 CIP 数据核字（2021）第 190622 号

责任编辑：朱晓颖 / 责任校对：王 瑞
责任印制：赵 博 / 封面设计：迷底书装

科学出版社出版
北京东黄城根北街 16 号
邮政编码：100717
http://www.sciencep.com
北京富资园科技发展有限公司印刷
科学出版社发行 各地新华书店经销
*
2021 年 11 月第 一 版 开本：787×1092 1/16
2024 年 8 月第三次印刷 印张：15
字数：377 000

定价：59.00 元

（如有印装质量问题，我社负责调换）

序

改革开放以来，我国制造业得到了飞速的发展。习近平总书记对我国的制造业提出了“三个转变”的要求，即“要推进中国制造向中国创造转变、中国速度向中国质量转变、中国产品向中国品牌转变”。

为了贯彻落实国家制定的相关方针政策，应该从各个方面用创造性的思维和创新的原理、技法，促进我国制造业的进一步发展，不仅从数量上促进其快速发展，还要从质量上使它得到进一步的提高。

产品的设计工作对产品品种、数量的增加及产品质量的提高都会发生积极的作用。据统计，对多数产品来说，产品设计工作对产品质量的影响及所发挥的作用可达 70%左右，由此可见产品设计工作对制造业的发展非常重要。

产品始于设计，任何一种机械产品的面世都是机械设计与制造人员创新工作的结果。机械类专业学生掌握机械系统设计的理论、方法与技术是至关重要的。因此，“机械系统设计”通常都是各高校机械类专业学生的主干必修课。要学好这门课，应该努力学习和运用全局形态普适型的科学方法论体系和规则，在科学哲学思想和科学方法论的指导下，重视理论与实践的结合，并有针对性地进行系统化学习，边学习、边实践。

一种机械产品能否被市场所接受，与设计人员所采用的设计理论和方法有着不可分割的联系。所以，要想做好机械产品的研究、开发与设计，设计人员就应该掌握机械系统设计的基本理论和方法，并有效地、系统地在产品设计中加以应用。这本教材就提供了这些机械系统设计的基本理论和方法。

《机械系统设计方法及应用》一书的编者是多年从事“机械系统设计”课程教学的教师，有着丰富的教学与实践经验。该书是他们根据当今社会、科技的发展和机械行业的实际需求，结合专业教学改革和实践成果编著而成的。该书的特点是体现了方法论的思想，突出了创新设计理念，以丰富的实际案例为素材，系统全面地阐述机械系统设计理论和方法，最后以某型加工中心的设计为实例，将书中各章节理论内容进行具体的实际应用，这就有助于读者进一步加深对相关知识的理解和运用。书以载道，以道育人。该书融科学性、实用性、创新性于一体，是一部可以开启机械系统设计智慧之门的好教材。

中国科学院院士、东北大学教授

闻邦椿

2020 年 11 月于沈阳

前　言

“机械系统设计”目前已成为各高校机械工程专业的一门核心专业课。它是在现代机械设计理论、方法和技术及相关学科迅速发展的基础上逐渐形成的一门独立的工程技术课程。早在 20 世纪 90 年代，许多高校就把它作为机械工程及其自动化专业的必修课程。可以说，“机械系统设计”是机械类专业相当重要的一门课。这门课既是机械类专业学生前期所学知识的综合运用，可强化学生的综合应用能力；又是培养学生创新性能力的重要基础，是学生就业前的设计能力实战训练课。

在多年的教学实践中发现：原有的课程内容逐渐趋于陈旧，知识概念性和程序性强，缺少系统完善的案例，无法有效培养学生的创新设计能力；教学方式偏重理论灌输，无法有效激发学生的学习兴趣；课程成绩考核内容与评定方式相对保守、区分度不足。针对这些问题，编者以培养学生创新设计能力为目标，以设计能力训练为主要改革措施，进行了全面的教学改革探索及相应的教学实践，依据教学实践并结合当前社会需求及今后发展趋势，特意编写了这本教材。

本书编写的总体思路是从课程内容与资源建设角度，采用模块化方法组织课程内容，将课程内容分解为机械系统总体设计、动力系统设计、执行系统设计、传动系统设计、操控系统设计、机械结构设计等多个内容模块。这种模块化的组织方式，既增加了各部分知识的完整性，又加强了总体知识的系统性。并在此基础上，将先进的产品设计理论与方法融入各课程子模块，针对不同课程内容模块，以诸多高新技术机械装备为对象，形成了多种形式的课程应用案例，用于培养学生的创新设计能力。同时，针对不同模块设计了多种不同形式的内容新颖、实用的实战性设计作业题目，用于训练学生的创新设计能力。这样既使概念性极强的知识便于理解，又增加了课程内容的新颖性，可有效激发学生的学习兴趣。

参与本书编写的主要有：东北大学颜云辉（第 1 章）、何雪浤（第 2 章）、李骏（第 3 章部分）、张子骞（第 3 章部分）、钱文学（第 4 章）、张瑞金（第 5 章）、吴宁祥（第 6 章）、杨会林（第 7 章部分）、张耀满（第 8 章部分），大连中集特种物流装备有限公司李长英（第 7 章部分）和沈阳机床（集团）有限责任公司孔祥志（第 8 章部分）。全书由颜云辉统稿。衷心感谢中国科学院院士闻邦椿老先生不辞辛苦、百忙之中亲自审阅，并为本书作序。

东北大学　颜云辉

2020 年 12 月于沈阳南湖

目　　录

第 1 章　绪　　论

1.1　机械系统设计的基本概念

1.1.1　机械与机械系统

1. 机械

自从人类学会使用工具开始，人们发明了各种各样由简单到复杂的工具帮助改善工作条件、提高工作效率和工作质量。所谓机械，就是人类在生活、工作中使用的复杂工具。总体而言，机械就是可以帮助人们把能量和力进行转换和传递的工具。

从说文解字的角度来讲，几指数量，积木成机。事实上，最早的“机”都是木制的。另外，机的首义是事物发生的枢纽，最早是指弓弩上的发射机关。而械则是器物，早先多指武器。所以机械就是有机关枢纽的器物。现在，人们把机器与机构总称为机械。很显然，一个稍稍复杂点的机械，主要应该包括：结构形式、运动关系、驱动与传动这三个方面。从机械的复杂程度而言，可大致分为简单机械、复杂机械和智能机械。简单与复杂只是一个相对的概念，我们可以把一个只有零件(构件)组成的机械称为简单机械，如图 1-1 所示。若一个机械包含有部件(机构)或其他有独立功能的机械装置时，就可称之为复杂机械，如图 1-2 所示。复杂机械也可看作由多个简单机械所构成。如果一个机械不需要人工干预就能够自主获取信息，分析、识别信息，并能指示执行机构按要求动作完成相应功能，则称之为智能机械，如无人驾驶飞机、巡检机器人等，如图 1-3 所示。

图 1-1　简单机械

(a) 人力水车

(b) 脚踏缝纫机

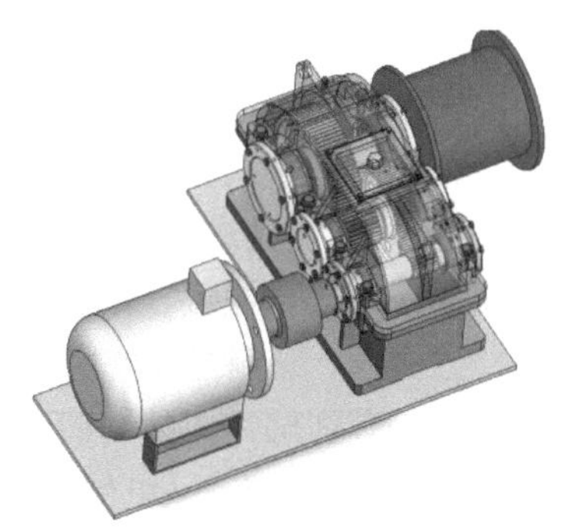

(c) 卷扬机示意图

图 1-2　复杂机械

(a)无人驾驶飞机

(b)巡检机器人

图 1-3 智能机械

2. 系统

系统一般是指具有特定功能、相互间有关联的多个要素构成的一个结构形态。所谓要素就是指构成系统的各组成部分，既可以是子系统，也可以是不可分解的最小单元。构成系统的这些要素，其自身作用及其相互关联的方式都决定着系统所具有的特性，有什么样的要素就有什么样的系统。也就是说，系统的特性除了受各要素自身性能及其在系统中的地位和作用影响外，还取决于各要素间的结构。结构的优劣反映了相互关联的各要素间的协调性：对于性能优异的要素，如果相互间的协调性不好，形成的结构就不是最优的，其形成的系统也不会是性能最优的系统。这个概念是系统优化理论中的一个重要基本概念。

系统是普遍存在的，不管是自然形成的还是人工制作的，在现实生活中，任何系统一般都是以特定系统出现，其前都含一个表征研究对象的修饰词。如人体的消化系统、呼吸系统、免疫系统等，计算机系统、硬件系统、软件系统、操作系统等，军事上的指挥系统、防御系统、后勤保障系统等，生态系统、教育系统、金融系统等。大系统可以包含若干个子系统。

通常，把系统在特定环境中所起的作用称为系统的功能。很显然，系统与环境关系密切。系统存在于环境之中，所谓系统的环境就是系统之外的所有其他事物，是系统的外部条件。系统与环境是相互影响的。良好的环境有利于系统充分发挥其功能，而一个好的系统则一定是环境友好的。

3. 机械系统

按照前述系统的概念，机械系统就是由机械要素(包括机械零件、机械部件或机构等机械装置)组成，能完成特定功能的系统。机械系统是一个广义的概念，它可以是简单机械，也可以是复杂机械，还可以是由诸多机械设备构成的一条生产线(图 1-4 所示)。不失一般性，本书重点介绍、讲解的机械系统是特指包含若干子系统的一类机械系统，如图 1-5 所示。这些子系统按其能够完成的功能可分为以下六部分。

(1)动力系统——机械系统的动力源部分。动力系统一般包括动力机及其配套装置，主要为整个机械系统提供所需的运动和动力。一个复杂的机械系统可以有多个动力源(动力机)。按能量转换性质，动力机可分为一次动力机和二次动力机。一次动力机是把自然界的能源(称一次能源)转换为机械能的机械，如内燃机、汽轮机、燃气轮机等。汽车等移动作业的机械大多使用内燃机。二次动力机则是把二次能源(如电能、液能、气能等)转变成机械能的机械，如电动机、液压马达、气动马达等。通常情况下，动力机输出的运动形式是转动且转速较高。

图1-4 广义机械系统

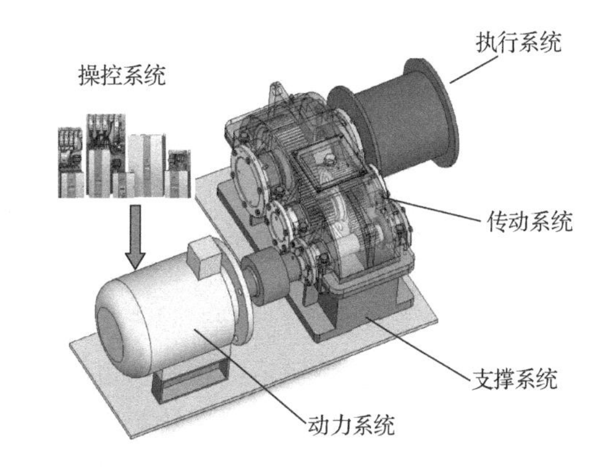

图1-5 机械系统组成示例——简单提升机

(2)执行系统——机械系统完成相应功能最直接的结构部分，完成的功能就是机械系统所要实现的功能。执行系统一般由执行机构和执行构件组成，通常是利用机械能来改变作业对象的性质、状态、形状、位置等，或者是对作业对象进行检测、度量等来实现整个机械系统的功能。因此，执行系统通常是处于整个机械系统的末端，并直接与作业对象接触，它的输出就是整个机械系统的输出，其功能也是机械系统的主要功能，所以执行系统的功能及性能直接影响和决定了机械系统的整体功能和性能。绝大多数机械系统可以完成多个功能，这些功能可以由一个执行系统来实现，也可以由多个执行系统来完成。功能的多解性，就说明为实现一个机械系统的特定功能，是可以有多种执行系统方案，设计人员需要对各种方案从技术和经济层面进行深入分析、比较后择优选用。

(3)传动系统——位于动力系统和执行系统之间，功能主要是将执行系统所需要的运动和动力由动力系统传递给执行系统。也就是说，动力系统所能提供的能量是通过传动系统传递给执行系统。传动系统一般可以实现增减速、变速、传递动力、改变运动规律或形式。若动力机的工作特性完全符合执行系统的工作要求，机械系统中也可以没有传动系统，而把动力系统直接与执行系统相连接。

(4)操控系统——机械系统中能够协调动力系统、传动系统和执行系统之间运行的操纵和控制部分，主要功能是保障整个机械系统能够准确、可靠、高效地完成整体功能。操控系统中的操纵部分，通常是由人通过按钮或手柄等机构完成相应控制功能的装置；而操控系统中的控制部分则是指通过传感器获取相关信息，经由控制器使控制对象改变工作参数或运行状态而实现相应控制功能的装置。这就是通常所说的自动控制系统。自动控制系统有很多种，对于能够以一定准确度响应控制信号(或给定输入量)的自动控制系统，可称为伺服系统；若控制器是可编程的，则可按给定算法实现自动控制，这类自动控制系统一般称为可编程控制器(PLC)控制系统；如果控制系统具备自主感知获取信息、高效处理识别信息、智能判断决策并发出控制指令的功能，则可称之为智能控制系统。

(5)支撑系统——由安装和支承机械系统各组成要素的基础件(如底座、机身等)和支承件(如支架、横梁等)所组成，是机械系统中不可缺少的重要组成部分。其主要功能是保障机械系统的承载能力、各要素间的相对位置精度和运动部件的运动精度。

(6)辅助系统——其他按机械系统功能要求配备的系统，如润滑系统、冷却系统等。

前文提到的系统与环境的关系，对于一个机械系统而言，其环境就是除机械系统之外的一切事物。为讨论和研究方便，通常把机械系统本身称为内部系统，而把人和外部环境称为外部系统。这样，内部系统和外部系统就组成了一个更大的广义系统。很显然，内部系统和外部系统之间存在着相互作用、相互影响的关系。同样，由于一个机械系统可以由若干子系统组成，所以在进行机械系统设计分析时，把某个子系统看作是一个内部系统，则除该子系统外的其他机械系统部分都是外部系统的组成部分。

4. 机械系统的主要特性

1) 整体性

机械系统是由若干子系统和其他机械要素组成的一个整体，在一个内部系统中不存在一个完全独立的机械要素，机械系统是不可分割的。尽管各子系统的性能完全不同，但它们在机械系统内必须服从、适应和满足机械系统的整体功能要求，整体性能的优劣是判断一个机械产品好坏的主要标准。因此，在进行机械系统设计时，不能片面追求某个子系统的完美性能，必须要从机械系统的整体角度，协调好各子系统之间的关系，使整体性能达到最优。特别需要强调的是，在对已有机械系统的某个子系统进行改造和改进时，无论是对其结构形式还是对其中的某个机械要素，都必须充分考虑对其外部系统的影响，尤其是对整体机械系统性能的影响。

2) 相关性

机械系统内部各种要素之间是相互关联、相互影响的，这种相关性可以是强相关，也可以是弱相关。机械系统的性能就是由各子系统的性能通过这种相关性来实现的，所以改变机械要素间的相关性，往往会影响机械系统的整体性能。内部系统机械要素间的相关性，可以通过系统结构来表达。这就是说，系统结构决定了机械要素的相关性。

3) 目的性

研发设计出一个机械产品的目的就是要求其完成所需的特定功能，这也是一个机械产品的价值体现。开发一个机械系统，目的一定要明确，包括适用领域、使用范围等，要有明确的功能指标。实际上，实现一个功能可以有多种形式，不同的机械系统可以完成同一种功能，但各自的应用场合和应用对象往往各有不同。例如汽车，其功能是运载，根据运载对象，可分为货车和客车。根据承载能力，货车按不同吨位又有重载卡车、轻型货车和小型货车之分。同样地，客车也可分为大型客车、中型客车和小型客车。当然了，一个机械系统也可以完成不同的功能，但通常有主次之分。例如车铣复合加工中心，既可对工件进行车削加工，又可进行铣削加工。

4) 适应性

此处主要是指机械系统的环境适应性。任何机械系统都处于某种特定的环境之中，系统与环境都会相互作用和影响。一方面，当系统外部环境发生变化时，环境因素(包括温度、湿度、电压、振动等)会对机械系统的工作产生干扰和影响，严重时甚至会影响系统功能的正常发挥。因此，在机械系统设计时，设计者必须充分考虑系统的使用环境，确保系统具备良好的环境适应性。另一方面，也要求机械系统是环境友好的。既然系统和环境是相互影响的，所以也要求能够把系统对环境的不利影响降低到最小。例如，对机械系统产生的噪声、振动等，必要时需要采取有效措施来减少其对环境的影响。还有的机械系统，作业过程中会产生废气、废液、废渣(简称“三废”)，会给环境造成不利影响和伤害，设计者在设计时都应该给予高度重视，采取有效措施加以处理，减少“三废”的排放。

1.1.2　设计与机械系统设计

1. 设计

“设”的原意是：布置、安排、设立、设置、筹划、假使、假设等，而“计”则是：核算、主意、策略、谋划、打算等意思。所谓设计，就是为了满足某种需求而进行的一种人类特有的活动，是一种从构思到实现的创作行为。人类的进步、生活水平的提高最初是由创造性劳动加以实现的，现在已转化为通过创造性设计来推动。设计是创新的核心，通常包括以下两部分内容。

(1)理解用户的期望、要求、动机等，并充分了解相关业务、技术和行业上的需求与限制。

(2)将已知的东西转化为对一种产品形式(或产品的规划)，并使产品的形式、内容、行为变得有用、能用，且在技术和经济上可行。

2. 机械系统设计

机械系统设计就是根据机械产品的功能要求和市场需求，应用相关科学技术知识，通过设计人员创新思维和设计计算，完成制造方案的制定和工程图样的工作过程。机械产品的质量、性能和经济性都体现在设计、制造和管理等诸多环节，而机械系统设计则是机械产品质量、性能和经济性的首要环节。对于复杂的机械系统，没有高质量、高水平的设计，难以生产出高质量、高性能、低成本的机械产品。一般认为，机械产品的设计成本约占产品总成本的 5%～7%，但却决定着占总成本 60%～70%的制造成本。由产品质量引发的事故中，大约一半都是因为设计不当所造成的。

很显然，机械系统设计是社会所需的机械产品进入市场所必需的重要阶段。当今国际市场的竞争，很大程度上是产品的设计与制造和管理等综合水平的竞争。

就机械系统而言，设计是一种综合的过程，通常与分析的行为相对应，如图 1-6 所示。所以，对设计研究人员而言，不管是开展机械系统的分析研究工作，还是从事机械系统的设计工作，都需要对机械系统的设计原理和方法、机械系统的组成结构和制造过程，以及机械系统的特性等有深入的了解和全面的掌握。

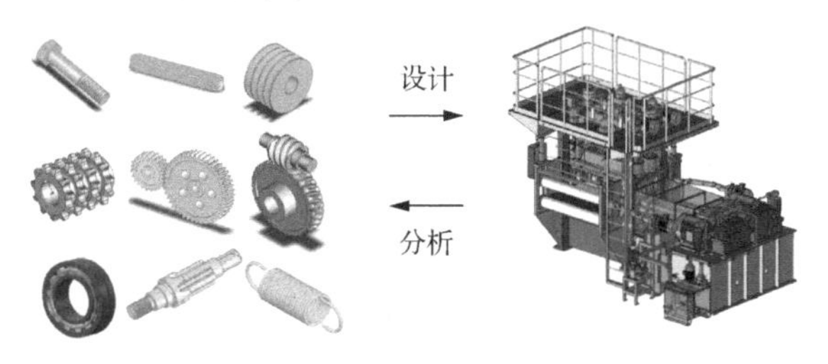

图 1-6　设计与分析的对应关系

1.2　机械系统设计的任务与过程

1.2.1　机械系统设计的主要任务

机械系统设计的主要任务就是根据市场需求，确定系统的功能要求和指标，应用相关理论知识和设计方法，通过设计人员的创新思维设计出一个完整的机械系统，为机械产品的制造提供方案和工程图样。其任务既包括新产品开发，也涉及已有产品的更新、改造工作。要完成机械系统设计的任务，必须做好以下六个方面的工作。

1. 市场需求分析

开展机械系统设计之前，设计人员必须深入进行市场需求调研，充分了解和掌握市场对相关机械产品的要求，包括功能、外观及尺寸、价格、用量等，以及各种制约条件，例如资金、原材料、设备、技术、环境、人力资源、售后服务等。所有这些要求和条件都会直接影响着机械系统的总体方案设计和具体零部件的性能参数、结构形式和技术条件的确定。因此，可以说，市场需求分析是高质量完成机械系统设计的至关重要的一步。

2. 功能需求分析

机械产品的市场本质上就是对产品的功能需求。设计者的首要任务就是要在前述市场需求分析的基础上，把人们的需求转化为机械产品的功能，以产品的功能满足人们的相关需求。例如，天热时人们需要有凉爽的环境，基于空气流动能给人带来凉爽感觉的原理，设计人员设计出各种形式的风扇，风扇就具备了实现空气流动的基本功能以满足人们的凉爽需求；空调则是利用了热交换原理来满足人们的这一需求，通过将制冷介质(如氟利昂)在系统里进行气-液循环转换而实现室内空气温度降低，增加一个四通换向阀后，其逆循环又可使室内升温，所以空调一般可具有制冷和制热两种功能。一般而言，一个产品的功能越多，其竞争力越强；但产品的功能越多，其结构可能会越复杂，造价也就越高。所以，设计者在确定产品功能时，既要考虑用户需求，又要兼顾其经济性，合理取舍产品的主功能和辅助功能。

本书第 8 章介绍的车铣复合加工中心，就是把两种单一功能的机床，有机而巧妙地复合在一个系统中的典型案例。尽管产品的价值与产品的功能和成本密切相关，要想提高产品的价值，就要增加功能、降低成本，但也要充分考虑多功能产品产生的附加效益，例如复合加工中心对加工零件时的精度保障效益。

3. 整体性能分析

所谓机械产品的性能，就是为保证功能的实现而体现的相关技术特征，一般包括工作范围、运动形式和要求、动力性能、精度要求、结构特性、系统维护性能等方面。产品实现的功能不同，其性能要求也不同，即使是相同功能的产品，其性能也往往会有所不同。对于多功能产品，其整体性能分析尤显重要。

特别需要引起重视的是，单一功能的设备通常具有结构简单，而多功能产品并非功能的简单叠加，必须要在整体性能分析的基础上进行综合考虑。

4. 系统可靠性分析

系统可靠性是指在规定的条件下和规定的使用期限内，系统完成相应功能的可能性或能力。系统可靠性与零部件的可靠性直接相关，而零部件的可靠性对系统可靠性的影响需要按照可靠性相关理论进行分析计算。在进行系统可靠性分析时，必须要明确系统所处的“规定条件”，包括系统的使用条件和环境条件，如载荷工况、工作规程、温度、湿度，等等。

对机械系统进行可靠性分析计算，是机械系统设计理念的一个变革，它把原先的无限寿命设计转变为有限寿命(规定的使用期限)设计。度量可靠性的指标有很多，但通常都与具有统计意义的概率相关。

(1) 可靠度 $R(t)$，也称可靠度函数，是指产品(零部件或系统)在规定的条件下和规定的时间内完成规定功能时不发生故障或不失效的概率，$0 \leqslant R(t) \leqslant 1$。

(2) 失效概率 $F(t)$，也称不可靠度。它与可靠度相对应，$F(t)=1-R(t)$。

(3) 失效率 $\lambda(t)$，也称故障率，是指产品工作到某一时刻后，在单位时间内发生失效或故障的概率。

(4) 平均无故障工作时间 MTBF (mean time between failures),是指产品在使用寿命期限内，某一观察期里累计工作时间与故障次数之比。该指标主要用于衡量可修复产品的可靠性。

(5) 失效前平均工作时间 MTTF (mean time to failures),是指产品从开始使用到失效的平均工作时间。该指标通常用于发生故障后不能修复的产品。

(6) 维修度 $M(t)$，是指在规定条件下使用的产品，在规定时间内按照规定的程序和方法进行维修时，保持或恢复到能完成规定功能状态的概率。

(7) 有效度 $A(t)$，也称可用率，是指可修复产品在规定的使用、维修条件下，在规定时间内维持其功能处于正常状态的概率。

任何机械系统在使用过程中都会因各种原因而发生故障，随着产品服役时间的增加，故障率也会变化。系统维修是保持或恢复系统功能的技术措施，所以提高产品的维修性也是维护系统可靠性的主要手段。系统的维修性应在设计阶段就要加以考虑，结构简单或标准化的零部件往往工艺性都好，设计时应尽可能选用。要使系统具有良好的维修性，就要将系统设计成易于检查、发现和排除故障的结构形式，特别是要把系统的易损件和薄弱环节尽可能设计成独立部件或采用通用件、标准件，且拆卸、换装方便的结构形式。

5. 使用安全性分析

机械系统的使用安全性分析是设计人员进行系统设计的重要任务之一。系统的安全性包括系统完成指定功能的安全性和人-机-环境的安全性。

1) 系统完成指定功能的安全性

系统完成指定功能的安全性实际上就是系统运行时其自身的安全性，设计人员须根据系统的工作载荷特性及系统自身相关要求，按设计规范和设计理论进行强度、刚度、稳定性等方面的分析计算，来满足系统的安全性要求。为避免机械系统由于意外原因造成故障的不安全性，系统设计时还要考虑配置过载保护、安全互锁等装置。

2) 人-机-环境的安全性

机械系统工作时，不仅系统本身要具有良好的安全性，对使用系统的操作者及其周边环境也应有很好的安全性。设计人员在进行机械系统设计时，必须要考虑人-机-环境的安全性，尤其是要消除一切对人身构成伤害的各种安全隐患，确保系统使用过程的安全。对于无法在设计中主动消除的安全隐患，可采取一些被动的安全措施，如设置防护罩、隔离板、安全警示等。对于人员容易误入的危险区，还必须设置可靠的保护装置或报警装置。

对于高速机械、重要及容易发生事故的系统，设计时还需要考虑一旦发生事故，必须能方便、迅速、安全地实施紧急制动或脱开与动力源的关联。

环境安全的概念更加广泛，包括“三废”的排放、防毒、防爆、防辐射、噪声、振动控制和除尘等。事实上，大量的环境污染源头是机械系统，设计环境友好的新型机械系统是每个机械系统设计工作者的使命。

6. 产品经济性分析

产品的经济性是衡量产品市场竞争力的一个重要指标。产品经济性主要反映在成本上，包括产品的生产成本和使用成本。生产成本是指产品在设计、制造、管理和销售等方面的费用支出，其中产品的研究与设计、材料的采购与加工制造等与生产直接相关的各项成本为直接生产成本，而管理、广告、销售、人员经费等其他非直接生产环节的支出属于间接生产成本。产品的使用成本则是指产品在运行和维护方面的费用支出，其中运行成本包括使用该设备的能源动力消耗费、使用人员费用等，由于许多机械产品属于生产资料设备，其使用成本又是用户再生产时构成生产成本的一部分，如机床、轧机等。这类设备的使用成本由于需要经常性的不断支出费用，其累计费用有时也会超出产品一次性的购置附费用。因此，相当多的产品经济性分析，通常需要考虑产品全生命期的总成本，即从市场需求调研、产品研究设计、制造、销售，到产品使用运行，直至报废与回收的整个寿命周期内的总体费用，如图 1-7 所示。

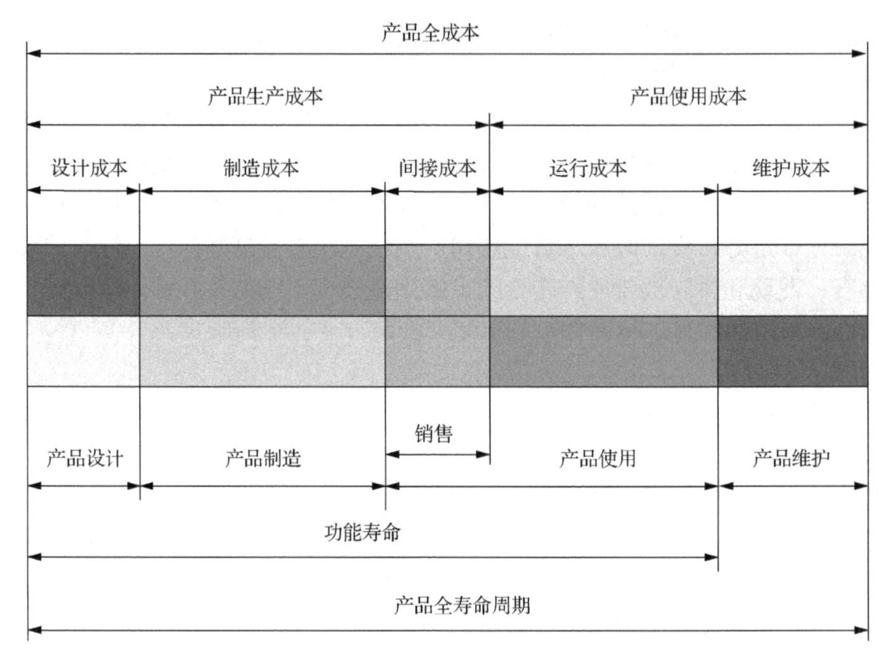

图 1-7　寿命周期与成本对应示意图

随着现代设计理论与方法的应用，机械系统设计中已越来越多地应用可靠性设计方法。在进行可靠性设计时，可以使系统设计得更合理、更经济。但为了使系统具有良好的经济性，设计时必须合理确定系统的可靠性要求。寿命越长，可靠性要求就越高，而通过有限寿命设计则可降低可靠性要求、提高产品的经济性。

1) 贯彻落实标准化

标准化包括产品(零部件)的标准化、系列化、通用化。实施标准化可以有效提升产品质量和经济性。主要表现在提升产品研发速度、缩短生产制造周期、节约原材料、提高产品质量的稳定性和可靠性、改善机械系统的维修性等。

我国机械工业的技术标准有三类。

(1) 物品标准又称产品标准，是以产品及其生产过程中使用的物质为对象制定的标准，如机械设备、仪器仪表、工装、包装容器、原材料标准等。

(2) 方法标准是以生产技术活动中的重要程序、规划、方法为对象制定的标准，如设计计算、工艺、测试、检验等标准。

(3) 基础标准是以机械工业各领域的标准化工作中具有共性的一些基本要求或前提条件

为对象制定的标准，如计量单位、优先系数、极限与配合、图形符号、名词术语等标准。

我国标准分为国家标准、专业标准(行业标准)、企业标准三级。根据标准性质，凡国家标准、专业标准中涉及人体健康、人身和财产安全的标准均为强制性标准，其他标准为非强制性的推荐标准。

抢占标准就是抢占话语权，就是抢占市场的主导权。

2)采用新技术改善零部件结构的工艺性

科学技术日新月异，设计者需要不断学习和掌握各种新技术，包括新工艺、新结构、新材料等，在机械系统设计中采用新技术来改善零部件结构的工艺性，使所设计的产品具有更好的性能和经济性，增强市场竞争力。零部件结构的工艺性包括铸造工艺性、锻造工艺性、冲压工艺性、焊接工艺性、热处理工艺性、切削工艺性和装配工艺性等，改善工艺性，可以减少加工工时，提高生产率，缩短生产周期，降低原材料消耗，节约制造成本。

需要注意的是，零部件结构的工艺性受制于诸多因素，如生产批量、生产设备和工艺条件、原材料供应等。事实上，同样一个零部件可以有多种不同的生产方式和加工工艺，而为适应不同的制造加工方法，零部件的具体结构形式又可以做相应的改变。因此，设计人员在采用新技术来改善零部件结构的工艺性时，需要因地制宜、依据实际情况进行统筹考虑。

3)提出经济合理的技术要求

为保证零部件和产品的性能要求和质量，设计者要对零部件和产品的生产制造提出相应的技术要求，如加工的表面粗糙度、加工和装配的精度等级及公差、材料力学性能。技术要求越高，制造工艺就越复杂，生产设备要求也越高，产品的生产制造成本也就越高。因此，在保证质量和性能要求的前提下，要尽量降低技术要求，使零部件和产品易于加工制造，这也有利于减少不合格产品数量。设计中提出经济合理的技术要求是降低产品制造成本、提高产品经济性的有效途径。

4)确定产品合理的经济寿命

任何一个机械系统，在使用过程中都会出现性能逐渐退化和下降，并且随着服役期的增加，性能下降速度会越来越大，使用效率也越来越差。尽管通过恰当的维修可以延长系统正常运行的使用寿命，但必须付出相应的维修成本。

一般把设备从开始使用到设备主要功能丧失而报废所经历的时间称为功能寿命(使用寿命)。设备从开始使用到因技术落后而被淘汰所经历的时间称为技术寿命。设备从开始使用，并经维修继续使用，直至其经济效益变差所经历的时间称为经济寿命。可见，在设备使用过程中，做好维修工作可以延长其功能寿命；对设备进行适时的技术改造，可以延长其技术寿命；而良好的维修和适时的技术改造，则是延长其经济寿命的主要途径。按使用成本最低的观点，设备更新的时间是由其经济寿命所确定的。

在机械系统设计中，现代的设计理念是对产品进行有限寿命设计，不再单纯追求产品的长寿命。产品的使用寿命越长，其使用经济性就越差。在当今科学技术高速发展的时代，设备的技术寿命和经济寿命已变得越来越小于其功能寿命，所以确定产品合理的经济寿命，是提高产品经济性、增强产品市场竞争力的一个关键因素。

5)提高维修的经济性

良好的产品维修可以延长其使用寿命，设计人员在进行机械系统设计时，应该考虑到设备的维修成本，使用户以尽可能少的维修成本获得更佳的经济性。例如，合理确定易损件的更换周期、维修的便捷性等。在设备维修中，通常采用的一种方式是定期维修，即按设计者规定的维修程序，每隔一定的时间就对系统进行一次检修，对系统中的易损件进行更换和修复。这种维修方式不可避免地会出现过维修或欠维修的情况发生，增加了维修成本。

对于重要设备或价格昂贵的产品，可以采用先进的“状态监测”法，实现按需维修。所谓状态监测法，就是对系统中的关键零部件进行实时的性能状态监测，当出现功能下降或故障征兆时，及时预警并进行维修。这类维修方式可充分利用零部件的功能潜力，减少盲目维修，提高系统有效运行时间，提高系统使用的经济性。但由于需要增加配置相应的监测装置，会加大产品的生产成本。所以，从维修的经济性考虑，对于不太重要或价格不高的产品，可以设计成免修型产品，即使用期限内无须维修，到期即报废。

1.2.2　机械系统设计的类型、原则及过程

前面提到，机械系统设计是社会所需的产品进入市场所必需的重要阶段，其最终目的都是提供满足人们需求、具有一定功能、优质高效、价廉物美，并具有市场竞争力的机械产品。为满足社会和人们对机械产品功能的需要，设计者需要运用基础知识、专业知识、实践经验和系统工程等方法，进行设想和构思、计算和分析，最后以技术文件的形式提供产品的制造依据。

1. 机械系统设计的基本类型

机械系统设计的一个重要特点就是：同一用户需求可以有多种设计方案，而同一个设计方案往往又不能满足多种用户的需求，正所谓众口难调。现如今，机械产品种类繁多，其工作原理也千变万化，但万变不离其宗，从机械系统设计的角度，其基本设计类型有以下三种。

(1)开发性设计。在全部功能或主要功能的实现原理和结构未知的情况下，根据期望的用途和功能，运用成熟的科学技术成果进行新型的机械系统设计。这是一种完全创新的设计，其特点是设计者需要根据产品的用途和功能考虑其工作原理并构想系统结构，要求设计者具备创造性思维和综合分析能力，设计难度很大。其成果通常具备自主知识产权，可申请发明专利加以保护。

(2)适应性设计。在主功能的实现原理或者结构方案保持基本不变的情况下，对已有系统增加或减少产品的某些功能，使产品适应特定的使用条件或者用户特殊要求所进行的机械系统设计。这是一种调整性设计。相关产品功能的整合，即产品的组合化设计也属于适应性设计。

(3)变异性设计。在已有机械系统功能原理和结构都保持不变的情况下，改变部分零部件的技术性能和结构尺寸参数、扩大规格或补齐系列，以满足更大范围功能参数需要的设计。这种设计是为满足对产品某些量值参数的变化要求而进行局部结构及尺寸的改变，产品的系列化设计就属于变异性设计。

2. 机械系统设计的主要原则

机械系统设计的另一个重要特点就在于其系统性。机械系统不仅要满足技术性、经济性、社会性等要求，也要满足加工、制造、使用、维修、运输等各种约束条件。在机械系统设计时，设计者必须要从整个机械系统运行的全局来考虑，而不是只局限于各组成部分的工作状态和性能，也不能只关注零部件和结构的选择而忽视各零部件之间、各子系统之间、内部系

统与外部环境之间的协调与配合。如果优质的零件之间协调配合不好，其形成的系统结构可能就不是最优的，相应的技术和经济性也不会达到最佳。相反地，使用品质差一些的零部件，如果协调得好，也完全可能形成满足功能需求的理想结构。

因此，在机械系统设计时，一定要全面、系统地考虑各种影响因素，使得所设计的机械系统整体性能达到最佳。机械系统设计应遵循以下主要原则。

(1)实用性原则。实用性原则也称功能明确原则，是指所设计的机械系统应具有明确合理的功能。设计者对所设计的机械系统应具有的功能及其合理性必须十分明确，并在设计过程中予以实现。在设计各阶段进行评价和决策时，也应把能否完成要求的功能放在首位，要避免产品“徒有其表，不中用”。实用性原则有时也体现在实现功能的同时要尽量避免引发产生其他的负效应。人们常说的“好是好，就是不实用”指的就是这类产品。

(2)创造性原则。创造性原则是机械系统设计人员必须遵循的主要原则，创新也是所有设计者追求的目标，只有大胆创新，才能有所发明、有所创造、有所改进。没有创新的设计，其产品必然就是“仿制品”。事实上，任何一个机械产品的设计也都包含继承和创新的成分，仅是程度不同而已，设计者不可能完全脱离前人的经验和积累的知识，进行创新设计。因此，设计者应正确处理好继承与创新的关系——在继承中创新，在创新中不断完善产品。

创新的途径有很多种，就机械系统设计而言，可以是实现功能的原理创新，也可以是结构创新。这方面的例子举不胜举。这里仅以一个日常生活中常见的“风扇”为例，展示机械系统创新设计的巨大潜力。

据有关信息显示，机械风扇起源于1830年左右，一个叫詹姆斯·拜伦的美国人从钟表的结构中受到启发，发明了一种可以固定在天花板上，用发条驱动的机械风扇。这种风扇转动扇叶带来的徐徐凉风使人感到凉爽。1872年，一个叫约瑟夫的法国人又研制出一种靠发条涡轮启动，用齿轮链条装置传动的机械风扇，这个风扇比拜伦发明的机械风扇精致多了，使用也方便一些。 1880 年，美国人舒乐首次将叶片直接装在电动机上，再接上电源，叶片飞速转动，阵阵凉风扑面而来，这就是世界上第一台电风扇。很显然，风扇的主要功能是通过空气流动，使得人们感觉到凉爽。风扇的功能原理就是通过叶片的旋转形成压力差使空气产生流动。一百多年来，人们就是利用这一原理设计出了各种不同形式的风扇：吊扇、台扇、落地扇等。然而，空气压力差的形成还可以通过其他原理方式来实现。2009年，英国人詹姆士·戴森利用喷气式飞机引擎及汽车涡轮增压中的技术发明了一种无叶风扇，其工作原理是：通过底部的吸风孔吸入空气，经由气旋加速器加速后，空气流通速度最大被增大16倍左右，经由无叶风扇扇头环形内唇环绕，其环绕力带动扇头附近的空气随之进入扇头，并以高速度向外吹出，形成一股不间断的平稳空气流，如图1-8所示。该项发明被美国科技杂志评为当年全球十大发明之一。

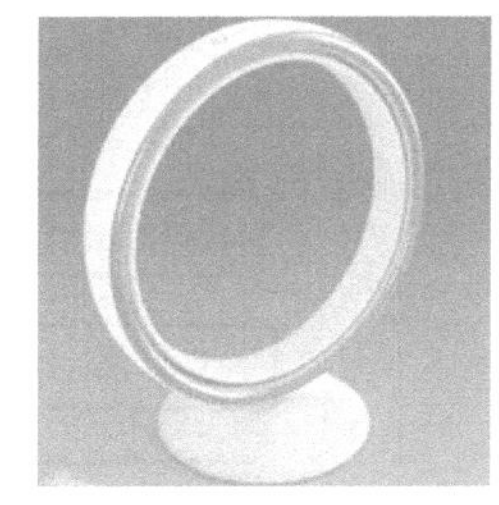

图1-8　无叶风扇

(3)优化原则。优化原则指在机械系统设计中，许多设计参量都是相互关联、相互影响的，一个好的设计方案，必须是经过深入的分析计算，特别是对一些比较复杂的机械系统，更需要运用先进的科学技术，对设计方案、系统结构、生产制造等在产品的技术性能、经济性等方面进行全面系统的优化分析和计算。遵循优化原则就是要在总功能目标和相关约束条件下，合理选择优化目标，建立优化模型，通过有效的优化方法，使得所设计的机械系统在制造及使用中达到最佳水平，提高产品的市场竞争力、最大限度地满足人们的需求。

(4) 可靠性与安全性原则。可靠性是衡量机械产品质量好坏的一个重要指标。机械产品的不安全因素会直接导致机械系统发生各类重大事故，甚至是人身伤害事故，造成重大经济损失和严重的社会影响。因此，在机械系统设计中必须遵循可靠性与安全性设计原则。值得注意的是，这与前面提到的“采用合理的安全系数和可靠度可以有效提高产品的经济性”并不矛盾。设计者需要在确保机械系统可靠、安全的前提下提高其经济性，要牢固树立“安全第一”的设计思想。

(5) 经济性原则。产品的经济性好坏是产品具有市场竞争力的一个重要方面，遵循经济性原则就是要在确保产品功能的前提下，尽力降低产品的制造和使用成本，提高经济效益。在设计中，可以通过合理确定可靠性要求和安全系数、贯彻执行标准化、采用新技术以及改善零部件的结构工艺性、提高产品的维修性等措施来实现。

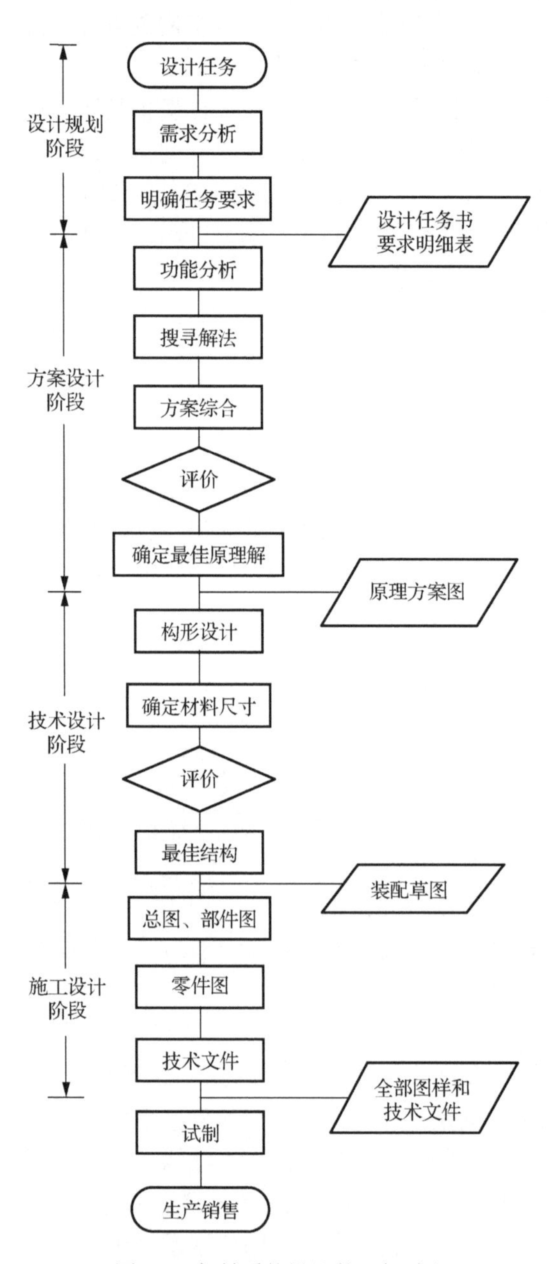

图 1-9　机械系统设计的一般过程

(6) 评价审核原则。针对每一阶段的设计成果随时进行评价和审核，避免错误信息流入下一环节。机械系统设计是一个复杂的工作过程，也是一种信息加工、处理分析、判断决策和不断修正的过程。为减少设计失误，实现高效、优质、经济的设计，必须对每一设计程序获得的结果随时进行评价和审核，决不允许不良的甚至是错误的信息流入下一个设计程序。实践证明，产品设计质量不好，很主要的原因是审核不严造成的，因此适时而严格的审核是确保设计质量的一项重要原则。在设计进程中，应使评价审核做到规范化和制度化。

3. 机械系统设计的一般过程

机械系统的设计一般需要经过设计规划、方案设计、技术设计和施工设计四个阶段，如图 1-9 所示。

1) 设计规划

设计规划阶段的主要任务是在深入调查研究的基础上，对所开发的产品进行需求分析、市场预测和可行性分析，提出进行产品开发性设计的可行性报告，主要包括下述内容。

(1) 产品开发的必要性和市场需求预测。

(2) 有关产品的国内外水平和发展趋势。

(3) 预期达到的目标，包括设计水平、技术特点、经济和社会效益等。

(4) 提出设计和制造方面所需解决的关键问题。

(5) 现有条件下开发产品的可能性及准备采取的措施。

(6) 预算投资费用及项目的进度和期限。

经过对可行性报告充分论证后，提出设计任务书，列出产品要求实现的功能和各项设计要求。

2) 方案设计

方案设计就是机械系统的功能原理设计，即在功能分析的基础上，通过创新构思、优化筛选，最后能获得较为理想的功能原理方案。产品功能原理方案的优劣，决定着产品的性能和成本，关系到产品水平和市场竞争能力，是方案设计的关键。

方案设计包括产品的功能分析、功能原理求解、方案的综合及评价决策，最后得到一个优化的功能原理方案，绘制产品的原理方案图或初步的总体方案图。

通常，方案设计阶段又可分为以下两部分。

(1) 原理方案设计。任务确定后，运用设计者本人的专业知识、实际经验和创新能力构思出达到预期结果的原理方案。原理方案设计是产品创新和质量优劣的关键。原理方案设计又称为概念设计。

(2) 结构方案设计。对产品进行结构设计，即确定零部件的形状、尺寸、材料，进行强度、刚度、可靠性等计算，画出结构草图。

3) 技术设计

技术设计就是将功能原理方案和结构方案具体化，全面考虑产品的总体布置、加工工艺、装配工艺、人机工程、工艺美术造型、包装运输及安装等因素，寻求机械系统及其零部件的合理结构。此阶段要完成产品的总体设计、子系统或部件的结构设计(包括构形、确定材料和尺寸等)，并绘制装配草图。

4) 施工设计

施工设计就是完成产品制造所需的全部图样和技术文件，其中包括由总装配草图分拆的零件图，根据加工和装配要求，标注公差、配合及技术要求，绘制全部生产图样；再经审核后完成全部零件图和部件图，并完善绘制出总装配图；编制各类技术文件，如设计说明书和计算书，标准件、外购件、备用件和专用工具明细表，产品试车大纲和验收大纲，包装和运输设计、安装图及相关技术要求等。

1.3 机械系统设计的发展

1.3.1 发展概述

机械是伴随着人类进步、文明而不断发展的产物。机械设计是机械产生的前端性工作，是与制造相衔接的。设计可以引领和促进制造技术的发展，但同时，设计又受限于制造的水平和能力。机械系统设计是人们在长期的生产实践中通过持续的探索、发现、总结、积累而发展起来的一门综合性理论和方法，是人类的共同智慧结晶。在漫长的发展过程中，大致可以将其分为四个阶段来了解掌握，即直觉设计阶段、经验设计阶段、理论设计阶段和现代设计阶段。

1. 直觉设计阶段

据考古发现，人类早在旧石器时代就会将不同形状的石料、木料等天然材料作为工具使用。到了新石器时代，已能制作石铲、石锯、石刃匕首、木杆石镞等简单工具。在青铜器和铁器时代，由于冶炼、铸锻造等技术的发展，人们开始设计制造更加实用、精美的各种用具、工具和武器等，并开始逐渐进入到设计制造越来越复杂的机械产品的阶段。早期的机械设计大多是受自然现象的启发或凭人们的直观感觉来完成，故可称之为直觉设计阶段。这个阶段一直延续到 17 世纪。此阶段的一个重要特点是设计与制造混为一体，且无理论指导。

2. 经验设计阶段

在 17 世纪，随着欧洲文艺复兴，自然科学也随之得到快速发展，欧洲一些国家相继成立了科学研究机构。数学、物理学、力学的快速发展，特别是牛顿定律、胡克定律等理论的出现，为机械设计的发展奠定了重要的理论基础。在此阶段，与机械相关的发明创造速度明显加快，如真空泵、单摆机械钟、显微镜等，特别是 1769 年瓦特发明了蒸汽机，可为各类大型机械提供强大动力，极大地促进了采矿、冶炼、铁路、船舶等行业的发展，从而推动了第一次工业革命的机械化进程。尽管如此，若是从机械设计本身而言，这个阶段虽然有了一些科学理论的指导，但大量的机械设计主要还是依赖前人的工作经验、有限的知识积累来完成，仍然没有摆脱设计制造的一体化。

3. 理论设计阶段

随着工业革命的兴起与发展，人们对机械系统设计的理论呈现出越来越多的需求。19 世纪以后，机械系统设计才逐步形成了独立的理论体系，实现了设计人员与制作者的明确分离。1799 年法国《画法几何》一书的出版，形成机械制图的投影理论，为机械系统设计中工程图纸的规范化奠定了理论基础。1806 年，“机构学”在法国诞生。1854 年，德国的《机械制造中的设计学》一书建立了以力学和机械制造为基础的机械设计初步理论体系。在此之后，机构运动学、机械动力学、机械零件、材料学、工程图学、互换性理论等都得到了快速发展。在机械系统中构件的接触应力、疲劳强度、断裂力学、高温蠕变、流体润滑等机械系统设计的各个方面都不断取得新的理论成果。除此之外，电力系统的发展和电动机的产生，也为各类机械系统提供了新型动力源；新材料、新结构、新工艺的不断涌现，使得机械系统设计的理论体系和设计方法有了很大的发展，设计水平得到了很大提高。尽管如此，总体上来说，机械系统的设计还是以生产的经验数据为设计依据，运用一些基本的设计计算理论，借助类比、模拟和试凑等设计方法来进行设计，仍属于半经验设计。

4. 现代设计阶段

一般认为，现代设计阶段始于 20 世纪 40 年代，科学技术的发展使得人们对新的设计思想、设计方法越来越重视，在创新型设计等方面进行了大量的探索和研究。资料显示，到 20 世纪 80 年代，对现代设计方法的研究达到了高潮，特别是计算机技术的快速发展，极大地促进了现代设计理论和方法的发展。

所谓现代机械设计方法，就是一种广义的机械设计分析方法，其实质是科学方法论在机械设计中的应用，是一门多学科交叉的综合性理论方法。现代设计方法是在机械强度、振动学、摩擦学、可靠性、热工学、电工学、流体力学等基础上，进一步考虑工业美学、人机工学、制造工艺学、材料学、计算机技术、现代管理学、环保科学等科学领域，其内容主要包括：信息与控制论方法、优化与决策方法、概率统计与预测方法、模拟与数值仿真方法等。

如果把以前各阶段的设计方法视为传统设计方法，那么现代设计方法与传统设计方法相比，具有以下显著特点。

(1) 在设计思想上，由过去的经验类比变为逻辑、理性和系统的新设计思想。

(2) 在设计对象上，考虑了人-机-环境的相互协调，以发挥出产品的最大潜力或最大可能地提高系统的有效性。

(3) 在设计方法上，广泛采用了 CAD、优化设计、可靠性设计、工业艺术造型设计、价值工程和创造性设计等理论方法，使设计水平有了一个质的飞跃。

(4) 在设计手段上，充分采用电子计算机，自动绘图和数据库管理等新技术，大大提高了数据的准确性、稳定性和数据使用效率，使修改设计变得十分方便，分析工具的改进使设计采用尽可能精确的模型成为可能。

(5) 在试验和测试技术上，采用频谱分析、激光全息摄影和计算机数据处理等先进技术，可对整个机械系统或零部件的性能进行科学的试验和分析，并可进行计算机仿真。

1.3.2　发展趋势

到目前为止，机械系统设计理论和方法已有了很大的发展，理论体系日趋丰富。但是，随着科学技术和社会经济的快速发展，对机械产品的功能需求越来越多，对产品的要求也越来越高，机械系统设计理论和方法必然会得到进一步发展，新的设计理念、设计理论、设计方法会不断涌现。在当今全球化、网络化、智能化的总趋势下，机械系统设计今后也将沿着信息化、快速化、网络化、虚拟化、智能化的方向发展。目前已有的发展趋势包括：模块化设计、协同设计、绿色设计、虚拟设计、动态设计和智能设计。

1. 模块化设计

顾名思义，模块化设计就是在产品功能分析的基础上，把产品分解为具有某种功能的一个或几个模块，通过选择和组合这些模块形成不同的机械产品。一般而言，模块具有两个主要特征：一是有特定的功能，二是有连接用的标准化通用接口。基本模块可以是零件、部件或子系统，通常要求基本模块具有标准化、系列化、通用化、集成化、灵便化、经济化，且具备互换性、相容性和相关性等特性要求。

模块化的产品结构可分为产品模块、功能组成模块、主要功能组件模块、功能元件模块这四个层次。进行模块化设计，就可以在开发具有多功能的不同产品时，不需要对每种产品进行单独设计，只需要进行模块设计和不同方式的组合，形成所需产品，可有效解决产品规格与设计周期和成本之间的矛盾。模块化设计对于提高设计效率、增加产品可靠性、降低设计制造成本，以及产品的更新换代等都有重要意义。

2. 协同设计

协同设计一般是指在计算机支持的协调工作环境中，通过对复杂机械系统的设计过程的重组和建模优化等手段，建立起产品的协同开发流程，利用网络通信、CAD/CAM/CAPP 等技术，进行系统优化的协同设计工作模式。协同设计可以将空间上分开、时间上异步、工作上相互关联的两个或多个设计人员的设计行为有机地组织起来，通过有效的资源共享、信息交换和协同机制来共同完成统一的设计目标，这就极大地提高了设计群组的整体设计效率。协同设计一般需要具备以下条件。

(1)具有开放、可视、互联的协同工作环境，能实现数据的远程同步共享，保证整个设计过程中信息交换的可靠性。

(2)有一个协同设计支撑平台，用于信息共享、信息安全和协同管理，所有协同人员可以在此平台上进行信息的实时互换、交流和反馈。

(3)具有协同设计应用接口和相关应用系统，能让不同的应用系统(如有限元分析系统等)进行无缝集成。

3. 绿色设计

绿色设计是指在机械系统的整个生命周期内，更多地考虑机械系统的外部环境属性并将其作为设计目标，包括自然资源的利用、对人和环境的影响，以及可拆性、可回收性、可重复利用性等。这就是说，绿色设计是在满足环境目标要求的同时，考虑并保证产品的功能要求、使用寿命、经济性和质量要求等。

在进行绿色设计时，要全面考虑从原材料获取、材料加工、制造装配、产品包装及运输、产品使用，以及产品报废后的回收、处理、再利用等各个环节对环境的影响。

4. 虚拟设计

虚拟设计是以虚拟现实技术为设计手段，通过多种传感器和多维信息环境进行虚拟交互，实现从定性和定量的综合集成环境中得到对设计对象的感性和理性认识，从而帮助设计人员深化概念、启迪思维、萌发设计创意。

目前，虚拟设计已逐渐成为设计人员进行机械系统设计和验证的技术手段，通过虚拟交互环境对产品的虚拟样机进行各种验证、修改和完善，可以有效缩短产品开发周期，降低开发风险和成本。

虚拟设计系统也同样可集成到协同设计系统中。

5. 动态设计

动态设计技术是机械系统现代设计中最重要的技术之一，动态设计需要考虑可变载荷和复杂环境因素下机械系统的动态性能。动态设计技术包括机械系统的动态分析和动态设计两大类。动态分析是在已知系统模型、外部激励载荷和机械系统工作条件的基础上，研究分析机械系统的动态性能；而动态设计则是以动态性能满足机械系统预定要求为目标，通过建立系统模型，实现动态参量的修改、优化和再设计。

目前，动态设计已逐步应用于机械系统设计，但仍处于不断发展之中，随着新的动态设计技术的形成，动态设计技术将在机械系统设计中发挥越来越重要的作用。

6. 智能设计

近年来，人工智能技术得到了迅猛发展，并在各领域得到广泛应用。智能设计就是人工智能在机械系统设计中的应用。概括地讲，所谓智能设计就是应用人工智能等现代信息技术，通过计算机模拟人的思维活动，提高机械系统设计的智能化水平。智能设计是一个新兴的发展方向，到目前为止，在机械系统设计领域已逐步形成了人机智能化设计系统的雏形。智能设计主要包含以下几方面。

(1)原理方案智能设计。在寻求原理解的过程中实现智能化，其基本思路是通过建立分功能的要求与原理解的映射关系，构建智能原理方案设计系统的知识库，实现概念设计的智能化。

(2)协同设计专家系统。在协同设计系统中构建多个专家协同求解子系统，把相关的基于知识程序和方法的模型、多种推理决策机制等共同集成为一个具备推理、调度(程序)、自主管理控制的能协同求解设计中复杂问题的专家系统。

(3) 知识获取和表达的智能专家系统。这类系统包括机器学习模式、基于神经网络的推理技术、多知识的表达结构和模式、基于分布和并行思想的求解结构体系等。

思考与实践题

1. 深入思考本课程的性质和任务，明确学好该课程的重要意义。
2. 试选择一个机械系统(机械产品)，按系统的组成原则，深入分析该系统的组成部分。

第2章　机械系统的总体设计

2.1　总体设计概述

机械系统总体设计是指从全局的角度，以系统的观点所进行的有关整体方面的设计。它包括机械系统功能原理方案设计、总体布局、系统的主要参数确定及系统的精度等内容。

机械系统总体设计方案及其论证评价决策是产品设计的关键，不仅是机械产品技术设计的依据，也直接决定了产品的技术性能、经济指标和外观造型等。对于所设计产品而言，总体设计规定了产品的设计原则、工作原则和总体布局等，并指导后续的技术设计和施工设计阶段的工作，即后续工作是在总体设计基础上进行的具体性设计，并根据实际情况不断修正和完善初始的总体设计。

一旦进入详细设计(各子系统设计技术设计)阶段，总体设计方案就成了指导性文件。

总体设计的基本程序为：明确设计思想→分析综合要求→决定性能参数→调研同类机械→拟定总体方案草图→方案对比评价分析及定型→编写总体设计论证书。

2.1.1　总体设计的基本原则

机械系统设计是指根据产品的功能要求和市场需求，应用现代科学技术知识，经过设计者的创造性思维和设计，完成设计方案和工程图样设计即产品制造依据的全过程。机械产品应使用者的需求而产生，在特定的环境下工作，受环境的制约又反过来作用于环境。同时，机械产品的设计还受一系列设计规范和标准的限制。在机械系统的总体设计阶段，应全面综合考虑以上问题。因此，总体设计应遵循下列设计原则。

1)需求性原则

需求是指用户对产品功能提出的要求。产品是为用户服务的，没有用户需求，产品设计就失去了本身的意义。用户需求不仅是产品发展的动力，也是产品设计的依据。以洗衣机为例，不同的用户在洗涤量、洗涤方式甚至外观造型方面，均可能提出不同的要求。因此，设计者应首先考虑用户需求，站在使用者的角度，分析产品应具有的基本功能，在此基础上展开设计。

2)信息性原则

设计者在进行产品设计之前，应进行系统深入的调查研究，以获得大量的设计信息。设计信息中，不仅要包括前述的市场需求信息，还应该包括用户使用信息、设计技术信息、制造工艺信息等。这意味着进行设计之前应该先完成市场需求分析和技术可行性分析。在获取设计信息时，要特别注意对新技术、新材料和新工艺等的信息收集，这有助于提高产品设计的先进性和创造性，并有效降低产品设计加工和使用成本。

信息收集不仅有利于针对当前产品的设计，还有助于把握相关产品的未来设计发展方向。

3) 系统性原则

机械系统是一种能完成特定功能的系统，因此也就具有系统的一般特性，即整体性、相关性、层次性、目的性和环境适应性。

由于机械系统自身的特点，系统性能不仅取决于各子系统设计的好坏，更在于各子系统之间的设计是否相互适应和协调，即产品本身的设计优劣应从系统的整体性上去体现。因此，设计人员在进行产品设计时，应从产品的整体入手，从系统的角度考虑问题，必须有很好的全局观念。

4) 简单性原则

最佳的机械结构方案，是能够在保证实现产品功能的前提下，最大限度地降低成本，延长使用寿命，确保产品本身、操作者或使用者及环境的安全等。所谓简单，即指产品在满足预期功能要求的前提下，尽量使机械产品的结构简单，零部件数目少；同时，使操作和监控简便，加工、制造方便快捷，使用成本低廉等。

依从简单性原则展开机械产品的总体设计和技术设计，可以获得最大的经济效益和社会效益。

2.1.2　总体设计的主要内容和步骤

不同类型的机械系统可以满足人们不同场合的工作需求。以行业分类的方式为例，常见的机械系统就包括加工机械、工程机械、电工机械、食品机械、制药机械、包装机械、测试仪器等多种类型。不同的机械产品，其功能和性能要求会有很大的差别，其总体设计的内容和步骤也会存在差异。

通常，对于机械产品来说，在功能分析和工作原理确定的基础上，提出机械运动方案和进行机械运动简图的设计，就是机械产品总体设计阶段的主要工作。一般而言，机械系统总体方案设计的主要内容和设计步骤如下所述。

1) 原理方案设计

原理方案设计是指针对机械产品的主要功能所提出的原理性构思，即实现机械产品功能的原理性设计。

设计的需求以产品的功能来体现，功能与产品设计是因果关系，但又不完全相同，体现同一功能的产品可以有多种多样的工作原理。因此，这一阶段就是在功能分析的基础上通过创新构思、搜索探求、优化筛选取得较理想的工作原理方案。

在进行原理方案设计时，首先必须进行需求分析，明确设计的任务、目的和要求，充分了解产品外部环境的作用和影响；其次要详细分析机械产品的功能，找出各种功能之间的关系，抓住主要矛盾，简化或忽略次要矛盾，以方便后续的设计工作。

对于任何一个机械产品的设计，应尽可能给出多个可行的设计方案。通过对不同设计方案的分析评价和比较，选择并确定最佳的原理方案。原理方案的优劣，直接决定着产品的功能、质量和市场竞争力。

2) 结构总体设计

结构总体设计是对已确定的原理方案的结构化过程，包括总体布局设计和主要功能结构的基本构造分析等。

总体设计的关键内容，是要明确机械产品的整体布置、执行系统的工作方式、主要零部件的基本构造和相对位置关系，以及各传动部分之间的相互联系等。

结构总体设计过程中，要注意产品的系列化、通用化和模块化部件的选择问题。采用通用化和模块化部件有利于保证产品质量、减少成本。同时，还需要综合考虑产品造型、操纵控制、安全性以及人机工程学方面的要求。

结构总体设计结果应以机械结构简图的形式体现。

3) 主要技术参数的确定

主要技术参数是能够反映机械系统的概貌和特征的一些技术数据，主要包括尺寸参数、运动参数和动力参数等。

主要技术参数反映了机械产品的工作特征和技术性能。在确定主要技术参数时，既要考虑机械产品的功能和性能要求，还要充分考虑用户的使用要求，根据实际工作环境，经运动和动力分析计算合理确定。在确定主要技术参数时，要注意避免尺寸过大或过小，考虑能耗以及加工制造和使用成本等。

机械结构的总体设计和主要技术参数的确定是互相协调的过程，需要反复穿插进行，不断调整参数和结构。

4) 设计评价

无论是设计方案还是具体的结构设计，其优劣程度均需要技术人员进行分析和评价。设计评价贯穿于机械设计乃至产品寿命周期的全过程，其中对总体方案的设计评价则最为重要。

对于设计方案或机械结构的分析和评价，一般可以从技术性、经济性和社会性三个方面进行考虑。分析和评价应遵循评价原则，选定适当的评价指标，采取一定的评价方法，科学有序地进行。

以上几个部分内容基本上是依次进行的，但是设计评价工作应贯穿于设计的始终。

2.1.3 总体设计的常用方法

1. 黑箱法

对于要解决的问题，设计人员难以立即认识，犹如对待一个不透明、不知其内部结构的“黑箱”。利用对未知系统的外部观测，分析该系统与环境之间的输入和输出，通过输入和输出的转换关系确定系统的功能和特性所需具备的工作原理与内部结构，这种方法称为黑箱法(图 2-1)。黑箱法要求设计者不要从产品结构着手，而应从系统的功能出发设计产品，这是一种设计方法的转变。黑箱法有利于抓住问题本质、扩大思路、摆脱传统结构的旧框，获得新颖的、较高水平的设计方案。

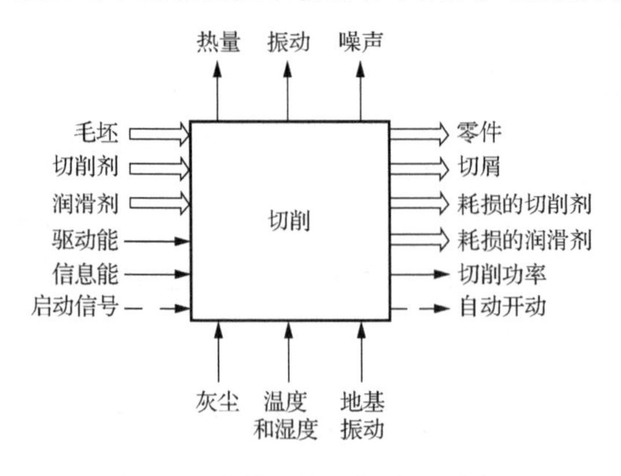

图 2-1　金属切削机床黑箱示意图

图 2-1 为金属切削机床黑箱示意图。图中左右两边输入和输出都有物料、能量和信息三种形式；图下方为周围环境(灰尘、温度和湿度、地基振动)对机床工作性能的干扰；图上方为机床工作时，对周围环境的影响，如散发热量、产生振动和噪声。通过输入、输出的转换，得到机床的总功能是利用切削功能将毛坯加工成所需零件。

2. 列举法

以现有功能类似的机械作对象，列举其优点，在新方案中保留；列举其缺点，以便避免；列举其不足(或不同)之处，以便做必要的补充。在继承基础上创新，可使新方案尽可能完善。列举法包括用户意见法、对比分析法、缺点列举法、希望点列举法、特性列举法，等等。

【例 2-1】试列举电冰箱的潜伏式缺点并提出若干创意。

解：(1)列举潜伏式缺点。

电冰箱的潜伏式缺点可以通过创造性观察和思考来列举，重点在使用电冰箱过程中产生的问题。比如：①使用氟利昂，产生环境污染；②冷冻方便食品带有李司德氏菌，可引起人体血液中毒、孕妇流产等；③患有高血压的人不能给电冰箱除霜，因为冰水易使人手毛细管及小动脉迅速收缩，使血压骤升，造成“寒冷加压”现象，危及人身安全。

(2)提出改进的新设想。

① 针对上述第一个缺点，进行新的制冷原理研究，开发不用氟利昂的新型冰箱。如国外正研制一种“磁冰箱”，这种电冰箱没有压缩机，采用磁热效应制冷，不用有污染的氟利昂介质。其工作原理大致是：以镓等磁性材料制成小珠并填满一个空心圆环，当圆环旋转到冰箱外侧的半个环时受电磁场作用而放出热，转至冰箱内侧的半个环时则从冰箱内吸取热量，如此循环下去，即可保持冷冻状态。

② 针对冷冻食品带菌问题，除从食品加工本身采取措施外，还可研制一种能消灭李司德氏菌及其他细菌的“冰箱灭菌器”，作为冰箱附件使用。

③ 对于“寒冷加压”问题，一方面是告诫血压高的人不要轻率地用手去除霜，另一方面改进冰箱的性能，从自动定时除霜、无霜和方便除霜等角度去思考。

3. 移植法

受其他事物(也许是与本课题毫无直接关系的事物)的启迪，触发灵感，运用联想将其原理合理地应用到自己的课题上。如将香水喷雾器原理移植到内燃机上，发明了内燃机燃油雾化喷嘴；将移动推杆盘形凸轮机构的工作原理移植到齿轮上，发明了活齿齿轮，以代替谐波传动中的柔轮等。

以行星轧辊的出现为例，移植法可以充分利用联想，实现创新性设计。传统的金属轧制方法如图 2-2(a)所示，两轧辊反向同速转动，板材一次成型。采用这种方法，由于一次压下量过大，钢板在轧制过程中极易产生裂纹。日本某技术员看到用擀面杖擀面时，其连续渐进、逐渐擀薄的过程，由此特点受到启发，从而发明了行星轧辊，如图 2-2(b)所示，使金属的延展划分为多次进行，消除了钢材裂纹现象，并取得专利。

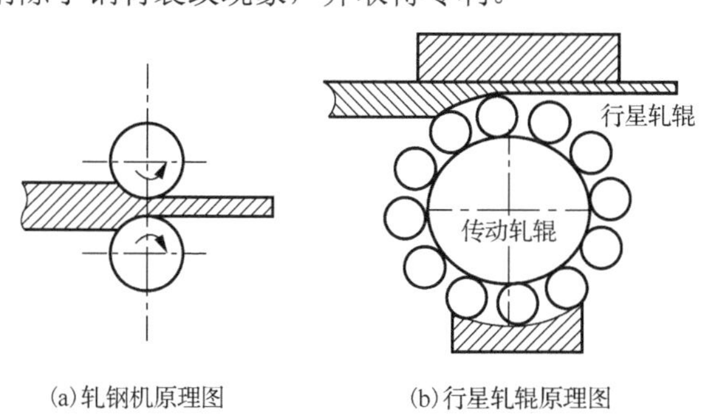

(a)轧钢机原理图　　(b)行星轧辊原理图

图 2-2　行星轧辊的发明

4. 筛选法

将有可能实现该功能要求的工作原理、工艺动作及实现该运动的基本机构和组合机构尽可能按层次罗列出来，进行排列组合；再按可行性、先进性、方便性、经济性逐个分析审查，淘汰不适合的。经过不断筛选，剩下两三个方案再按方案设计的有关步骤进行。

在进行方案构思时，不论是总体方案还是某一部分的具体问题，都不单独使用某一种方法，这几种方法往往要综合应用，才能收到较好的效果。

5. 其他创新技法

设计在本质上是一种创造活动，设计的特点也在于创新。创造的主体是人，这就需要设计人员充分认识有关创造的特点和规律，有意识地培养创造能力，自觉开发创造力，实践创新技法。

创新技法是以创新思维为基础，通过实践总结出一些创造发明的技巧和方法。基本原则是客户思维定式、营造环境条件、相互启发激励、促成重新成果。

常用的典型创新技法有以下几种。

1) 群体集智法

(1) 智力激励法。遵循自由思考原则、延迟评判原则、以量求质原则、综合改善原则的智力激励方法。

(2) 书面集智法。以笔代口的默写式智力激励法。

(3) 函询集智法。借助信息反馈，反复征求专家书面意见来获得新的创意。

2) 系统分析法

(1) 设问探求法。该方法被称为“创造技法之母”。提问能促使人们思考，提出一系列问题更能激发人们在脑海中推敲。大量的思考和系统的检核，有可能产生新的设想或创意。

(2) 缺点列举法。有意识地列举分析现有事物的缺点，并提出改进设想，便可能实现创造的创新技法。

(3) 希望点列举法。设计者从社会需要或个人愿望出发，通过列举希望来形成创造目标或课题。

(4) 特性列举法。一种基于任何事物都有其特性，将问题加以化整为零，有利于产生创造性设想等基本原理而提出的创新技法。

(5) 形态分析法。一种系统搜索和程式化求解的创新技法。

因素和形态是形态分析中的两个基本概念。所谓因素，是指构成某种事物的特性因子。如工业产品，可以用若干反映产品特定用途或功能作为基本因素。相应的实现各功能的技术手段，则称之为形态。例如，将“控制时间”作为某产品的一个基本因素，那么“手动控制”、“机械定时器控制”和“电脑控制”等技术手段，则为相应因素的表现形态。因素分析就是确定创造对象的构成因素，它是应用形态分析法的首要环节，是确保获取创造性设想的基础。

3) 联想类比法

联想法是从一概念想到他概念，从一事物想到他事物的一种心理活动或思维方式。联想思维由此及彼、由表及里、形象生动、无穷无尽。

联想不是想入非非，而是在已有的知识、经验之上产生的，它是对输入头脑中的各种信息进行加工、置换、连接、输出的思维活动。当然，其中还包含着积极的创造性想象。联想是创造性思维的重要表现形式，许多创造发明均发端于人脑的联想。联想为我们提供了博大宽广的创造天地。

(1) 相似联想——根据相似特征引起联想。

(2) 接近联想——根据接近关系引起联想。

(3) 对比联想——根据对比关系引起联想。

(4) 强制联想——综合运用联想方法而形成的一种非逻辑型创造技法。

类比法则是比较分析两个对象之间某些相同或相似之点，从而认识事物或解决问题的方法。关键是本质的类似，善于异中求同、同中求异。

(1) 拟人类比——将人设想为创造对象的某个因素，设身处地想象，从而得到有益的启示。

(2) 直接类比——将创造对象直接与相类似的事物或现象作比较。

(3) 象征类比——借助事物形象和象征符号来比喻某种抽象的概念或思维感情。

(4) 因果类比——两事物间有某些共同属性，根据一事物的因果关系推出另一事物的因果关系的思维方法。

在联想类比的过程中，还常常用到仿生法，即从自然界中获得灵感，再应用于人造产品中的方法。

(1) 原理仿生——模仿生物的生理原理而创造新事物的方法。

(2) 结构仿生——模仿生物结构取得创新成果的方法。

(3) 外形仿生——研究模仿生物外部形状的创造方法。

(4) 信息仿生——通过研究、模拟生物的感觉(视觉、嗅觉、听觉、触觉等)、语言、智能等信息及其存储、提取、传输等方面的机理，构思和研制出新的信息系统的仿生方法。

(5) 拟人仿生——通过模仿人体结构功能等进行创造的方法。

4) 转向创新法

(1) 变换方向法。

人们在探索某些问题(函数)解的过程中通常将一些因素(自变量)固定，探索另外一些因素(变量)对所求解问题的影响，但有时求解的关键因素恰恰在被固定的那些因素当中；由于思考问题的习惯模式的限制，往往把某些影响因素看作是不变的(将变量看作常量)，这就限制了求解区域。意识到这一点，在问题求解的过程中通过变换求解因素，常可获得意外的结果。

设计的目的是实现某种功能，而很多不同的作用原理可以实现相同或相似的功能，当采用某种作用原理得不到预期的效果时，可以探索其他的作用原理是否可行。

(2) 逆向法。

① 反向探求法——向相反的方向寻求问题的解。

② 因果颠倒法——在某个自然过程中，一种自然现象可以是另一种自然现象发生的原因，而在另一个自然过程中，这种因果关系可能会颠倒。

③ 顺序、位置颠倒法——人们在长期从事某些活动的过程中，对解决某类问题的过程及过程中各种因素的顺序及事物中各要素之间的相对位置关系形成固定的认识，将某些已被人们普遍接受的事物顺序或事物中各要素之间的相对位置关系颠倒，有时可以收到意想不到的效果。

④ 巧用缺点法——通常较多地注意事物的优点，但是当应用条件发生变化时，可能需要的正是事物中原来被认为是缺点的某些属性。正确地认识事物的属性与应用条件的关系，善于利用通常被认为是缺点的属性，有时可以做出创造性的成果。

5) 组合创新法

在发明创新活动中，按照所采用的技术的来源可分为两类：一类是在发明中采用全新的技术原理，称为突破型发明；另一类是采用已有的技术并进行重新组合，从而形成新的发明，即组合型发明。

组合创新方法是指按照一定的技术原理，通过将两个或多个功能元素合并，从而形成一种具有新功能的新产品、新工艺、新材料的创新方法。

虽然组合创新法所使用的技术元素是已有的，但是它所实现的功能是新的，如果组合适当，同样可以做出重大的发明。

组合创新方法有多种形式，从组合的内容区分有功能组合、原理组合、结构组合、材料组合等；从组合的方法区分有同类组合、异类组合等；从组合的手段区分有技术组合、信息组合等，现将部分常用组合方法简介如下。

(1) 功能组合。有些商品的功能已被用户普遍接受，通过组合可以为其增加一些新的附加功能，适应更多用户的需求。

(2) 材料组合。有些应用场合要求材料具有多种特征，而实际上很难找到一种同时具备这些特征的材料，通过某些特殊工艺将多种不同材料加以适当组合，可以制造出满足特殊需要的材料。

(3) 同类组合。将同一种功能或结构在一种产品上重复组合，满足人们更高的要求，这也是一种常用的创新方法。

(4) 异类组合。人们在从事某些活动时经常同时有多种需要，如果将能够满足这些需求的功能组合在一起，形成一种新的商品，使得人们在从事活动时不会因为缺少其中某一种功能而影响活动的进行，这将会使人们工作、学习、生活更加方便，同时商品生产者也将获得相应的利益。

(5) 技术组合。将现有的不同技术、工艺、设备等加以组合，形成解决新问题的新技术手段的发明方法。技术组合包括聚焦组合，即以问题为中心，寻求各种已知技术，得到解决问题的综合方案和辐射组合，即将新技术、新工艺、新原理应用到各种可能应用的领域。

(6) 信息组合。将有待组合的信息元素制成表格，表格的交叉点即为可供选择的组合方案。关键问题是合理选择被组合的元素。

2.2　基于功能分析的机械系统原理方案设计

2.2.1　机械系统原理方案设计的主要内容

在机械系统总体设计中，原理方案设计是其关键内容，在原理方案设计过程中应解决下列问题。

1) 明确系统的需求

需求是人类对所设计产品提出的基本要求。需求可以分为两类，一类是显性需求，就是人们都知道的需求；另一类是隐性需求，也就是人们还没有意识到的，但是客观上已经存在的需求。隐性需求的发现与满足，往往可以为产品的设计提供一个新的空间，不仅可以带来创造性的新产品，也可以为企业带来巨大的经济效益。

2) 确定系统的总功能

对设计任务的抽象化是认识所要设计的机械功用的最好途径。通过抽象化确定系统的总功能，使设计者认清系统的设计目标，开阔设计思路。

3) 进行总功能分解

将总功能分解为若干分功能，是实现功能工作原理方案的最好办法。使设计者易于构思各种各样工作原理方案。

4) 选择分功能的功能载体

分功能的功能载体的选择，是原理方案设计的一个重要步骤。建立起完整的功能载体目录是机械系统设计的重要手段。

5) 构思功能载体的组合

将各功能载体按系统总功能要求加以组合可以得到多个工作原理方案，供设计者选择决策。

6) 系统原理方案的评价与决策

针对不同的机械，确定评价指标体系和评价方法，对多个方案进行综合评价和决策。

2.2.2　机械系统的需求分析

机械产品的设计是根据用户的客观需求，借助人类已掌握的科学技术知识，通过设计者创造性的思维活动，经过反复思考、判断和决策，进行的具有特定功能要求的机械系统的设计工作。需求是所有设计的基础，离开需求，设计将变得毫无意义。换言之，产品的设计是为用户的需求服务的，如果所设计产品不能满足用户的需求，用户也不会接受所设计的产品。因此，需求的发现和满足是产品设计的起源，亦是产品设计的归宿。

1. 需求的类型

从不同的角度出发，需求具有不同的分类方法，这里仅从以下三个方面考虑。

(1) 按需求的性质划分，分为物质需求和精神需求。

物质需求体现为市场对产品物质形态和技术指标的要求，一般包括功能、性能、质量、价格、品种、规格、结构、经济性和重量等。精神需求则是指对产品的心理期望，一般包括色彩、造型和服务等。通过对需求性质的分析，可以使设计者抓住产品设计的本质，集中精力解决与主要需求相关的问题，保证机械产品的成功设计。

(2) 按需求的特征划分，需求可分为功能型、经济型、节能型、环保型等。

对于市场表现的不同需求特征，产品设计的目标和约束条件会有所不同，产品设计的原理方案、机械结构和主要技术参数等也都会有很大的差异。设计人员应根据产品需求特征的不同要求，区别对待产品设计。

(3) 按需求的目的划分，可分为生活需求和生产需求，其中生产需求又可分为生存需求和享受需求。

在设计产品时，应针对不同的需求目的确定不同的开发目标和技术指标，采取不同的设计策略。对于生活需求，在满足功能的前提下，力争所设计的产品新颖、美观、舒适和使用便利等。对于生产需求，则重点满足其技术先进、功能优越和安全可靠等，使得所设计产品能创造最大的经济效益。

2. 需求的基本特性

需求是市场对产品提出的客观要求，市场需求呈现出以下几个基本特征。

(1)多样性。市场需求是由多元要素组成的，不同的用户会有不同的需求，即使是同一个用户也会有不同的需求，因此需求具有多样性。

(2)可变性。市场需求不是一成不变的，它会随着社会的发展、经济水平的提高、社会群体观念的更新及社会环境的变化而发生改变。

(3)差异性。受经济发展的不平衡、社会环境的不同和使用条件的差别等多重因素的影响，市场需求会存在很大的不同，即具有其差异性。

(4)周期性。市场需求在经历一个周期后，常常会出现反复现象，既呈现出周期性。但是这种周期性的重复并不是简单的回归，需求的内容会发生质和量的变化。

在设计机械产品时，应根据用户的需求特征，以发展和动态的观点进行产品设计，使产品的功能不断深化和拓展。产品设计不仅要考虑当前市场的需求，还应该预测其未来需求，从而提高产品的生命力，延长产品的生命周期。

3. 需求与设计的功能目标

市场需求或领导部门提出的设计任务，要求往往是笼统而不具体的，设计者必须进行调查研究和分析综合，确定合理、明确的功能目标，即设计的量化指标和约束条件。该目标是设计的依据，又是鉴定验收的标准，所以功能目标要严谨、无误。

例如，有关部门需要设计肌电假手，要求不够具体，只提出要有能模仿真手抓握物体的假手。经分析如能像真手一样能拿起一个质量约为300g的物体，应实现的具体功能目标如下。

(1)手指应能实现0.5rad/s的抓握运动速度，以模仿人手的真实运动。

(2)手指触物后，应能产生50N左右的捏紧力，以满足实际工作的需要。

(3)所用微型电动机须在假手掌心中放置，故其外径应不大于20mm。

(4)传动机械的效率应足够高，以保证充电电池至少能工作1天。

有了这些量化指标，设计者设计就有了明确的目标，验收者验收也有了依据。

以上目标中具有必须解决的矛盾，即如果保证了运动速度，捏紧力只有5N而不是50N，若保证了捏紧力50N，运动速度只有原来的1/10，相当于慢动作，人们很难接受。所以设计出了切换装置，假手不接触物品时保证运动速度，当手指触摸物品时，切换装置工作，运动速度降下来(这时也不需要高速度)，捏紧力由5N转换成50N，就可以保证工作要求。

从以上实例中可以看出，功能目标的明确给设计者提出了设计的约束条件。约束条件的种类如表2-1所示。表中的约束条件并不是对每一个产品都要求列出，而是根据具体情况各有所侧重。例如，对轿车的总体要求是：安全、环保、节能。功能目标要求有座位数、驱动前轮、驱动功率、转数为50rad/s时的最大转矩、换挡和制动形式等。除功能目标要求外，用户还可能提一些最低要求，如某一行驶速度下的最高耗油量、最小的行李箱空间、低温下安全启动能力等。用户还可能提出一些希望考虑的项目，如舒适、方便、噪声低等。功能目标是必须保证的，对于最低要求和希望考虑的项目越能很好地满足，这一方案就越有价值。

表2-1 约束条件的种类

特征项目标志	举例
几何	大小、高度、宽度、长度、直径、所占空间、数目、排列、连接关系、加装关系和扩展关系
运动	运动种类、运动方向、速度、加速度
力	力的大小、力的方向、力的频度、重量、载荷、变形、刚度、弹性、稳定性、共振区
能量	功率、效率、损耗、摩擦、通风、状态量(压力、温度和湿度等)、加热、冷却、能源能量、贮存量、接受功、能量转变

续表

特征项目标志	举例
物料	输入和输出产物的物理和化学性质、辅助物料、规定的材料(食品法规等)、材料流和材料运输
信号	输入和输出信号、显示种类、运行和监控仪器、信号形式
安全性	直接安全技术、保护系统、运行-工作和环境安全性
人体工程	人-机关系：操作、操作种类、视野、照明、造型
制造	生产场地所引起的限制，可制造的最大尺寸，应优先选用的制造法、制造手段，可以达到的质量和公差
检验	计量和测试能力、特殊规定
装配	特殊装配规定、工地安装、基础制造
运输	由起重工具、轨道型面、运输路径所引起的大小和重量限制、发货种类和条件
使用	低噪声、磨损速率、应用和销售区、投入运行的地点环境
维修	无须维护性或维护的次数和时间要求、检验、更换、修理、涂漆、清洁
回收	重新使用、重新利用、最终贮置、弃置
费用	可容许的最大制造费用、工具费用、投资和折旧费用
期限	开发终期、中间步骤的网络计划、供货期

2.2.3　机械系统的功能

1. 功能的定义

产品的功能可以理解为产品的功效，它虽然与产品的用途、能力、性能等概念有关联，但又不尽相同。例如洗衣机的这些概念有图 2-3 所示的关系，其总功能则是使衣物中污垢从纤维中分离出来。由此可以看出，“功能”是指一个机器(或装置)所具有的应用特性。

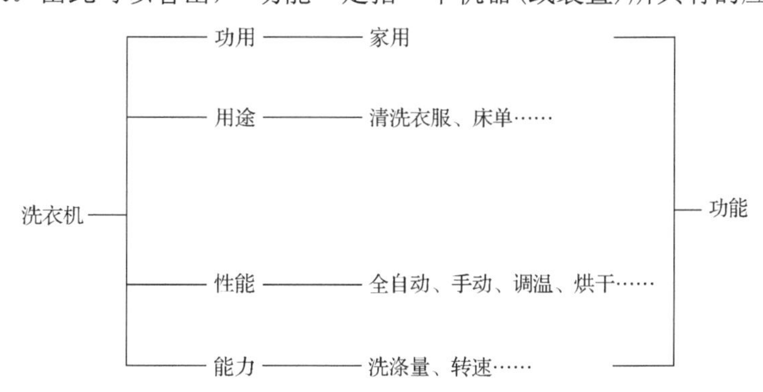

图 2-3　洗衣机的功用、用途、性能、能力和功能间的关系

从一般意义上来讲，功能是对产品或技术系统的特定工作能力的抽象化描述。例如，椅子的功能是坐人，水壶的功能是盛水，机床的功能是切削工件。

功能既然是产品设计的依据，那么如何对特定工作能力进行抽象化描述，是产品工作原理方案设计的关键。其实这种抽象化描述并不容易。为了易于进行抽象化描述，人们常常用“行为”来具体表述功能。行为是产品自身状态的变化过程，例如，核桃取仁机产品的功能为“壳与核桃仁的分离”，它的主要行为是砸、压、夹、击等。又如洗衣机的功能为“污物与衣物的分离”，它的主要行为是搓、捣、搅、振、溶等。由功能来构思行为属于抽象到具体的思维活动，反过来由种种行为来归纳功能属于具体到抽象的思维方式。

各种不同类型的产品，它的功能定义的表达方式会有不同。机械产品功能定义应该结合机械的特点。机械的特点是利用或转换机械能的机械装置。因此，机械产品的功能可定义为：

功能是对信息流、能量流、物质流进行传递和变换的程序、功效与能力的抽象化描述，如图 2-4 所示。

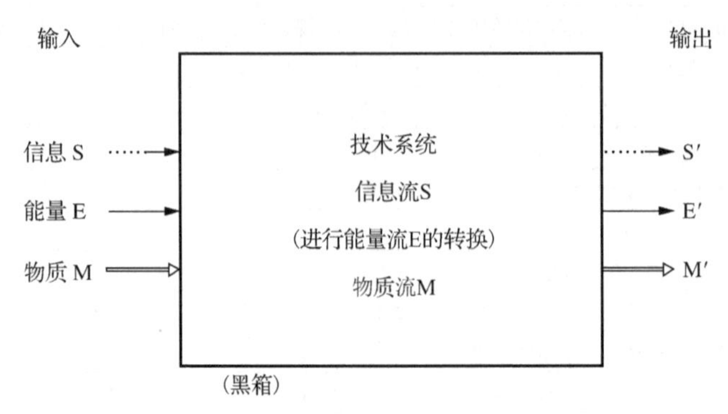

图 2-4　机械系统功能的抽象化描述

信息流、能量流、物质流的传递和变换的具体方式就是行为。机械产品由外界输入一定形式的信息、能量和物质，又将某种形式的信息、能量、物质输出给外界。信息、能量、物质的传递和变换主要依靠机械动作来完成。因此，对机械来说，行为通常可以理解为形形色色的机械动作。

例如，水泵是将水和机械能变换成压力水(具有势能的水)，又如冲床是将板料和机械能变换成冲压后的工件和耗散热能。

由上述的分析可以得出功能具有以下的特性。

(1) 功能是行为的抽象，这种抽象有利于设计人员开阔思路进行工作原理方案的构思和设计。

(2) 功能是在产品与环境相互作用过程中体现的。离开产品的动态过程，产品功能无法体现。

(3) 功能具有可变性。由于外界输入的信息、能量、物质有所变化，通过相互影响，而使功能发生变化。

2. 核心功能和总功能

对产品或技术系统的特定工作能力的抽象化描述，可以确定它们的核心功能。核心功能是机械产品或技术系统的关键功能。例如，核桃取仁机的关键功能为“核桃壳与核桃仁的分离”，啤酒瓶灌装机的关键功能为“酒灌入瓶中”。这种关键功能称为核心功能。通常情况下，核心功能的确定成为产品设计的关键。

但是，机械产品仅仅能完成核心功能还是不能成为一台完整的机械产品，应该根据完成与核心功能相关的一系列行为来确定出机械产品的总功能。因此，总功能是机械产品为了完成核心功能所需一系列功能的总和。

总功能的构思是一件具有概括性和创造性的工作。如，核桃取仁机的总功能应包括核桃的储存与输送、核桃壳与核桃仁的分离、核桃仁的输送、核桃壳的收集等。又如，啤酒瓶灌装机的总功能应包括瓶、盖和啤酒的储存与输送，酒灌入瓶中，灌满酒的瓶加盖，酒瓶封口、贴商标，酒瓶输送等。

2.2.4　机械系统的功能分析

1. 功能单元和功能树

一般机械系统都比较复杂，直接求总功能的解比较困难。为了更好地寻求机械产品工作原理方案，将机械产品的总功能分解为比较简单的分功能是一种行之有效的方法，即把总功能进行分解，分解成较为简单的功能单元，这称之为功能分解。

通过功能分解可使每个分功能的输入量和输出量关系更为明确，因而可以较易求得各分功能的工作原理解。这样具有一定的独立性、可以直接求解的功能单元，也可称为功能元。

功能分解的过程实际上是对机械产品不断深入认识的过程，同时亦是机械产品创新设计的过程。对总功能进行分解可以得到若干分功能，通过对分功能的描述、抓住其本质，尽力避免功能求解时的条条框框，使思路更为开阔。

为了使功能分解的结果在形式上更加简单、直观，往往采用功能树的表达形式。功能树可以清晰地表达各分功能的层次和相互关系，有利于机械产品的工作原理方案设计。图 2-5 所示为啤酒灌装机的功能树。

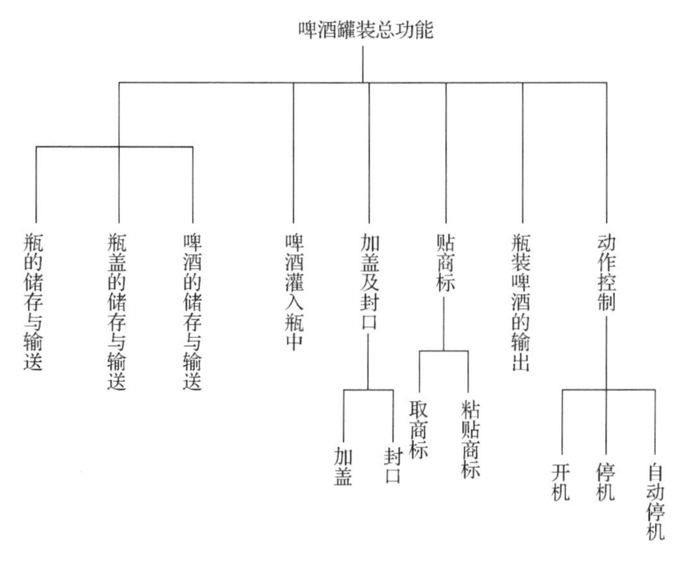

图 2-5　啤酒灌装机的功能树

在用树状功能图来描述其功能分解情况时，通常将直接实现总功能的各分功能称为一阶分功能，实现一阶分功能的分功能称为二阶分功能，并依次类推。例如，对材料拉伸试验机的功能分解可用图 2-6 所示功能树的形式来表示，分解到末端的则为可直接求解的功能元，如夹持试件、夹头移动等。

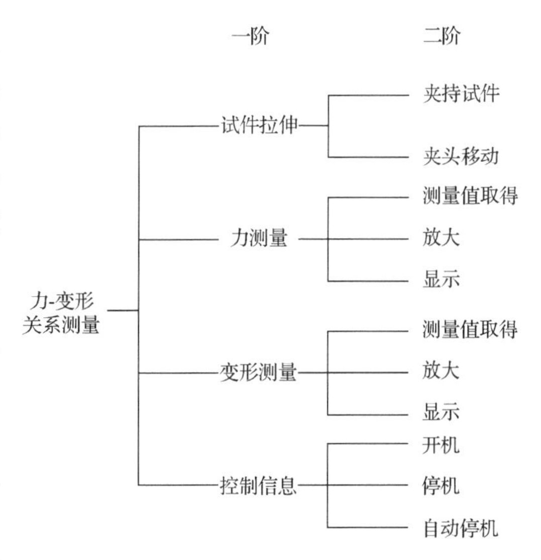

图 2-6　材料拉伸试验机的功能树

2. 功能结构图

从图 2-6 对材料拉伸试验机采用的力-变形关系测量的例子可以看出，总功能(力-变形关系测量)可分解为四个分功能(试件拉伸、力测量、变形测量、控制信息)，每个分功能再分解，直至功能单元。

将各分功能(或功能元)组合时有三种基本结构形式，如图 2-7 所示。图中，F_1、F_2 和 F_3

为分功能，串联表示各分功能按顺序相继作用，并联表示各分功能并列作用，回路表示各分功能组成环状循环回路，体现反馈作用。

图 2-7 所示用来表示各分功能之间关系的框图称为功能结构图，它比功能树更好地反映了各分功能之间的联系与配合。图 2-8 为硬币机的功能结构图，可以清晰看出机械的工作流程，这是功能树无法表达出来的。

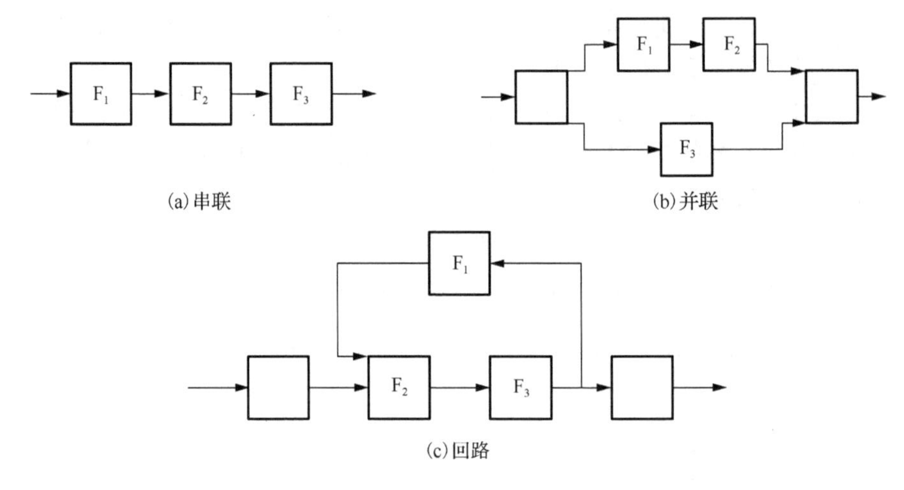

图 2-7　功能结构

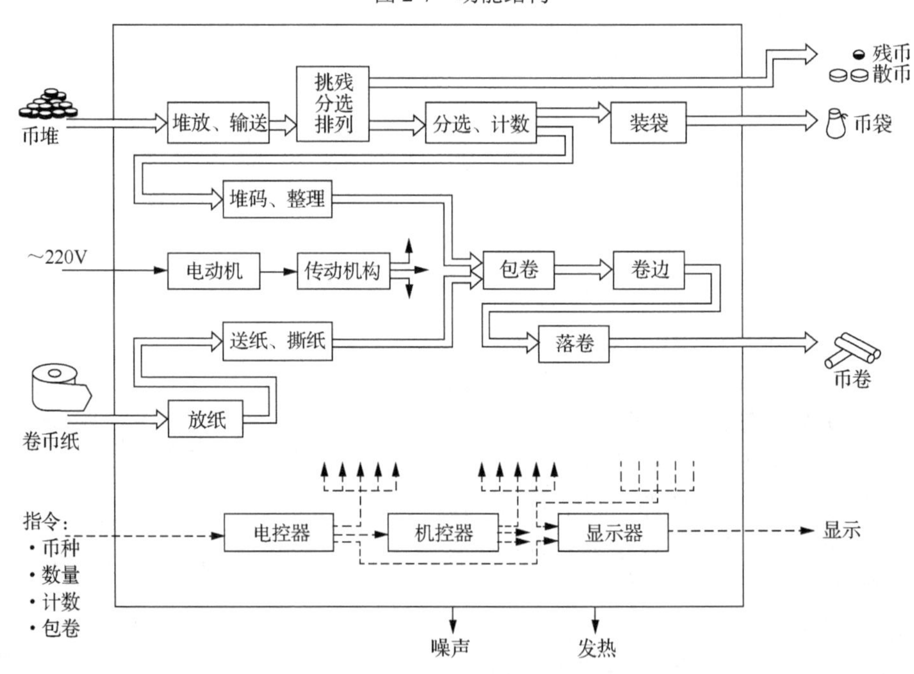

图 2-8　硬币机的功能结构图

图 2-9 表示用黑箱描述材料拉伸试验机的总功能。图 2-10 表示材料拉伸试验机的一阶功能结构图。由图可以看出，相比功能树，功能结构图能够更充分地表达各分功能之间的相互配合关系。

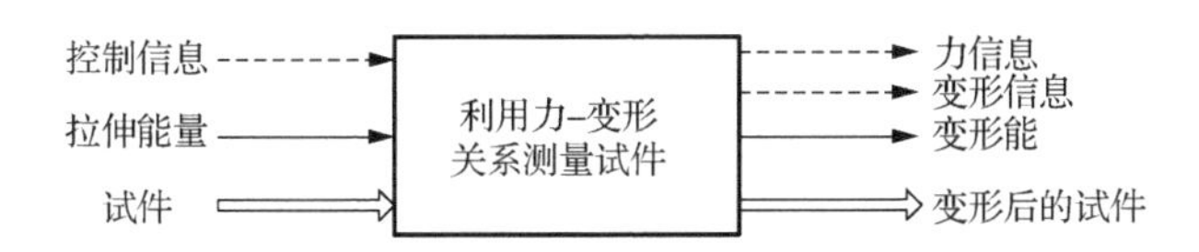

图 2-9　材料拉伸试验机的总功能

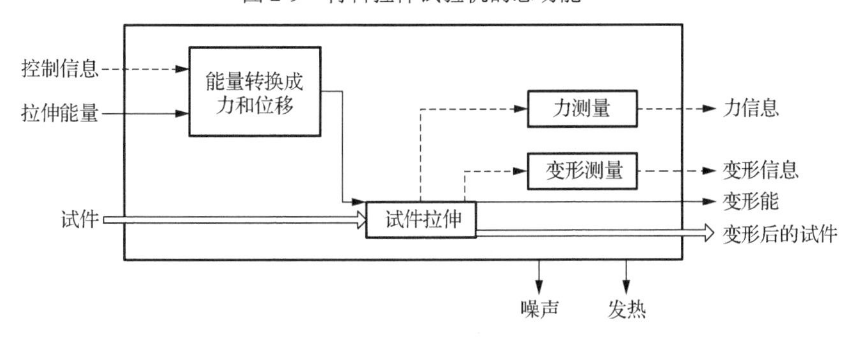

图 2-10　材料拉伸试验机的一阶功能结构图

功能结构可以有多种组成形式。图 2-11 表示为实现同一种功能(硬币包卷)而设计的两种不同的功能结构形式。通过并联、串联关系的变换，可以变化出一些新的功能结构形式来。显然，改变功能结构的组成形式有助于实现创新设计。

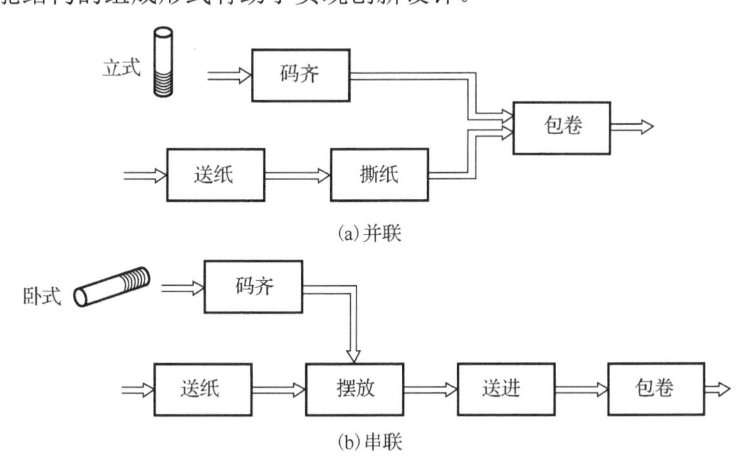

图 2-11　硬币包卷机械的不同功能结构形式

3. 总功能的分解方法

总功能的分解方法有两种。

(1) 按解决问题的因果关系或手段目的关系来分解分功能。

例如，核桃取仁机，按手段目的关系可以分解为：核桃储存和输送—核桃壳和核桃仁分离—核桃壳的收集，因此可得到核桃取仁机的三个分功能。

(2) 按机械产品工艺动作过程的顺序来分解分功能。

例如，啤酒灌装机械，按照生产工艺动作过程的顺序可以分解为：瓶、瓶盖、啤酒的储存与输送—啤酒灌入瓶中—加盖及封口—贴商标—瓶装啤酒的输出。实际上，瓶、瓶盖、啤酒的储存与输送三个分功能是并联结构；啤酒灌装、加盖和封口、贴商标和瓶装啤酒输出这四个分功能是属串联结构，如图 2-12 所示。

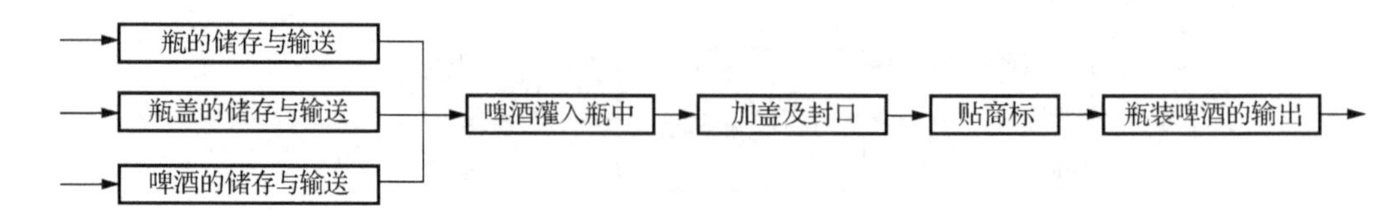

图 2-12　瓶装啤酒灌装机的功能结构

2.2.5　机械系统的原理方案设计方法

1. 功能原理设计的内容与步骤

基于产品的功能分析，构思能够实现产品功能目标的新的解法原理，即为产品的功能原理设计。功能原理设计的任务是：针对某一确定的“功能目标”，寻求一些“物理效应”并借助某些“作用原理”来求得一些实现该功能目标的“解法原理”。

功能原理设计首先要通过调查研究，确定符合当时技术发展的、明确的功能目标，然后进行创新构思，寻求新的解法原理，并进行原理验证，确定方案及评价，最后选择一种较为合理的方案。

任何一个机械产品的功能目标确定后，经过功能分析，就要对该产品的主要功能提出一些原理性的构思。这里的关键在于构思的创新性，要使思维“发散”，力求提出较多的解法供比较选择，对具体结构、材料、工艺等不一定要有成熟的思考，构思的结果只需以简图和结构示意图表示即可。

如图 2-13 为船用抽水机功能原理构思。设计的意图是要将船底的积水排出而不使用动力机，为此设计者构思了三个原理性方案：(a)利用船体的摆动带动活塞往复运动，达到抽水目的；(b)利用船在水中的起伏，通过杠杆使活塞运动；(c)利用涨潮的水位落差，将水排出。

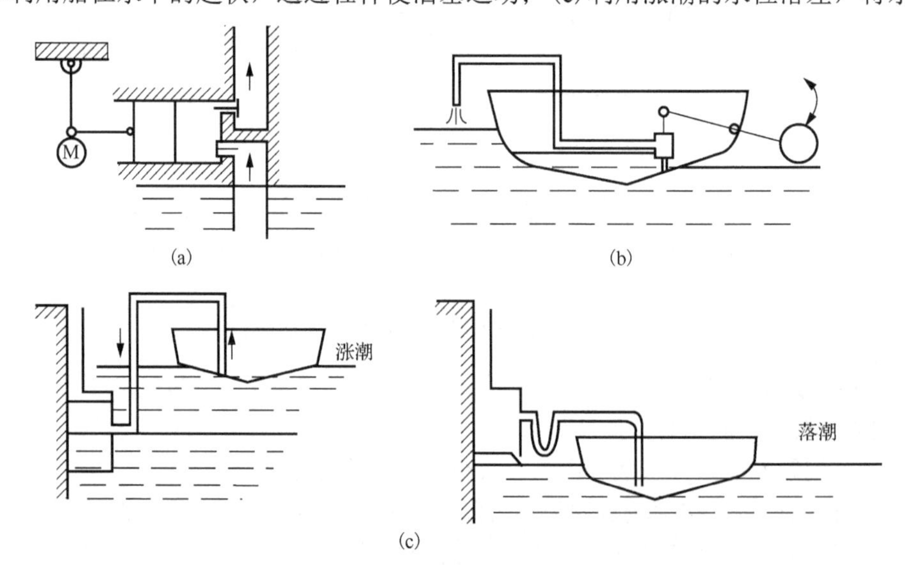

图 2-13　船用抽水机功能原理构思

一个好的原理构思有时不能成为产品，其中部分原理在于所构思的结构、材料或工艺问题在当时的技术条件下还无法得到合理的解决。因此，在创新构思阶段要考虑一些主要的结构和工艺实现的可能性，以利于实用化。

功能原理设计的步骤与方法如图 2-14 所示。图中左侧为各阶段的工作内容，右侧为解决该内容的主要工作方法。

功能原理设计步骤包括：首先要明确地给出设计的功能目标，该目标既是设计的依据，也是产品验收的依据；明确任务之后用黑箱法分析系统的总功能；总功能确定之后，通过功能分析的方法，画出系统的功能结构图或功能树；对于从功能分析中得到的各功能单元，寻求各分功能的作用原理；对各功能单元求解后可列出形态学矩阵，从多个方案中求得可行的功能原理方案来；最后，经评价优选出最佳功能原理方案来。

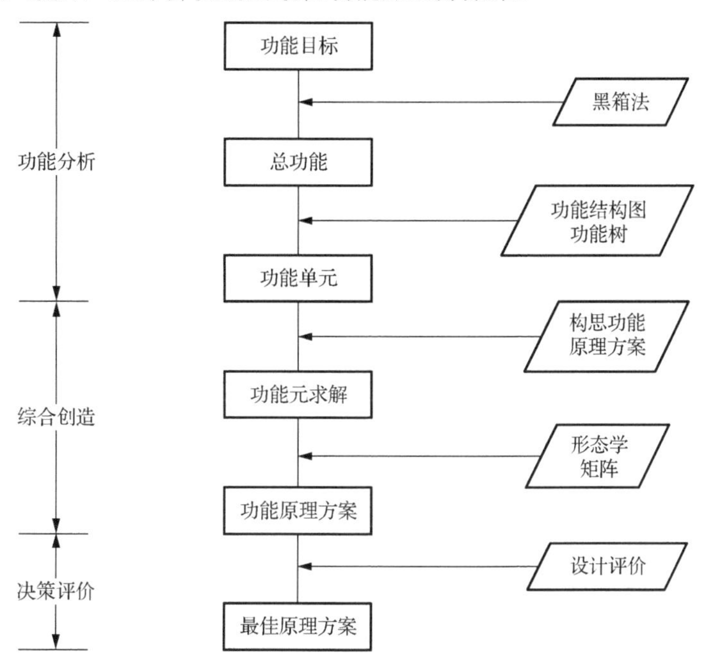

图 2-14　功能原理设计的步骤及方法

2. 功能原理方案的构思

任何一种机器的更新换代不外乎如下三种途径，功能原理方案的构思即可围绕其展开。

(1) 改革工作原理，例如用激光打孔替代机械钻，使一些精密仪器、仪表的精度得到很大的提高。

(2) 通过改进工艺、结构和材料改进性能。如图 2-15 所示，在加工螺纹时，由于改进了工艺，将原来的切削改变为按滚压原理设计的搓丝机，生产效率和质量都得到很大的提高。图 2-15 中的(b)、(c)、(d)都是搓丝机，工作原理均为滚压，但由于结构不同，性能也不一样，其中(d)是按行星机构原理制造的行星搓丝机，机器体积最小，生产效率最高。在材料方面，如液晶材料的出现及实用化，促进了钟表业的发展，使钟表的显示又多了一条途径。

(3) 增加辅助功能，以满足使用者需求，如空调机增加空气净化装置、手表增加日历、手机增加拍照功能等。

机器更新换代的三种途径中，第一种实现起来最困难，但创新效果却是最好的，也是最有前途的。

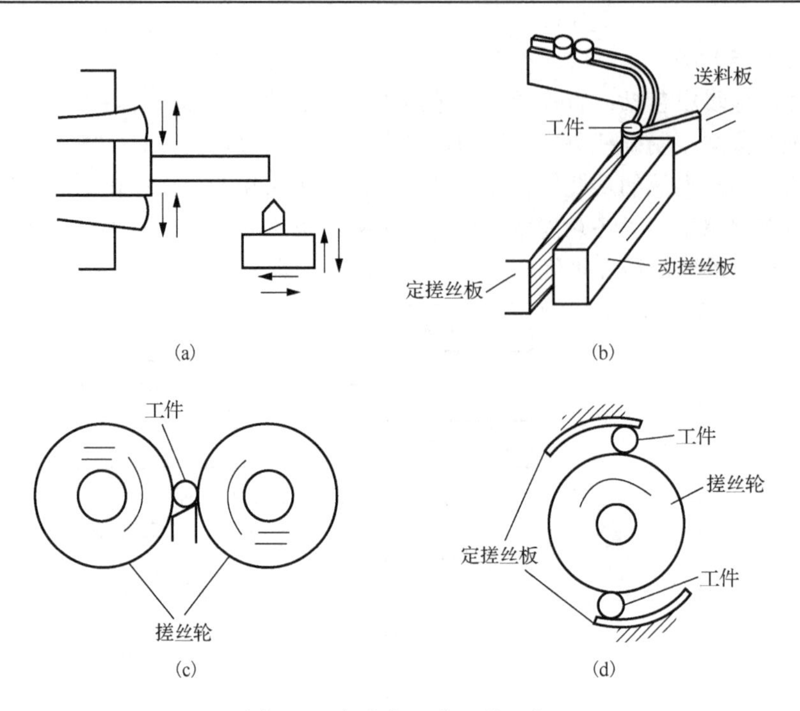

图 2-15　螺纹加工的几种工艺

在构思功能原理方案时，应注意以下几个方面。

1)实现同样的功能可以有不同的物理效应

例如，设计一台粉碎机械，即利用机械力对固体物料进行粉碎作用，使之变为小块、细粒或粉末的机械。在构思工作原理方案时，首先要考虑应用某种物理效应(如图 2-16 中的挤压、劈裂、弯曲、研磨、冲击)，这种选择是根据物料的物理特性、料块的大小和所要求的细化程度来决定的。对于坚硬的物料，应采用挤压、弯曲和劈裂；对于脆性物料，应采用冲击和劈裂；料块较大时，应采用劈裂和弯曲；料块较小或排料粒度要求很小时，则应采用冲击和研磨。然后要考虑实现各种效应的作用载体(不同的粉碎机构)，最终完成原理方案设计。不同方案设计带来了大量不同的破碎机械(如颚式破碎机、反击式破碎机等)和粉磨机械(如球磨机、管磨机等)。

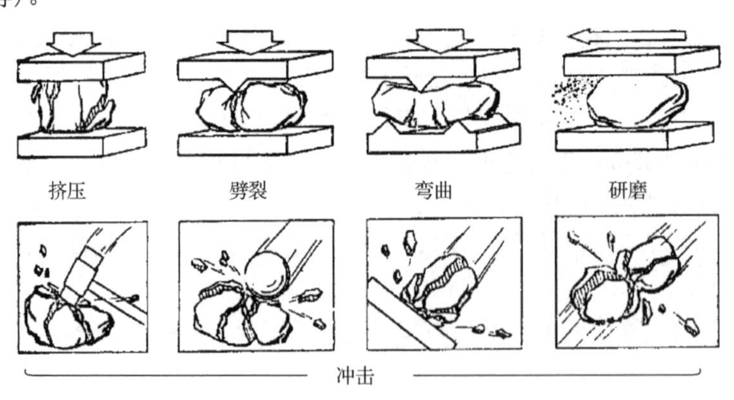

图 2-16　粉碎机械粉碎功能原理构思

又如设计洗衣机的例子，如果功能目标是洗涤，则只能设计出水洗洗衣机来。如果将功能目标定位为：使污垢与纤维分离，则根据不同的物理效应可以设计出不同的洗衣机来，见表 2-2。

表 2-2　洗衣机械的物理效应和对应机械

物理效应	对应机械
控制水流达到洗净效果	波轮洗衣机、滚筒洗衣机
电磁高频振荡使污垢与纤维分离	电磁洗衣机
利用气泡破裂洗涤	气流洗衣机
高真空使水沸腾并产生气泡	冷沸腾洗衣机
形成水雾达到清洗目的	喷雾洗衣机
超声波使污垢从纤维上分离	超声波洗衣机

总之，寻找机械产品的作用原理是机械产品创新构思的重要阶段，这阶段要充分利用力学效应、流体效应、热力学效应、动力学效应、声、光、电、磁等效应等，构思出先进而新颖的功能原理，使新产品不断涌现。

2)同样的物理效应可以有不同的实现方式

如表 2-2 中同一个物理效应“控制水流达到洗净效果”可以得到波轮和滚筒洗衣机的不同机械结构。

3)已知一个机械产品作用原理，也可以构思出不同的产品

例如风扇，其功能是产生压力差。由于压力差使空气产生流动，吹到人身上时，人感到凉爽。利用同样的压力差原理，可以设计出鼓风机为炉灶送风助燃；设计出抽风机抽吸厨房的油烟；设计出吸尘器吸尘。

3. 形态学矩阵

由于同一个功能可用不同的作用原理解决，同一个作用原理也可解决不同的功能，针对功能元可得到多解的方案。在进行系统方案求解时，可列出如表 2-3 所示的形态学矩阵。

表 2-3　系统解的形态学矩阵

功能元	功能元解						
F_1	L_{11}	L_{12}	…	…	L_{1j}	…	L_{1n_1}
F_2	L_{21}	L_{22}	…	…	L_{2j}	…	L_{2n_2}
⋮	…	…	…	…	…	…	…
F_i	L_{i1}	L_{i2}	…	…	L_{ij}	…	L_{in_i}
⋮	…	…	…	…	…	…	…
F_m	L_{m1}	L_{m2}	…	…	L_{mj}	…	L_{mn_m}

表中 $n_1,n_2,\cdots,n_i,\cdots,n_m$ 分别表示功能元 $F_1,F_2,\cdots,F_i,\cdots,F_m$ 的功能元解的个数。L_{ij} 表示功能元 F_i 的第 j 个功能元解。从每个功能元中取一种解进行组合，可得到一个系统解，最多可以组合出 N 种方案：

$$N = n_1 \times n_2 \times \cdots \times n_i \times \cdots \times n_m$$

利用形态学矩阵求系统解有如下两个特点。

(1)所得方案具有全解系的性质。也就是说，如果把功能元的全部解和各解的全部可能形态列举出来，经组合后就会将所有可能的解包罗无疑。

(2)具有形式化的性质。必须对问题进行系统分析以确定影响方案解的重要的功能元及其可能形态，才能找到可行解。

在N种解法中取出满足功能目标的可行解进行分析评价，即可得到最优的系统原理方案解。

2.3 机械系统的总体布局设计

机器的有关零、部件在整机中相对空间位置的合理配置叫作总体布局。总体布局必须要有全局观点，不仅要考虑机械本身的内部因素，还要考虑人-机关系、环境条件等各种外部因素，按照简单、合理、经济的原则妥善地确定机械中各零部件之间的相对位置和运动关系。

总体布局设计是按工艺要求及功能结构决定机器所需的运动或动作，确定机器的组成部件，以及确定各个部件的相对位置关系，同时也要确定操纵、控制机构在机器中的配置。总体布局时一般总是先布置执行系统，然后再布置传动系统、操纵系统及支承形式等，通常都是从粗到细，从简到繁，需要反复多次才能确定。

2.3.1 总体布局的基本要求

1)保证工艺过程的连续和流畅

机械的各个零部件即使设计和制造都很好，但布置不合理，机械仍然不能很好地工作，也不能获得良好的整机性能。例如，若汽车的货厢与驾驶室之间的间隙过小，当汽车在行驶中紧急制动时，就可能引起货厢与驾驶室互相撞击和摩擦。又如一台糖果包装机要经过多道工序才能包装好糖果。故在配置工作部件的位置时，特别是对工作条件恶劣和工况复杂的机械，应考虑零部件的惯性力、弹性变形以及过载变形等的影响。保证前后作业工序的连续和流畅，能量流、物质流和信息流的流动途径合理，各零部件间的相对运动不发生干涉。

2)降低质心高度、减小偏置

任何机械都应能平衡、稳定地工作，如果机械的质心过高或偏置过大，则可能因扰力矩增大而造成倾倒或加剧振动。所以，在总体布置时应力求降低质心，尽量对称布置，减小偏置。整机的质心位置将直接影响行走机械和工程机械，如汽车、拖拉机、叉车等的前后轴载荷分配、纵向稳定性、横向稳定性及附着性等，对于固定式机械也将影响其基础的稳定性。因此在总体布置时必须验算各零部件和整机的质心位置，控制质心的偏移量。

有些机械在完成不同作业或工况改变时，整机质心位置可能改变，所以在总体布置时应考虑这种情况，必要时留有放置配重的位置。

3)保证精度、刚度及抗振性等要求

对于机床、精密机械设备等，为了保证被加工零件的精度，其自身必须具有一定的几何精度、传动精度和动态精度。

为了提高机械的传动精度，除要合理确定传动件的精度外，在总体布置时要尽可能简化和缩短传动链以及合理安排传动机构的顺序。

机械的刚度不足及抗振性不好，将使机械不能正常工作，或使其动态精度降低。为此，在总体布置时，应重视提高机械的刚度和抗振能力，减小振动的不利影响。例如为提高机床的刚度采用框架式结构(龙门刨、龙门铣等)的布置方案；为提高汽车车架的扭转刚度采取在纵梁上加装横梁的措施；为减小机床振动对零件加工质量的影响，采用分离驱动的办法，即把电动机与变速箱和主轴箱分开布置，将振源与工作部分隔开。

4) 充分考虑产品系列化的发展要求

设计机械产品时不仅要注意解决目前存在的问题，还应考虑今后进行变型设计和系列设计的可能性，及产品更新换代的适应性等问题。对于单机的布置还应考虑组成生产线和实现自动化的可能性。

5) 结构紧凑，层次分明

紧凑的结构不仅可节省空间，减少零部件，便于安装调试，往往还会带来良好的造型条件。为使结构紧凑，应注意利用机械的内部空间，如把电动机、传动部件、操纵控制部件等安装在支承大件内部。为使占地面积缩小，可用立式布置代替卧式布置。

6) 操作、维修、调整简便

操作件和控制部分位置和高度要合适，便于操作和调整，应力求操作方便舒适。在总体布置时应使操作位置、修理位置和信息源的数目尽量减少，使操作、观察、调整、维修等尽量方便省力、便于识别，达到安全可靠和便于维护的目的，必要时还可采取自动控制和联动装置。

7) 造型合理，实用美观

为保证机械产品有较高的美学水平和整体形状的和谐性，合理造型是非常重要的环节，它运用科学原理和艺术手段，通过一定的技术和工艺来实现。造型基本原则是实用、经济、美观。

机械产品投入市场后给人们的第一个直觉印象是外观造型和色彩，它是机械的功能、结构、工艺、材料和外观形象的综合表现，是科学与艺术的结合。设计的机械产品应使其外形、色彩和表观特征符合美学原则，并适应销售地区的时尚，使产品受到用户的喜爱。为此，在总体布置时应使各零部件的组合匀称协调，符合一定的比例关系，前后左右的轻重关系要对称和谐，有稳定感和安全感。外形的轮廓最好由直线或光滑的曲线构成，有整体感。

8) 提高人机系统整体的效能

任何系统均要人来操作控制，“人与机器”组成了生产中的最基本单元。因此，设计的系统应使人与机均能充分发挥其效率。人的因素除物质条件外，精神亦有重要影响，因而还应包括技术美学要求。在这方面的主要要求有：方便而舒适，调节控制有效，符合人的习惯，显示清晰，操作宜人，照明适度，易于维修。在进行人和机械的合理分工，即确定最优的人机功能分配时，必须将人和机械特性有机地结合起来，才能组成高效率的人机系统。进行功能分配时，为了能充分发挥各自的特性，需要在人和机械之间进行协调的界面设计，即人机接口设计，以使人机有机结合，信息传递相互适应，达到稳定而高效地工作。

2.3.2 执行系统的布置要求

布置执行系统时，一般是先根据拟定的工艺要求将执行构件布置在预定的工作位置，然后布置其原动件和中间连接件。布置时应注意以下几方面。

(1) 为使执行系统简单紧凑，工艺动作协调，准确无误，应尽量减少构件和运动副的数目，缩小构件的几何尺寸，以减小其磨损和变形对执行机构运动精度的影响。

(2) 使原动件尽量接近执行机构。在布置相互联系型的多个执行机构时，应尽量将各原动件集中在一根或少数几根轴上。对外露的执行机构，最好将其原动件隐蔽布置，以提高操作安全性。

(3)由于执行构件往往与作业对象直接接触，所以布置执行构件和中间连接件时应考虑作业对象装卡和传送方便、安全。

2.3.3 传动系统的布置要求

机械产品的传动系统对其制造和维修费用，以及操作和使用性能都有很大影响，为此在布置传动系统时要考虑下列各点。

1)简化传动链

在保证运动要求前提下，传动链越简单，零件数就越少，材料的消耗和制造费用就越低，同时也有利于提高传动效率和精度。对较复杂的传动系统，有时可将其分解成几条简短的传动链，分别由各自的动力机驱动。

2)合理安排传动机构顺序

传动机构的安排顺序对传动系统的性能有影响。如图2-17所示的两种减速传动方案，若各零件的参数和制造精度完全相同，仅安排顺序不同。图2-17(a)将齿轮传动放在高速级，蜗杆传动放在低速级。图2-17(b)所示的安排顺序与图2-17(a)所示的相反。设齿轮副和蜗杆副的传动误差分别为$\Delta\theta_g$和$\Delta\theta_w$，齿轮传动比为$i_g = z_2/z_1 = 3$，蜗杆传动比为$i_w = z_4/z_3 = 30$，得两个方案最后一级的传动总误差分别如下。

图2-17(a)所示方案的总误差$\Delta\theta_a$为

$$\Delta\theta_a = \frac{\Delta\theta_g}{i_w} + \Delta\theta_w = \frac{\Delta\theta_g}{30} + \Delta\theta_w$$

图2-17(b)所示方案的总误差$\Delta\theta_b$为

$$\Delta\theta_b = \frac{\Delta\theta_w}{i_g} + \Delta\theta_g = \frac{\Delta\theta_w}{3} + \Delta\theta_g$$

若$\Delta\theta_g$和$\Delta\theta_w$接近相等，则$\Delta\theta_a < \Delta\theta_b$，可见齿轮传动布置在高速级的传动精度较高。但齿轮传动布置在高速级时噪声较大，且因小齿轮z_1往往不得不采用悬臂结构，使传动性能和承载能力下降。同时，蜗杆传动的齿面相对滑动速度大，发热和胶合常为限制其承载能力的决定因素。故蜗杆传动布置在低速级会增加其负载和总体结构尺寸，降低传动效率。

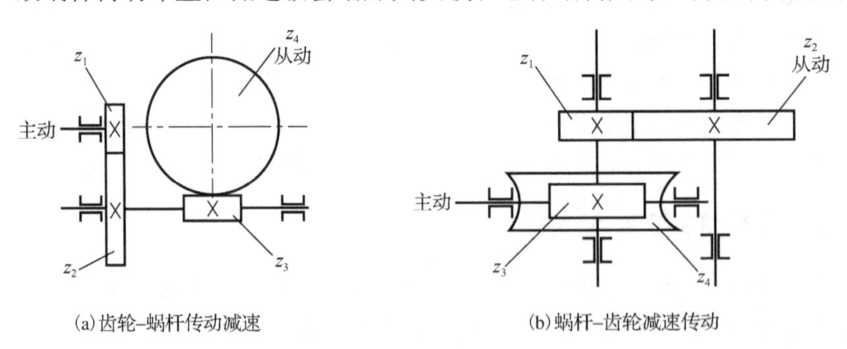

图2-17　两种减速传动方案

因此，对于以传递动力为主的传动系统，应优先考虑蜗杆布置在高速级的方案；对于以传递运动为主，尤其是要求传动精度较高的系统，才考虑蜗杆传动布置在低速级的方案。

一般把转变运动形式的机构(如凸轮机构、连杆机构等)布置在传动链的低速端，与执行机构靠近，这样安排可使传动链简单，且可减小传动系统的惯性冲击。把带传动安排在传动链的高速端，由于在传递同样大小功率时，转速高则转矩小，传动带所受拉力减小，外廓尺寸也随之减小，对减小带传动的弹性滑动和速度损失及提高传动带的寿命均有利，此外还可减小传动系统的振动。链传动在高速时产生的振动、冲击及噪声较大，故宜布置在低速级。

3) 注意传动系统的润滑和密封的可靠性

各级传动都应得到有效的润滑和可靠的密封。对于食品机械、药品机械、纺织机械等应特别注意密封，防止污染产品。

2.4　机械设计评价

2.4.1　设计评价的意义

设计过程是一个从发散到收敛、从搜索到筛选的多次反复过程。设计问题往往是复杂的多解问题，解决这类问题的一般步骤是分析—综合—评价—决策。在明确所设计产品的要求及约束条件的前提下，综合搜索多种解法，可得到多种符合设计要求的方案。因此，机械设计的一个重要特点便是它的多解性，即解答方案不唯一。如何通过科学的评价和决策方法分析、筛选出符合设计要求的最佳方案，是最终决定设计成果效能的一个重要环节。

设计评价就是对机械产品的价值进行评定与比较，它应贯穿于整个设计过程中。在确定原理方案、总体方案、结构方案和选择材料等各阶段都要进行评价和决策，只有通过各阶段评价的筛选，才有可能使最终获得的方案为最佳。实际上，在设计过程中，设计师总是不断地对可能的设计方案进行评选。随着科学技术的发展和设计对象的复杂化，需要系统地、全面地对设计进行科学分析和评价，从广义上讲，评价的实质是对产品开发的优化过程。

在设计的全过程中，早期评价的价值远超过后期评价。

2.4.2　设计评价的基本原则

在进行设计评价时，应遵循客观性、可比性、合理性和整体性等基本原则。

1) 客观性原则

客观性是指评价人员应站在客观、公正的立场上，对不同方案进行实事求是的评价。它包含两个方面的因素：一是收集的评价材料应真实可靠，二是评价方法和评价结果应真实可信。

2) 可比性原则

可比性是指被评价的不同方案，在基本功能、基本属性等方面应具有可比性。不可把基本功能和基本属性等不相关的方案进行评价和比较。

3) 合理性原则

合理性是指所选择的评价指标应能够合理地反映预定的评价目标。评价指标的选择应尽量避免过大的关联性，要符合逻辑，有科学依据。

4) 整体性原则

整体性是指评价准则应能够全面综合地反映评价对象。评价应从评价对象整体的角度出发，从多个侧面，以多个评价指标反映评价对象。要避免强调某一方面指标而导致的决策失误。

由于设计方案的评价和决策受到评价人员的经验和评价角度等影响，会有一定的主观性，这就导致不同人员的评价可能会有一定的差异。因此，设计评价通常具有相对价值。

2.4.3　设计评价的准则

评价准则(评价指标或评价目标)是进行设计评价的依据。它依据机械产品所要达到的目标而建立，通常从设计要求明细表及一般性条件中得到。

产品的成本主要取决于设计方案。在进行设计方案的评价时，所依据的评价准则和评价方法，对于评价结果的准确性和有效性有着决定性的意义。

通常，评价准则应满足如下基本要求。

(1)评价所依据的设计目标和约束条件应尽可能全面，但又必须抓住重点。所建立的设计评价准则，不仅要求考虑到对产品性能有决定性影响的主要设计要求，还应考虑到对设计结果有影响的一般条件，也应尽可能包括设计要求明细表中的各项内容。

(2)评价准则应具有独立性，各项评价指标应相互独立无关，即提高某一方案关于某项指标的价值的措施不能对其他评价指标的评价值有明显影响。

(3)评价指标应尽可能定量化、具体化，对于难以定量的评价指标可以采取分级量化。评价指标的定量化将有利于对方案进行评价和优选。

这些原则对于合理制定评价准则只是提出一个方向。对于实际设计问题，应由给定问题和具体方案给出评价准则，并且设计的每个阶段都应选择相应的、适宜的评价准则。

评价准则是一个尺度，它和评价方法一样对于评价结果的准确性和有效性有着决定性的意义。

1. 评价指标体系

在对方案评价时，常从多侧面、多角度予以评价，因而使用多个评价指标，这些指标之间相互具有一定的联系，各个评价指标又有相对重要度，它们组成了一个评价指标体系。以机床类产品设计方案为例，其指标体系如图 2-18 所示。

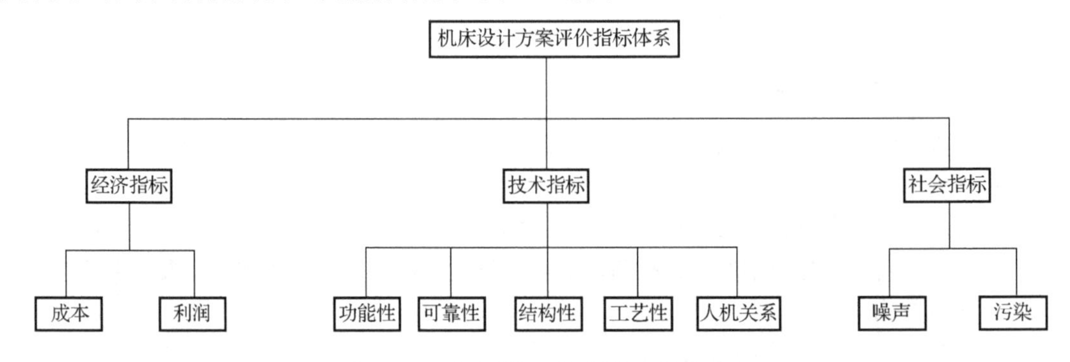

图 2-18　机床设计方案评价指标体系

不同产品的评价指标体系也不尽相同，但通常都可以采用目标树方法建立。

目标树方法是用系统分析方法对目标系统进行分解和图示。把总目标具体化为便于定性或定量评价的评价目标，各目标可根据范围不同或重要程度不同进行排列，构成目标树。图 2-19 可看作机床设计方案评价的目标树。

目标树的建立一般可按下述步骤进行：首先，必须明确评价的目的，然后确定评价目标，也称评价项目，接着把评价目标转化为评价准则，评价准则可用量化或不可量化指标表示，目标树的最后分支即为总目标的各具体评价目标。

通过目标树，可以比较方便地检查有无遗漏重要目标和估计各目标的重要性。

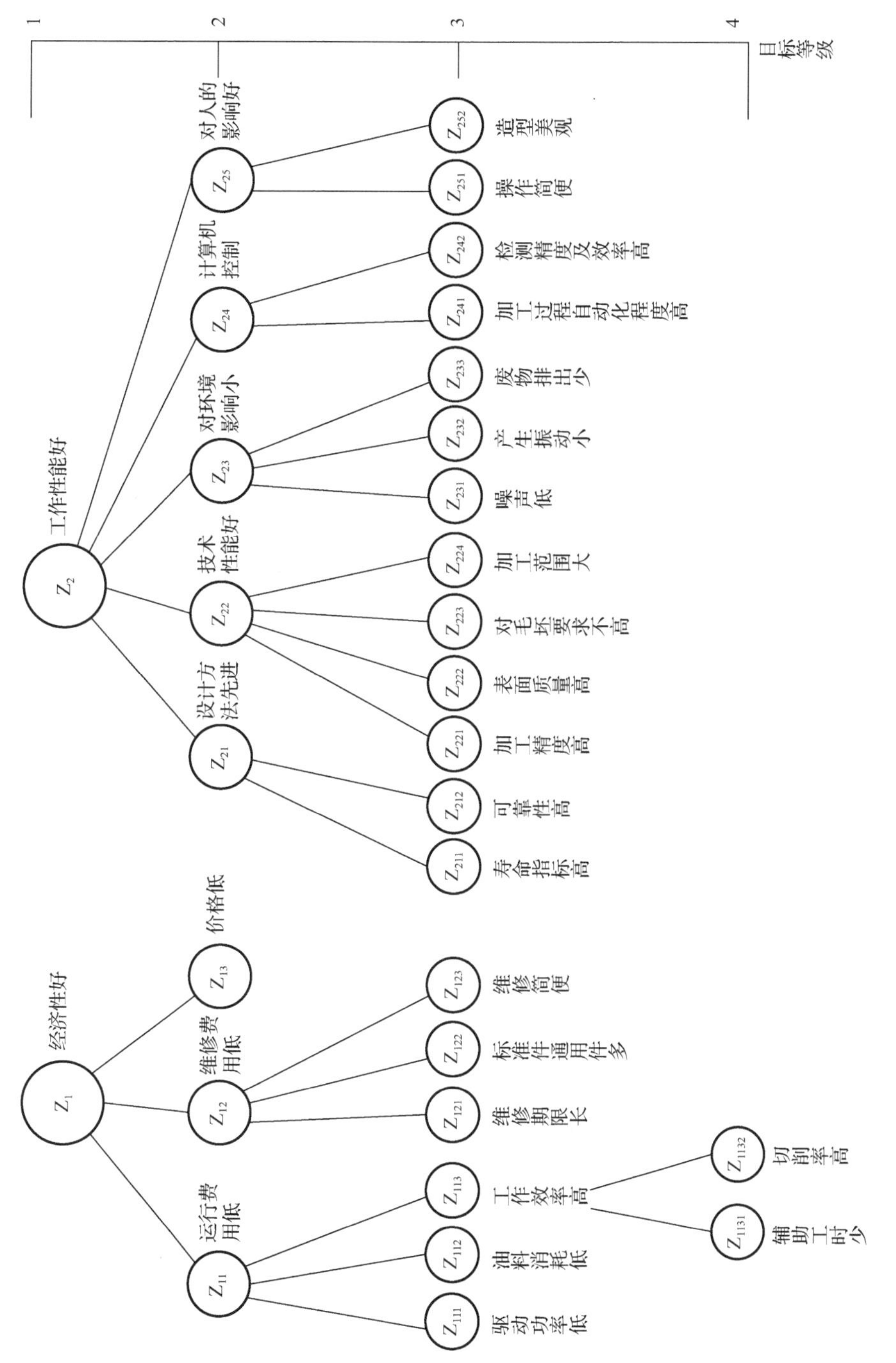

图 2-19　机床目标系统示意图

2. 评价指标的权重

为了进一步分析指标间量的关系，还必须给出指标的权重。指标的权重是指标对总目标的贡献程度，它反映的是某一指标在指标体系中所起作用的大小，这一点可由“加权系数”予以表征。

加权系数是反映评价指标重要程度的量化系数，加权系数大，意味着重要程度高。为便于分析计算，一般取各评价指标加权系数 $g_i < 1$，且 $\sum g_i = 1$。

确定权重常用的方法有专家咨询法、评级打分法、成对比较法、层次分析法等。

2.4.4　设计评价的内容

设计方案评价的内容包括：技术评价、经济评价、社会评价以及综合评价。

(1) 技术评价是指对设计方案实现规定功能的技术先进性和可能性的评价，包括设计原理、技术参数、关键问题、成功率和应用效益的估计等。技术评价应以提出的方案能否实现规定的功能为中心目标，其中主要有保证功能实现的程度(产品的性能、质量、寿命等)、可靠性、安全保证程度、操纵方便程度，以及与全系统的协调性等。

(2) 经济评价是指设计方案的实施费用与可能取得的经济效益的比较，最后表现为产品寿命周期成本的降低程度。进行经济评价时，首先应该估算出各方案的成本，将其进行比较。进行经济评价之前应明确如下因素：企业经营因素、技术因素、市场因素、经济因素、时间因素等。

(3) 社会评价是指对新产品可能产生的社会效益的评价，其中主要有推动技术进步、发展社会生产力、削减环境污染、改善生态平衡、增进社会福利、保证安全防火、有助于身心健康等。

(4) 前三项属于单项评价，其评价内容是对设计方案某一方面进行评价。综合评价是在单项评价的基础上，根据上述各方面评价结果，对设计方案的价值进行评定，它从整体角度对设计方案进行全面科学的评价。

2.4.5　评价方法的分类及应用

1. 评价方法的分类

常用的评价方法可分为三类。

(1) 经验评价法。即根据评价者的经验，对方案做粗略的定性评价。当方案不多、问题不太复杂时，可采用经验评价法。例如排队法，将方案两两对比，优者给 1 分，劣者给 0 分，求总分后以高者为佳；再如淘汰法，直接去除不能达到主要目标要求的方案等。

(2) 数学分析法。运用数学工具进行分析、推导和计算，得到定量的评价参数供决策做参考。这种方法在评价过程中应用最广泛，有排队计分法、评分法、技术经济评价法及模糊评价法等。其中模糊评价法用于在方案评价过程中有一部分评价目标(美观、安全性、舒适性、便于加工等)，只能用好、差、受欢迎等“模糊概念”来评价的场合。

(3) 试验评价法。对于一些比较重要的方案，采用分析计算仍不够有把握时，应通过模拟试验或样机试验，对方案进行试验评价，这种方法得到的评价参数准确，即能得到较准确的定量结果，但代价较高。

以上介绍的三类方法在设计中均有应用，但最常用于评价中的还是数学分析法中的一些方法。后面将重点介绍一些常用的设计评价方法。

2. 评价的应用

评价起初主要应用于原材料的采购和代用，很快发展到产品的研制和设计制造等许多方面。其后，又扩充到生产准备、产品销售、广告宣传等各项管理工作中。

机械产品具有零部件构成较为复杂，精确程度要求较高，材料费用比重较大的特点，因此，必须在产品的构思造型、设计试制、批量生产以及产品使用的全过程中，特别是在设计阶段中进行系统的价值分析，以保证机械企业和用户的经济效益。

设计评价应用的时机与取得的效果密切相关，时机不同，效果不一样。这种关系如图 2-20 所示。从图 2-20 可以看出，设计评价的重点在设计阶段，因为产品的制造成本主要在设计阶段确定，如果设计阶段所确定的费用较少，其经济效果必然较好；反之，如果设计方案所确定的费用较大，设计内容又较差，其经济效果亦必然较差。

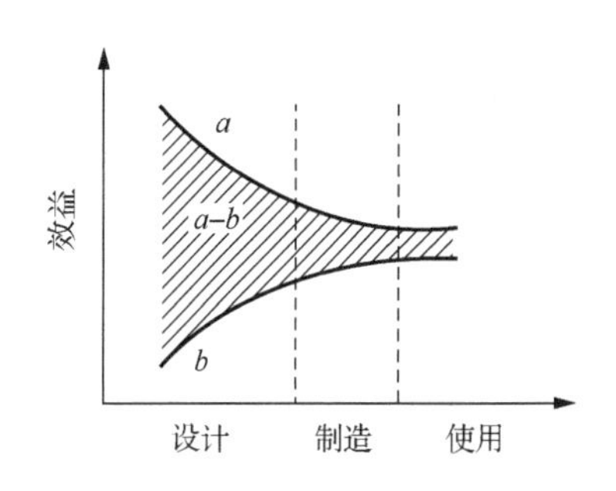

图 2-20　设计评价用于各阶段与效益关系图

a 为降低成本效果曲线；*b* 为设计评价费用曲线；

a–*b* 为通过设计评价得到的经济效益

2.4.6　常用的设计评价方法

系统评价的方法有很多，特别是随着人工智能方法的发展，给评价技术带来了更多方式。目前工程实践中应用较广泛的方法依据专家评审集体讨论，包括：淘汰法、排队法、专家评分法、价值工程评价法、技术经济评价法和综合模糊评价法等。其中价值工程评价法应用最为广泛。

1. 淘汰法

淘汰法是根据选定的较简单的评价准则，对全部设计方案进行筛选，去掉不合格方案，缩小选择范围的方法，也称筛选法。

首先根据设计要求表中排定的必达要求，去掉那些不能满足必达要求的方案。例如，设计新型汽车时要求最高时速不能低于100km/h，凡估计不能满足这一要求的方案即应排除。其次考虑制造可能性，凡估计目前不可能制造出来的方案，亦应排除。最后是进行相容性分析，凡方案中可能出现不能相容的矛盾时，均应排除。例如方案中原动机的动力特性与工作机构的要求明显不符，无法调整，应将此方案排除。

经过淘汰法粗选，即可得到较少的、可供进一步考察、选择的方案。

2. 排队法

排队法从直觉、经验的角度出发，将各设计方案按优劣顺序排队，初步排出较优方案来。具体实施时常采用方案比较矩阵，实行两两对比，优者得 1 分，劣者得 0 分，总分最高者为最佳方案。如表 2-4 所示，B 方案总分最高，以下顺序为 E、C、D、A。由此可得出几种备选方案。

表 2-4　方案比较矩阵

方案	A	B	C	D	E
A	×	1	1	1	1
B	0	×	0	0	0
C	0	1	×	0	1
D	0	1	1	×	1
E	0	1	0	0	×
Σ	0	4	2	1	3

3. 专家评分法

评分法是用分值作为衡量方案的优劣尺度，对方案进行定量评价。其具体做法为：①分析评价目标确定其各自的权重系数；②评分；③计总分。

在进行评分前要确定评分标准和评分方法。

评分标准一般按 10 分制或 5 分制评分，最理想时分值最高，最差时分值最低，中间可采用函数过渡插值。

评分方法常采用集体评分法。由几个评分者以评价目标为序对各方案评分取平均值或去除最大、最小值后的平均值作为分值。

总分可按分值相加法、分值连乘法、均值法、有效值等方法进行计算，应用最多的是用加权计分的有效值法，但不论使用哪种方法，总分越高则方案越佳。

4. 价值工程评价法

价值工程评价是以提高实用价值为目的，以功能分析为核心，以开发集体智力资源为基础，以科学的分析方法为工具，用最低的成本去实现机械产品的必要功能。

在价值工程中，功能与成本的关系可表示为

$$V=\frac{F}{C} \tag{2-1}$$

式中，V 为产品的价值；F 为产品的功能；C 为产品的寿命周期成本。

价值工程评价是通过对产品的功能与寿命周期成本之间的定量比较，得到产品的价值。利用价值工程评价，可以从几个产品中选择“价值”最合理的产品，也可以从几个产品中挑选出“价值”较低的改进对象。

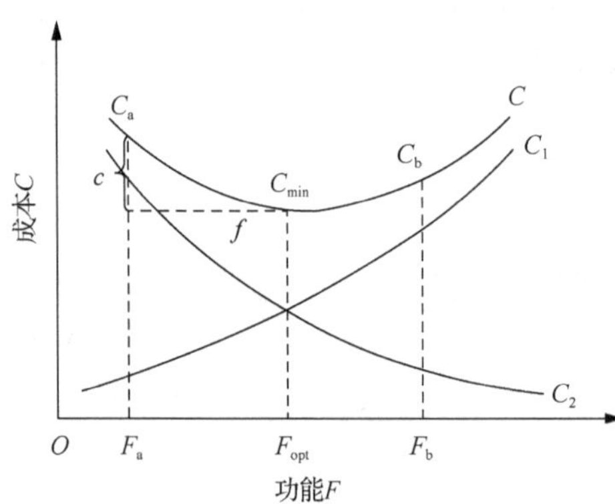

图 2-21　总成本构成与功能关系图

产品的价值功能是指产品所具有的特定用途和使用价值。

产品的寿命周期成本：用户为获得机械产品而用的购置费称为生产成本(C_1)，用户在使用机械产品过程中所支付的各种费用称为使用成本(C_2)，寿命周期成本就是生产成本与使用成本之和 $C=C_1+C_2$。

价值工程法的目的就是寻求不同的设计方案，以使寿命周期成本最低。图 2-21 表示了产品功能的完善程度(F)与产品寿命周期成本(C)之间的关系，设计方案越趋近于 opt 点，则在技术经济上越合理。图中的 opt 点表示了最适宜的功能水平和成本水平，此时的产品寿命周期成本是最低的。与 a 点相比较，成本降低了 c 值，功能则增加 3f。

为了评定产品的价值，必须使功能与成本进行比较。因此，功能也必须用货币来表示。每种产品，都具有能够满足用户需要的某种功能，为了获得这种功能必须克服某种困难，而克服困难的难易程度是可以用货币来表示的。这种用货币表示的实现功能的费用，亦即功能的货币表现，称为功能评价价值。

在多数情况下，用户要求的功能不止一项。如卧式车床的功能有 F_1(加工零件最大尺寸)、F_2(变速范围)、F_3(加工精度)等。于是，价值公式可写为

$$V = \frac{F_1 + F_2 + F_3 + \cdots}{C} = \frac{\sum F_i}{C} \tag{2-2}$$

众所周知，具体的功能本身是无法相加的，但是，用货币表示的功能，亦即功能评价值是可以相加的。

在评定产品的价值时，$V=1$ 表示实现功能所花的费用与其成本相适应，这是理想的状况。$V<1$ 表示实现功能的实际成本比其必需的成本大，应该大力降低成本，使 V 趋近于 1。$V>1$ 表示用较少的成本实现了规定的功能，在这种情况下，可以保持目前的成本水平，或者在成本允许的情况下，适当地提高其功能。

产品的价值取决于产品的功能和成本两个方面。由上述产品的价值公式可以看出，价值与功能成正比，与成本成反比，即功能越高，成本越低，其价值越大，技术经济效果越好。因此，为了提高产品的价值，一般采用五种途径，如表 2-5 所示。

表 2-5　提高价值的主要途径

途径	表达式	特点
提高功能，降低成本	$\frac{F\uparrow}{C\downarrow}=V\uparrow\uparrow$	理想途径
提高功能，成本不变	$\frac{F\uparrow}{C}=V\uparrow$	着眼于提高功能
大幅度提高功能，略增成本	$\frac{F\uparrow\uparrow}{C\uparrow}=V\uparrow$	着眼于提高功能
稳定功能不变，降低成本	$\frac{F}{C\downarrow}=V\uparrow$	着眼于降低成本
稍降功能，大幅度降低成本	$\frac{F\downarrow}{C\downarrow\downarrow}=V\uparrow$	着眼于降低成本

在总成本中，制造工厂可以控制的只有制造成本，因此，只能在降低制造成本上下功夫。其主要途径有：①修改设计；②改变原材料的品种、规格和供应来源，选择具有同样功能而价格低廉的原材料或代用品；③采用先进的技术和工艺代替传统的、落后的工艺流程；④采用适应技术发展的生产组织形式和管理方法等。

价值工程的工作程序可分为分析、综合、评价三个大的阶段。全部程序围绕七个问题进行(表 2-6)。

在评价过程中，既要按照科学程序进行，亦可根据实际需要交叉并进。步骤的划分可以较细，亦可较粗。若评价的对象简单，步骤可以较粗；反之，应该较细。但不论何种情况，程序中必要的内容，决不能随意省略，否则必然影响评价的质量和效果。

表 2-6　价值工程的工作程序

一般过程	价值工程工作的程序		
	基本步骤	详细步骤	相应分析的问题
分析	功能定义	选择对象	① 对象是什么？
		收集情报	
		明确功能定义	② 这对象是干什么用的？
		评价功能	
	功能评价	分析功能成本	③ 它的成本是多少？
		评价功能	④ 它的价值是多少？
综合	—	创造方案	⑤ 有无其他方案能实现同样功能？
评价	制定改造方案	概略评价	⑥ 新方案成本多少？ ⑦ 新方案能满足功能要求吗？
		具体化调查	
		详细评价	
		确定最优方案	
		执行最优方案	
		总评成果	

5. 技术经济评价法

综合评价是对筛选后少数有价值的备选方案同时从技术、经济和社会各方面进行整体评价，从而确定准备实施的最优方案。评价的方法有加权评分法、连乘评分法、评分定量表法、强制确定法(Forced Dcision，FD)加权评分法、环比评分法(Decision Alternative Ratia Evaluation System，DARE)加权评分法和技术经济评分法等。本节介绍最常用的技术经济评分法。

技术经济评分法是用技术价值和经济价值对方案进行评价与优化，从而选出最优方案的方法。

1)技术评价

对方案的技术评价采用效果估计打分法，其步骤如下。

(1)先找出一个能够实现全部评价特征的理想技术方案，然后以它为标准，按照技术方案接近理想状态的程度，确定评分标准，如表 2-7 所示。

表 2-7　评分标准

序号	接近理想状态的程度	标准评分
1	理想状态	4
2	较好	3
3	一般	2
4	勉强	1
5	不能满足要求	0

(2)按照评分标准，将其他技术方案与理想方案各项性能逐一对比，进行评分。

(3)计算各方案总的技术评价值。采用加权评分法得到

$$X = \frac{q_{1F_1} + q_{2F_2} + \cdots + q_{nF_n}}{(q_1 + q_2 + \cdots + q_n)F_{max}} \tag{2-3}$$

式中，X 为技术评价值；F_1，F_2，F_3，…，F_n 为各功能要素得分；q_1，…，q_n 为各评价要素的重要性系数；F_{max} 为理想状态的评分标准。

一般来说，$X<0.6$，方案是不合要求的；$X\approx 0.7$，方案是好的；$X>0.8$，方案是最好的。

2) 经济评价

对方案的经济评价采用制造费用比较法，即把产品制造费用作为主要评价要素来选择最优方案，其步骤如下。

(1) 求出产品价格系数。首先进行市场调查，找出功能相同的产品市场最低价格，然后与本厂产品售价相比，求出价格系数。价格系数＝市场最低价格 / 本厂售价。

(2) 求出允许的制造费用。允许制造费用＝本厂制造费用×价格系数。

(3) 求出理想的制造费用。理想制造费用＝0.7×允许的制造费用，系数 0.7 是发达国家工业经验数据。

(4) 求出方案经济评价值。经济评价值＝理想的制造费用 / 本厂的制造费用。当经济评价值为 0.7～1 时，该方案是可取的。

3) 技术经济优化

技术经济优化是利用“技术经济对比关系图”(图 2-22 所示)，使方案的技术价值与经济价值达到最优的组合。运用上述价值法和制造费用比较法，虽然可以分别对方案进行技术评价和经济评价，但是对于方案评价，常常是不充分的，所以还必须从技术和经济两个方面同时分析和优化，才能选取最优方案。这种最优方案显示在下列两个方面。

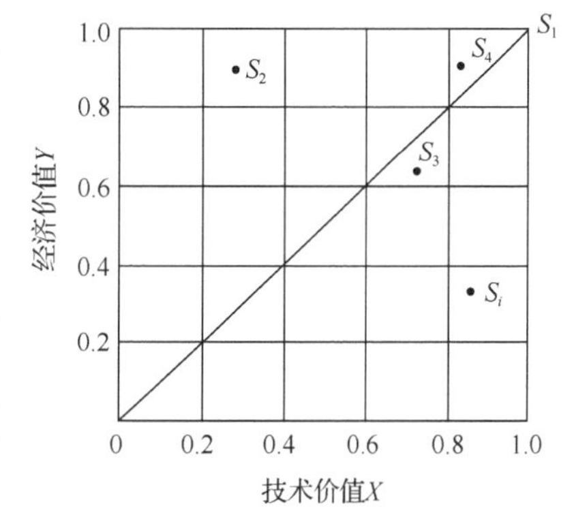

图 2-22　技术经济对比关系图

(1) 在 0 与 S_i 连线上的方案中，综合价值 $V_{综}=1$，表明方案的技术价值与经济价值恰好相等，这是技术与经济的最优组合。

(2) 综合价值点越靠近标准价值线越好，离 0 点越远越好，此时表明方案的技术价值和经济价值都高，方案优越。

图 2-23 是对设计方案进行技术经济优化的过程示意图。

6. 综合模糊评价法

在设计方案或产品评价时，许多评价指标的评判都会涉及“模糊”的概念。例如在设计方案评价中，有些评价指标如美观、安全性、便于加工、装配方便等，无法定量分析，只能用好、一般、差来描述。这些模糊的概念虽难以明确划定界限，但在人们的头脑中确实实际存在着。

模糊评价是利用集合与模糊数学综合考虑多种因素来判定某一事物所属范畴的方法。这种方法已广泛应用于自动控制、信息处理、天气预报、人工智能等领域。对于在机械工程中存在着的大量难以明确划定界限的模糊概念，也可用模糊评价法对设计方案中一些模糊指标数值化，进行定量的综合评价。

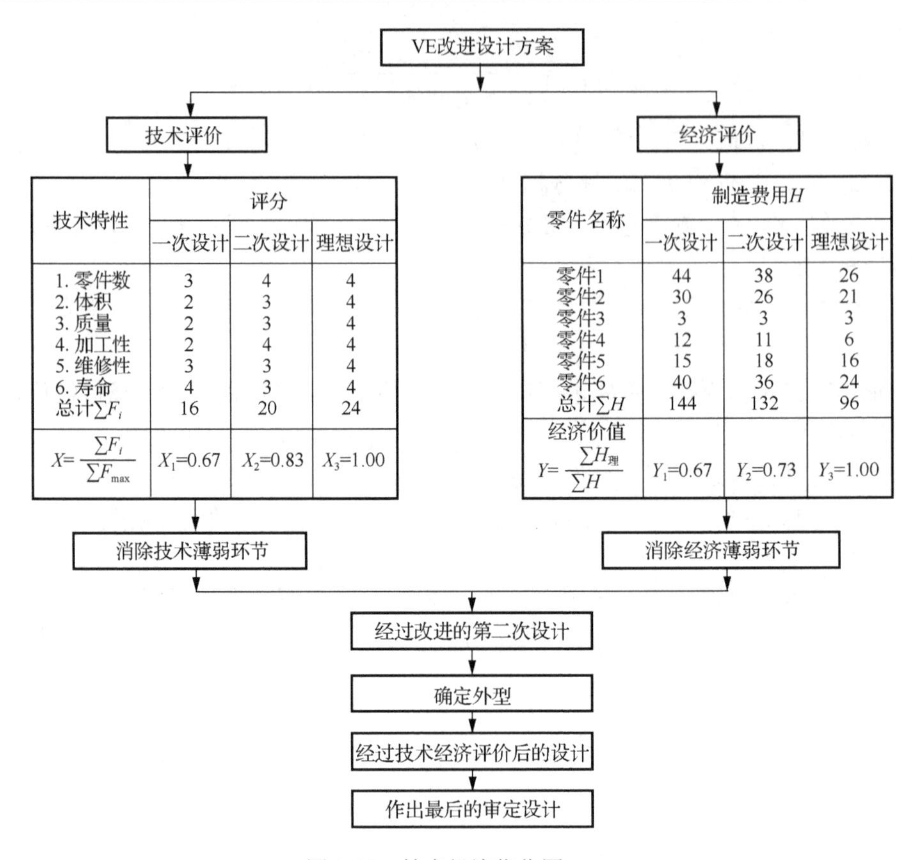

技术特性	评分		
	一次设计	二次设计	理想设计
1. 零件数	3	4	4
2. 体积	2	3	4
3. 质量	2	3	4
4. 加工性	2	4	4
5. 维修性	3	3	4
6. 寿命	4	3	4
总计$\sum F_i$	16	20	24
$X=\frac{\sum F_i}{\sum F_{max}}$	X_1=0.67	X_2=0.83	X_3=1.00

零件名称	制造费用H		
	一次设计	二次设计	理想设计
零件1	44	38	26
零件2	30	26	21
零件3	3	3	3
零件4	12	11	6
零件5	15	18	16
零件6	40	36	24
总计$\sum H$	144	132	96
经济价值 $Y=\frac{\sum H_{理}}{\sum H}$	Y_1=0.67	Y_2=0.73	Y_3=1.00

图 2-23　技术经济优化图

2.5　案 例 分 析

2.5.1　典型机械系统的功能分析

家用缝纫机是一种典型的工艺类机器，它的功能原理取决于实现缝纫功能的工艺方式。在很长一段时期，人们曾企图模仿人工缝纫的工艺方式来构思机器，即用针尾引线，并用线反复穿刺来进行缝纫。但经过探索和挫折，人们才认识到：简单照搬手工操作动作并不一定都是合理的。为了实现缝纫功能机械化，最后在两方面实现了具有历史性的突破和创新。一是采用了针尖引线代替针尾引线，二是采用了双线互锁交织以代替线的反复穿刺，从而实现了缝纫工艺功能的机械化。图 2-24 是手工缝纫线迹与缝纫机的缝纫线迹的对比。

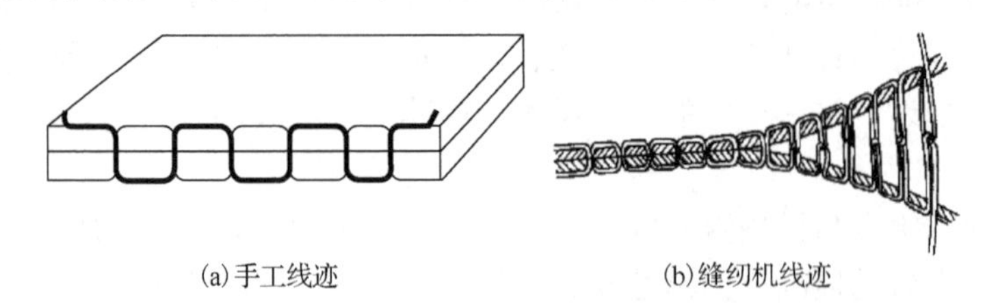

(a)手工线迹　　(b)缝纫机线迹

图 2-24　手工缝纫线迹与缝纫机缝纫线迹对比

1. 家用缝纫机的总功能

缝纫机的总功能是将线按一定规律缝于缝料上。它可使一根线或多根线通过自连、互连或交织，在缝料上形成一定形式的线迹。而家用缝纫机则采用了上下两根缝线互相交织，交织点位于缝料中间的双线锁式线迹。这种缝纫功能具有以下特点。

(1) 机缝线迹整齐美观，缝合牢固，缝纫迅速。它能缝制棉、麻、毛和化纤等多种制品。应用广泛。

(2) 由于缝纫质量的要求，实现总功能的各机构间的运动配合要求精度很高，如与机针相关构件的运动配合间隙必须保持在 0.04～0.10mm，一些关键动作如钩线又要求在极短时间(0.005s) 内完成。因此，家用缝纫机属于精密的工艺类机器。

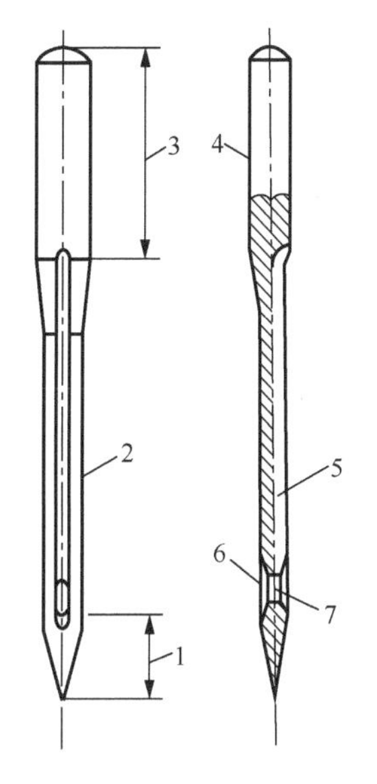

图 2-25　缝纫机针的形状

1-针尖；2-针刃；3-针柄；4-平面；5-引入槽；6-引出槽；7-针孔

2. 家用缝纫机的功能分析

1) 主要功能

为实现缝纫功能，形成双线锁式线迹，家用缝纫机的总功能由以下四个主要分功能构成。

(1) 引导面线造环的功能。

为使底线穿过面线，实现交织，必须由机针带着面线刺穿缝料。当机针上升时，穿过缝料的面线并不随之上升，而是留在缝料底面形成线环。这是由机针特殊结构实现的。图 2-25 表示了具有引入槽和引出槽并在针尖带孔的缝纫机针。从图中看出，引入槽长而深，引出槽却短而浅。面线从引入槽引入，穿过针孔，再从引出槽引出。当机针刺过缝料时，面线随针下降。当针回升时，在引入槽一侧，因其较深，面线嵌入槽内，不和缝料接触，随针上升。但在引出槽一侧，由于槽较浅，面线凸出槽外被缝料挤压，形成较大摩擦阻力，因而并不随针上升，而是被槽底托起，向外扩大，形成线环，这是实现双线交织的关键。它是一个很巧妙的工艺动作功能，其工作头是具有特殊结构的带针槽的机针，如图 2-26 所示。

(2) 钩面线扩环，使底面线交织的功能。

为实现此功能，先要使面线环扩大，并绕过藏有底线的梭心套，以便使底线穿入面线环，而后被面线环抽紧。这是靠一个在线环中摆进摆出的摆梭组件来实现的，摆梭如图 2-27 所示。当面线成环后，摆梭尖嘴插入线环，摆梭摆动又使环扩大。在扩大的环绕过梭心后，线环就被底线穿过，同时面线回收，使线环从摆梭尖嘴内脱出，抽紧面线，形成底面线交织，而后摆梭组件返回。图 2-28 表示了形成此主要功能的过程，该工作头就是往复摆动的带有尖嘴的摆梭。

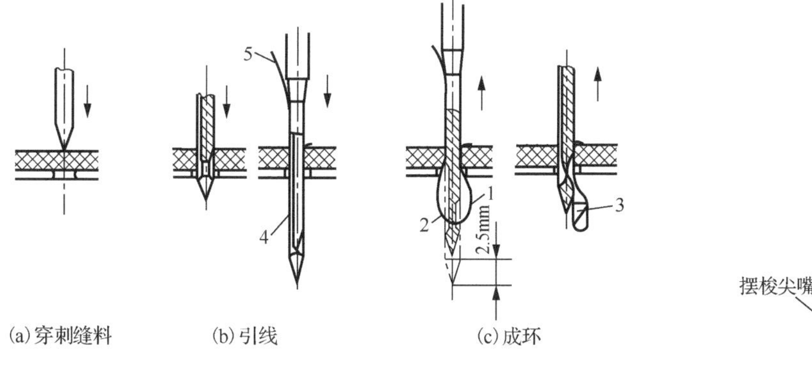

图 2-26　线环形成过程

1-线环；2、5-面线；3-摆梭尖；4-针槽

摆梭尖嘴

图 2-27　摆梭

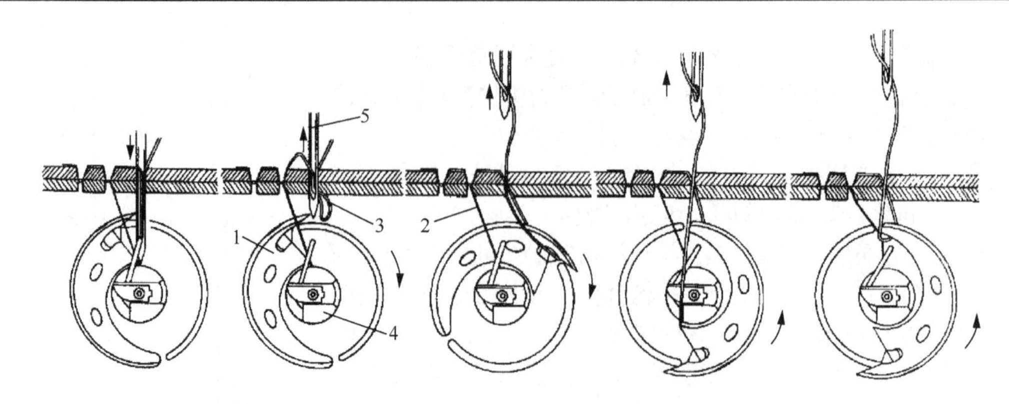

图 2-28　摆梭钩线扩环，完成底面线交织的工艺过程

1-摆梭；2-底线；3-面线；4-梭心套；5-针

(3) 供给和收回面线的功能。

当机针向下穿刺，形成线环及扩环过程中，都需要把面线供给机针和摆梭，而当底线穿过面线环后，又需要收回面线，以便抽紧底线，形成交织。这是靠挑线杆(工作头)带着面线上下摆动来实现的，如图 2-29 所示。

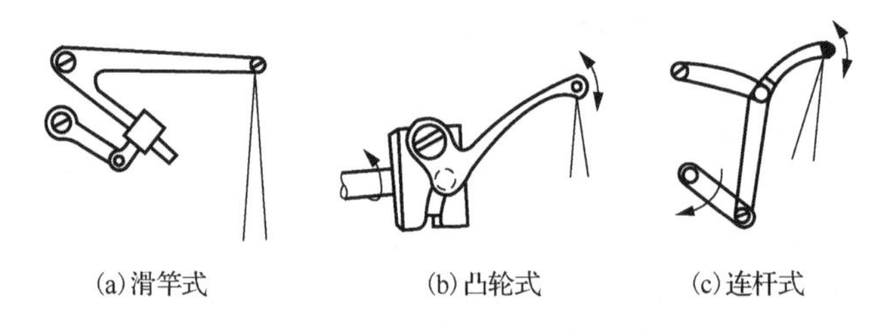

图 2-29　挑线机构

(4) 输送缝料的功能。

为使线迹连续，当一个线迹形成后，缝料应相对机针移动一个线迹距离。这是靠送布牙挤压推送缝料来实现的。当机针退出缝料后，送布牙就上升并压入缝料底面，利用摩擦力使缝料移动一个线迹。而后送布牙下降，和缝料脱离接触，以便进行下一个形成线迹的功能动作。最后送布牙返回原位，为移动下一个线迹做好准备。图 2-30 表示了送布牙移动缝料的功能动作过程，此主要功能的工作头即为送布牙，它移动的实际轨迹见图 2-31。

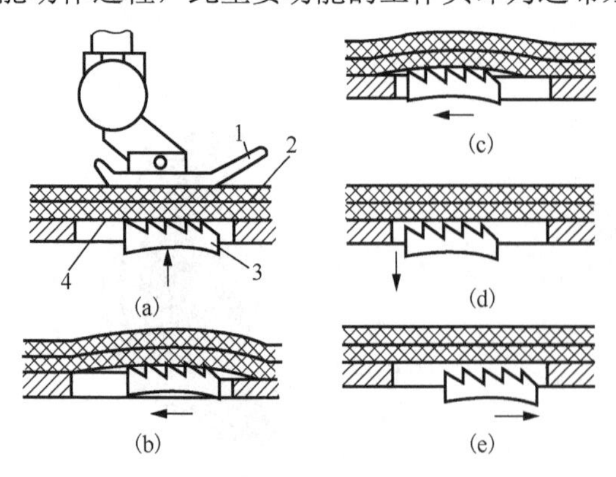

图 2-30　送布牙送料时的工作情况

1-压脚；2-缝料；3-送布牙；4-针板

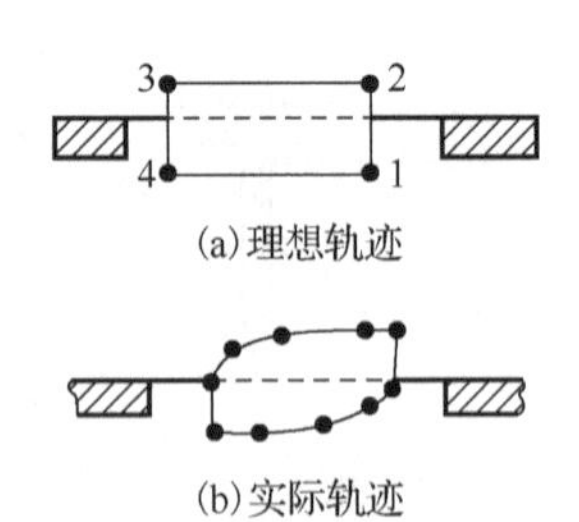

图 2-31　送布牙运动轨迹

2）辅助功能

为支持和保证主要功能的实现，还配置了一系列辅助功能。

(1) 调节面线和底线的阻尼功能。

为保证得到美观整齐的线迹，面线与底线的松紧应能使锁式线迹的交接点绞合在缝料中，如图 2-32 所示。面线过紧或底线过松，会使底线被拉到缝料上面；反之，面线会被底线拉到缝料下面。调节面线松紧的阻尼靠旋动夹面线螺母来实现，调节底线松紧的阻尼则用拧动压紧底线的螺纹来实现，如图 2-33 所示。

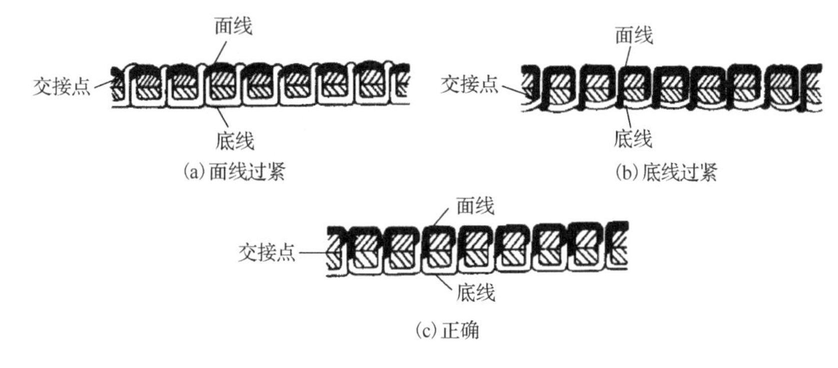

图 2-32　面线和底线的交织状况

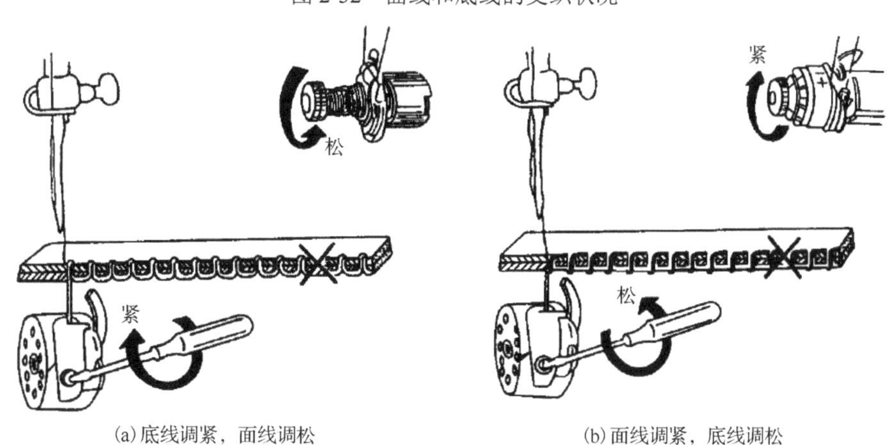

图 2-33　面线和底线的张力调节

(2) 调节压脚压紧力的功能。

压脚压紧缝料的压力过大，会产生缝料皱缩和缝料损伤；压力过小，又会产生送料呆滞和缝料溜滑现象。压紧力的大小是靠调节压脚压力的螺纹来实现的，如图 2-34 所示。

(3) 调节送布针距的功能。

送布针距影响到线迹密度。提高线迹密度会增加缝纫牢度，但过密则会影响缝料强度。针距大小由送布牙送料距离调节钮决定，如图 2-35 所示。

(4) 绕底线功能。

底线须绕在梭心上，才能进行底面线交织。实现此功能是把梭心装到绕线轴上，由高速转动的手轮使上摩擦轮带动绕线轴旋转，使梭心缠绕底线，如图 2-36 所示。

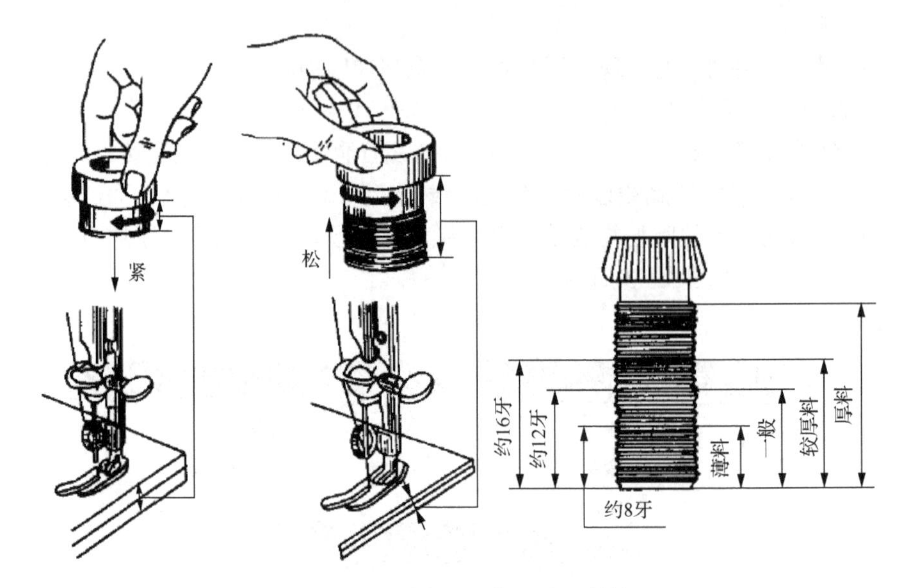

图 2-34　不同缝料调压螺纹旋入的情况

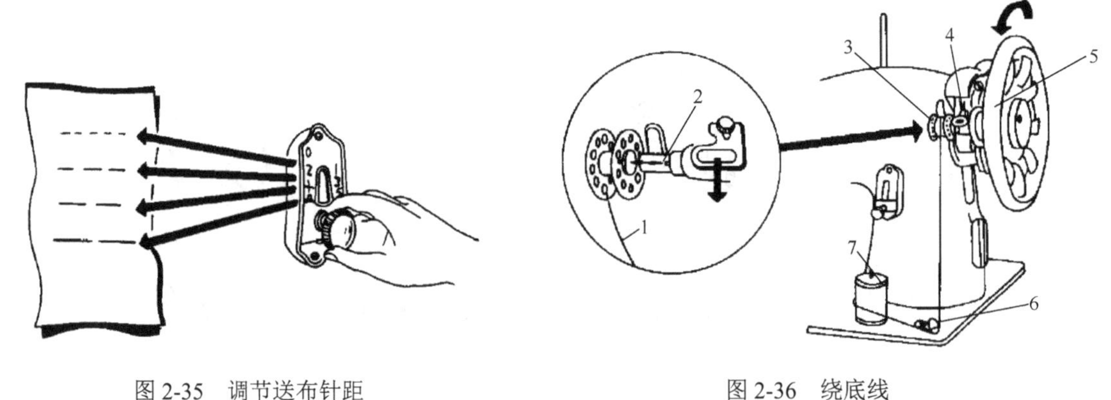

图 2-35　调节送布针距

图 2-36　绕底线

1-线；2-绕线轴；3-梭心；4-上摩擦轮；5-手轮；6-过线架；7-轴线

3) 控制功能

现代机器中的控制功能主要有三类，即机械控制功能、人-机控制功能和电子控制功能。

(1) 机械控制功能。缝纫机中每一功能动作都必须按规定时间和速度进行，它们之间的运动一定要完全协调，这是由缝纫机内传动机构的巧妙配合进行控制的。其传动机构实现时序分配主要由凸轮和连杆机构的工作相位配合来达到。

(2) 人-机控制功能。当人操作缝纫机时，操作者和缝纫机构成了一个典型的人-机系统。缝纫信息传入操作者的感官，再用手作为执行器来控制缝料运动，完成缝纫要求。

人机控制功能都要通过人机接口来实现，例如缝纫机的人-机接口有四个：①缝针工作区，是人眼获得信息的接口；②手轮，是人手控制启动的接口；③机针前方布面，是人手扶持布料引导针迹的接口；④脚踏板，是人脚输入动力和控制速度的接口。人-机接口往往需要很好的设计，以使人能更舒适、合理、可靠地实现控制。

(3) 电子控制功能。这是很多现代机器中普遍采用的控制方式，例如现代缝纫机用微机进行程序控制，从而实现可随意调节和改变缝纫线迹，甚至可以实现绣花和锁扣眼等特殊功能。

以上三方面功能(主要功能，辅助功能和控制功能)互相配合，共同实现了缝纫总功能。

2.5.2　基于功能分析的原理方案设计实例

以行走式挖掘机为例，它的总功能是取运物料，其功能可分解为如图 2-37 所示的功能树。

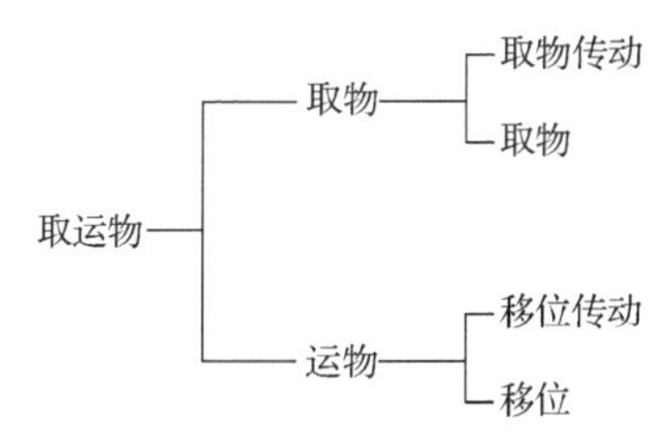

图 2-37　行走式挖掘机的功能树

经分析各分功能的可能形态，列出挖掘机的形态学矩阵，如表 2-8 所示。

表 2-8　挖掘机的形态学矩阵

功能元	局部解					
	1	2	3	4	5	6
A(动力源)	电动机	汽油机	柴油机	蒸汽透平	液动机	气动马达
B(移位传动)	齿轮传动	蜗轮传动	带传动	链传动	液力耦合器	—
C(移位)	轨道及车轮	轮胎	履带	气垫	—	—
D(取物传动)	拉杆	绳传动	气缸传动	液压缸传动	—	—
E(取物)	挖斗	抓斗	钳式斗	—	—	—

由表 2-8 中得到可能组合的方案数为：$N=6\times5\times4\times4\times3=1440$ 个。例如，A_1+B_4+C_3+D_2+E_1 得到履带式挖掘机，A_5+B_5+C_2+D_4+E_2 得到液压轮胎式挖掘机。

理论上方案组合数是 1440 个，但包括了很多不可行方案。例如，若动力源是电动机，则与液力耦合器、气垫、液压缸传动等分功能解不相容，不能共同组成可实现的原理方案。因此，在得到可行方案后，还要通过分析评价选出最佳原理方案。

2.5.3　总体布置设计案例

1. 汽车的总体布置设计

汽车总体布置形式是指发动机、驱动轴和车身(或驾驶室)的相互位置关系和布置特点。

根据发动机与车身相对位置的不同，可分为三种布置形式：发动机前置式、中置式和后置式。

根据发动机与驾驶室相对位置的不同，可分为四种布置形式：长头式、短头式、平头式和偏置式。

长头式：将驾驶室布置在发动机之后，如图 2-38(a)所示。

短头式：将发动机的一小部分伸入到驾驶室内，如图 2-38(b)所示。

平头式：将驾驶室布置在发动机之上，如图 2-38(c)所示。

偏置式：将驾驶室偏置于发动机的一旁，它是平头式或长头式的一种变形。

1) 货车的布置形式

发动机前置-后轮驱动的形式，由于发动机维修方便、能适应各种形式的发动机(直列、V 形、卧置)以及传动系统和操纵机构简单等优点，在货车上获得了广泛应用。而发动机中置和后置的形式，由于发动机须特殊设计、维修不方便、对保养条件和路面条件要求较高等缺点的限制，目前在货车上很少采用。

平头式的布置形式由于汽车的轴距和总长比较短、自重较轻、机动性好、视野良好、面积利用系数高等显著优点，加之采取了不少现代的结构措施以克服驾驶室夏季闷热、发动机维修不便、汽车高度较大等缺点，因而在现代的轻型、中型货车上得到广泛采用。近年来，重型货车受到长度限制(公路法规限制)，为了增加货厢长度，充分提高其载重量，采用平头式的也不断增多。

长头式比较适合于使用条件较差的货车和越野汽车，在重型货车上采用长头式的也不少。

偏置式由于具有平头式的优点，且可以减少驾驶室的闷热、便于发动机的维修，进一步改善视野，因而在超重型矿用自卸车上用得较普遍。

2) 大客车的布置形式

现代大客车几乎全部采用平头式。大客车的布置形式可分为发动机前置、中置、后置(横置、纵置)(图 2-39)。

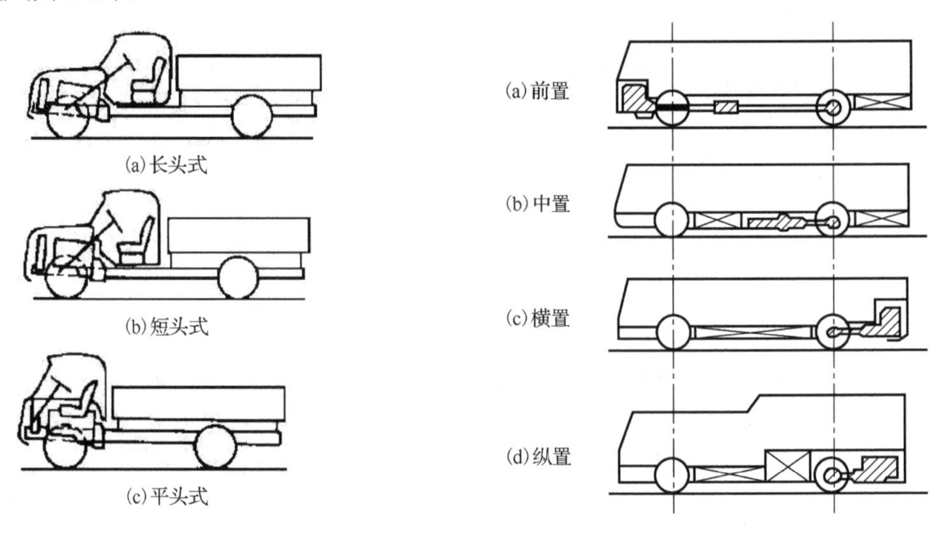

图 2-38　货车的布置形式

图 2-39　大客车的布置形式

早期的大客车大多用货车的发动机和底盘改装。因而，多沿用货车上常用的前置发动机-后轮驱动的布置形式。前置式的主要优点是与货车通用的部件多，操纵机构简单，发动机冷却条件好，维修方便，但存在着车厢内噪声较大、有油烟味和热气、车厢内面积利用较差、地板较高等明显缺点。

现代的大客车多采用发动机中置和后置的布置形式。这两种布置形式的共同特点是车内噪声小，车厢内的面积利用好，尤其后置式乘坐舒适性更好一些。对于来往于城市间的长途大客车和旅游用大客车，最主要的性能要求是舒适性、安全性、视野性，因而常常采用发动机后置和中置的形式。但中置式由于发动机维修较困难、保温较困难，所以适合于公路条件和气候条件较好的场合。

2. 机床的总体布置设计

机床的布置形式就是机床各主要部件之间的相对位置关系以及刀具与工件之间的相对运动关系。通常工艺要求所确定的仅仅是相对运动，例如刨削平面，可以由刀具做往复运动来实现，如牛头刨床；也可以由工件做往复运动来实现，如龙门刨床。

为了提高机床的刚度，应尽量形成框架式结构。为了减小机床在加工中的振动，精密和高速机床常采用分离传动。

1)车床的布置形式

机床设计中，车床用于车削轴类零件，一般均采用卧式水平布置形式，如卧式车床(图 2-40(a))。加工大直径但重量相对较轻的盘形或环形工件，可用落地式布置形式(图 2-40(b))。当用来加工短而粗且重量大的盘形零件时，则采用立式布置形式；工件直径较小，可采用单柱立式布置形式(图 2-40(c))；工件直径大，可采用双柱式立式布置形式(图 2-40(d))。

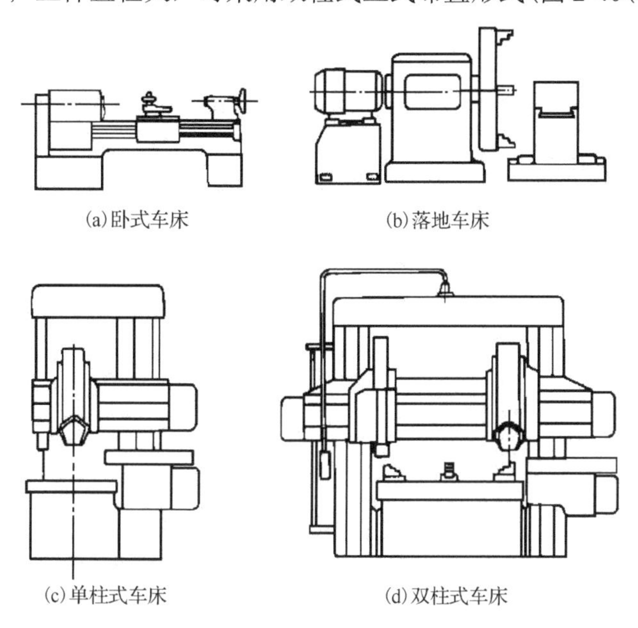

(a)卧式车床　(b)落地车床

(c)单柱式车床　(d)双柱式车床

图 2-40　车床的布置形式

2)铣床的布置形式

机床设计中，工件的重量也是影响到部件之间运动关系的重要因素，一般来说，都是让重量较轻的部件运动。如加工重量较轻的工件的升降台铣床(图 2-41(a))，加工时刀具做回转运动，工件三个方向的移动分别由工作台、滑鞍和升降台完成。当工件较重时，工件只做纵、横向运动，竖直方向的运动由铣头来完成，这就是工作台不升降立式铣床(图 2-41(b))。当工件更大时，工件只随工作台做纵向移动，升降和横向运动由横梁和铣头完成，这就是横梁移动式龙门铣床(图 2-41(c))。当工件特大时，工件不动，三个方向的运动由龙门架和铣头来完成，这就是地坑式龙门铣床(图 2-41(d))。

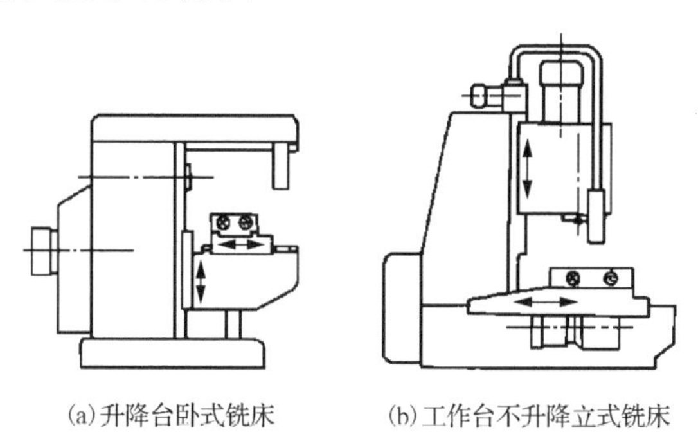

(a)升降台卧式铣床　(b)工作台不升降立式铣床

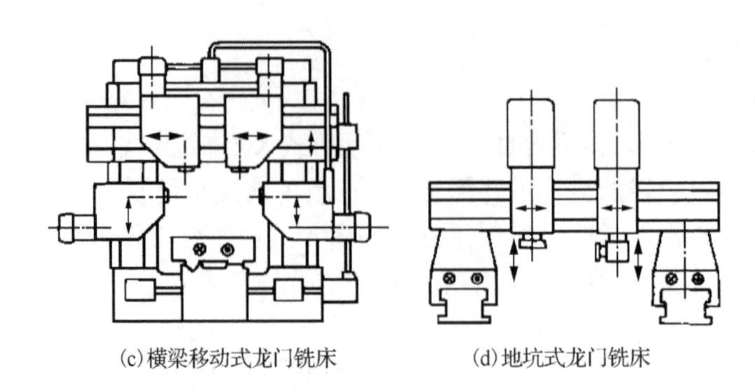

图 2-41 铣床的布置形式

2.5.4 设计评价实例

对某机械产品甲进行功能评价，确定其功能的现实成本和功能区的评价值，并求出功能价值和成本降低幅度。

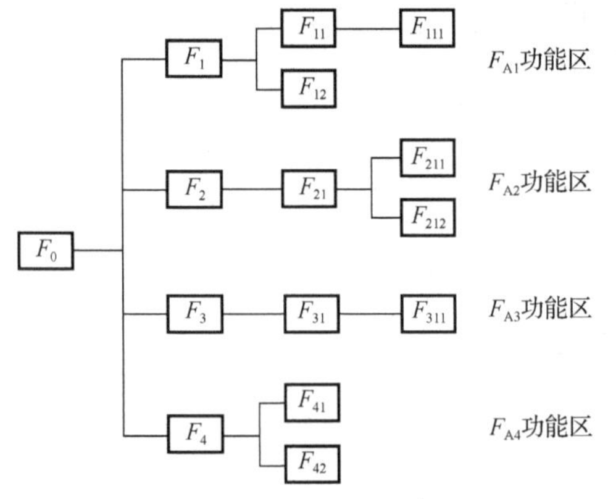

图 2-42 产品甲功能系统图

(1) 对产品甲进行功能分析，绘制功能系统图，如图 2-42 所示。

(2) 估算功能区的现实成本，如表 2-9 所示。

(3) 确定各功能区的重要性系数，其步骤如下。

① 根据产品功能系统图，按分成的若干个功能区填入功能重要性评价表，如表 2-10 所示。

② 根据各功能区之间的重要性程度，凭借经验判断，确定各功能之间的相互比值作为暂定重要性系数。例如：F_{A1} 功能区的功能重要性是 F_{A2} 的 1.2 倍，F_{A2} 是 F_{A3} 的 1.7 倍，F_{A3} 是 F_{A4} 的 2.5 倍。

③ 进行重要性系数的修正。先将 F_{A4} 功能区的重要性定为 1，所以 F_{A3} 为 F_{A4} 的 2.5 倍，即 2.5×1.0=2.5。以此类推，F_{A2} 为 F_{A4} 的 1.7×2.5=4.25 倍，F_{A1} 为 F_{A4} 的 4.25×1.2=5.1 倍。④将修正的重要性系数与其合计总数之比，定为各功能区的重要性系数。

表 2-9 功能区现实成本

零部件	现实成本/元	功能区			
		F_{A1}	F_{A2}	F_{A3}	F_{A4}
P_1	82	17	15	50	—
P_2	1188	40	55	—	23
P_3	85	—	5	—	20
P_4	55	35	—	20	—
合计	340	92	135	70	43

表 2-10 功能重要性评价表

功能区	功能重要性程度评价(DARE)		
	暂定重要性系数	修正重要性系数	功能重要性系数
F_{A1}	1.2	5.1	0.40
F_{A2}	1.7	4.25	0.33

续表

功能区	功能重要性程度评价(DARE)		
	暂定重要性系数	修正重要性系数	功能重要性系数
F_{A3}	2.5	2.5	0.19
F_{A4}	1.0	1.0	0.08
合计	6.4	12.85	1.00

(4) 按功能区的重要性系数将预测的目标成本分摊到各功能区，如表 2-11 所示，即得各功能区的评价值。

表 2-11　按功能区重要性系数分配目标成本

功能区	功能区重要性系数	功能区现实成本 C_a/元	按功能区重要性系数分配现实成本/元	按功能区重要性系数分配目标成本 C_0/元	功能价值 $V_f=C_a/C_0$	成本降低幅度 (C_a-C_0)/元	VE 顺序
F_{A1}	0.40	92	136	120	1.30	−28	2
F_{A2}	0.33	135	112.2	99	0.73	36	1
F_{A3}	0.19	70	64.6	57	0.81	13	1
F_{A4}	0.08	43	27.2	24	0.56	19	3
合计	1.00	340	340	300	—	40	—

(5) 如果再要把各功能区分摊到的目标成本进一步分配到各功能，仍然可以用上述方法求出各功能重要性系数，再去分摊各功能区的目标成本。

(6) 功能价值的计算。根据上述运用各种方法确定的各功能区或功能的现实成本和最低成本，计算功能价值 V_f 和降低幅度(C_a-C_0)，如表 2-11 所示，并根据成本降升幅度的大小，最后确定价值工程活动顺序。

思考与实践题

1. 试论述机械系统总体方案设计的概念、基本内容和一般过程。
2. 在原理方案设计过程中应解决哪些主要问题？
3. 进行原理方案构思时常用哪些方法？
4. 如何定义机械产品的功能？它有哪些特性？
5. 什么是系统的核心功能、总功能和功能元？它们之间具有什么样的关系？
6. 功能分解的成果一般有两种表达方式，分别说明其方式，并给出示例图。
7. 试说明功能原理设计的内容和一般步骤。
8. 机械产品的更新换代一般有哪几种途径？
9. 系统功能原理方案的构思应该注意哪几个方面？
10. 形态学矩阵有什么特点？
11. 对机械系统的总体布局有哪些基本要求？
12. 布置执行系统时应注意哪些事项？
13. 说明传动系统的布置要求。
14. 试选择一个机械系统(机械产品)，依据其主要功能，分析所采用的相关功能原理及其实现途径。
15. 按本章的功能原理设计方法，对上述所选系统的功能设计进行自我拓展训练。(还能采用哪些功能原理？如何实现？)

第3章　动力系统设计

3.1　工作机械的载荷分析

所有机械在工作中几乎都要承受各种外力的作用，工程上把这些外力称为载荷。载荷的大小和类型是由机械系统本身的功能要求、工作环境和结构间的约束情况等确定的。要保证机械系统安全可靠地工作，其基本条件是组成机械系统的零部件应具有足够的强度(静强度和疲劳强度)、刚度和稳定性，在规定的使用期限内不发生破坏，动力机应满足执行机构要求的功率等。这些条件的确定依据是系统所承受的载荷，因此，载荷的确定是各类系统设计计算的基础。

3.1.1　载荷的类型

载荷的种类很多，作用方式也不一样，一般按以下方法分类。

1. 按载荷作用形式分类

1) 直接作用载荷

载荷以力或力矩的形式直接作用在机器上，如由工作阻力产生的载荷、惯性载荷、风载荷、驱动力、制动力等。

2) 间接作用载荷

以变形的形式间接作用在机器上，如温度、地震的作用引起的载荷。

对于绝大多数的机械系统，直接作用的载荷是主要的。

2. 按载荷产生的来源分类

1) 工作载荷

工作载荷指由机器工作阻力产生的载荷。不同类型的机器，工作载荷的作用方式不同。如起重机的工作载荷由货物重量和吊具重量产生；水闸闸门启闭机构的工作载荷由闸门自重、摩擦阻力、水力压力等产生；汽车的工作载荷由车轮与地面的摩擦和空气阻力等产生；工作载荷是各种机器最重要、最基本的载荷。

2) 动力载荷

动力载荷由机械系统的运动变化产生，包括惯性载荷、振动载荷和冲击载荷等。

机械系统在机械运动速度的大小或方向发生变化时，就会产生上述动力载荷。如启动或制动产生惯性载荷、冲击载荷或振动载荷。

3) 自重载荷

机器的自重载荷是指机械系统各种机构的自身重量产生的载荷。

4) 风载荷

具有一定质量的空气以一定速度流动而被某机构表面阻挡时，空气的动能将转化为势能，对机构产生静压力。

5）温度载荷

温度变化使构件热胀冷缩，当构件的胀缩受到约束时，便承受温度载荷作用，在构件中产生附加力。

6）水力载荷

水力载荷以压力和流动阻力的形式反映出来。水在静止状态时的压力称为静水压力；水在流动状态时的压力称为动水压力。与水力、水电有关的机械中常需考虑水力载荷。

3. 按载荷的大小和方向是否随时间变化分类

1）静载荷

静载荷指大小、位置和方向不随时间的变化而变化的载荷，如自重载荷。

2）动载荷

动载荷指载荷的大小、位置和方向随时间的变化而显著变化的载荷。它常用幅值和频率来描述。

在工程中，大多数机械系统承受的都是变载荷，严格地说静载荷是很少见的，但是在设计上常把量值变化不大或变化速度缓慢的载荷，近似地作为静载荷处理。

4. 按动载荷的载荷历程分类

工程上常把变载荷的载荷值随时间的变化规律称为载荷-时间历程，或简称载荷历程。一般机械承受的动载荷主要有以下几种。

1）周期载荷

这种载荷的大小是随时间作周期性变化的，它可用幅值、频率和相位角三个要素来描述。以正弦规律变化的载荷是最简单的一种周期载荷，又称简谐载荷，如图 3-1(a)所示。有些具有复杂周期的载荷，如图 3-1(b)所示，其幅值可以用傅里叶级数展开，将复杂周期载荷分解为有限个简谐载荷之和。

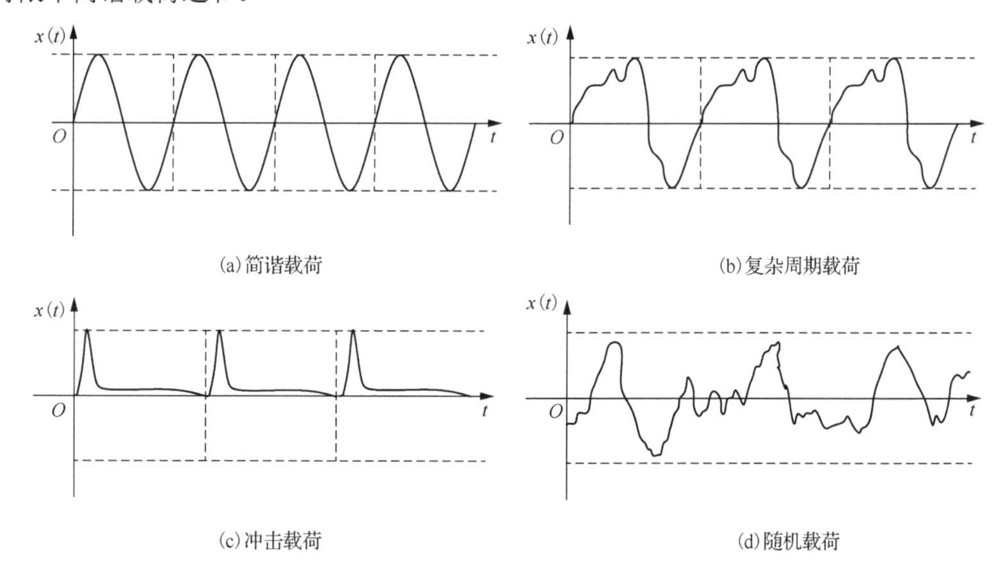

图 3-1　各种载荷-时间历程

2）冲击载荷

这种载荷的特点是载荷作用时间短，而且幅值较大，如图 3-1(c)所示。例如，锻锤在锤打坯料时所受的载荷就属于冲击载荷。设计中对于量值较小、频率较高的多次冲击载荷，常按一般的周期载荷来处理。

3) 随机载荷

这种载荷的幅值和频率都是随时间而变化的，它不可能用一个函数确切地进行描述，如图 3-1 (d) 所示。在工程中有许多机械，如汽车、拖拉机、水轮机、飞机等的工作载荷都是无规则的随机载荷。由于随机载荷具有不确定性，因而只能应用数理统计方法才能获得它们的统计规律。一般对随机的载荷-时间历程要进行频谱分析，从幅值域、时间域和频率域三个方面分析它的统计规律，以此来对随机载荷进行描述。

3.1.2　载荷的处理方法

1) 静载荷的处理

静载荷一般使用静强度判据来进行设计与计算。

2) 动载荷的处理

对于一些机械虽然受到动载荷的作用，但在设计时经常采用以名义载荷乘以大于 1 的动载系数，用静载荷的设计方法进行设计计算。表 3-1 列出了各种机械动载系数的推荐值。

表 3-1　动载系数的推荐值

机械名称	空载启动	带载平稳启动	带载快速启动	启动后摩擦离合器加载	启动后冲击加载
小型风机、车床、钻床、皮带运输机等	1.2～1.3	—	—	1.2～1.4	—
轻型传动、铣床、泵等	1.3～1.5	—	—	1.3～1.5	—
绞车、刨床、汽车、纺织机械等	1.3～1.5	1.4～1.6	1.5～1.7	1.4～1.6	—
挖土机、起重机的起重机构等	1.4～1.8	1.7～1.9	1.8～2.0	1.7～1.9	2.0～2.2
球磨机、曲柄压力机、剪切机等	—	1.1～1.25	1.2～1.3	—	1.3～2.0
起重机的水平移动机构	—	1.6～1.9	1.8～3.0	—	—
电车、电动小车、翻车机等	—	1.6～19	1.8～2.5	—	2.0～2.5
空气锤、矿石破碎机、轧钢机等	—	2.0～2.3	2.0～2.6	—	2.5～3.5

3) 确定性载荷的处理

确定性载荷包括周期载荷和非周期性载荷。可对其进行傅里叶展开和傅里叶变换，从而获得它们的变化规律，再利用疲劳强度理论进行设计计算。

4) 随机载荷的处理

由于随机载荷具有不可重复性和不可预测性，直接利用较为困难，一般采用统计的方法来得到它的统计规律。对于具体机械，可以将原始记录的载荷-时间历程，用概率统计的方法进行处理后得到能反映载荷随时间变化的、具有统计特征的载荷-时间历程，也就是载荷谱。

3.1.3　载荷的确定方法

在设计机械时，一般须预先给定机械的工作载荷，它可由设计者自行确定，也可以由需求方提供。无论何种情况，都应根据具体机械要完成的功能来确定。例如，在设计一台冲压机床时，就要根据冲压零件的材料、品种、规格和生产率等来确定冲床的冲压力或动力机功率的大小。对于预先给定的载荷，有的在整个设计过程中不再变动；有的只是初步给定，在设计完成后，甚至在机械制造出来后才能最终确定，这种情况在样机设计中会经常遇到。

在确定设计载荷时，有时还需要考虑国家对该产品制定的规格、系列或标准。例如冲压机床规定了冲压力的系列标准，起重机规定了起重量的系列标准等，它们都直接规定了设计载荷的大小。还有一些机械产品是以某些表征设备能力的特征结构尺寸作为系列标准。例如钢坯轧机以轧辊直径表示，挖掘机以铲斗容量表示，这些结构尺寸实际上决定了许用工作载荷的大小。所以，设计人员在设计产品时，应该优先采用标准系列规定的载荷。

确定工作载荷通常有三种方法：类比法、计算法和实测法。对于一些复杂的难以确定的载荷也可以把上述几种方法结合起来使用。

1. 类比法

参照同类或相近似的机械，根据经验或简单的计算确定所设计机械的载荷，这种方法称为类比法。它主要应用在载荷较难确定的情况或初步设计阶段。例如，在设计一台新型汽车时常因载荷复杂只能先根据同类型产品进行类比确定其载荷，当该汽车制造出来后再进行实际的试验测定。类比法还可以应用在不需要精确确定载荷的情况，特别是设计一些以传递运动为主的机械，如一些仪器仪表的设计。

使用类比法确定载荷一般需要一定的实际经验，否则容易出现确定的载荷过大或过小的情况。应用类比法时常可采用相似原理进行推断，其中常用的有几何类比和动力类比等。

几何类比是在设计新机械时，首先确定能表征该设备能力的几何尺寸，并根据现有同类机械的尺寸与载荷之间的关系确定。

$$\frac{F_1}{F_2}=\frac{f\left(l_1\right)}{f\left(l_2\right)} \tag{3-1}$$

式中，F_1、l_1 分别为待设计机械的载荷和尺寸；F_2、l_2 分别为原有机械的载荷和尺寸；$f(l)$ 为该类机械的尺寸和载荷之间的函数关系。

动力类比是选择一种同类的机械，调查其实际使用的动力机容量大小，如电动机的转矩、功率等，然后用简单的类比关系确定所设计机械的动力，以此作为依据来推算机械及其零部件所受的载荷。

2. 计算法

计算法即根据机械的功率要求和结构特点运用各种力学原理、经验公式或图表等计算确定载荷的方法。

例如设计起重机时，其承受的主要载荷大部分都可用计算法确定，包括以下四部分。

1) 起升载荷

起升载荷包括起重机的额定起重力和随货物一起升降的装置(如吊具、最大起升高度的钢丝绳等)的重力。其中额定起重力指正常工作时允许起吊的货物重力与可从起重机上取下的取物装置(如抓斗、电磁吸盘等)的重力之和。额定起重力应符合国家标准的规定。

2) 起重机的整机重力

起重机的整机重力包括起重机所有零部件和附属设备的重力。在设计前起重机的整机重力是个未知数，此时，可以参照同类起重机进行类比估计，在设计完成后再予以修正。设计后，起重机的整机重力为

$$W=\sum m_i g=\sum \rho_i V_i g \tag{3-2}$$

式中，m_i 为各零件的质量；V_i 为各零件的体积；ρ_i 为各零件材料的密度；g 为重力加速度。

在计算中根据要求的精确程度，整机重力可按集中载荷或均布载荷处理。

3) 动载荷

起重机在启动或制动等不平稳运动状态时，会引起振动载荷和惯性载荷，如在提升重物时由惯性引起的动载荷 F_{d1} 为

$$F_{d1} = K \cdot G \tag{3-3}$$

式中，G 为起升载荷；K 为起升动力系数，起重机的类型及工况不同时，K 值也不同。

由移动部分零部件惯性引起的动载荷 F_{d2} 为

$$F_{d2} = m \cdot \frac{\mathrm{d}v}{\mathrm{d}t} \tag{3-4}$$

式中，m 为移动部分零部件的质量；$\mathrm{d}v/\mathrm{d}t$ 为零部件移动的加速度。

由转动部分零部件惯性引起的动转矩 T_{dz} 为

$$T_{dz} = J \cdot \frac{\mathrm{d}\omega}{\mathrm{d}t} \tag{3-5}$$

式中，J 为转动部分零部件的转动惯量；$\mathrm{d}\omega/\mathrm{d}t$ 为零部件转动的角加速度。

有时还要考虑起重机在运行中通过轨道接头或不平道路时产生的冲击载荷，冲击载荷的大小与运行速度及路面状况有关。

4) 风载荷

在室外工作的起重机还需要考虑风力引起的载荷 F_f。

$$F_f = C \cdot p_{\mathrm{fN}} \cdot A \tag{3-6}$$

式中，p_{fN} 为标准风压；A 为起重机的迎风面积；C 为考虑迎风体型和起重机高度的修正系数。

起重机在设计时除考虑上述载荷外，还须考虑运行中的坡度阻力、货物偏摆载荷及倾向力等，这些在起重机设计规范中都有详细的计算方法。

不同机械所受的载荷是不同的。当用计算法确定载荷时，必须对机械的作业特点、负载状况及其有关影响因素进行认真的分析，运用静力学或动力学方法确定其工作载荷，并根据力的传递原理计算各零部件的载荷，或按有关设计规范进行计算。

3. 实测法

实测法是指用实验分析的方法测定机械及其零件的载荷。它具有直接准确等优点。电阻应变计测量法是目前最常用的一种实测载荷的方法。它利用电阻应变片、电阻应变仪和显示或记录仪器组成的测量系统进行载荷值的测量。先将电阻应变片粘贴在零件或弹性元件上，在零件或弹性元件受载变形后，电阻应变片的电阻值也随之发生变化，经电阻应变仪组成的测量电桥，使电阻值的变化转换成电压信号的变化，经过放大处理，在显示或记录仪中记录或显示出与载荷成比例变化的曲线，通过标定就可以得到载荷值的大小。

3.1.4 工作机械的工作制

工作机械的工作制是指机械工作的持续状况，可分成连续、短时和断续周期性三种。

不同的机械对工作制表示形式有所不同，一般断续周期性工作机械在工作时间 t_g 和间歇时间 t_0 轮流交替，这类机械用负载持续率 FC 表示。

$$\mathrm{FC} = \frac{t_g}{t_g + t_0} \times 100\% \tag{3-7}$$

载荷的类型反映载荷大小随时间变化的特性，工作制反映工作中负载的持续状况，两者对机械产品动力机选择和零部件的设计计算都有影响。

3.1.5　负载特性和负载图

1. 工作机械的负载特性

工作机械的负载特性是指工作机械在运行过程中其运动参数(位移、速度等)和力能参数(功率、转矩等)的变化规律。选择动力机的容量时,主要考虑工作机械在输入动力端的转矩 T_z,功率 P_z 和转速 n 之间的关系,即 $T_z = f(n)$,$P_z = f(n)$。所选的动力机应与这些特性相适应。若工作机械在执行机构端的转矩和功率为 T_z' 和 P_z',中间传动系统的传动比为 i,机械系统的总效率为 η,则有

$$T_z = \frac{T_z'}{i \cdot \eta} \tag{3-8}$$

$$P_z = \frac{P_z'}{\eta} \tag{3-9}$$

大多数工作机械的负载特性可以归纳为以下几种类型。

1) 恒转矩负载特性

它是指转矩 T_z 与其转速无关的特性。即当转速变化时,负载转矩保持常数。恒转矩负载特性分为反抗性转矩负载特性和位能性转矩负载特性两种。反抗性转矩负载特性的作用方向是随转动方向的改变而变化。例如,摩擦负载转矩就具有这样的特性,负载转矩的方向与运动方向相反。属于这一类负载特性的工作机械有物料移送机、皮带运输机、轧钢机等。位能性恒转矩负载的作用方向不随转动方向而变。属于这一类负载特性的工作机械有起重机的提升机构、矿井提升机构等。两种负载特性曲线如图 3-2(a)、(b) 所示。

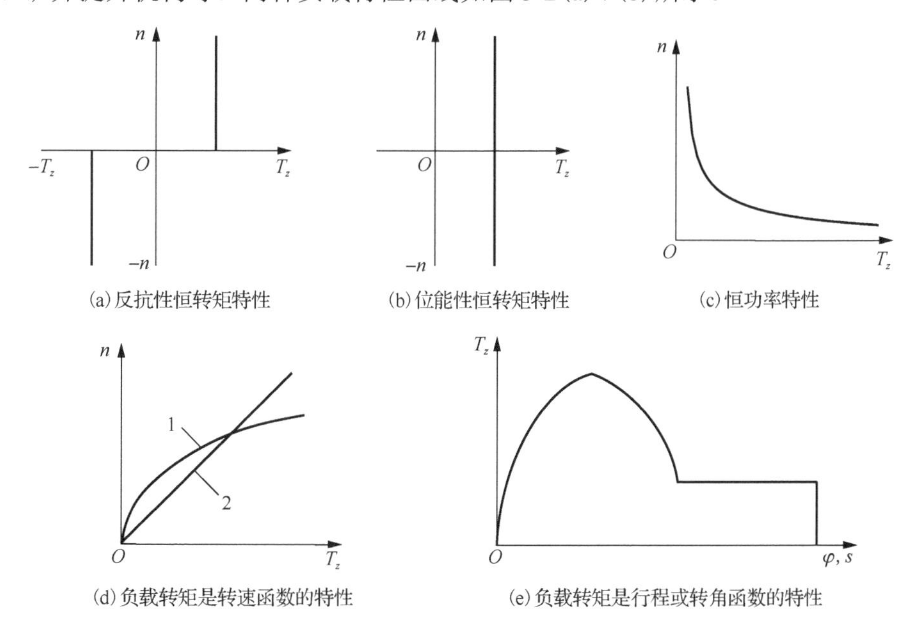

(a) 反抗性恒转矩特性　(b) 位能性恒转矩特性　(c) 恒功率特性

(d) 负载转矩是转速函数的特性　(e) 负载转矩是行程或转角函数的特性

图 3-2　工作机械的负载特性

2) 恒功率负载特性

它指负载功率 P_z 基本保持不变的特性,如图 3-2(c) 所示。许多加工机床均属于这种负载特性。粗加工时切削量较大,采用低速运行;精加工时切削量较小,采用高速运行。一些工程机械也属于这类负载特性,工作负载大时转速低,工作负载小时转速相应增高,负载转矩

T_z与转速 n 成反比。

3）负载转矩是转速函数的负载特性

有些工作机械的负载转矩 T_z与转速 n 之间存在一定的函数关系，即呈$T_z = f(n)$特性。例如离心式鼓风机、水泵等按离心力原理工作的机械，其负载转矩随转速的增大而增大。图 3-2（d）中曲线 1 为负载转矩与转速呈二次方关系，曲线 2 为直线关系。

4）负载转矩是行程或转角函数的负载特性

某些工作机械的负载转矩 T_z与行程 s 或转角 φ 之间存在一定的函数关系，即呈$T_z = f(s)$或$T_z = f(\varphi)$特性。带有连杆机构的工作机械大多具有这种特性。例如，轧钢厂的剪切机、升降摆动台、翻钢机，以及常见的活塞式空气压缩机、曲柄压力机等，它们的负载转矩都是随转角的变化而变化的，如图 3-2（e）所示。

5）负载转矩变化无规律的负载特性

负载转矩随时间做无规律随机变化。如冶金、矿山机械中常用的破碎机和球磨机等，它们的负载转矩都属于这一类。

2. 工作机械的负载图

负载图是表示功率、转矩与时间的关系图线。若这种关系表示的是工作机械的情况，则称为工作机械负载图；若表示的是动力机的情况，则称为动力机负载图。一般来说，动力机的负载图与工作机械的负载图是不相同的，这主要是工作负载及系统惯性载荷的影响所造成的。

图 3-3 所示为某卷扬机的负载图。其中图 3-3（a）为卷扬机的工作负载图，其转矩在提升重物时保持不变，在停机时为零，图中 T 为工作循环周期。图 3-3（b）为提升重物过程中转速的变化情况，启动时转速由零逐渐增至 n，随后在转速 n 下稳定运行，再经一定时间卷扬机制动降速，直至停机状态，经停歇一定时间后又加速启动，如此反复运行。其中启动时间 t_s和制动时间 t_b与动力机特性有关，稳定运行时间 t_{st}和停歇时间 t_0取决于卷扬机的工作制度。图 3-3（c）表示卷扬机在运行过程中相应的加速度变化情况。由于启动和制动时间较短，在设计中常把加速度近似为恒值处理。图 3-3（d）为动力机的负载图，按图中的负载变化就可选择和校验动力机的容量。

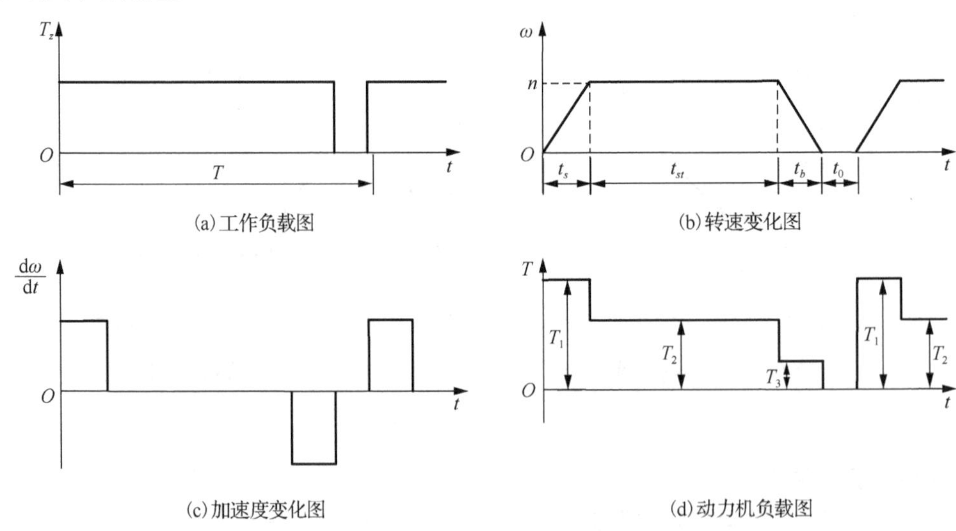

图 3-3　某卷扬机的负载图

在计算动力机的转矩时应考虑系统惯性的影响，即动力机的转矩为

$$T - T_z = J_{De}\frac{\mathrm{d}\omega}{\mathrm{d}t} \tag{3-10}$$

式中，T 为动力机输出的转矩；T_z 为工作机械的负载转矩；J_{De} 为折算到动力机轴上系统的等效转动惯量；ω 为执行机构转动的角速度。

3.2　动力机的种类、特性及其选择

动力机是指把热能、电能、风能等转变为机械能的机器，它用来驱动执行机构运动，也叫原动机或发动机。常见的动力机有电动机、蒸汽机、涡轮机、内燃机、风车等。机械产品中常用的一次动力机有柴油机和汽油机等，二次动力机有电动机、液压马达和气动马达等。

动力机是执行机构动力的来源，在很大程度上决定着机器的工作性能和结构特征。因此，合理地选择动力机的形式便成为设计机器的重要问题之一。动力机输出的转矩与转速的关系称为动力机的机械特性或输出特性，它是选择动力机的基础。

动力机的容量通常是指其功率的大小。动力机的功率 P（单位为 kW）与转矩 T（单位为 N·m）和转速 n（单位为 r/min）之间的关系为

$$P = \frac{T \cdot n}{9549} \tag{3-11}$$

3.2.1　电动机

1. 电动机的种类

电动机是机械系统中应用最广泛的动力机。按电源不同分为交流电动机和直流电动机两大类，其主要类型如图 3-4 所示。

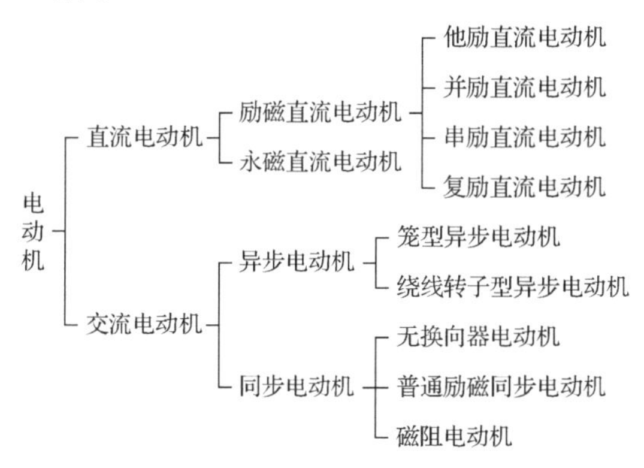

图 3-4　电动机的类型

2. 电动机的选择

选择电动机包括电动机的类型、结构、容量、转速及绝缘等级等内容。选择时应综合考虑工作机械的载荷大小、负载特性、生产工艺、作业环境、企业电网供电状况及供货情况等。

选择电动机的类型主要根据工作机械的负载特性进行。对恒转矩负载特性的机械，应选用机械特性为硬特性的电动机；对恒功率负载特性的机械，应选用变速直流电动机或带机械变速的交流异步电动机。

当使用交流电动机和直流电动机都能满足工作机械的要求时，因一般工厂企业都有交流电网供电，故应优先选用交流电动机。如选用直流电动机则须增设直流电源或整流设备，且费用较高。

1) 交流电动机的选择

交流电动机适用于不需要频繁启动、制动、反转以及在宽广范围内平滑调速的机械。

(1) 笼型异步电动机。此种电动机结构简单、制造容易、价格便宜、便于维护，对于不要求调速、启动特性没有限制的偶尔启动设备，应尽量选用笼型异步电动机。绕线转子异步电动机，可通过在转子回路中串电阻、串频敏变阻器及通过双馈的方法，改变电动机特性，从而改善启动性能，并可实现调速。在要求启动转矩大或操作频繁的场合，宜选用绕线转子异步电动机，它也可用于调速性能不高的小功率机械中。对于要求启动转矩大的工作机械，如皮带运输机、压缩机等，可选用高启动转矩的笼型电动机。对于有调速要求的设备如电梯及某些机床等，可选用笼型多速感应电动机。绕线转子感应电动机可以限制启动电流，提高启动转矩，多用于起重机和矿井提升机等，它在转子中串接电阻后，可以进行小范围调速。

(2) 磁阻电动机。这是一种能与小功率笼型异步电动机媲美的新型电动机，定子有多相绕组，转子为实心铁心，靠反应转矩使电动机旋转。它与笼型异步电动机相比，虽然功率因数和效率相差不多，但结构更加简单，再配上简单的变频器，可用于小功率调速装置。

(3) 普通励磁同步电动机。由于同步电动机功率因数高，比异步电动机的效率高，但需要附加励磁装置，故常用于大功率不调速场合。近年来，由于采用了交-交变频传动方式，可得到 20Hz 以下的变频调速设备，尽管比较复杂，但其传动特性已接近直流传动。因此，在轧钢、卷扬、船舶驱动等要求低转速、大容量的场合，已有取代直流电动机的趋势。

(4) 永磁同步电动机。永磁同步电动机与脉宽调制变频装置配合使用，电流为正弦波，配以锁频系统，可以满足纺织工业对速度精度的要求；配以按转子位置定向的矢量控制系统，伺服系统的性能可与直流电动机控制系统比拟，但成本略高，只适用于高性能场合。

(5) 无换向器电动机。用静止变频器，对专用同步电动机供电，组成无换向器电动机。当按磁极与电枢的相对位置来控制变频器的频率时，可实现电动机转速与变频器的频率严格同步，得到与直流电动机工作原理相似的调速特性。由于用同步变频器取代了直流电动机的机械式换向器，故可用于恶劣环境。无换向器电动机用大功率晶闸管变频器供电，可做到大容量(上万千瓦)、高速度(3000r/min)、高电压，适用于负载平稳、过载不大的大中功率场合，如风机、水泵等。小功率无换向器电动机可与大晶体管的变频器配合，用于一般性能的伺服系统。这种电动机有谐波电流大，转矩有脉动，低速性能差的缺点。

2) 直流电动机的选择

直流电动机具有调速性能好等优点，可用在功率较大并要求调速范围较宽的机械上。

对于启制动频繁，需要较大启动转矩和恒功率调速的机械，如电车、牵升机车等，宜选串励直流电动机；负载变动较大而又需要宽调速时，选用复励直流电动机；其他要求宽调速、对起制动特性有较高要求的场合，多用他励直流电动机。选用时要注意按生产机械的恒转矩或恒功率调速范围合理选择电动机的基速及弱磁倍数。

3) 控制用电动机的选择

随着自动控制系统和计算装置的发展，在普通旋转电动机的基础上产生出多种具有特殊性能的小功率电动机，它们在自动控制系统和计算装置中分别作为执行元件、检测元件和解算元件，这类电动机统称为控制用电动机。控制用电动机与普通旋转电动机的基本工作原理没有本质上的区别，但普通旋转电动机着重于对启动和运行状态能力指标的要求，而控制用电动机则着重于特性的高精度和快速响应。控制用电动机的输出功率一般较小，通常从数百毫瓦到数百瓦，系列产品的机壳外径一般由 12.5mm 到 130mm，重量从数十克到数百克，这类电动机也称为微电动机或微控电动机。在大功率的自动控制系统中，有些控制用电动机的输出功率也可达数十千瓦，机壳外径达数百毫米。控制用电动机已成为现代机电一体化和工业自动化系统以及现代军事装备中必不可少的重要元件。它与一些典型环节进行适当组合，就可以构成不同用途的伺服系统和解算元件。

常用的控制用电动机的类型、特点及用途如表 3-2 所示。

表 3-2　常用控制用电动机的类型、特点和用途

类别	名称	特点	用途
功率放大元件	交直流伺服电动机	转速与转向取决于控制电压的大小和极性(或相位)，能对输入控制信号作快速反应，转速随转矩的增加而均匀下降	在控制系统中用作执行元件，通过齿轮等减速机构带动负载
	力矩电动机	能在长期堵转或低速运行时产生足够大的转矩，反应速度快，转矩和转速波动小，能在低速稳定运行，机械特性和调节特性线性度好	用于位置和低速伺服系统中，以及需要转矩调节、转矩反馈的场合，可不经减速机构而直接带动负载
	磁滞电动机	具有恒速特性，亦可在异步状态下运行	主要用于驱动功率较小、要求转速平稳和启动频繁的同步装置和低速伺服系统中
	步进电动机	由专门的电源供给脉冲信号电压，绕组中通电方式是脉冲式通电，给一个脉冲信号电动机转一个角度或前进一步，转速与输入脉冲频率成正比，能快速启动、停止、反转或变速	在数字控制系统中用作执行元件
信号测量元件	交直流测速发电机	输出电压与转速成正比，精度高	在控制系统中用作检测转速、速度反馈和进行微分和积分计算的元件
	自整角机	发送机和接收机成对运行，输出电压是对接受元件角差的正弦函数。输出电压信号的属于信号元件，输出功率的属于功率元件	基本用途是角位移、变换和接收
	旋转变压器	输出电压是转子转角的正弦、余弦或其他函数	主要用作坐标变换、三角解算，也可用作角度数据传输和移相元件
	感应同步器	利用多极旋转变压器的原理，采用印刷绕组精密检测元件	用作直线位移和角位移的检测

3. 电动机工作制的选择

选用电动机时还应考虑电动机的工作制。电动机根据负载持续时间的长短对其发热的影响，可分成连续、短时和断续周期性三种工作制。连续工作制电动机的工作时间很长，温升可达稳定值，其负载功率 P 和温升 θ 随时间 t 的变化曲线如图 3-5(a)所示；短时工作制电动机的工作时间 t_g 较短，而间歇时间 t_0 又相当长，负载功率和温升曲线如图 3-5(b)所示。我国设计制造的这类电动机的工作时间为 15min、30min、60min、90min 四种。对于某一个电动机，对应不同的工作时间，电动机功率是不同的，其关系为 $P_{15} > P_{30} > P_{60} > P_{90}$。当电动机的实际工作时间接近上述标准时间时，可按对应的工作时间和功率，直接从产品目录中选取，其他情况可按后面介绍的方法进行折算选取。断续周期性工作制电动机的工作时间 t_g 和间歇时间 t_0 轮流交替，两段时间均较短，如图 3-5(c)所示。对于这类电动机的工作特点用负载持续率

ZC 表示。

$$ZC = \frac{t_g}{t_g + t_0} \times 100\% \tag{3-12}$$

我国规定的标准负载持续率有 15%、25%、40%和 60%四种，一个周期的总时间规定为 $t_g+t_0 \leqslant 10\text{min}$。

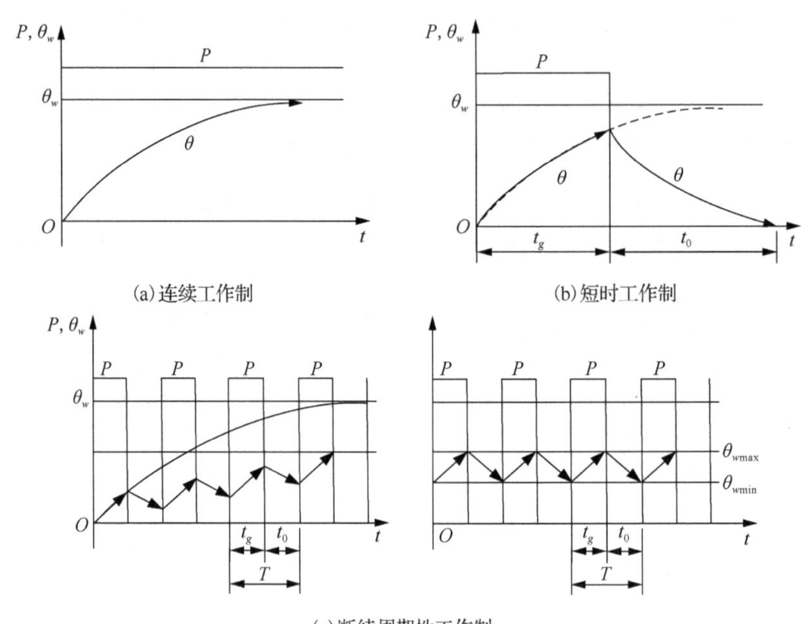

图 3-5　电动机的三种工作制

对于上述三种工作制电动机的选择应根据工作机械的负载特性选取。例如水泵，鼓风机、机床等均属连续工作制，冶金机械的某些辅助机械、水闸闸门的开闭机等属于短时工作制，起重机、电梯等属于断续周期性工作制。

4. 电动机外壳结构和安装形式选择

根据电动机的工作环境条件，如环境温度、湿度、通风状况、尘土水溅状况及有无防爆等特殊要求，选择不同防护性能的外壳结构形式。一般采用防护式电动机，户外型机械不得采用开放式电动机。

根据电动机与被驱动机械连接方式的需要选择合适的安装形式。一般情况下应尽量采用卧式安装形式，立式安装只在能简化传动系统或必须垂直安置时才选用，如立式深井泵、钻床等。当需要安装测速电动机或同时驱动两台工作机械时，可选用两端出轴的电动机。

5. 额定电压和额定转速选择

一般企业电网为 380V 低电压，因而中小型异步电动机可采用 220/380V(△/Y 接法)及 380/660V(△/Y 接法)两种额定电压。对于大型电动机可选用 3000V 以上的高压电源。

直流电动机由单独直流发电机供电时，额定电压常为 220V 或 110V，大功率电动机可为 600～870V。

额定功率相同的电动机，额定转速高，则尺寸小、重量轻、价格便宜，选用高速电动机会增大工作机械的传动比，使传动系统复杂化，因此需对电动机和工作机械速度进行综合考虑。

此外，选用电动机时还应考虑电动机的工作环境、安全防护与工作机械的安装形式等。

6. 电动机容量的计算

电动机功率的确定主要应考虑电动机的发热、允许的过载能力和启动能力三个因素，其中发热问题最为重要。电动机的容量必须选择合理，功率选择过大会造成投资的浪费，选择过小会使电动机过载运行，易过早损坏。选择电动机的容量可按以下主要步骤进行。

1) 预选电动机容量

按照工作机械的负载特性绘制工作负载图，即转矩负载图 $T_z = f(t)$ 或功率负载图 $P_z = f(t)$，据此可初步估算电动机功率并预选电动机。

2) 绘制电动机的负载图

当机械的工作负载发生变化时，会使电动机的电流、电压、频率等发生变化，进而使电力传动系统处于加速或减速的运行状态。因此，可根据工作机械的负载图和预选的电动机特性绘制电动机的负载图，其中包括转矩负载图 $T = f(t)$、电流负载图 $I = f(t)$ 或功率负载图 $P = f(t)$。

3) 过载能力计算

对于负载图中的瞬时最大负载需进行瞬时过载能力的校验。各种电动机的瞬时过载能力都是有限的，交流电动机受临界转矩的限制，直流电动机受换向器发生火花的限制。电动机的瞬时过载一般不会造成过热，故不考虑瞬时过载的发热计算。交流电动机的过载能力是以允许转矩的过载倍数 λ_T 来衡量，直流电动机是以电流的过载倍数 λ_I 来衡量。电动机过载能力的计算公式为

直流电动机
$$I_{\max} \leqslant K\lambda_I I_N \tag{3-13}$$

异步电动机
$$T_{\max} \leqslant KK_u^2 \lambda_T T_N \tag{3-14}$$

同步电动机
$$T_{\max} \leqslant K\lambda_T T_N \tag{3-15}$$

式中，$I_{\max}$ 为瞬时最大负载电流；$T_{\max}$ 为瞬时最大负载转矩；I_N 为电动机的额定电流；T_N 为电动机的额定转矩；K_u 为电压波动系数，一般取 K_u=0.85；K 为裕量系数，直流电动机的 K=0.9～0.95；交流电动机的 K=0.9。

4) 电动机的发热计算

电动机运转过程中，内部会产生电能损耗并变成热量，使电动机的温度升高。在电动机中耐热最差的是绕组的绝缘材料，它的最高允许温度限制了电动机带动负载的能力。电动机的额定功率是指环境温度为 400℃时，使最高温升限制在允许范围内的情况下，能带动额定负载长期连续工作的能力。

根据负载的变化的情况，常采用等效法或均方根法对电动机进行发热计算。根据不同的负载状态计算等效电流 I_{dx}、等效转矩 T_{dx} 或等效功率 P_{dx}，只要它们小于相应的额定值 I_N、T_N 和 P_N，发热就认为是允许的。计算不同负载状态下各等效值的公式如下。

(1) 周期性变化负载长期运行情况。

等效电流
$$I_{dx} = \sqrt{\frac{I_1^2 t_1 + I_2^2 t_2 + \cdots + I_n^2 t_n}{t_1 + t_2 + \cdots + t_n}} \tag{3-16}$$

等效转矩
$$T_{dx} = \sqrt{\frac{T_1^2 t_1 + T_2^2 t_2 + \cdots + T_n^2 t_n}{t_1 + t_2 + \cdots + t_n}} \tag{3-17}$$

等效功率

$$P_{dx}=\sqrt{\frac{P_1^2t_1+P_2^2t_2+\cdots+P_n^2t_n}{t_1+t_2+\cdots+t_n}} \tag{3-18}$$

式中，I_1，I_2，…，I_n为电动机一个周期负载电流曲线近似直线段的各个分段电流值；T_1，T_2，…，T_n为各分段转矩值；P_1，P_2，…，P_n为各分段功率值；t_1，t_2，…，t_n为各分段持续时间。

等效电流法适用于各种类型电动机的发热校验；等效转矩法适用于转矩与电流成比例的场合，弱磁情况时需要修正，串励电动机不能用这种方法；等效功率法在接近于额定电压和额定转速下，功率和电流成比例时可用。

(2)周期性变化负载断续运行情况。

若采用长期工作制电动机，则有

$$I_{dx}=\sqrt{\frac{\sum I_s^2t_s+\sum I_{st}^2t_{st}+\sum I_b^2t_b}{C_\alpha\left(\sum t_s+\sum t_b\right)+\sum t_{st}+C_\beta\sum t_0}} \tag{3-19}$$

$$T_{dx}=\sqrt{\frac{\sum T_s^2t_s+\sum T_{st}^2t_{st}+\sum T_b^2t_b}{C_\alpha\left(\sum t_s+\sum t_b\right)+\sum t_{st}+C_\beta\sum t_0}} \tag{3-20}$$

式中，I_s、I_{st}、I_b 分别为个工作周期中各启动、稳定、制动段电动机的相应电流；T_s、T_{st}、T_b 分别为个工作周期中各启动、稳定、制动段电动机的相应转矩；t_s、t_{st}、t_b 分别为各启动、稳定、制动、停转段的相应时间；C_α 为启动、制动过程中电动机散热恶化系数，$C_\alpha=(1+C_\beta)/2$；C_β 为停转时电动机散热恶化系数，开启式、防护式异步电动机的 $C_\beta=0.3$，封闭式、自扇冷异步电动机的 $C_\beta=0.5$，开启式、防护式直流电动机的 $C_\beta=0.5$，封闭式、无扇自冷及强迫通风直流电动机的 $C_\beta=1$。

若采用断续工作制电动机，则

$$I_{dx}=\sqrt{\frac{\sum I_s^2t_s+\sum I_{st}^2t_{st}+\sum I_b^2t_b}{C_\alpha\left(\sum t_s+\sum t_b\right)+\sum t_{st}}} \tag{3-21}$$

$$T_{dx}=\sqrt{\frac{\sum T_s^2t_s+\sum T_{st}^2t_{st}+\sum T_b^2t_b}{C_\alpha\left(\sum t_s+\sum t_b\right)+\sum t_{st}}} \tag{3-22}$$

式(3-21)、式(3-22)的计算结果除必须满足 $I_{dx}\leqslant I_{Nzc}$ 或 $T_{dx}\leqslant T_{Nzc}$ 外，还要求 $ZC_x=ZC$。I_{Nzc} 和 T_{Nzc} 分别为电动机在规定的负载持续率 ZC 下的额定电流和额定转矩。ZC_x 为实际的负载持续率，其值为

$$ZC_x=\frac{\sum t_s+\sum t_{st}+\sum t_b}{\sum t_s+\sum t_{st}+\sum t_b+\sum t_0}\times 100\% \tag{3-23}$$

当 ZC_x 与 ZC 不等时，则要选择与实际负载持续率相近的电动机，并要求

$$I_{dx}\leqslant I_{Nzc}\quad 或\quad T_{dx}\leqslant T_{Nzc} \tag{3-24}$$

其中

$$I_{dxN}=I_{dx}\sqrt{\frac{ZC_x}{ZC}} \tag{3-25}$$

$$T_{dxN}=T_{dx}\sqrt{\frac{ZC_x}{ZC}} \tag{3-26}$$

式中，I_{dxN}、T_{dxN} 分别为折算到额定负载持续率下的等效电流和等效转矩。

5）电动机的平均启动转矩计算

笼型感应电动机和同步电动机采用异步启动时，启动过程中的机械特性$T=f(n)$是非线性的，因此平均启动转矩要根据电动机的机械特性计算。对于一般情况，预选电动机时可按以下各式进行粗略计算。

直流电动机

$$T_{sa}=(1.3\sim1.5)T_N \tag{3-27}$$

同步电动机，当$T_s>T_{pi}$时，有

$$T_{sa}=0.5(T_s+T_{pi}) \tag{3-28}$$

当$T_s\leqslant T_{pi}$时，有

$$T_{sa}=(1.0\sim1.1)T_s \tag{3-29}$$

普通笼型感应电动机

$$T_{sa}=(0.45\sim0.50)(T_s+T_{\mathrm{cr}}) \tag{3-30}$$

冶金起重用笼型感应电动机

$$T_{sa}=0.9T_s \tag{3-31}$$

冶金起重用绕线转子感应电动机

$$T_{sa}=(1.0\sim2.0)T_{N.25} \tag{3-32}$$

式中，T_{sa}为平均启动转矩；T_N为额定转矩；T_s为初始启动转矩；T_{pi}为引入转矩；T_{cr}为临界转矩；$T_{N.25}$为ZC＝25%时的额定转矩。对于需要电动机快速启动的场合，上述各式中的系数应取较大值。

如果交流电动机采用直接启动时，可按下式校验其启动能力。

$$k_U^2k_{\min}T_N\geqslant k_sT_{zs} \tag{3-33}$$

式中，T_{zs}为启动时电动机轴上的静阻力矩；k_U为电动机最小启动电压与额定电压之比，取$k_U=0.85$；$k_{\min}$为电动机最小启动转矩与额定转矩之比；k_s为启动加速系数，一般取$k_s=1.2\sim1.5$。

以上为电动机容量选择和计算的一般步骤，其中电动机的过载能力、发热和启动能力并非都要进行计算，可根据具体负载特性和预选的电动机类型予以选择。

3.2.2　内燃机

1. 内燃机的种类

内燃机是将燃料（液体或气体）引入气缸内燃烧，再通过燃气膨胀推动活塞、曲柄-连杆机构，从而输出机械功的热力发动机。由于燃料的燃烧是在机器内部完成，因而称之为内燃机。它包括柴油机、汽油机和煤气机等。

内燃机的主要优势在于它的可移动性和燃料经济性好，因而在交通运输中占主导地位。作为各国支柱工业的汽车工业，均无例外地以内燃机为动力。除此之外，在水路运输、铁路运输、农业领域、移动式电站等领域都有广泛的应用。

内燃机的品种繁多，其分类如图3-6所示。

2. 内燃机的主要性能指标

内燃机有两类性能指标：一类是有效性能指标，它是以内燃机实际输出的有效功率为计算基准的性能指标；另一类是指示性能指标，它是以气缸内工质对活塞做功所发出的指示功率为计算基准的性能指标。通常在设计机械时，主要采用内燃机的有效性能指标，具体指标如下。

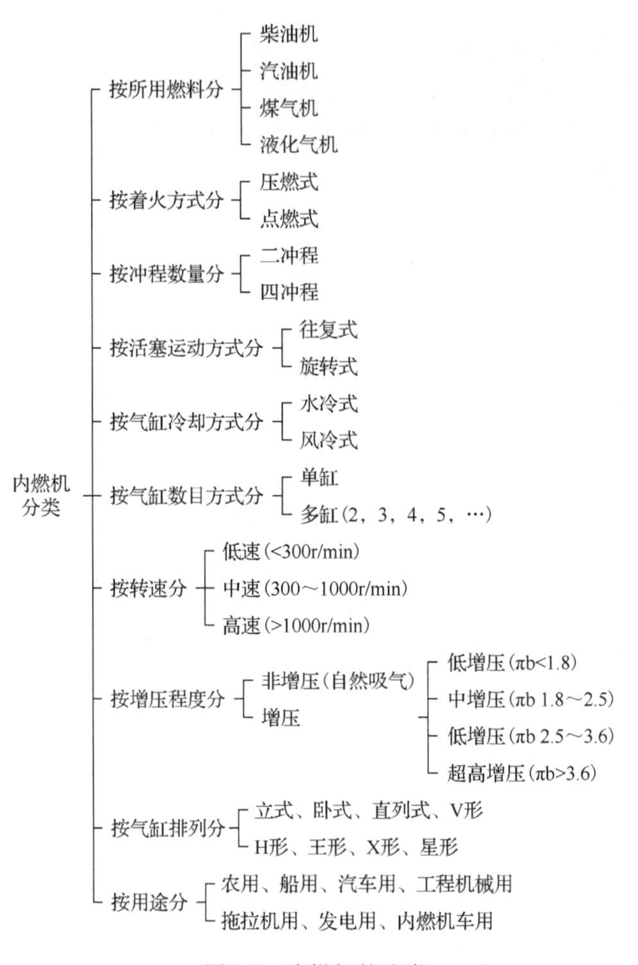

图 3-6　内燃机的分类

1) 有效功率 P_e

内燃机的实际输出功率称为有效功率 P_e(单位为 kW)。

$$P_e = P_i - P_m \tag{3-34}$$

式中，P_i为指示功率，指工质在气缸中发出的功率，kW；P_m为总的机械损失功率，kW。

内燃机的有效功率 P_e还可以表示为

$$P_e = T_e \cdot n / 9549 \tag{3-35}$$

式中，T_e为内燃机的输出转矩，N·m；n为内燃机曲轴的转速，r/min。

2) 标定功率 P_{eb}

在内燃机铭牌上规定的功率即为标定功率 P_{eb}(单位为 kW)，与此同时相应地规定了标定转速 n_{eb}。制造厂将保证内燃机在标定功率和转速下运行时，具有规定的技术经济指标和可靠性。

国家标准规定的标定功率有：15min 功率、1h 功率、12h 功率和持续功率。它们分别表示内燃机保证持续运行 15min、1h、12h 和长期运行的最大功率。

3) 平均有效压力 p_e

内燃机单位气缸工作容积所做的有效功称为平均有效压力 p_e(单位为 MPa)。它和有效功率 P_e的关系为

$$p_e = \frac{30\tau P_e}{n \cdot i \cdot V_n} \tag{3-36}$$

式中，τ 为每一循环的冲程数；i 为内燃机的气缸总数；V_n 为气缸的工作容积，m^3；n 为内燃机曲轴的转速，r/min。式(3-36)说明总气缸容积一定的内燃机，p_e 值越大，对外输出的功率就越大。p_e 值的一般范围：柴油机为 0.588～0.883MPa，汽油机为 0.588～0.981MPa。

4）升功率 P_1

每升气缸工作容积所发出的有效功率称为升功率 P_1(单位为 kW/L)。

$$P_1 = \frac{P_e}{V_i \cdot i} = \frac{p_e \cdot n}{30\tau} \tag{3-37}$$

P_1 大则发动机紧凑，强化程度高。升功率的一般范围：车用柴油机为 11～26kW/L，农用柴油机为 9～15kW/L，载重车用汽油机为 22～26kW/L。

5）有效燃油消耗率 g_e

单位有效功率每小时的耗油量称为有效燃油消耗率 g_e(单位为 g/(kW・h))。

$$g_e = \frac{m_f}{P_e} \times 10^3 \tag{3-38}$$

式中，m_f 为每小时耗油量，kg/h。

6）机械效率 η_m

有效功率与指示功率之比称为机械效率 η_m。

$$\eta_m = \frac{P_e}{P_i} = 1 - \frac{P_m}{P_i} \tag{3-39}$$

3. 内燃机的机械特性

柴油机是应用最广泛的一种内燃机，因此这里主要介绍柴油机的机械特性。柴油机的机械特性通常有三种：负荷特性、速度特性和通用特性(又称万有特性)。这些机械特性曲线都可在柴油机试验台上测得。

1）负荷特性

柴油机在转速不变的情况下，其性能参数随有效功率 P_e 变化的规律称为负荷特性。这些性能参数主要有：每小时的耗油量 m_f、有效燃油消耗率 g_e 和排气温度 t_r 等。图 3-7 所示为某柴油机的负荷特性曲线。

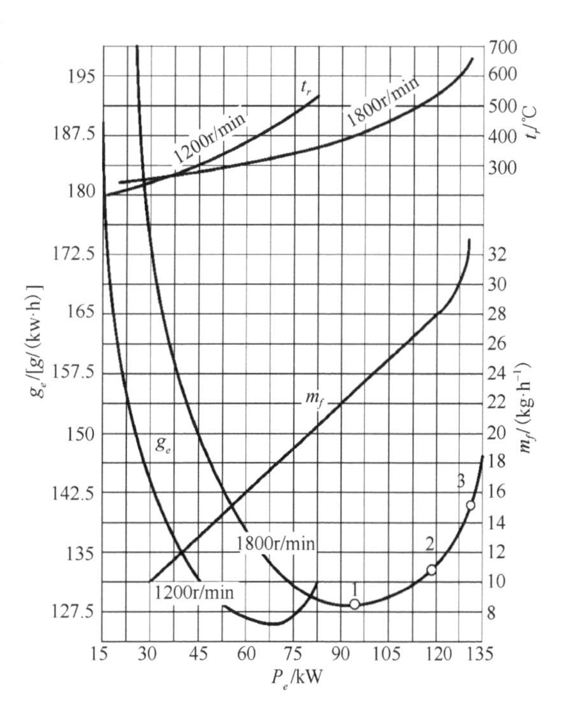

图 3-7　柴油机的负荷特性曲线

当转速一定时，柴油机的每小时耗油量 m_f 随负荷 P_e 的增加而增大。对于有效燃油消耗率 g_e，开始时由于 P_e 增大所需喷油量也增大，但因过量的空气得到利用，致使 g_e 下降。当到图 3-7 中点 1 位置时，g_e 有最小值。当喷油量随功率继续增大，达到点 2 位置时，因燃油过多而燃烧不完全，排气中出现黑烟，对应这点的喷油量称为“冒烟界限”。喷油量再增加到点 3 时，功率 P_e 达最大值，但此时不仅排气冒黑烟，浪费燃油，而且会使柴油机过热，容易出现故障并使寿命降低。因此，柴油机的经济运行点应在冒黑烟界限和最低燃油消耗点之间，即在点 2 和点 1 之间。

2) 速度特性

当喷油泵的调节挺杆限定在标定功率循环供油量位置时，柴油机的性能参数随转速变化的规律称为速度特性。最大功率时的速度特性又称为柴油机的外特性。

图 3-8 所示为柴油机的速度特性曲线，表示了转速 n 与参数 P_e、T_e、m_f、g_e 和 t_r 之间的关系。对于输出转矩 T_e 理论上应为一水平直线。但实际上，柴油机在工作时不可避免地有各种损失，且其值随转速变化而不同。低速时每循环所用的时间相对长些，气缸内的散热损失气和漏气损失影响较大，因而实际发出的转矩较低。高速时由于柴油机的摩擦损失及过后燃烧损失严重，也会使转矩减小，所以速度特性中的转矩曲线 T_e 呈现两头低中间高的形状。转矩变化曲线可以表明柴油机在不同转速下克服外界阻力的能力，常以转矩储备系数 μ_T 来评定。

$$\mu_T = \frac{T_{e\max} - T_e}{T_e} \times 100\% \tag{3-40}$$

式中，$T_{e\max}$ 为标定工况下速度特性曲线上的最大转矩值，N · m；T_e 为标定工况下的转矩值，N · m。

μ_T 大，说明柴油机克服短期超负荷和适应阻力波动的能力强。对于这一能力，还可用转速储备系数 μ_n 来表示。

$$\mu_n = \frac{n_{eb}}{n_{e\max}} \tag{3-41}$$

式中，n_{eb} 为标定转速；$n_{e\max}$ 为最大转矩时的转速。μ_n 越高，表示柴油机利用内部运动零件的动能克服短期超负荷的能力越强。

对于功率 P_e，因 T_e 变化不大，P_e 与 n 的关系基本上是线性关系，但 P_e 也有一个最大值，即超过此值后，转速再增高，就会使燃烧过程恶化，发动机冒黑烟，摩擦损失增大，此时功率就会下降。

燃油消耗率 g_e 的曲线一般比较平坦。

3) 万有特性

柴油机的上述两个特性只能表达两个性能参数之间的关系。通常用速度特性来判断柴油机的动力性，用负荷特性来判断柴油机在某一转速下运行的经济性，但每种特性都不能全面地表示柴油机的综合性能。表示柴油机各主要性能参数之间关系的综合特性称为万有特性。

柴油机的万有特性曲线一般以转速 n 为横坐标，平均有效压力 p_e(或转矩 T_e) 为纵坐标，作出若干条等燃油消耗率 g_e 和等功率 P_e 的曲线族来表示，如图 3-9 所示。它可以表示各种转速、各种负荷下的燃油经济性，以及最经济的负荷和转速。由图 3-9 可以看出，最内层等燃油消耗率曲线所容区域为最经济区域。

柴油机除了上述特性外，还有调速特性、推进特性等，在此就不一一介绍了。对于汽油机同样也有与上述类似的特性，只是具体的曲线形状有所差别。

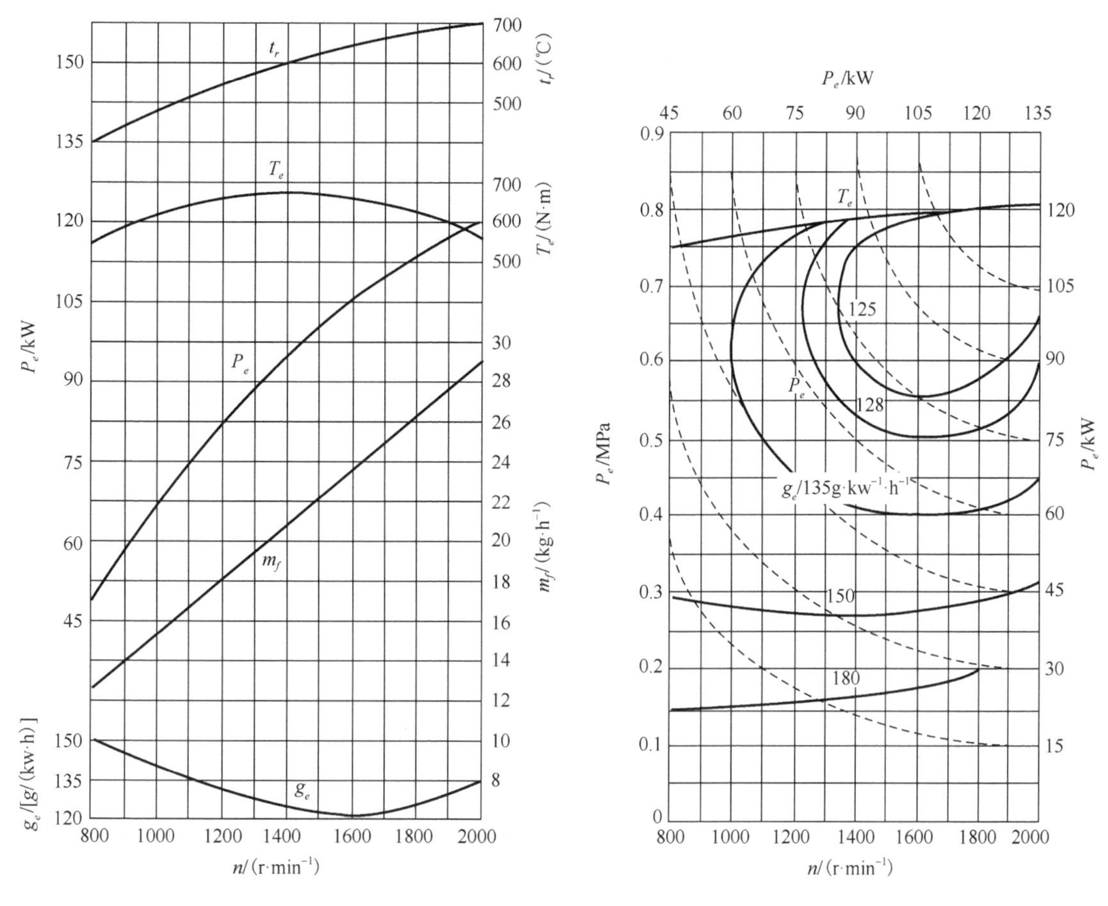

图 3-8　柴油机的速度特性曲线

图 3-9　柴油机的万有特性曲线

4. 内燃机的选择

内燃机的用途很广，可以用来驱动各种工作机械，在选择内燃机时须了解内燃机的运行工况和特性，使它能很好地与被驱动工作机械的负载特性相适应。对于不同用途内燃机有不同的工况变化规律，主要有以下三类工况。

1) 固定式工况

内燃机的转速由调速器保证而基本不变，功率则随工作机械的负载大小可由小变到大，如图 3-10 中直线 1 所示。内燃机在驱动发电机、压气机、水泵等工作机械时属于这种工况。

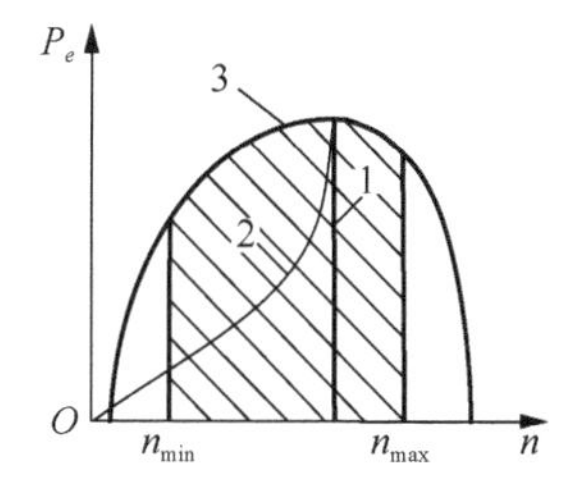

图 3-10　内燃机各种工况的功率曲线

1-固定式工况的功率曲线；2-螺旋桨工况的功率曲线；3-车用工况的功率曲线

2）螺旋桨工况

内燃机的功率 P_e 与曲轴转速 n 接近呈三次幂的函数，即 $P_e = kn^3$，其中 k 为比例常数，如图 3-10 中曲线 2 所示。内燃机在作为船用主机驱动螺旋桨时属于这种工况。

3）车用工况

内燃机的功率和转速都可独立地在很大范围内变化，它们之间没有特定的关系，如图 3-10 中曲线 3 下的阴影部分。曲线 3 为该工况内燃机在各种转速下所能发出的最大功率线，左面对应于最低工作稳定转速 n_{min}，右面对应于最大许用工作转速 n_{max}。内燃机在作为汽车、拖拉机、机车、坦克等运输车辆以工程机械的动力时，就属于这一种工况，它们的转速可在最低速和最高速之间变化，而且在同一转速下，功率可以在零和全负荷之间变化。

正常情况下应按照不同的工况选用不同用途的内燃机，例如农用和拖拉机用柴油机、工程机械用柴油机、汽车用汽油机和柴油机、机车和船用柴油机、发电用柴油机和小型汽油机等。在选择时还须了解内燃机的特性，即负荷特性、速度特性和万有特性等，判断所选用的内燃机能否适应被驱动工作机械的工况要求。

对于负荷特性来说，一般希望柴油机每循环的标定供油量都能限定在冒烟界限和最低燃油消耗点之间，这是最经济的运行点。但对于不同用途的柴油机还有区别，例如车用柴油机经常是在部分负荷下工作，只在短时间内需要发出全部功率，其标定的循环供应量一般限制在冒烟界限处。对于工程机械、拖拉机及农用柴油机，因经常接近满负荷工作，为了提高经济性，柴油机的有效燃油消耗率 g_e 曲线随负荷变化要求比较平坦，即在负荷变化较宽的范围内，能保持较好的燃料经济性，这对负荷变化大的汽车、拖拉机等运输式发动机是十分有利的。

在速度特性中转矩储备系数 μ_T 是一个很重要的系数。工程机械工作时，经常遇到外界阻力突然增大的情况，为了克服短期超负荷，要求转矩随转速下降而增加较大。选择的柴油机 μ_T 值越大，表明柴油机克服短期超负荷的能力越强。

根据内燃机的万有特性，可以更全面地评价所选内燃机运行的动力特性和经济性的好坏。从万有特性曲线上很容易找出柴油机最经济的负荷和转速范围，由图 3-10 可以看出，最内层的等燃油消耗率曲线为最经济区域，越向外的曲线表示柴油机的经济性越差。对于车用柴油机，希望最经济区能在万有特性的中间位置上，使常用的中等转速和中等负荷落在最经济区内，要求等燃油消耗率曲线沿横坐标方向长些，能在中等转速变化范围较大的工况下获得较好的经济性。

对于汽油机的选择同样也须从上述这些特性考虑，汽油机的 μ_T 值要比柴油机大，说明其克服短期超负荷和适应阻力波动的能力较强，工作也比柴油机稳定。但汽油机的负荷特性曲线的最低燃油消耗率的点一般比柴油机的高，g_e 的变化曲线也不如柴油机的平坦，在负荷变化范围较大时，其经济性比柴油机差，所以工程机械和载重汽车一般都不用汽油机。

3.2.3 液压马达

1. 液压马达的种类

液压马达又称油马达，它是把液压能转变成旋转机械能的一种能量转换装置。液压马达按输出转矩的大小和转速高低可以分为两类：一类是高速小转矩液压马达，转速范围一般在 300～3000r/min 或更高，转矩在几百 N · m 以下；另一类是低转速大转矩液压马达，转速一般低于 300r/min，转矩为几百至几万 N · m。

液压马达根据其结构形式的不同分类如图3-11所示。

高速小转矩液压马达多采用齿轮式、叶片式和轴向柱塞式等结构形式，而低速大转矩液压马达常采用径向柱塞式。

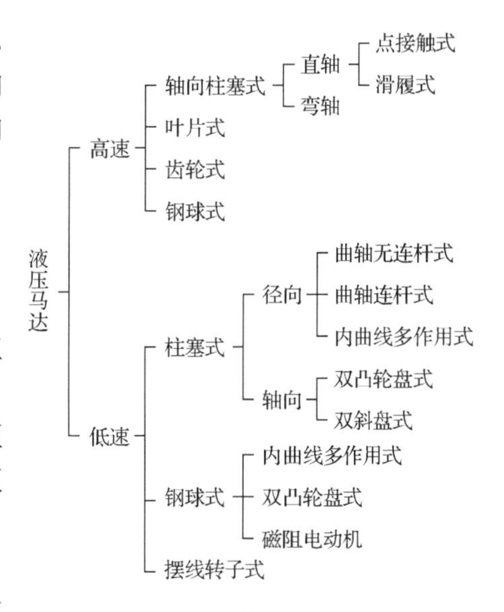

图 3-11　液压马达的类型

2. 液压马达的主要性能参数和机械特性

1) 压力 p

压力 p(单位为 Pa)表示单位体积油液具有的能量，以作用在单位面积上的法向力计量。液压马达的额定工作压力是指在输入规定油量和输出规定转速的情况下，运转到规定使用寿命时所能达到的最高输入压力。液压马达的实际工作压力取决于负载的大小，其最大工作压力是指短时超载时所能达到的极限压力。

2) 体积流量 q_V 和排量 q

单位时间内输入液压马达的油液体积称为体积流量，简称流量，q_V(单位为 L/min)。流量有瞬时流量和平均流量两种，瞬时流量仅用于分析流量的特性，平均流量即通常所称的流量，指单位时间内流量的平均值。

在没有泄漏情况下的流量称为理论流量 $q_{V\text{th}}$，液压马达的实际流量

$$q_V = q_{V\text{th}} + \Delta q_V \tag{3-42}$$

式中，Δq_V 为漏损流量。

在没有泄漏情况下，液压马达每一转输入油液的体积称为排量 q。q 值的大小决定于液压马达密封工作腔的几何尺寸和结构类型，可由产品目录查得。理论流量 $q_{V\text{th}}$(单位为 L/min)与排量 q(单位为 mL/r)有下述关系。

$$q_{V\text{th}} = q \cdot n \times 10^{-3} \tag{3-43}$$

式中，n 为液压马达的转速，r/min。

3) 容积效率 η_V

容积效率 η_V 是指理论流量与实际流量之比，即

$$\eta_V = \frac{q_{V\text{th}}}{q_V} \tag{3-44}$$

4) 总效率

总效率 η 等于容积效率 η_V 与机械效率 η_m 之积，即

$$\eta = \eta_V \cdot \eta_m \tag{3-45}$$

液压马达的容积效率影响制动性能，如果容积效率低，则泄漏大，制动性能差；而液压马达的机械效率影响启动性能，如果机械效率低，则启动转矩小。

5) 功率 P

液压马达的实际功率 P(单位为 kW)为

$$P = \frac{p q_V \eta}{60} \tag{3-46}$$

式中，p 为液压马达的工作压力，MPa；q_V 为液压马达的实际流量，L/min；η 为液压马达的

总效率。

6) 转矩 *T*

液压马达的实际输出转矩 T(单位为 N · m)为

$$T = \frac{pq\eta_m}{2\pi} \tag{3-47}$$

式中，η_m 为液压马达的机械效率。

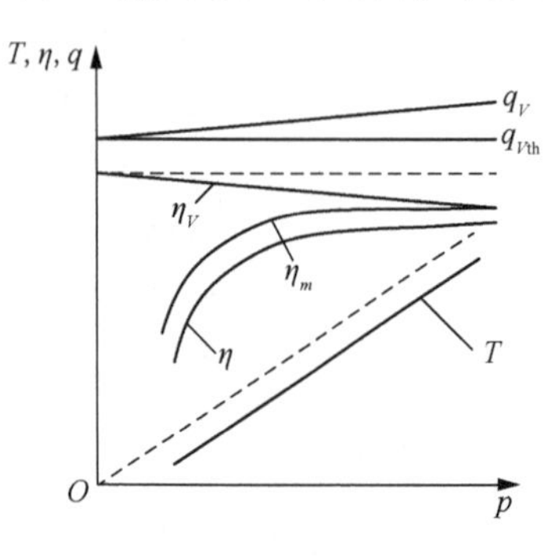

图 3-12　液压马达的特性曲线示例

7) 转速 *n*

液压马达的额定转速是指输出额定功率(或转矩)情况下，正常持久的使用转速。液压马达的转速一般是可变的，它取决于输入流量和本身排量的变化，其最小值受最低稳定转速的限制，最高值受机械效率和使用寿命的限制。

各种液压马达的机械特性是不相同的。如图 3-12 所示液压马达的一般特性曲线，流量、效率、转矩与工作压力之间的关系。

3. 液压马达的选择和计算

高速小转矩液压马达的共同特点是外形尺寸和转动惯量小、换向灵敏度高，可适用于要求转矩小、转速高、换向频繁以及安装尺寸受到一定限制的机械设备。通常，当负载转矩较小，要求转速较高和压力小于 14MPa时，可选用齿轮式和叶片式液压马达；当压力超 14MPa 时，则选择轴向柱塞式液压马达。

低速大转矩液压马达的共同特点是排量大、转速低，可以直接与执行机构相连，不需要减速装置，从而可大大简化传动系统，目前在矿山机械和工程机械中普遍应用。表 3-3 列出了三种常用低速大转矩液压马达的主要性能。

表 3-3　三种低速大转矩液压马达的主要性能

性能	双斜盘轴向柱塞式液压马达	单作用径向柱塞式液压马达	内曲线多作用式径向柱塞式液压马达
常用工作压力/MPa	16～32	12～20	16～32
流量/(L/min)	0.25～25	0.1～10	0.25～50
最低转速/(r/min)	2～4	5～10	可达 0.5
容积效率	0.90～0.98	0.85～0.95	0.90～0.96
总效率	高	较高	较低
重量与转矩之比	较大	较小	小
启动转矩	较大	曲轴连杆式：较小 静力平衡式：较大	大
滑移量	小	较大	大
转速范围/(r/min)	3～1200	5～600	1～200
外形尺寸	较小	较大	小
工艺性	结构简单、易加工	一般	结构复杂、难加工

一般来说，对于低速、稳定性要求不高、外形尺寸不受严格限制的场合，可采用结构简单的单作用径向柱塞式液压马达(曲轴连杆式径向柱塞式液压马达和静力平衡式径向柱塞式

液压马达)；对于要求转速范围较宽、径向尺寸较小、轴向尺寸稍大的场合，可以采用双斜盘轴向柱塞式液压马达；对于要求传递转矩大、低速稳定性好、体积小、重量轻的场合，通常采用内曲线多作用式径向柱塞液压马达。

若负载转矩较大而要求的转速较低时，可以直接采用低速大转矩液压马达及高速液压马达加减速器组合两种驱动方案。一般情况采用低速液压马达的可靠性较高、使用寿命较长、结构比较简单、便于布置和维修。其总效率也比高速液压马达加减速器的效率高，但低速马达因其输出轴转矩大，使用的制动器尺寸也较大。在重量上，这两种方案基本相近，若高速液压马达配用一齿轮差速减速器，则比采用低速液压马达时的重量要轻些。

当液压马达的类型选定后便可按下式计算所需液压马达的排量 q。

$$q = \frac{2\pi T_{\max}}{p'\eta_m} \tag{3-48}$$

式中，$T_{\max}$ 为液压马达的最大页载转矩，N · m；p' 为拟定的系统工作压力，MPa。

根据拟定采用的液压马达类型和计算得到的排量，便可选择参数较为接近的液压马达，然后根据选定液压马达的排量，计算出液压马达的实际流量 q_V。

$$q_V = \frac{q n_{\max}}{\eta_V} \times 10^{-3} \tag{3-49}$$

所得的 q_V 值是进行系统设计和选择液压马达的重要参数。

3.2.4　气动马达

1. 气动马达的种类及机械特性

气动马达是利用压缩空气的能量实现旋转运动的机械装置。其作用相当于电动机或液压马达。气动马达对矿山、化工、船舶等行业要求防爆的场合是必备的动力装置。在一般产业部门，由于气动技术的应用十分普遍，中、小型气动马达也是气动系统中广泛使用的回转式气动执行元件。

气动马达按工作原理可分为容积式和蜗轮式两种，按结构形式的分类如图 3-13 所示。

蜗轮式和齿轮式气动马达一般很少使用。叶片式气动马达与叶片式液压马达的工作原理很相似。叶片式气动马达的特性曲线如图 3-14 所示，该特性曲线是在一定工作压力下作出的。当工作压力不变时，其转速 n，耗气量 q_V 及功率 P 均随外加负载转矩 T 的变化而变化。当外加负载转矩 T 为零，即空转时，转速达最大值 $n_{\max}$，气动马达的输出功率 P 为零。当外加负载转矩 T 等于气动马达的最大转矩 $T_{\max}$ 时，气动马达停转，转速为零，此时输出功率 P 也为零。当外加负载转矩约等于气动马达最大转矩的一半，即 $T_{\max}/2$ 时，其转速为最大转速的一半，即 $n_{\max}/2$，此时气动马达的功率为最大值 $P_{\max}$，通常这就是所要求的气动马达的额定功率。

活塞式气动马达的特性与叶片式气动马达的相同。特性曲线各值随马达工作压力变化有较大的变化。图 3-15 为小型活塞式气动马达的特性曲线，当工作压力 p 增高时，马达的输出功率 P、转矩 T 和转速 n 均有大幅度增加。当工作压力不变时，其功率、转速和转矩均随外加负载的变化而变化。

2. 气动马达的选择

气动马达不同于液压马达，其特点如下。

(1) 可以无级调速。只要控制进气流量，就能调节马达的功率和转速。

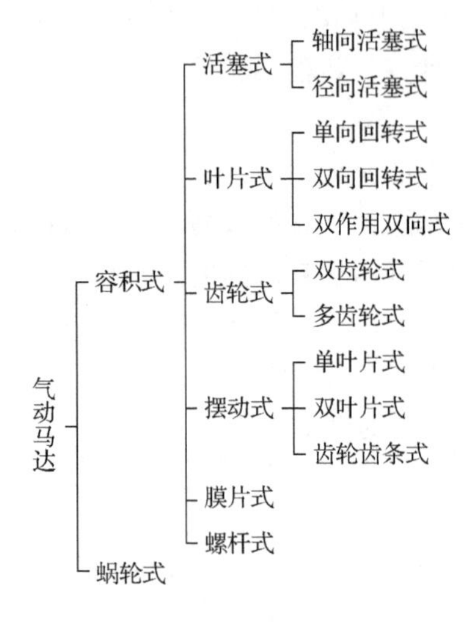

图 3-13　气动马达的类型

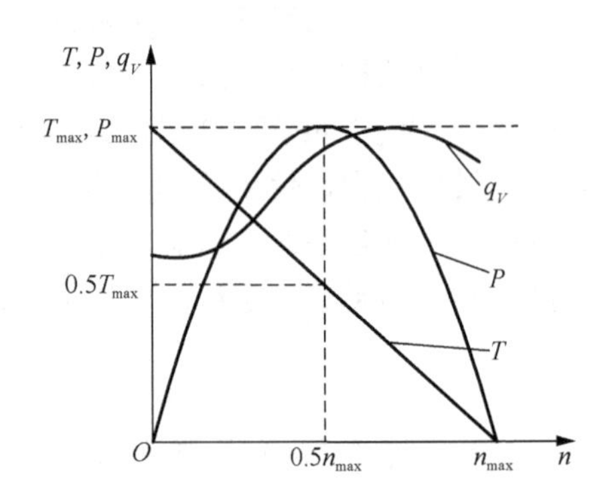

图 3-14　叶片式气动马达的特性曲线

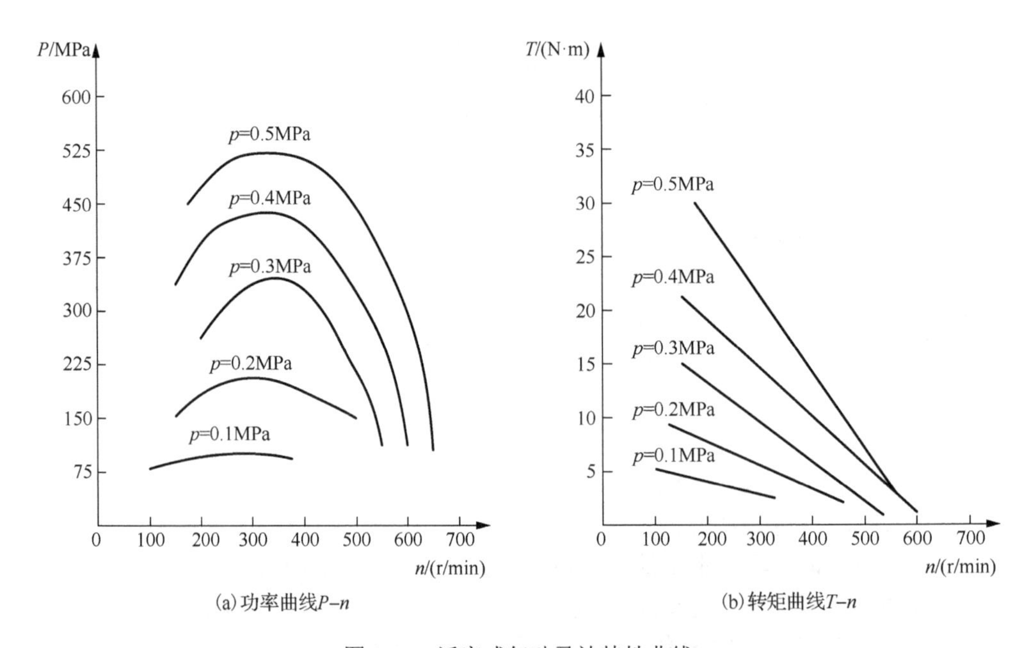

图 3-15　活塞式气动马达特性曲线

(2) 有过载保护作用。过载时气动马达只是降低转速或停转，一旦载荷正常，立即重新正常运转，不会产生故障。

(3) 对工作环境的适应性强。在易燃、易爆、潮湿、高温、多尘环境下能安全可靠地工作。

(4) 具有较高的启动力矩。可以直接带动载荷启动。

(5) 可以双向回转。换向时冲击小，能瞬时反转和升速。

(6) 操纵、维修简单。

(7) 运行效率较低。输出功率相对较小、耗气量大、排气噪声大、容易产生振动。

(8) 转速稳定性较差。载荷变化时，转速难以保持恒定。

(9) 低温环境下使用时，压缩空气中的湿气容易在排气口凝聚结冰，因而背压增加，降低输出功率。

选择气动马达要从其特点及负载特性考虑，在变负载场合使用时，主要考虑速度范围及满足所需的负载转矩。在稳定负载下使用时，工作速度则是一个重要的因素。叶片式气动马达比活塞式气动马达转速高、结构简单，但启动转矩小，在低速工作时空气消耗量大。当工作速度低于空载速度的 25%时，最好选用活塞式气动马达。容积式气动马达的主要性能见表 3-4。摆动式气动马达一般要求自行设计。

气动马达的计算比较简单，先根据负载所需的转速和最大转矩计算出所需的功率，然后选择相应功率的气动马达，进而可根据气动马达的气压和耗气量设计气路系统。

表 3-4　容积式气动马达的主要性能

类别	齿轮式		活塞式				叶片式		
	双齿轮式	多齿轮式	径向活塞式			轴向活塞式	单向回转	双向回转	双作用双向回转
			有连杆式	无连杆式	滑杆式				
转速/(r/min)	1000～10000		100～1300(最大至 6000)			<3000	500～50000		
转矩	较小	较双齿轮式大	大			较径向活塞式大	小		
功率/(kW)	0.7～36		0.7～18			<3.6	0.15～18		
效率	低		较高			高	较低		
耗气量/(m^3/kW)	>1.6		大型马达为 0.9～1.4 小型马达为 1.9～2.3			1.0 左右	大型马达约为 1.4 小型马达为 1.7～2.3		
单位功率的机重	较轻	较双齿轮式轻	重			较重	轻		
结构特点	结构简单、噪声大、振动大、人字齿轮式马达换向困难		结构复杂			结构紧凑但很复杂	结构简单、容易维修		

3.3　动力机的选择原则

在设计机械系统时，选用何种形式的动力机，主要应从以下三个方面进行分析比较。

(1) 分析工作机械的负载特性和要求，包括工作机械的载荷特性、工作制度、结构布局和工作环境等。

(2) 分析动力机本身的机械特性，包括动力机的功率、转矩、转速等特性，以及动力机所能适应的工作环境。使动力机的机械特性与工作机械的负载特性相匹配。

(3) 进行经济性的比较，当同时可用多种类型的动力机进行驱动时，经济性的分析是必不可少的，包括能量的供应和消耗，动力机的制造、运行和维修成本的对比等。

除上述三方面外，有些动力机的选择还要考虑对环境的影响，如对空气的污染和噪声的污染等。例如，室内工作的机械使用内燃机作为动力机就很不合适。

使用电动机作为动力机时具有以下优点：有较高的驱动效率，与被驱动的工作机械连接简便，且种类型号较多，具有各种运行特性，可满足不同类型机械的工作要求。电动机还具有良好的调速性能，启动、制动、反向和调速的控制简便，可以实现远距离的测量和控制，便于集中管理和实现生产过程的自动化。但使用电动机必须具备相应的电源，对野外工作的机械及移动式机械常因缺乏电源而不能选用。

使用内燃机作为动力机时，具有功率范围宽、操作简便、启动迅速和便于移动等优点，大多用于野外作业的工程机械、农业机械以及船舶、车辆等。主要缺点是需要柴油或汽油作为燃料，通常对燃料的要求也比较高，特别是高速内燃机须使用洁净度高的汽油和轻质柴油，内燃机的排气污染和噪声都比较大，在结构上也比较复杂，而且对零部件的加工精度要求较高。

使用液压马达作为动力机时，可以获得很大的机械力或转矩，与电动机相比，功率相同时，其外形尺寸小、重量轻，因而运动件的惯性小，快速响应的灵敏度高。液压马达可以通过改变油量来调节执行机构的速度，传动比较大、低速性能好，容易实现无级调速，操作和控制都比较简便，易于实现复杂工艺过程的动作并满足其性能要求。但使用液压马达必须具有高压油的供给系统，且对液压元件的制造和装配精度要求较高，否则容易出现漏油现象而影响工作效率及工作机械的运动精度。

使用气动马达作为动力机时，与液压马达相比，因使用空气作为工作介质容易实现，用后可以直接排入大气而无污染，压缩空气还可以进行集中供给和远距离输送。气动马达动作迅速、反应快、维护简单、成本低，对易燃、易爆、多尘和振动等恶劣工作环境的适应性较好。但因空气具有可压缩性，因此气动马达的工作稳定性较差，气动系统的噪声较大，又因工作压力受到一定的限制而不可能太高，故输出的转矩不可能太大，一般只适应于小型和轻型的工作机械。

在选择动力机时，可根据各类动力机的特点进行各种方案的比较。首先，确定动力机的类型，然后根据工作机械的负载特性计算动力机的容量。有时也可预选动力机，在产品设计出来后再进行校核。

动力机的容量一般是由负载所需的功率或转矩确定，动力机的转速则与工作机械之间的传动方案有关。若具有变速装置时，动力机转速可高于或低于工作机械的转速。

3.4 案 例 分 析

某大型车床刀架快速移动机构重量 M=5300N，移动速度 v=15m/min，传动比 i=100，动摩擦系数 μ=0.1，静摩擦系数 μ_s=0.2，传动效率 η=0.1，请选择驱动电动机容量。

由题意可知此电动机为短时运行。对于短时工作制电动机的选择，既可用连续工作制，也可用短时工作制的电动机，本题按前者选择电动机容量。

(1) 计算刀架移动时电动机的负载功率 P_L。

$$P_L = \frac{\mu M v}{60\times 1000\times \eta} = \frac{0.1\times 5300\times 15}{60\times 1000\times 0.1} = 1.33(\text{kW})$$

(2) 按允许过载能力选择电动机，取交流异步电动机的过载倍数 $\lambda_T = 2$，电压波动系数 $K_U = 0.85$，裕量系数 $K = 0.9$，则电动机的额定功率为

$$P_N \geqslant \frac{P_L}{KK_U^2\lambda_T} = \frac{1.33}{0.9\times 0.85^2\times 2} = 1.02(\text{kW})$$

额定转速近似为　　　　$n_N \approx iv \approx 100\times 15 \approx 1500(\text{r/min})$

初步选择电动机 Y90L-4 笼型异步电动机，其参数为 $P_N = 1.5\text{kW}$，$n_N = 1400\text{r/min}$，$\lambda_{st} = 2.3$。

(3)校验启动能力。由于静摩擦系数是动摩擦系数的两倍，所以有

启动负载功率　$P_{Lst} = 2P_L = 2\times 1.33 = 2.66(\text{kW})$

电动机启动功率　$P_{st} = \lambda_{st} P_N = 2.3\times 1.5 = 3.45(\text{kW})$

因 $P_{st} > P_{Lst}$，故启动能力满足。如果 $P_{st} \leqslant P_{Lst}$，或 P_{st} 仅比 P_{Lst} 稍大一点，则应重新选择容量大一些的电动机，提高系统启动的可靠性。

思考与实践题

1. 机械所受的载荷有哪几种？
2. 常用的载荷处理方式有哪几种？
3. 常见工作机械的负载特性有哪几种？
4. 电动机有哪些种类?
5. 交流电动机选择时需要考虑哪些问题？
6. 常用的控制用电动机有哪些?运用于哪些场合？
7. 内燃机在选用时需要考虑哪些问题？
8. 试选择一个机械系统(机械产品)，详细分析其载荷特性。
9. 分析题 8 所选产品动力系统的组成及设计依据。

第 4 章　执行系统设计

4.1　执行系统的组成与分类

4.1.1　执行系统的组成

执行系统是指在机械系统中直接完成预期工作任务的机构与装置，它由执行构件和与之相连的执行机构组成。执行构件是执行系统中直接完成工作任务的零部件，它或是直接完成一定的动作(如转动、移动、转位、夹持、搬运等)，或是在工作对象上完成一定的动作(如进刀、锻压、喷涂等)。执行构件往往是执行机构中的一个构件，它的动作由与之相连的执行机构带动，其结构、强度和刚度、运动形式和精度、可靠性与使用寿命等不仅取决于整个机械系统的工作要求，而且也与执行机构的类型及其工作特性有关。

4.1.2　执行系统的分类

执行系统按系统中执行机构的数目及其相互间的联系情况可分为单一型、相互独立型及相互联系型；按其对运动和动力的不同要求又可分为动作型、动力型、动作-动力型。各类执行系统的特点和应用举例见表 4-1。

表 4-1　执行系统的特点和应用举例

类别		特点	应用举例
按执行系统对运动和动力的要求	动作型	要求执行系统实现预期精度的动作(位移、速度、加速度等)，对执行系统中各构件的强度、刚度无特殊要求	缝纫机、包糖机、印刷机等
	动力型	要求执行系统能克服较大的生产阻力，做一定的功，因此对执行系统中各构件的强度、刚度有严格要求，但对运动精度无特殊要求	曲柄压力机、冲床、推土机、挖掘机、碎石机等
	动作-动力型	要求执行系统既能实现预期精度的动作，又要克服较大的生产阻力，做一定的功	滚齿机、插齿机等
按执行系统中执行机构的相互联系情况	单一型	在执行系统中，只有一个执行机构工作	搅拌机、碎石机、皮带输送机等
	相互独立型	在执行系统中有多个执行机构进行工作，但它们之间相互独立、没有运动的联系和制约	外圆磨床的磨削进给与砂轮转动，起重机的起吊与行走动作等
	相互联系型	在执行系统中，有多个执行机构，且它们之间有运动上的联系和制约	印刷机、包装机、缝纫机、纺织机等

4.2　执行系统的功能

执行系统是在执行构件与执行机构协调工作下完成任务的。执行机构的作用是传递和变换运动、动力，即把传动系统传递过来的运动与动力进行必要的变换以满足执行构件的要求。

从执行机构变换运动的形式来看，不外乎是转动(或摆动)与移动之间的变换；从变换的节拍来看，则分为将连续运动变换为不同性质的连续运动或间歇运动。虽然执行系统要完成的工作任务多种多样，但执行系统的功能归纳起来常见的主要有转动或移动、施力、分度与转位、抓取与夹持、搬运与输送、检测与分选，以及定向。

1. 转动或移动

转动或移动是执行系统的基本功能。如车床、铣床、磨床等机床的主要执行构件之一即主轴，其运动是旋转运动，而牛头刨床刨刀的运动以及车床刀架的运动是直线运动。

图 4-1 所示的是卧式车床加工外圆柱面的原理图。被加工工件由卡盘夹持与主轴一起旋转，刀架由刀架溜板带动实现横向和纵向进给。

2. 施力

为了完成一定的工作任务，如在金属切削机床上加工出一定尺寸、形状的工件，起重机械起吊重物以及在压力机械上压制产品等许多机械要求执行系统对工作对象施加力或力矩以达到完成生产任务的目的。

图 4-2 为颚式破碎机执行机构示意图，偏心轴 1 通过连杆 2 带动推力板做往复运动，推力板推动活动颚板 3 绕轴做摆动运动，通过施加挤压力将矿石向固定颚板 4 挤压，矿石在挤压力作用下碎裂并从出料口漏出，完成破碎功能。从图4-1 可知，主轴上的执行构件卡盘对工作对象(被加工工件)要施加一定的力矩以克服切削力矩而保持工件与之一起旋转，车刀要施加一定的力才能进行切削加工。在机床上加工工件，既要求执行系统能实现预期的动作，又要克服较大的生产阻力做一定的功。在其他机械系统中，如材料压力加工与试验，重物起吊与搬运，矿石粉碎等机械都要求其执行系统具有施力功能。

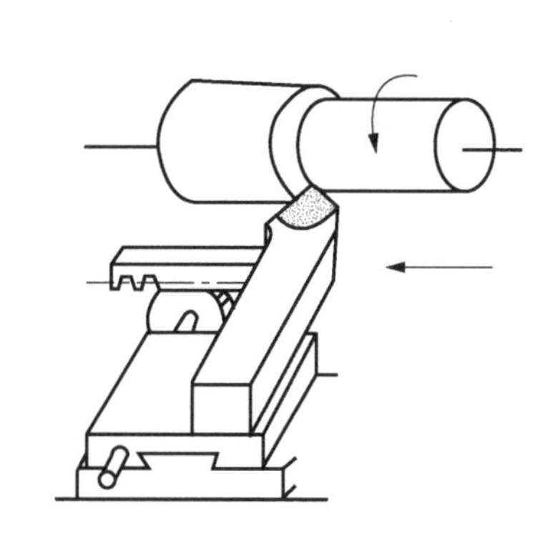

图 4-1　卧式车床加工外圆柱面的原理图

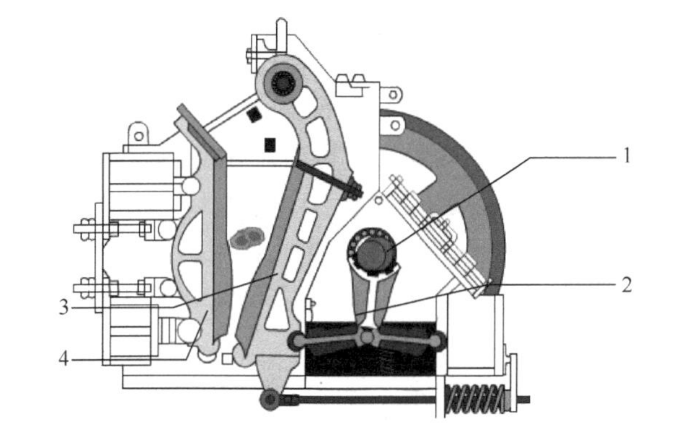

图 4-2　颚式破碎机执行机构

1-偏心轴；2-连杆；3-活动颚板；4-固定颚板

3. 分度与转位

在铣床上加工齿轮的轮齿时需要进行分度，数控机床利用回转工作台进行复杂曲面加工并完成多道工序，转塔车床的刀架要能转位换刀，转台式装配机械的工作台也需要转位和分度等。由此可见，实现分度与转位是执行系统的主要功能之一。

图 4-3 所示为一棘轮机构带动的回转工作台，其分度、转位的过程如下。当要分度时，定位气缸 5 带动定位栓 6 从分度盘 1 的切口退出，气缸 4 推动棘轮转位，使工作台转过一分度角，然后定位气缸 5 充气使定位栓伸出，进入分度盘 1 的下切口实现定位，同时气缸 4 退回到起始位置。

图 4-4 所示为由凸轮机构带动的回转工作台。工作时，凸轮机构带动连杆 5 和驱动板 4 往复摆动，通过驱动销 2 使分度盘 3 回转分度，定位栓 1 则使分度盘 3 定位。

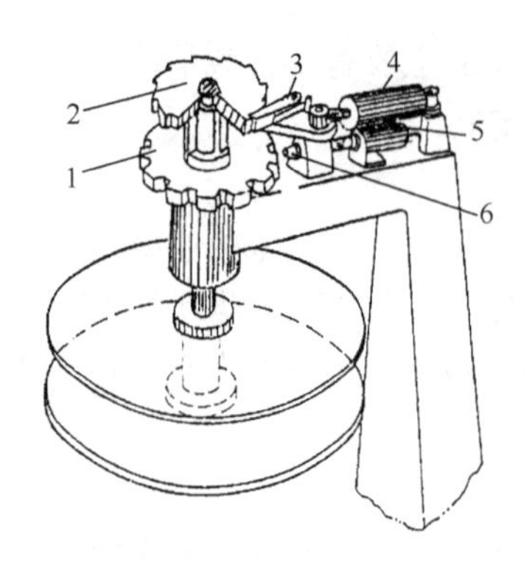

图 4-3　棘轮机构带动的回转工作台

1-分度盘；2-棘轮；3-棘爪；4-气缸；5-定位气缸；6-定位栓

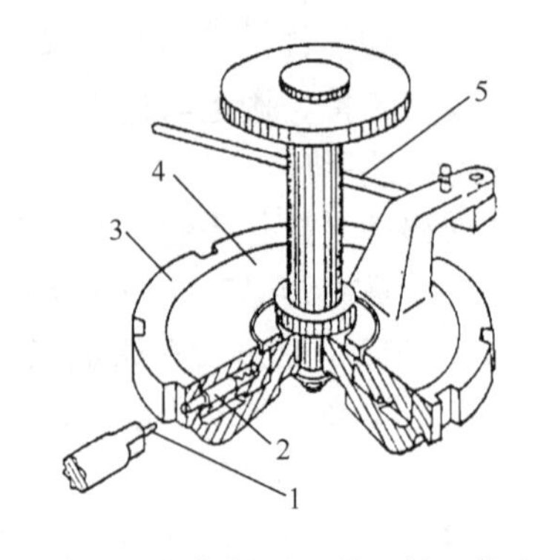

图 4-4　凸轮机构带动的回转工作台

1-定位栓；2-驱动销；3-分度盘；4-驱动板；5-连杆

从上述两个例子可见，分度、转位机构中都附有定位装置。定位装置的作用是使分度、转位构件在完成转位动作后，能停在所需的位置上，在工作过程中不因外界影响产生偏移。定位装置的精度和可靠性直接影响执行系统的工作质量。

4. 抓取与夹持

在现代机械中，抓取或夹持重物(或工件)是执行系统的常见任务。如自动换刀数控加工中心就是利用机械手从刀库中抓取并夹持刀具实现自动换刀等。完成抓取和夹持的机构与装置种类较多，通常称之为机械手。把直接夹持工件(或重物)的执行构件称为手指。

图 4-5 所示的是弹簧杠杆式机械手。当机械手向下运动，手指 5 接触到工件 6 时，依靠手指 5 上开口处的斜面和机械手向下运动的动作，将手指 5 撑开，使工件 6 进入手指之间，在弹簧力作用下将工件 6 夹紧。当工件被送到需要的位置时，手指 5 不会自动松开工件 6，必须先由其他装置先夹紧工件 6，然后机械手向上运动，才会使手指 5 克服弹簧力撑开手指 5 而松开工件。这种机械手只适用于抓取和夹持小型零件和较轻的物体。

图 4-6 所示为齿轮齿条式机械手。在滑柱 1 上装有齿条，当滑柱 1 上下移动时，齿条带动扇形齿轮 2 来回摆动，由于手指 4 和扇形齿轮固定在一起，因而，在齿条及齿轮的带动下，手指可以张开、合拢，完成对工件 5 的夹紧及松开动作。弹簧 3 的作用是使齿轮和齿条运动时更加平稳，手指在张、合时不易发生抖动。

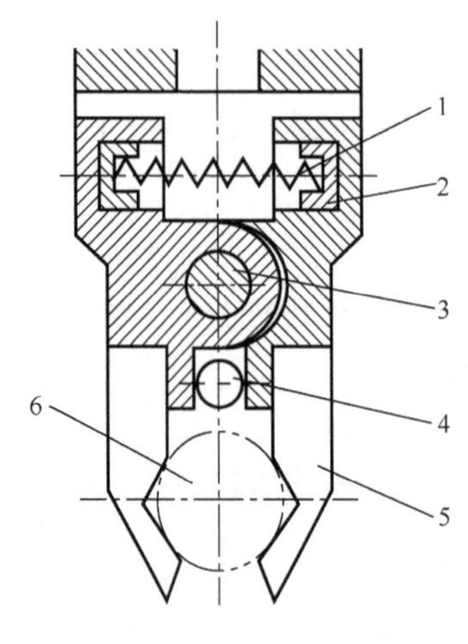

图 4-5　弹簧杠杆式机械手

1-弹簧；2-垫圈；3-回转轴；4-挡块；5-手指；6-工件

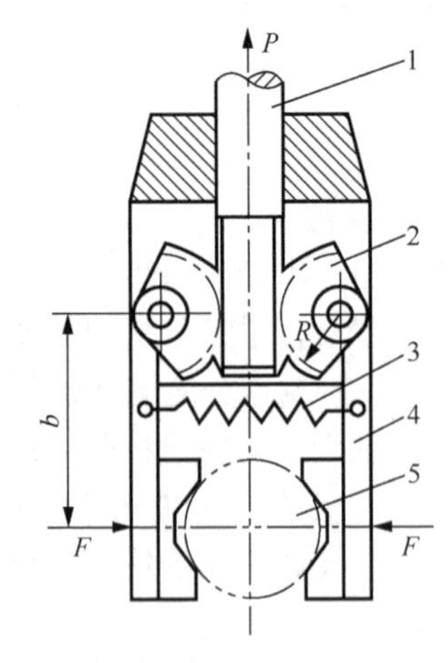

图 4-6　齿轮齿条式机械手

1-滑柱；2-扇形齿轮；3-弹簧；4-手指；5-工件

图 4-7 为利用死点的自锁夹持机构。图4-7(a)中，逆时针方向转动手柄使其与连杆成一直线，这时机构处于死点位置，摇杆对工件进行加紧。图 4-7(b)中，转动手柄，使其与摇杆成一直线，此时机构处于死点位置而自锁。

图 4-8 为几种机械手的夹持机构。图4-8(a)为杠杆滑槽式，结构简单，动作灵活，手爪开闭角度大。图 4-8(b)为连杆式，可产生较大的夹紧力，各杆件为铰链连接，磨损较小，但结构较复杂，适用于抓取重量较大的工件。图4-8(c)为自锁式，由于手爪回转中心 O 在重力作用线 $G/2$ 的内测，手爪挂上工件后，工件自重对 O 点产生的力矩使手爪自动夹紧工件而不会脱开，用于搬运较大工件。

有关夹持功能的机构还有很多，在此不一一列举。

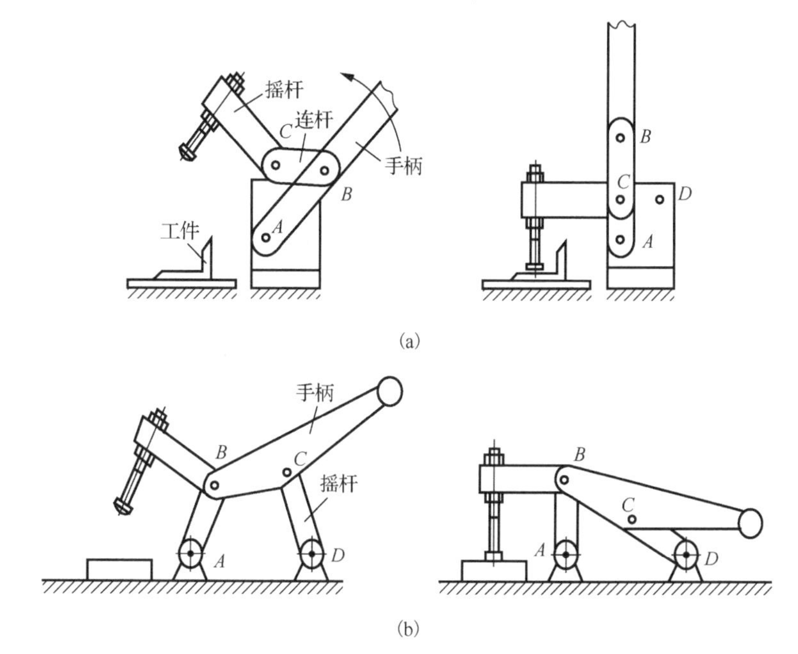

图 4-7　利用死点的自锁夹持机构

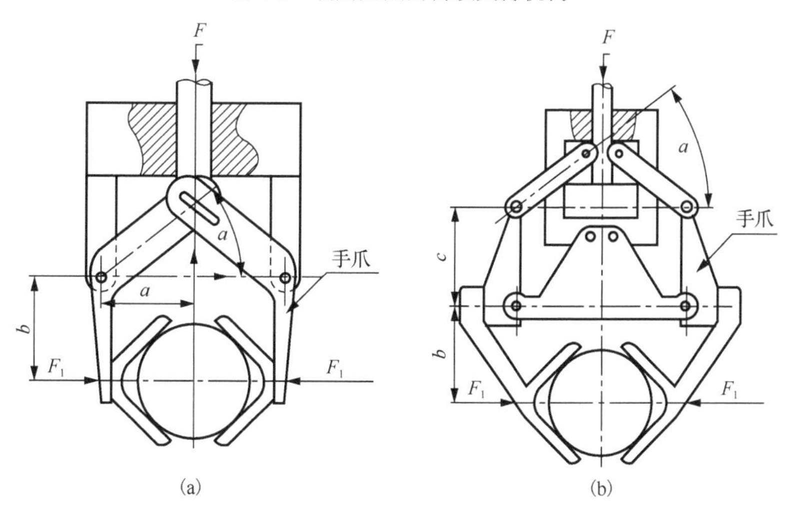

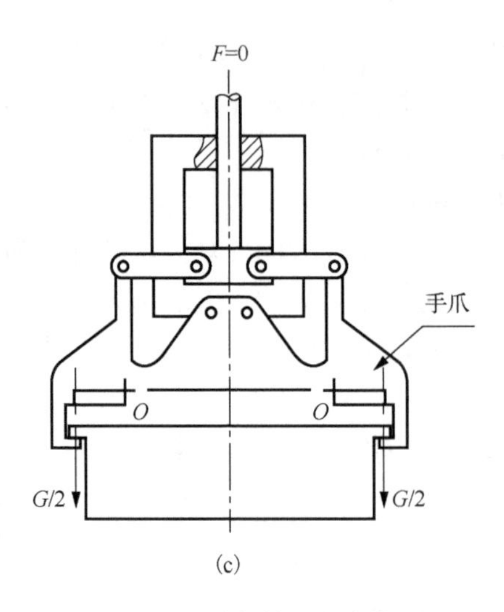

(c)

图 4-8　几种机械手的夹持器

5. 搬运与输送

在矿山机械、食品加工机械、自动化机床等现代生产设备中，搬运和输送装置应用广泛。

搬运是指把工件从一个位置移送到另一个位置，但并不限定移送路线的动作。输送是指将工件按给定的路线，从一个位置运送到下一个位置。按其输送路线不同可分为直线输送、环形输送及空间输送；按其输送方式又可分为连续输送和间歇输送。连续输送常用于矿砂、煤炭、谷物等的输送。间歇输送常用在生产自动线上，使工件在工位上停顿一段时间，以便进行工艺操作。

图 4-9 所示是一种简单的搬运装置，适用于搬运扁平工件。图4-9(a)表示工件在搬运前的位置，图4-9(b)表示搬运后的位置，其工作过程为：当真空吸头 10 吸住工件 11 后，气缸 7 充气，使连接于气缸活塞杆上的齿条 5 向前移动，带动小齿轮 6 及与之相固联的曲柄 8 转摆 180°，至图4-8(b)所示位置，然后真空吸头 10 充气，将工件置放于所需位置。为了防止真空吸头 10 翻转，将搬运头 9 空套在曲柄的销轴上，使它能在销轴上自由转动，而滑块 1 空套在导销 2 上，滑块与搬运头以刚性连杆 3 相连，在曲柄 8 转摆时，搬运头 9 始终保持垂直位置，导销 2 在导板 4 的导槽中滑动。

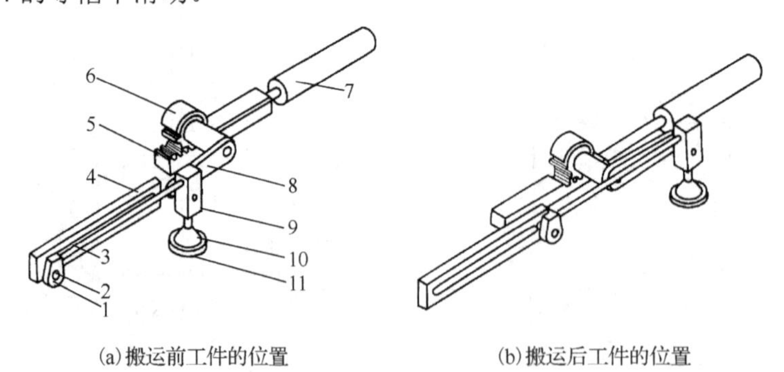

(a)搬运前工件的位置　　(b)搬运后工件的位置

图 4-9　扁平工件搬运装置

1-滑块；2-导销；3-刚性连杆；4-导板；5-齿条；6-小齿轮；
7-气缸；8-曲柄；9-搬运头；10-真空吸头；11-工件

输送是指将工件按给定的路线，从一个位置运送到下一个指定位置。按其输送路线不同可分为直线输送、环形输送及空间输送；按输送方式又可分为连续输送和间歇输送。连续输送常用于矿砂、煤炭、谷物及某些物料的输送；间歇输送常用在生产自动线上，使工件在工位上停顿一段时间，以便进行工艺操作。

图 4-10 为一种间歇式直线输送装置。气缸 4 推动棘爪 5 前进，棘爪 5 驱动棘轮 3 转动，与棘轮同轴固联的链轮 2 带动特制链条 1 使装配输送带沿直线做间歇位移。如将上述装置的链轮与连续旋转的构件相连，则输送带可沿直线连续输送。

图 4-11 为一种以偏心轮驱动的直线导轨式输送装置。工件 1 被振动式贮料斗送到直线振动器，然后进入固定导轨 3，在偏心轮 5 的推动下，使摇杆 4 摆动，摇杆另一端与棘爪 2 铰接，棘爪推动工件 1 沿导轨 3 输送到下一个工位。

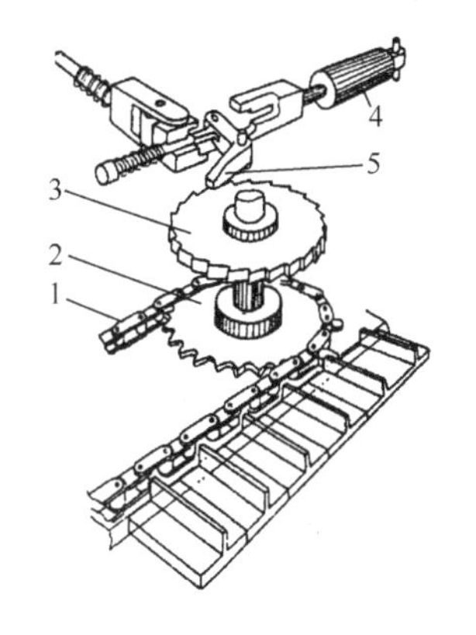

图 4-10　直线输送装置

1-链条；2-链轮；3-棘轮；4-气缸；5-棘爪

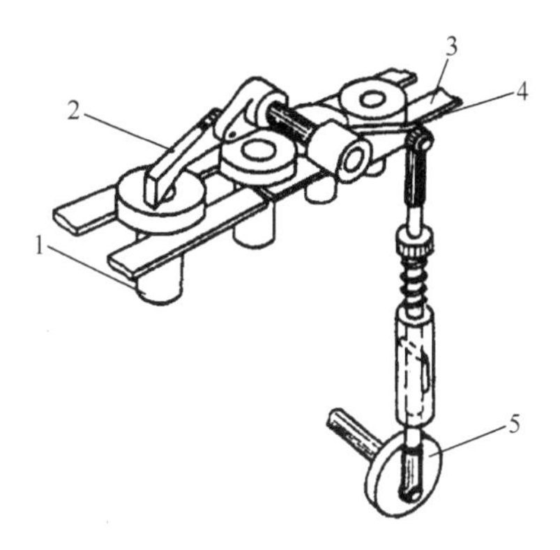

图 4-11　直线导轨式输送装置

1-工件；2-棘爪；3-导轨；4-摇杆；5-偏心轮

图 4-12 所示为一种间歇式自动输送装置。输送机构 2 在气缸 4 的控制下做往复直线运动时，料道 3 中的工件 1 在自重作用下落入输送机构的夹持器 6 里，当活塞 5 向左运动时输送机构将工件 1 送往工作地点。

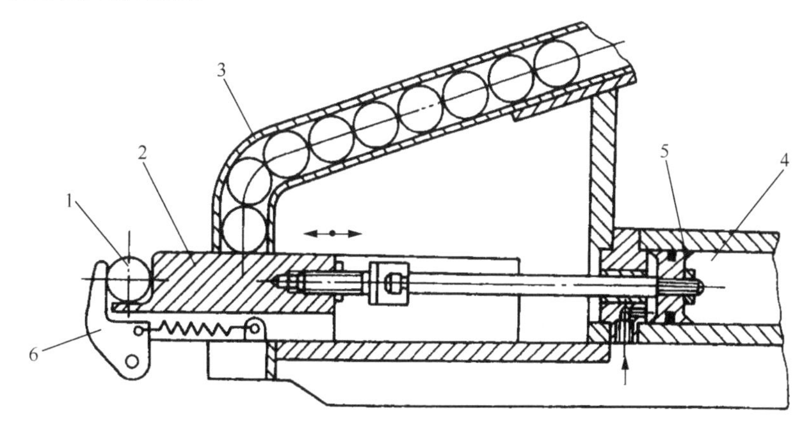

图 4-12　间歇式自动输送装置

1-工件；2-输送机构；3-料道；4-气缸；5-活塞；6-夹持器

6. 检测与分选

在一些机械中需要对工件(或产品)的形状、尺寸、性能进行检验和测量，常需执行系统具有检测功能。此时，执行构件通常是一个检测探头，当它接触到被检测工件时，通过机、电或其他的方式，把检测结果传递给执行机构，分离出“合格”与“不合格”工件。

图 4-13 所示的是检测垫圈内径装置，确定其是否在允许公差范围之内的检测装置。被检测的工件沿一条倾斜的进给滑道 5 连续送进，直到最前边的工件被止动臂 8 上的止动销挡住而停止。凸轮轴 1 上装有两个盘形凸轮，分别控制压杆 4 的升降和止动臂 8 的摆动。当检测探头 6 进入工件 7 的内孔时，止动臂 8 连同止动销在凸轮推动下离开进给滑道，以便让工件 7 浮动。

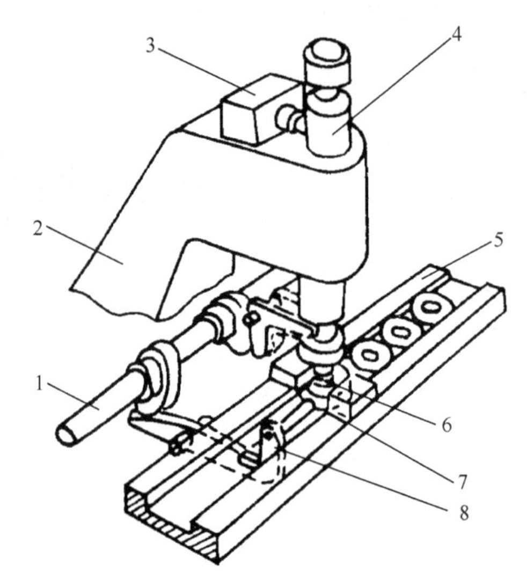

图 4-13　自动检测垫圈内径装置

1-凸轮轴；2-支架；3-微动开关；4-压杆；5-进给滑道；
6-检测探头；7-工件(垫圈)；8-止动臂

检测的工作过程如图 4-14 所示。图4-14(a)所示被测工件的内径尺寸在公差范围之内，这时微动开关的触头进入压杆的环形槽，微动开关断开，发出信号给控制系统，在压杆离开工件后，把工件送入合格品槽。图 4-14(b)所示为工件内径尺寸小于合格的最小直径时，压杆的探头进入内孔深度不够，微动开关仍闭合，发出信号给控制系统，使工件进入废品槽。图4-14(c)所示为工件内孔直径大于允许的最大直径时的情况，这时微动开关也闭合，控制系统把工件送入另一废品槽。

图 4-15 所示为常用的偏转板分选装置示意图。根据检测指令，偏转板有不同的偏转角度，使合格和不合格品分选出来。如有必要还可把不合格品分选为可返修品和废品。

图 4-16 是根据球体直径的大小对球体进行分选，如图所示，大小不一的球体从料斗漏下并沿着管道前进，当经过限制门时，直径尺寸小于门高的球体，通过限位门后落入右侧的收集箱，直径大于门高的球体经过限制门时，会碰到门上的限位板，从而使通道下方的活动门打开，球体落下并进入左侧的收集槽。

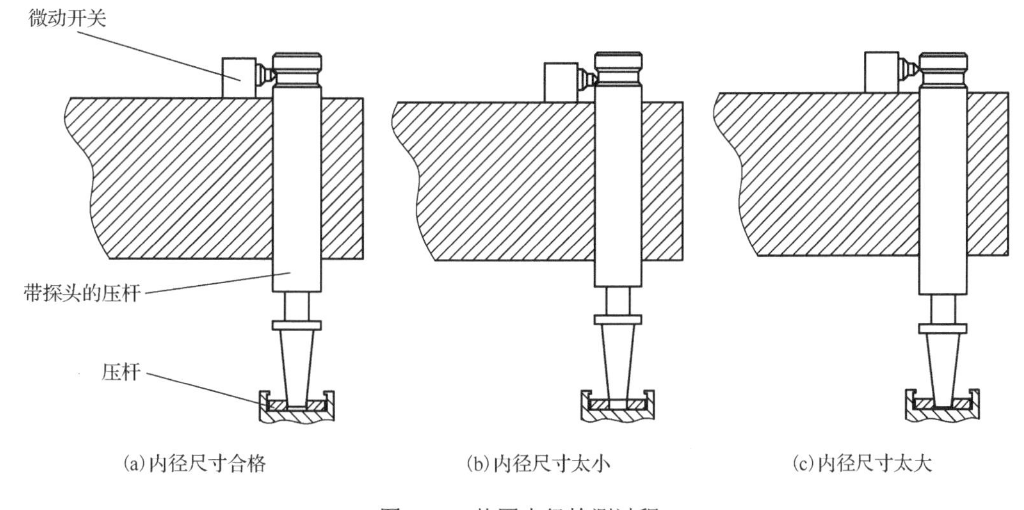

图 4-14　垫圈内径检测过程

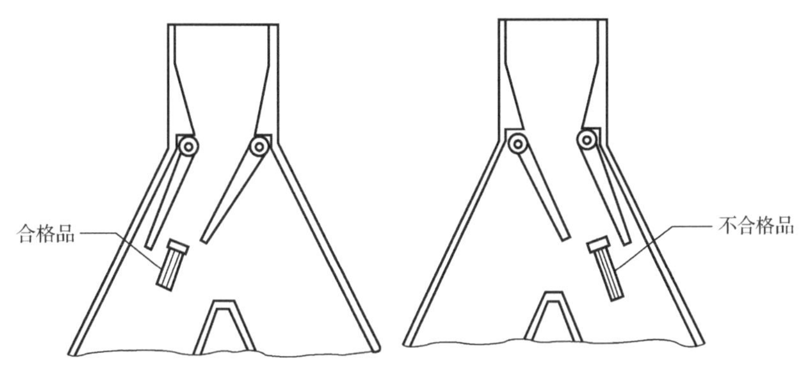

图 4-15　偏转板分选装置示意图

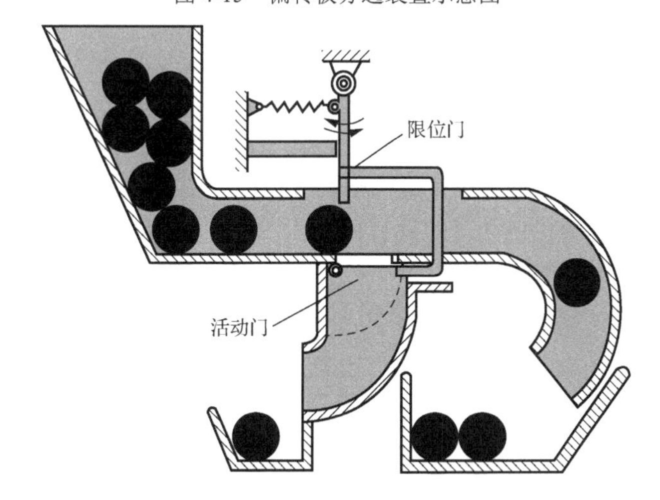

图 4-16　球体分选机构

7. 定向

在对一些零件进行检测和装配前，通常需要对其进行定向排列，以便于检测和装配。如图 4-17 所示，盘型零件由入口槽进入定向机构，当零件落入时开口向右，则零件落入槽口中并在随转盘顺时针旋转时被槽口中的凸起阻挡，在转动到 A 点时，零件脱离槽口并从出口槽滑出。当零件从入口槽落入时开口向左，则零件落入槽口后不能被槽口中的凸起阻挡，在随转盘转到分度盘位置时，由分度盘滑落并经出口槽滑出，从而保证了所有零件以开口向上的形式输出，达到了定向的目的。

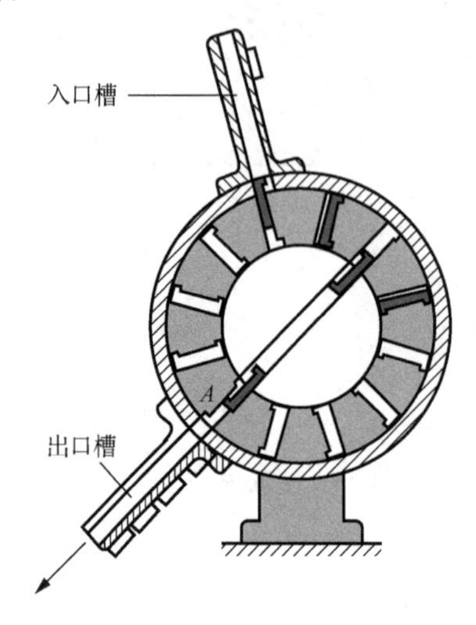

图 4-17　盘状零件定向机构

4.3　执行系统的运动分析

4.3.1　执行系统的运动形式

执行构件的运动形式归纳起来不外乎移动和转动两类基本运动形式，而这两类基本运动又可分为连续和间歇两种，其他复杂的运动都可以看成是这两类基本运动的组合。表4-2 列出了执行构件常见运动形式及主要运动参数。

执行构件的具体运动形式要根据执行系统所要完成的工作任务来确定，由于工作任务的多样性，因而，执行构件的运动形式也是多种多样的。但由于机械系统动力机的运动往往比较单一，如电动机或液压马达通常做等速转动，液压缸的活塞做等速移动等。因此，为了获得执行构件所需的运动，就需要用执行机构来进行运动的变换。如 CA6140 车床刀架溜板的纵、横向进给直线运动就是将电动机的旋转运动通过丝杠螺母副进行运动变换的。在执行系统设计中，需要对执行机构的运动进行分析。有关各类机构的工作特点、应用及其设计方面的知识参见《理论力学》《机构设计》等教材。

表 4-2　执行构件常见运动形式及主要运动参数

运动形式			主要运动参数
平面运动	旋转运动	连续转动	角速度ω或转速 n
		间歇转动	运动时间 t，停顿时间 t_0，运动周期 T=t+t_0，运动系数 τ=t/T、转角φ、角加速度 a
		往复摆动	摆角φ，角加速度 a，行程速比系数 K
	移动	连续移动	速度 v
		间歇移动	运动时间 t，停顿时间 t_0，运动周期 T=t+t_0，运动系数 τ=t/T、位移 s、加速度 a
		往复移动	位移 s，加速度 a，行程速比系数 K
空间运动	一般空间运动		绕三相互垂直轴线的转角φ_x、φ_y、φ_z，角速度ω_x、ω_y、ω_z，角加速度 a_x、a_y、a_z 沿三相互垂直轴线的位移 s_x、s_y、s_z，角速度 v_x、v_y、v_z，角加速度 a_x、a_y、a_z

4.3.2　运动分析实例

1961 年，美国 Unimation 公司发布了一款工业机器人 PUMA-560，用于汽车生产线。这是世界上第一台工业机器人，至今仍工作在工厂第一线。下面以 PUMA-560 机器人操作机为例，分析其运动学特性。如图 4-18 所示 PUMA-560 机器人操作机的轴测图和机构运动简图。

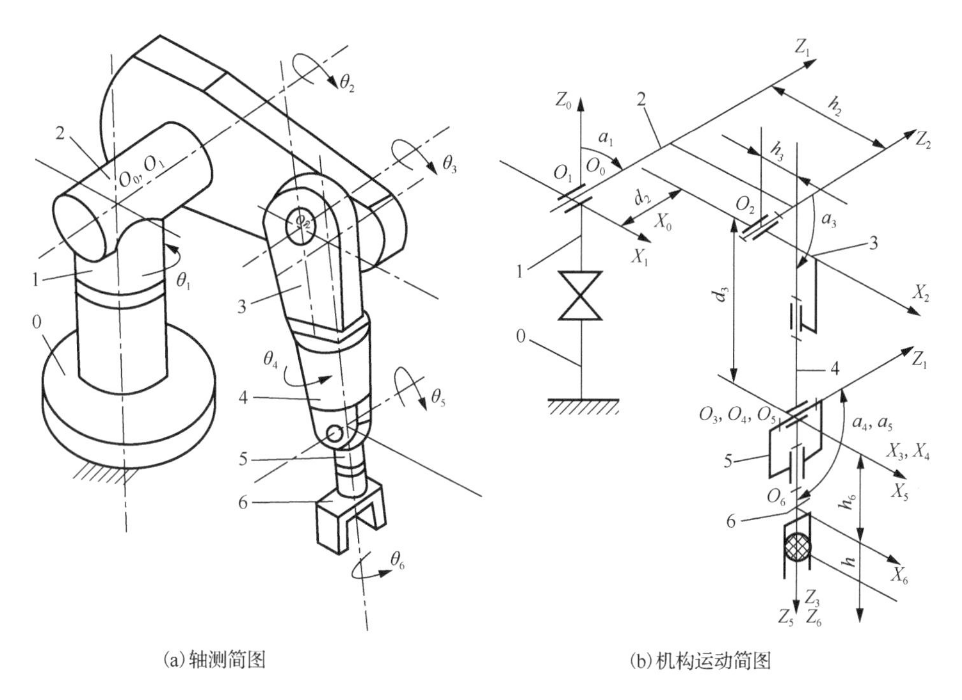

图 4-18　PUMA 机器人操作机

0-底座；1-立柱；2-大臂；3-上臂；4-小臂；5-手腕；6-手指

操作机由底座及六个活动杆件组成，具有六个旋转关节。描述机器人操作机上每一活动杆件在空间相对于绝对坐标系或机座坐标系的位置及姿态的方程，称为机器人操作机的运动方程。执行系统运动分析实际上是研究执行系统中各个构件相对于参考坐标系的位置、速度和角速度，以及加速度和角加速度。但不考虑引起运动的力和力矩。而对于 PUMA-560 机器人操作机的运动学方程，实质上就是确定六个活动杆件上的构件坐标系向底座(或绝对)坐标系的齐次坐标变换，建立其运动学方程的步骤如下。

(1) 建立各构件的相对坐标系。底座坐标系 X_0-Y_0-Z_0 因连在底座上，为简化计算，将其原点 O_0 平移，使 O_0、O_1 重合。按右手坐标系规则建立各活动杆件的坐标系。为清晰起见，将全部坐标系绘在图 4-18(b) 所示的机构运动简图上。

(2) 确定各杆件的结构参数和运动变量。列出参数表中各关节的运动变量绕 $Z_i\,(i=1,2,\cdots,6)$ 轴的转角，分别用 $\theta_1,\theta_2,\cdots,\theta_6$ 表示。将机构的结构参数和运动变量列于表 4-3 中。这里，$\theta_1,\theta_2,\cdots,\theta_6$ 是运动变量，其余为结构参数。

表 4-3　结构参数和运动变量

构件编号	θ_i	α_I/（°）	h_i	d_i
0～1	θ_1	-90	0	0
1～2	θ_2	0	h_2	d_2
2～3	θ_3	-90	h_3	d_3
3～4	θ_4	90	0	0
4～5	θ_5	-90	0	0
5～6	θ_6	0	0	d_6

(3) 写出各相邻两构件坐标系间的位置姿态矩阵 $M_{i-1,i}$。

根据两相邻坐标系的齐次坐标变换原则及表 4-3 可得

$$[M_{01}]=\begin{bmatrix}\cos\theta_1 & 0 & -\sin\theta_1 & 0\\ \sin\theta_1 & 0 & \cos\theta_1 & 0\\ 0 & -1 & 0 & 0\\ 0 & 0 & 0 & 1\end{bmatrix},\quad [M_{12}]=\begin{bmatrix}\cos\theta_2 & -\sin\theta_2 & 0 & h_2\cos\theta_2\\ \sin\theta_2 & \cos\theta_2 & 0 & h_2\sin\theta_2\\ 0 & 0 & 1 & d_2\\ 0 & 0 & 0 & 1\end{bmatrix}$$

$$[M_{23}]=\begin{bmatrix}\cos\theta_3 & 0 & -\sin\theta_3 & h_3\cos\theta_3\\ \sin\theta_3 & 0 & \cos\theta_3 & h_3\sin\theta_3\\ 0 & -1 & 0 & d_3\\ 0 & 0 & 0 & 1\end{bmatrix},\quad [M_{34}]=\begin{bmatrix}\cos\theta_4 & 0 & -\sin\theta_4 & 0\\ \sin\theta_4 & 0 & \cos\theta_4 & 0\\ 0 & -1 & 0 & 0\\ 0 & 0 & 0 & 1\end{bmatrix}$$

$$[M_{45}]=\begin{bmatrix}\cos\theta_5 & 0 & -\sin\theta_5 & 0\\ \sin\theta_5 & 0 & \cos\theta_5 & 0\\ 0 & -1 & 0 & 0\\ 0 & 0 & 0 & 1\end{bmatrix},\quad [M_{56}]=\begin{bmatrix}\cos\theta_6 & 0 & -\sin\theta_6 & 0\\ \sin\theta_6 & 0 & \cos\theta_6 & 0\\ 0 & -1 & 0 & d_6\\ 0 & 0 & 0 & 1\end{bmatrix}$$

(4) 建立机械接口坐标系的位置姿态矩阵 M_{06}。

根据求解机械接口位姿矩阵的方法可知

$$[M_{06}]=[M_{01}]\cdot[M_{12}]\cdot[M_{23}]\cdot[M_{34}]\cdot[M_{45}]\cdot[M_{56}]$$

则有

$$[M_{06}]=\begin{bmatrix}n_x & O_x & \alpha_x & P_x\\ n_y & O_y & \alpha_y & P_y\\ n_z & O_z & \alpha_z & P_z\\ 0 & 0 & 0 & 0\end{bmatrix}$$

其中 $\boldsymbol{n}(n_x,n_y,n_z)$、$\boldsymbol{O}(O_x,O_y,O_z)$、$\boldsymbol{\alpha}(\alpha_x,\alpha_y,\alpha_z)$ 分别为 X_6、Y_6、Z_6 三个坐标轴的三个单位矢量。$P(P_x,P_y,P_z)$ 为 O_6 坐标系下的矢量。

根据上式就可以求得用运动变量 $\theta_1,\theta_2,\cdots,\theta_6$ 及结构参数 α_i、h_i、d_i 表达的 12 个有效元素：

$$\boldsymbol{n}=(n_x,n_y,n_z)^{\mathrm{T}},\quad \boldsymbol{O}=(O_x,O_y,O_z)^{\mathrm{T}}$$

$$\boldsymbol{\alpha}=(\alpha_x,\alpha_y,\alpha_z)^{\mathrm{T}},\quad \boldsymbol{P}=(P_x,P_y,P_z)^{\mathrm{T}}$$

这 12 个有效元素的表达式就是 PUMA-560 机器人操作机的位置和姿态运动学矩降方程。通过改变六个运动变量就可以得到末端执行机构相应的位置和姿态。

上述位置和姿态运动学方程的求解可采用两种方法实现：运动学方程的正向求解法和逆向求解法。具体的求解方法可参见相关资料。

4.4　执行机构的运动循环图和机器的工作循环图

为了保证机构完成工艺动作过程时各执行构件间动作的协调配合关系，在设计机构时，应编制出用以表明在机械的一个运动循环中，各执行构件运动配合关系的机械运动循环图(也称机械工作循环图)。在编制机械运动循环图时，必须从机械的许多执行构件(或输入构件)中选择一个构件作为运动循环图的定标件，用它的运动位置(转角或位移)作为确定各个执行构件的运动先后次序的基准，表达机械整个工艺动作过程的时序关系。

4.4.1　机械的运动循环周期

机械的运动循环是指一个产品在加工过程中的整个动作过程(包括工作行程、空回行程和停歇阶段)。在机械的工作循环中，各执行机构必须实现符合工件(产品)的工艺动作要求和确定的运动规律，有一定顺序的协调动作。

执行机构完成某道工序的工作行程、空回行程(回程)和停歇所需时间的总和，称为执行机构的运动循环周期。各执行机构的运动循环与机器的工作循环，一般来说在时间上应是相等的。但是，也有不少机器，从实现某一工艺动作过程要求出发，某些执行机构的运动循环周期与机器的工作循环周期并不相等。此时，在机器的一个工作循环内有些执行机构可完成若干个运动循环。

执行机构的运动循环周期 T_P，通常由三部分组成。

$$T_P = t_{工作} + t_{回程} + t_{停歇} \tag{4-1}$$

式中，$t_{工作}$ 为执行构件工作行程时间；$t_{回程}$ 为执行构件空回程行程时间；$t_{停歇}$ 为执行构件停歇时间。

4.4.2　执行机构的运动循环图

用图形表示执行构件的一个动作过程，称为执行机构的运动循环图。

图 4-19 所示的自动压痕机，其压痕冲头的上下运动是通过凸轮来实现的。冲头的运动循环由三部分组成：冲压行程所需时间 t_k，压痕冲头的保压停留时间 t_0，以及回程所需时间 t_d。因此压痕冲头一个循环所需时间 T_P 为

$$T_P = t_k + t_0 + t_d$$

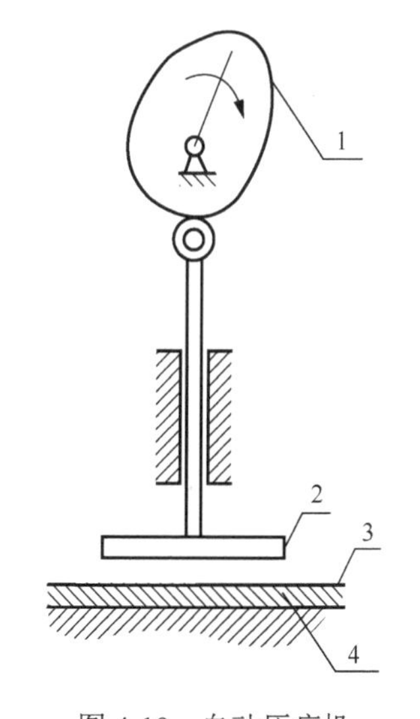

图 4-19　自动压痕机

1-凸轮；2-压痕冲头；3-压印件；4-下压痕模

用图形表示执行构件运动循环的方式通常有三种。

(1) 直线式运动循环图以一定比例的直线段表示运动循环各运动区段的时间，如图 4-20 (a) 所示。这种表示方法最简单，但直观性很差(例如压痕冲头在每一瞬时的位置无法从图上看出)，且不能清楚地表示与其他机构动作间的相互关系。

(2) 圆形运动循环图将运动循环的各运动区段的时间

及顺序按比例绘于圆形坐标上，如图4-20(b)所示。此法直观性较强，尤其对于分配轴每转一周为一个机械工作循环者，有很多方便之处。但是，当执行机构太多时，需将所有执行机构的运动循环图分别用不同直径的同心圆环来表示，则看起来不太方便。

(3)直角坐标运动循环图以直角坐标表示各执行构件的各个运动区段的运动顺序及时间比例，同时还表示出执行构件的运动状态，如图4-20(c)所示。此法直观性最强，比上述两种运动循环图更能反映执行机构运动循环的运动特征。所以在设计机器的工作循环图时，最好采用直角坐标运动循环图。

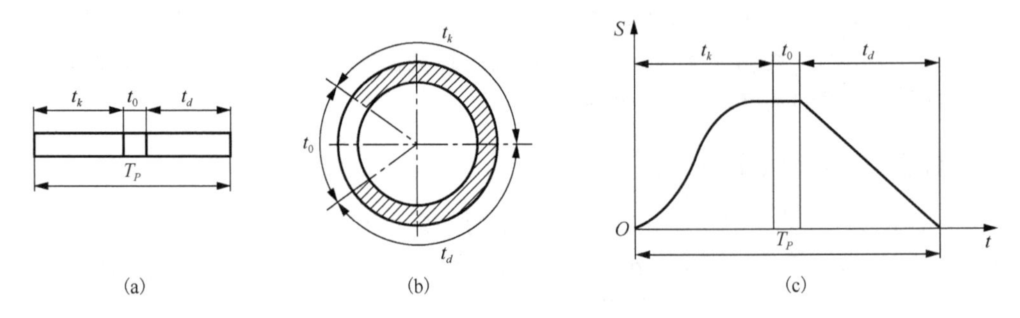

图4-20　执行构件的运动循环图表达形式

4.4.3　机器的工作循环图

机器的工作循环图是表示机器各执行机构的运动循环在机器工作循环内相互关系的示意图，它也可称为机器的运动循环图。机器的生产工艺动作顺序是通过拟定机器工作循环图选用各执行机构来实现的。因此，工作循环图是设计机器的控制系统和进行机器调试的依据。

机器的工作循环图是机器中各执行机构的运动循环图按同一时间(按某一转轴的转角)比例绘制、组合起来的总图。并且该图应以某一主要执行机构的起点为基准，表示其余各执行机构的运动循环相对于该主要执行机构的动作顺序。

机器工作循环图的作用：①保证执行构件的动作能够紧密配合、互相协调，使机器的工艺动作过程顺利实现；②为计算和研究、提高机器生产率提供依据；③为下一步具体设计各执行机构提供初始数据；④为装配、调试机器提供重要依据。

综上所述，拟定机器工作循环图是机器设计过程中一个重要的设计内容，它是提高机器设计的合理性、可靠性和生产率必不可少的工作。

自动压痕机最简单的结构形式是由压痕机构和送料机构所组成(图 4-19)。如果要考虑成品自动落料，还应有一个落料机构。送料机构的运动循环周期T_P'为

$$T_P' = t_k' + t_0' + t_d'$$

式中，t_k'为送料机构的上料时间；t_0'为送料到位后执行构件的停歇时间；t_d'为送料机构回程所需时间。很显然，送料机构的运动循环周期T_P'，应与压痕机构的运动循环周期T_P相等。

可以将压痕冲头的最高点设为起点，以它作为基准画出此两执行机构的运动循环图，它们组合在一起就成为压痕机的工作循环图，如图4-21所示。它是按直角坐标法画出的运动循环图，由起点开始向上表示工作行程，由最远点回至起点表示空回行程，这与实际执行构件的上下、左右运动无直接关系。用直角坐标表示的运动循环图还可以表示出工作行程和空回行程中执行构件的运动规律。

送料机构的运动循环动作必须与压痕冲头的运动循环动作相协调，即在压痕冲头做向下冲压运动时，送料机构应停歇不动；当压痕冲头做回退运动和停歇时，送料机构可做上料动作。在具体制定它们的运动循环图时，只要动作协调、互不干涉，可以进行小范围的调整。

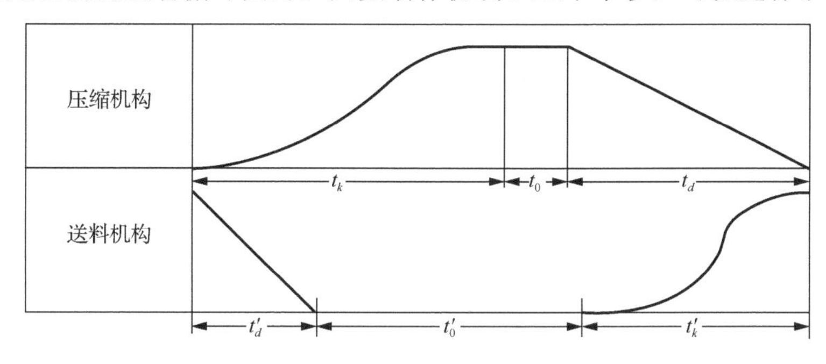

图 4-21　压痕机工作循环图

4.4.4　拟定机器工作循环图的步骤和要点

1. 拟定机器工作循环图的步骤

(1) 分析加工工艺对执行构件的运动要求(如行程或转角的大小、运动过程的速度、加速度变化的要求等)以及执行构件相互之间的动作配合要求。

(2) 确定执行构件的运动规律。这主要是指执行构件的工作行程、回程、停歇等与时间或主轴转角的对应关系；同时还应根据加工工艺要求确定各执行构件工作行程和空回行程的运动规律。

(3) 按上述条件绘制机器工作循环图。

(4) 在完成执行机构选型和机构尺寸综合后，再修改机器的工作循环图。具体来说，就是修改各执行机构的工作行程、空回行程和停歇时间等的大小、起始位置以及相对应的运动规律。

根据初步拟定的执行构件运动规律设计出的执行机构，常常由于布局和结构等方面的原因，使执行机构所实现的运动规律与原方案不完全相同，此时就应根据执行构件的实际运动规律修改机器工作循环草图。如果执行机构所能实现的运动规律与工艺要求相差很大，这就表明此执行机构的选型和尺寸参数设计不合理，必须考虑重新进行机构选型或执行机构尺寸参数设计。

(5) 拟定自动控制系统，控制元件的信号发出时间及其工作状态，并将它们在机器工作循环图上表示出来，得到完整的机器工作循环图。

2. 机器工作循环图的设计要点

(1) 以工艺过程开始点作为机器工作循环的起始点，并确定开始工作的那个执行机构在工作循环图上的机构运动循环图，其他执行机构则按工艺动作顺序先后列出。

(2) 不在分配轴上的凸轮，应将其动作所对应的中心角换算成分配轴相应的转角。

(3) 尽量使各执行机构的动作重合，以便缩短机器工作循环的周期，提高生产率。

(4) 按顺序先后进行工作的执行构件，要求他们在前一执行构件的工作行程结束之时，与后一执行构件的工作行程开始之时，应有一定的时间间隔和空间余量，以防止两机构在动作衔接处发生干涉。

(5) 在不影响工艺动作要求和生产率的条件下，应尽可能使各执行机构工作行程所对应的中心角增大些，以便减小凸轮的压力角。

4.4.5　工作循环图设计实例

下面设计三面自动切书机的运动循环图。

1. 三面自动切书机的工艺示意图

如图 4-22 所示，三面自动切书机由送料执行构件、压书执行构件、两侧切书刀执行构件、横切书刀执行构件、书本、工作台组成。其工艺路线为：先将书本用送料机构送至切书工位，然后用压书机构将书本压紧，接着用两侧切书刀机构切去书本两侧余边，最后用横切书刀机构切去前面余边。

2. 三面自动切书机的运动简图

由图 4-22 可知三面自动切书机的机械运动，是由四个执行机构来完成上述工艺动作的，具体说明如下。

(1) 送料执行机构将输送带上输送过来的有一定高度的书本送至切书工位。

(2) 压书执行机构将切书工位的书本压紧。

(3) 两侧切书刀执行机构将已压好的书的两侧切去余边，这里采用平面连杆机构。

(4) 横切书刀执行机构将已切去书的两侧余边的书本再切去前面余边。这里也采用了平面连杆机构。

3. 三面自动切书机的运动循环图设计

1) 各执行机构运动循环图的设计

三面自动切书机的送料、压书、两侧切书刀以及横切书刀四个执行机构的动作先后顺序均可由分配轴上的凸轮或偏心轮机构来控制。为了方便起见，用分配轴转角来表示各执行机构的运动循环，如图 4-23 所示。其中送料执行机构由工作行程、回程、初始停歇等三个阶段组成；压书执行机构由工作行程、停歇、回程、初始停歇等四个阶段组成；侧切执行机构由初始停歇、工作行程、回程等三个阶段组成；横刀执行机构由工作行程、回程两个阶段组成。图 4-23 只是初步表示这四个执行机构的运动循环图，在进行执行机构同步设计之后，可进一步修改设计。

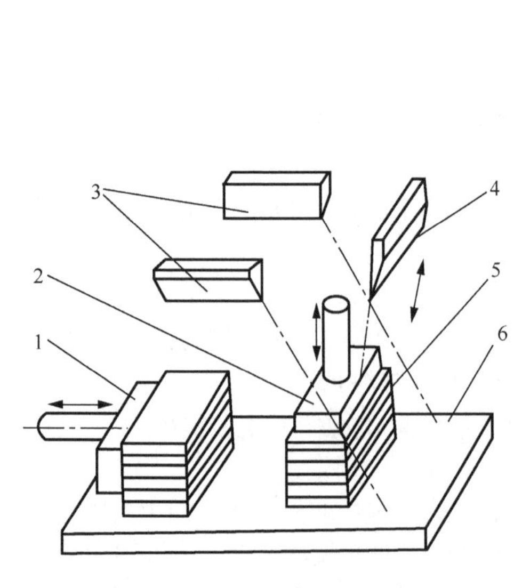

图 4-22　自动切书机工艺示意图

1-送料执行构件；2-压书执行构件；3-两侧切书刀执行构件；4-横切书刀执行构件；5-书本；6-工作台

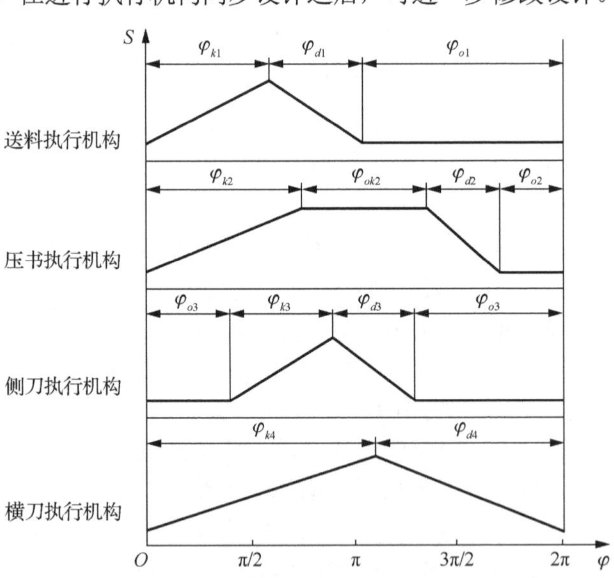

图 4-23　自动切书机执行机构运动循环图

φ_{k1}、φ_{k2}、φ_{k3}、φ_{k4} 为执行机构的工作过程；φ_{d1}、φ_{d2}、φ_{d3}、φ_{d4} 为执行机构的空回行程；φ_{o1}、φ_{o2}、φ_{o3} 为执行机构的初始歇停

2)执行机构运动循环同步优化

(1)送料执行机构与压书执行机构的同步化设计。由于该自动切书机裁切书本的高度有一定变化范围($H_{min} \sim H_{max}$),因此压书板的行程终点要有相应的变化。

图 4-24(a)表示压书执行机构,图 4-24(b)为它的位移曲线。根据被切书本的最大高度 H_{max},找出与此对应的曲线上的 A 点,以及 A 点所处的分配轴转角 $\varphi_{H_{max}}$ 值。因此,送料执行机构必须在 $\varphi_{H_{max}}$ 之前将书本送到切书工位,即在分配转角为($\varphi_{H_{max}} - \Delta\varphi$)时完成送书行程。这就是送料执行机构与压书执行机构的同步化条件。

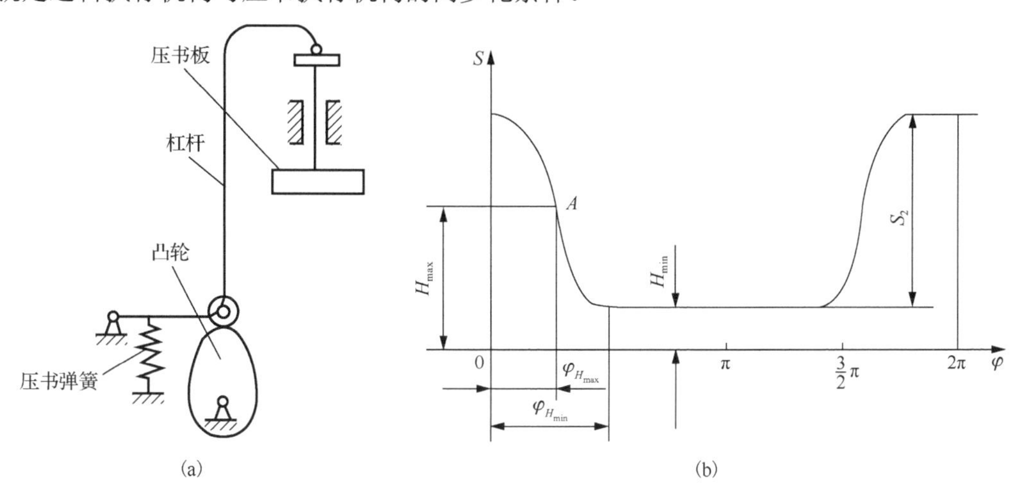

图 4-24　自动切书机的压书机构及其位移曲线

(2)侧刀执行机构与横刀执行机构的同步化设计。图4-25 所示为侧刀执行机构与横刀执行机构的工作简图,两侧刀的运动轨迹与横刀的运动轨迹在空间相交于 M 点,因此必须进行空间同步化设计以免两者产生干涉。

图 4-26 所示为侧刀执行机构与横刀执行机构的同步图。交点 M 在侧刀和横刀的位移曲线上,对应为 M_3、M_4,由于有错位量 $\Delta\varphi$,实现了两机构空间同步化。

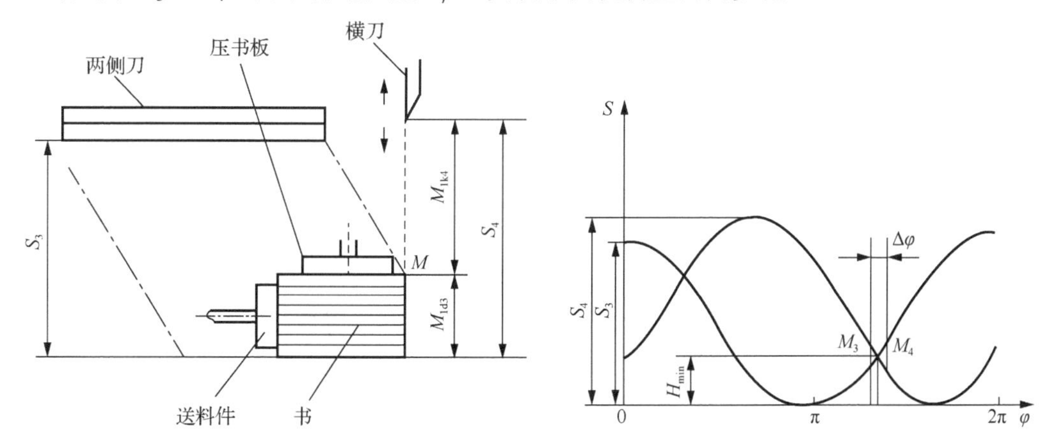

图 4-25　自动切书机侧刀与横刀机构工作简图　　图 4-26　自动切书机侧刀与横刀机构同步图

(3)压书执行机构与侧刀、横刀执行机构的同步化设计。按切书工艺要求,当压书板压紧书本后,侧刀才开始裁切书本两侧余边。当横刀裁切完毕后,压书板才放松书本,退回原位,准备下一叠未切余边的书本的压紧。考虑被切书本的高度变化，应以最小书本高度 $H_{\min}$ 作为同步化设计依据。这样能保证在书本最小高度时将书本压紧，对于书本最大高度时也一定能压紧书本。另外，当横刀裁切至最低位置并返回至 $H_{\min}$ 时，压书板才可以松开。

3）绘制三面自动切书机的运动循环图

根据上述各执行机构的同步化分析结果，修正图 4-23 所示的三面自动切书机的运动循环图，最后绘制出如图 4-27 所示的三面自动切书机的机械运动循环图。

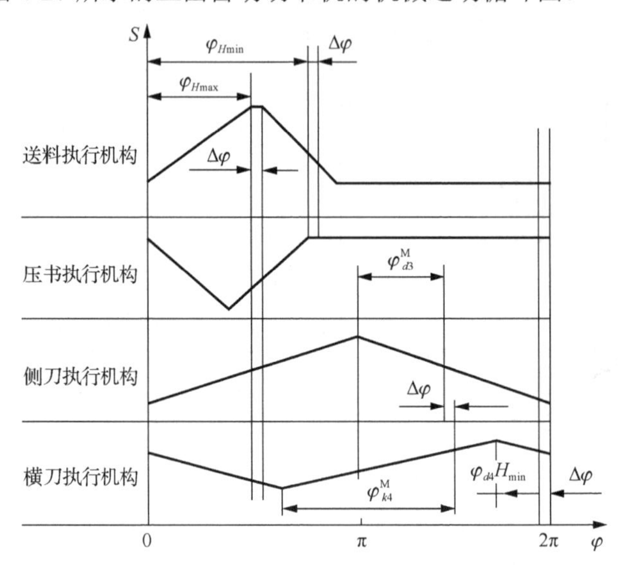

图 4-27　修正后的自动切书机机械运动循环图

4.5　执行系统设计的要求和步骤

在进行执行系统设计时，首先要明确本系统各部分的作用及设计要求(完成的工作任务)。同时，执行系统仅是机械系统中的一部分，它与其他系统，如传动系统等是密切相关的。因此，也要了解与其他系统的联系、协调与分工。

4.5.1　执行系统的设计要求

执行系统多种多样，完成的工作任务也各不相同，因而不同机械的执行系统设计的要求也各不一样。但总体上讲，有以下基本要求。

1. 实现预期精度的运动或动作

执行构件的运动或动作形式要根据执行系统需要完成的预期工作任务来确定，它不仅要满足一定运动和动作形式的要求，而且要确保一定的精度以实现预期精度的运动或动作。设计时应根据实际需要，定出适当的精度。但若盲目提高运动精度，无疑会导致成本提高，增加制造和安装调整的难度。

2. 各执行机构间动作要协调配合

对于有相互联系的多个执行机构的执行系统，设计时要确保各执行机构间的运动协调与配合，以防止由于运动不协调而造成机件相互干涉或工序倒置等事故。为此，设计时首先要弄清楚各执行构件之间的运动或动作的联系，尤其对各执行构件的运动或动作关系较为复杂的执行系统，设计时须绘制工作循环图，将各个执行机构中执行构件运动的先后顺序、起讫时间和运动范围等都画在工作循环图上，以保证其运动的协调与配合。

3. 有足够的强度、刚度

系统中每一个零部件都应有足够的强度和刚度，尤其对动力型执行系统更是不能忽视。因为强度不够会导致零部件损坏，造成工作中断，甚至人身事故。刚度不够所产生的过大弹性变形，也会使系统不能正常工作。如机床的主轴，其强度和刚度直接影响加工工件的质量。强度、刚度计算并非对任何执行系统都是必要的，例如某些动作型执行系统(如包糖机)，主要功能是实现预期的动作，而受力很小，在这种场合，零部件尺寸通常由工作和结构的需要确定。

4. 结构合理、造型美观、便于制造与安装

设计时应充分注意零部件的结构工艺性，使它们既满足精度、强度、刚度等要求，又便于制造和安装。这就要求从材料选择、确定制造过程和方法着手，以期达到能以最少的加工费用制造出合格的产品。与此同时，也不应忽视设计造型的美观。

5. 工作安全可靠，有足够的使用寿命

工作安全可靠是指在一定的使用期限内和预定环境下，能正常地进行工作，不出故障，使用安全，又便于维护、管理。足够的使用寿命是指在给定的使用期限内能正常地工作。执行系统的使用寿命与组成系统的零部件的寿命有关，通常以最主要、最关键零部件的使用寿命来确定系统的寿命，因此，次要零部件的失效，可以进行更换而不致使系统失去工作能力。

此外，根据执行系统工作环境不同，还可能有防锈、防腐、耐高温等要求。由于执行机构通常都是外露的，往往是机械系统工作的危险区，因此常须设置必要的安全防护装置。

4.5.2　执行系统的设计步骤

执行系统的设计通常按以下四个步骤进行。

1. 拟定运动方案

根据执行系统的工作任务拟定该任务的运动方案，即确定实现工作任务的工艺原理、需要几个执行构件及其运动形式。实现同一工作任务，可以采用不同的工艺原理，选择不同的运动方案。例如，加工齿轮，可以采用仿形法和展成法两种不同的切齿原理。又如实现上料任务，上料节拍有连续和间歇之分，上料的数量有单件和多件之分，上料的路线又可分为水平、垂直、倾斜上料等。采用不同的工艺原理，执行系统的结构、执行机构的类型及执行构件的形状与运动形式等都将不同。所以，拟定运动方案是设计的首要任务，设计者可先提出几个初步方案，进行充分分析比较，听取各方面意见，进行反复修改，然后确定最合理的方案。

2. 合理选择执行机构类型，拟定机构组合方案

运动方案确定之后，接着是合理选择执行机构的类型及其组合。执行机构的作用是传递和变换运动，实现某种运动的变换。可选择的机构并非唯一，因而需要进行分析比较与合理选择。在选择机构时，首先要根据执行构件的运动或动作、受力大小、速度快慢等条件，并结合机构的工作特点进行综合分析，一般的选择原则是在满足运动要求的前提下，尽可能缩短运动链，使机构和零部件数减少，从而提高机械效率、降低成本。同时，应优先选用结构简单、工作可靠、便于制造和效率高的机构。例如，为了把旋转运动变换成移动，可供选择的机构有连杆机构、凸轮机构、齿轮齿条机构及螺旋机构等，它们各具特点。凸轮机构的结构简单、变换移动灵活，但从动杆位移量不能太大，不宜承受大的载荷。螺旋机构传动平稳、出力较大，而且有反行程自锁性能，但效率低。连杆机构与凸轮机构相比，承载能力较大，但变换移动规律的灵活性较差。齿轮齿条机构承载能力大、效率高，但要实现往复移动须在齿轮上附加反转装置。表 4-4 列出了常用机构的性能、特点，以供选择时参考。

表 4-4　常用机构的主要性能与特点

机构类型	主要性能特点	能实现的运动变换
平面连杆机构	结构简单，制造方便，运动副为低副，能承受较大载荷，适合各种速度工作。但在实现从动杆多种运动规律的灵活性方面，不及凸轮机构	转动⇔转动 转动⇔摆动 转动⇔移动 转动→平面运动
凸轮机构	结构简单，可实现从动杆各种形式运动规律，凸轮与从动杆间接触应力大，不宜承受大的载荷，常在自动机或控制系统中应用	转动⇔移动 转动→摆动
齿轮机构	承载能力和速度范围大，传动比恒定，运动精度高，但运动形式变换不多。非圆齿轮机构能实现便传动比传动。不完全齿轮机构能传递间歇运动	转动⇔转动
轮系	轮系能获得大的传动比或多级传动比。差动轮系可将运动合成与分解	转动⇔移动
螺旋机构	结构简单，工作平稳，可产生较大轴向力，反行程有自锁性能，可用于微调和微位移，但效率低，螺纹易磨损。如采用滚珠螺旋可提高效率	转动⇔移动
槽轮机构	常用于分度转位机构，用锁紧盘定位，但定位精度不高。分度转角取决于槽轮的槽数，槽数通常为 4～12。槽数少时，角加速度变化较大，冲击现象较严重	转动→间歇转动
棘轮机构	结构简单，可用作单向或双向传动，分度转角可以调节，常用于分度转位装置及防止逆转装置，但要附加定位装置	摆动→间歇转动
组合机构	可由凸轮、连杆、齿轮等机构组合而成，能实现多种形式的运动规律，且具有各机构的综合优点，但结构较复杂，设计较困难。常在要求实现复杂动作的场合应用	灵活性较大

当执行系统中要求使用几个执行机构时，要注意把效率高的机构安排在传递功率大的地方，以便减少能量损失。如果执行机构间要求动作配合协调，则它们之间的连接应该采用传动比准确的机构。某些场合还要注意安装互锁装置。总之，在拟定机构组合方案时，不能期望有一套现成的方式照抄照搬，设计者应广泛收集国内外资料，进行分析比较，以期获得最优的选择。

3. 绘制机器的工作循环图

在设计有多个需要协同工作的执行机构时，必须绘制工作循环图，以表达和校核各执行构件间的协调和配合。

绘制工作循环图时，首先要搞清楚各执行构件在完成工作任务时的作用和动作过程、运动或动作的先后次序、起讫时间和运动范围，有必要时还要给出它们的位移、速度和加速度，再根据上述的运动数据绘制工作循环图。

绘制工作循环图时，应选择一个定标构件，通常可以选择机械主轴或分配轴作为定标构件，因为这些轴的整周转数对应于机械的工作循环。工作循环图的形状可按具体情况画成矩形或圆形。

4. 运动分析及强度、刚度计算

1) 运动分析

运动分析的目的是求出执行系统中各构件的位移、速度、加速度，必要时还应确定执行构件上给定点的轨迹。机构运动分析常用的方法有图解法和解析法，其中图解法具有简单、形象、直观和便于掌握的优点，但分析的精度不高，对于结构复杂的系统，往往作图求解过程比较烦琐。解析法是利用矢量运算、复数运算等方法对机构运动参数进行数值分析方法，可以求得机构各运动参数与机构尺寸间的解析关系及获得给定点的轨迹方程式，而且可运用电子计算机进行运算求解，运算速度快，分析精度高。

2) 强度和刚度计算

为了保证执行系统工作时安全、可靠和准确实现规定的功能，应对执行系统中的构件做必要的强度和刚度计算。对于主要用于传递运动或实现一定动作的执行系统，常因其受力较小，可不计算其强度和刚度。

在作强度和刚度计算时，首先要对系统的受力情况进行详细的分析，求得各构件所受的外力、惯性力及惯性力偶矩、运动副的支反力和应加于原动件(或从动件)上的平衡力或平衡力矩，然后在分析其失效形式的基础上建立相应的强度和刚度条件。

此外，执行机构和执行构件还应满足耐磨损、振动稳定性等要求，在高温下工作时，还应考虑材料的热学性能及热应力的影响。

思考与实践题

1. 什么是执行系统？它由哪几部分组成？
2. 执行系统有哪些基本功能？
3. 什么是机器的工作循环图？它有哪些作用？
4. 简述拟定机器工作循环图的一般步骤。
5. 简述执行系统的设计步骤。
6. 试选择一个机械系统(机械产品)，分析其执行系统的组成及特点。
7. 按照执行系统的设计要求，对上述所选产品的执行系统设计进行自我拓展训练(还能采用哪些系统或机构实现同样功能？)。

第5章　传动系统设计

5.1　传动系统的作用与类型

机械传动系统是机器的重要组成部分，其作用是将动力机产生的运动和动力传递给执行机构或执行构件，以实现预定功能的中间装置。一般情况下，每个执行机构或执行构件与动力机之间都有一个传动联系，有时执行机构或执行构件之间也会有传动联系。组成传动联系的一系列传动件称为传动链，所有传动链以及它们之间的相互联系组成机械传动系统。

5.1.1　传动系统的作用

执行机构完成预定功能所需的动力或运动由动力机提供，如果动力机的工作性能完全符合执行机构的作业要求，可以将动力机与执行机构直接连接。通常情况下，动力机的工作性能不能直接满足执行机构的如下要求。

(1) 动力机的输出轴一般只做等速回转运动，而执行机构往往需要多种多样的运动形式，如等速或变速、旋转或非旋转、连续或间歇等。

(2) 执行机构所需要的速度、转矩或力，通常与动力机不一致，用调节动力机的速度和动力来满足执行机构的要求往往是不经济的，甚至是不可能的。

(3) 一个动力机有时要带动若干个运动形式和速度都不同的执行机构。

传动系统(传动装置)是指把动力机产生的运动和动力传送到执行机构上去的中间部分机械装置。以传递动力为主的传动称为动力传动，以传递运动为主的传动，如控制传动，称为运动传动。

5.1.2　传动系统的类型

机械的传动装置种类很多，传动系统的类型因机械种类的不同而不同，通常可按工作原理、传动比变化、输出速度变化情况、能量流动路线等进行分类，除此之外，还可根据速度、功率、自由度、轴线相对位置和传动用途的不同分类。

传动系统按照工作原理可分为机械传动、流体传动、电力传动和磁力传动。其分类及特点如表5-1所示。

表5-1　按工作原理的传动分类及特点

<table>
<tr><th colspan="3">传动类型</th><th>传动特点</th></tr>
<tr><td rowspan="3">机械传动</td><td rowspan="3">摩擦传动</td><td>摩擦轮传动</td><td rowspan="3">靠接触面间的正压力产生摩擦力进行传动，外廓尺寸较大。由于弹性滑动的原因，其传动比不能保持恒定，但结构简单、制造容易、运行平稳、无噪声，借助打滑能起安全保护作用</td></tr>
<tr><td>挠挂件摩擦传动</td></tr>
<tr><td>摩擦式无级变速传动</td></tr>
</table>

续表

传动类型				传动特点
机械传动	啮合传动	齿轮传动	定轴齿轮传动	靠轮齿的啮合来传递运动和动力，外廓尺寸小，传动比恒定或按照一定函数关系作周期性变化，功率范围广、传动效率高、制造精度要求高，冲击和噪声大
			动轴轮系(渐开线轮系、摆线针轮传动、谐波传动)	
			非圆齿轮传动	
		蜗杆传动	圆柱蜗杆传动	传递交错轴间运动，工作平稳、噪声小、传动比大、但传动效率低。单头蜗杆传动可以实现自锁
			环面蜗杆传动	
			锥蜗杆传动	
		挠性啮合传动(链传动、同步齿型带传动)		具有啮合传动的一些特点，可实现远距离传动
		螺旋传动(滑动螺旋传动、滚动螺旋传动、静压螺旋传动)		主要用于变回转运动为直线运动，同时传递能量和力，单头螺旋传动效率低，可自锁
	机构传动	连杆传动		输入等速转动，输出往复运动或摆动刚体导引或点的轨迹，可传递平面与空间运动。结构简单，制造方便
		凸轮传动		可以高速启动，动作准确可靠，从动件可按拟定的规律运动。传递动力不能过大，精确分析与设计比较困难
		组合机构		可由凸轮、连杆、齿轮等机构组合而成，能实现多种形式的运动规律，且具有各机构的综合优点，但结构较复杂，设计较困难，常在要求实现复杂动作的场合应用
流体传动	气压传动			速度、转矩均可无级调节，具有隔振、减振和过载保护措施，操纵简单，易实现自动控制，效率较低，需要一些辅助设备，如过滤装置。密封要求高，维护要求高
	液压传动			
	液力传动			
	液体黏性传动			
电力传动	交流电力传动			可以实现远距离传动，易控制。在大功率、低速、大转矩的场合使用有一定困难
	直流电力传动			
磁力传动	可穿透隔离物传动(磁吸引式、涡流制动器)			利用磁力作用来传递运动和机械能的传动方式
	不可穿透隔离物传动(磁滞式、磁粉离合器)			

传动系统按照能量流的路线分类情况如表 5-2 所示。

表 5-2　按能量流的路线分类

传动类型		简图	说明	传动举例
单流传动		动力机 → 传动1 → 传动2 → 执行机构	有单级、多级之分，全部能量均流过每一个传动元件，一般为单自由度传动	侧轴式减速器，边缘单流传动的水泥磨机传动
多流传动	分流	动力机 → 传动1 --→ 执行机构1；动力机 → 传动2 --→ 执行机构2；动力机 → 传动3 --→ 执行机构3	用于多执行机构的机器，传动效率与能量分配有关	汽车起重机起重作业部分的传动，农业机械作业部分的传动，多轴钻

续表

传动类型		简图	说明	传动举例
多流传动	汇流	动力机1→传动1；动力机1→传动2；动力机1→传动3；→执行机构	用于低速、重载、大功率、执行机构少而执行构件惯性大的机器，传动效率与能量分配有关	多电机多流中心或边缘传动的水泥磨机传动，提升机，转炉倾动机构
	混流	动力机→传动→传动1、传动2→执行机构1、执行机构2	是分流与汇流传动的复合传动	同轴式减速器，齿轮加工机床工件与刀具的传动，车辆的行走与转向部分的传动

按照传动比是否变化，机械传动系统可分为定比传动和变速传动系统；按照动力机驱动执行机构或执行构件的数目，传动系统又可分为独立驱动、集中驱动和联合驱动传动系统。

1. 定比传动系统

对于执行机构或执行构件在某一确定的转速或速度下工作的机械，为了解决动力机与执行机构之间的转速不一致，需要增速或减速，其传动系统具有固定的传动比，组成传动链的各个环节也应有固定的传动比。图 5-1 所示为起重机的传动系统，电动机通过减速器带动卷筒转动，将钢丝绳缠绕在卷筒上，使吊钩上升而提升重物。当电动机反转时，钢丝绳从卷筒上放出使重物下降。制动器用来控制电动机在改变转向前尽快停止转动，或使起吊重物可靠地停止在某个所需的高度。

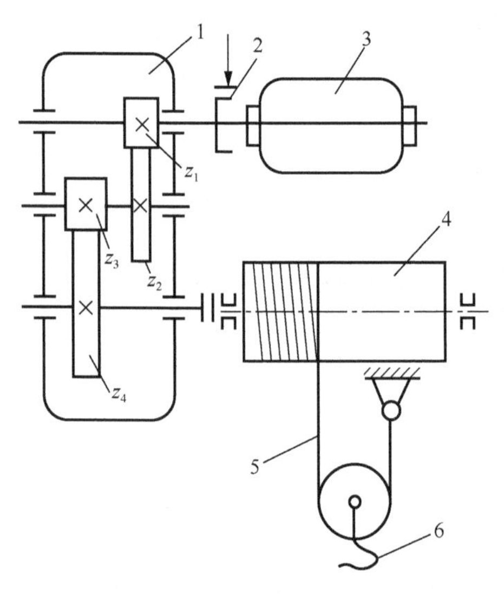

图 5-1　起重机传动系统简图

1-减速器；2-制动器；3-电动机；4-卷筒；5-钢丝绳；6-吊钩

2. 变速传动系统

很多机械需要根据工作条件选择最经济的工作速度。例如机床在切削金属时，需要根据工件材料、硬度、刀具性能等选择适当的切削速度；又如在驾驶汽车时，需要根据道路情况、坡度大小等选择适当的行驶速度。

变速传动系统执行机构的转速可在预定范围内改变，即其传动系统具有可调的传动比。变速传动系统根据工作条件选择最经济的工作速度，可分为分级变速传动系统、无级变速传动系统和周期性变速传动系统。

分级变速传动系统只能在一定转速范围内输出有限的几种转速，一般采用滑移齿轮、交换齿轮、交换皮带轮等传动副实现传动变速。当变速级数较多或变速频繁时，常采用多级变速齿轮传动，如汽车常有五挡变速速度。分级变速传动系统的主要特点是变速范围宽、传递功率大、工作可靠，可以获得准确的传动比，但转速损失大，工作效率不高。

无级变速传动系统能够使执行机构的输出转速在一定转速范围内连续变化，即在变速范围内可以输出连续变化的速度，使执行构件获得最佳工作速度，如自动挡汽车的无级变速器、液力耦合器与变矩器等。无级变速的主要特点是无转速损失，工作效率高，在工作中实现变速，易于实现自动化，但结构复杂，成本较高。在机械系统中实现的方式有机械无级变速、液压无级变速和电气无级变速等。

周期性变速传动主要应用于工作速度按一定周期性规律变化的设备中，其输出角速度是输入角速度的周期性函数，以实现函数传动及改善机构的运动或动力特性，这类传动在轻工自动机械、仪表和解算装置中应用较多，常用非圆齿轮、凸轮、连杆机构或组合机构等实现周期性变速传动。如在纺织机械中用非圆齿轮周期地改变经纱和纬纱的密度而获得具有一定花纹的纺织品，在滚筒式平板印刷机的自动送纸机构中采用非圆齿轮调节送纸速度，将非圆齿轮与连杆机构、槽轮机构组合以改善运动特性及减小冲击等。

3. 独立驱动传动系统

系统的各执行机构分别由动力机单独进行驱动。独立驱动系统有下列三种情况。

(1) 只有一个执行机构时，如图 5-2 所示的曲柄压力机只有一个执行机构，即曲柄滑块机构。由电动机通过一对齿轮及离合器带动曲轴旋转，再通过连杆使滑块在机身的导轨中做往复运动。操纵杆使离合器接合或脱开，即可控制曲柄滑块机构运动或停止。制动器与离合器的动作要协调配合。工作前，制动器先放松，离合器后结合；停车时，离合器先脱开，制动器后结合。

(2) 有多个运动不相关的执行机构时，如果其运动之间无必然联系，为简化传动系统的机构，多采用独立驱动传动系统。当系统结构尺寸和传递动力较大，以及各个独立的执行机构使用较为频繁时，也适合采用独立驱动系统。

图 5-3 所示龙门起重机有三个主要运动：大车运行、小车运行和重物升降。这三个运动互不相关，都是独立的，因此，它们的执行机构分别由各自的电动机单独驱动。

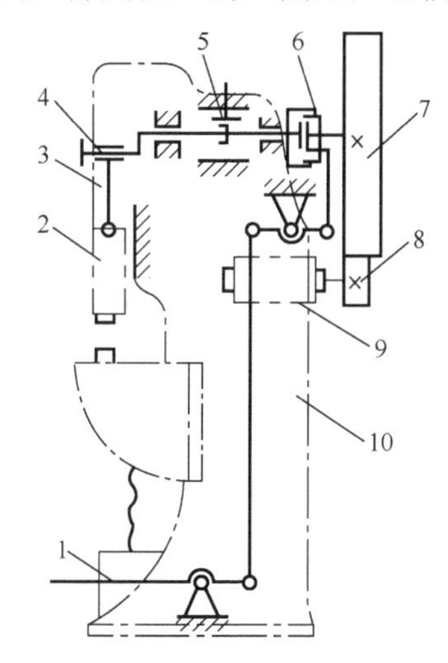

图 5-2　曲柄压力机传动系统简图

1-杠杆；2-滑块；3-连杆；4-曲轴；5-制动器；6-离合器；
7、8-齿轮；9-电动机；10-机身

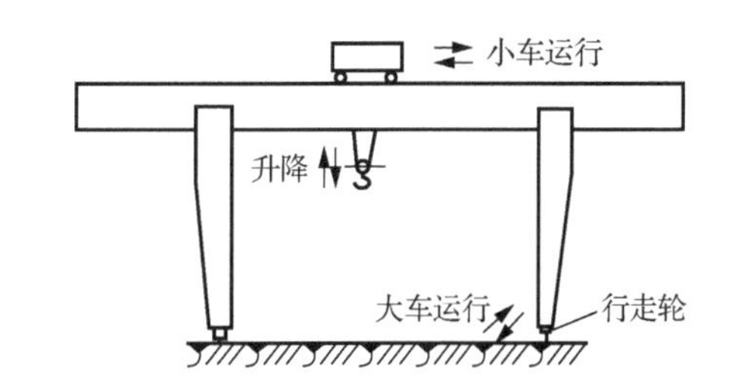

图 5-3　龙门起重机主要运动简图

(3) 数字控制机械。随着计算机技术的发展，现代机械设备广泛采用计算机数控技术，如数控缠绕机、数控冲剪床及各种数控机床等。为了充分发挥数控技术的优势，均采用独立驱动传动系统对多个执行机构进行单独驱动。各个执行机构之间的运动关系则由指令及数控装置进行协调，以完成复杂型面的加工及复杂运动的组合。

4. 集中驱动传动系统

由一个动力机对多个执行机构进行集中驱动。集中驱动系统有以下三种情况。

(1)执行机构间有一定的传动比要求。图 5-4 所示为 SG8630 高精度丝杆车床的传动系统图。加工高精度螺纹时，要求主轴与刀具的相对运动保持十分准确的传动比关系，即主轴每转一转，刀架的移动距离为工件的螺纹导程 S。

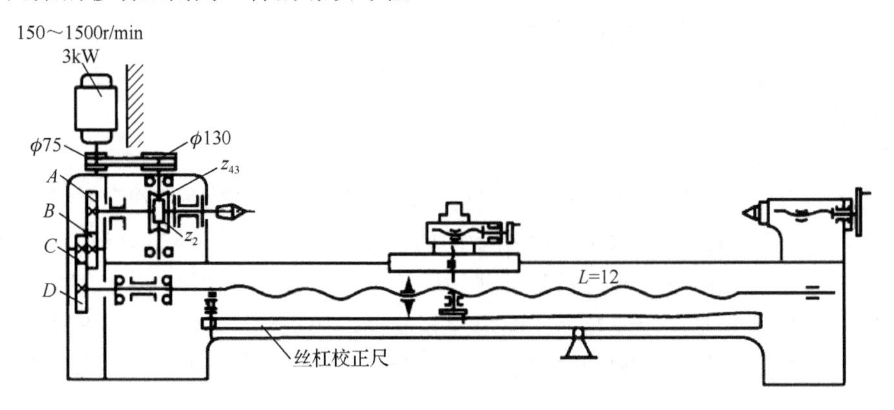

图 5-4　SG8630 高精度丝杠车床传动系统图

这种关系是由进给传动链保证的，其传动关系式为

$$1\times\frac{z_A}{z_B}\frac{z_C}{z_D}P=S$$

式中，P 为丝杆的螺距 mm；z_A、z_B、z_C、z_D 分别为交换挂轮 A、B、C、D 的齿数；S 为工件的螺纹导程 mm。

当工件的导程 S 改变时，需调整交换挂轮的齿数。

机床的主轴和刀架由一个无级变速电动机集中驱动，电动机经带传动和蜗杆传动驱动主轴，主轴经交换挂轮 A、B、C、D 及丝杆螺母驱动刀架。

为了保证加工螺纹的精度，进给传动链中不允许采用传动比不稳定的传动，如带传动、摩擦离合器等。

(2)各执行机构之间有动作顺序要求。这种情况多出现于机械控制的自动机上，其各个执行机构的动作之间都有严格的时间和空间联系。通常用安装在分配轴上的凸轮来操纵和控制各个执行机构的运动，分配轴每转一转完成一个作业循环，各个执行机构的动作顺序均由各自的凸轮曲线保证。因此，自动机的执行机构虽然较多，但常采用一个动力机集中驱动。

图5-5 所示为电阻压帽自动机的传动系统图。该机为单工位自动机，其作业过程为：电动机经带式无级变速机构及蜗杆驱动分配轴，使凸轮机构一起运动，其中凸轮将电阻坯件送到作业工位，6 将电阻坯件夹紧，凸轮 4 及 9 分别将两端电阻帽压在电阻坯件上。然后各凸轮机构先后进入返回行程，将压好电阻帽的电阻卸下，并换上新的电阻坏料和电阻帽，再进入下一个作业循环。调速手轮可使分配轴的转速在一定范围内连续改变，以获得最佳的生产节拍。

(3)各执行机构间的运动相互独立时。此时各个执行机构间的运动无传动比联系，采用一个动力机驱动可以减少动力机数量、节省能源，尤其对于野外作业的机械具有显著的优点。对于中小型机械，还可简化传动系统。

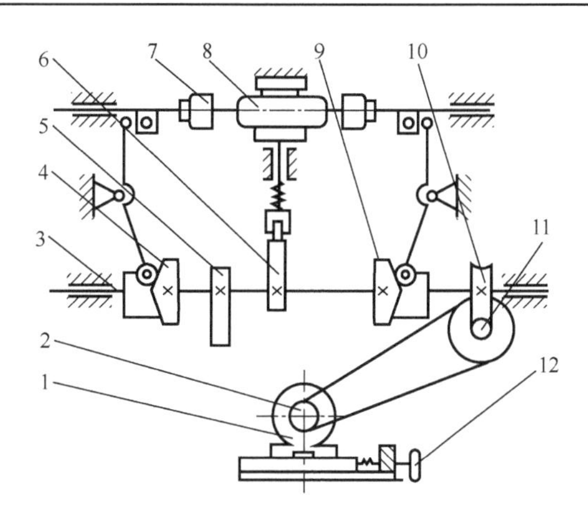

图 5-5　电阻压帽自动机传动系统图

1-电动机；2-带式无级变速机构；3-分配轴；4、9-压帽机构凸轮；5-电阻送料机构凸轮；6-夹紧机构凸轮；7-电阻帽；8-电阻坯件；10-蜗轮；11-蜗杆；12-调速手轮

图 5-6 所示为 SPJ-300 地质钻机的传动图，这种钻机常用于建筑工地的钻孔作业。它的工作原理是利用旋转工作装置如钻杆、钻头切下土壤，随之通过泥浆泵 2 将水自钻杆、钻头注入孔底，与孔内钻渣混为泥浆后顺孔壁漂浮起来直达孔口而溢出。主卷扬机 4 主要用于控制钻杆钻进压力和升降钻具，副卷扬机 5 主要用于拖拉钻具、机架和其他辅助吊装工作。

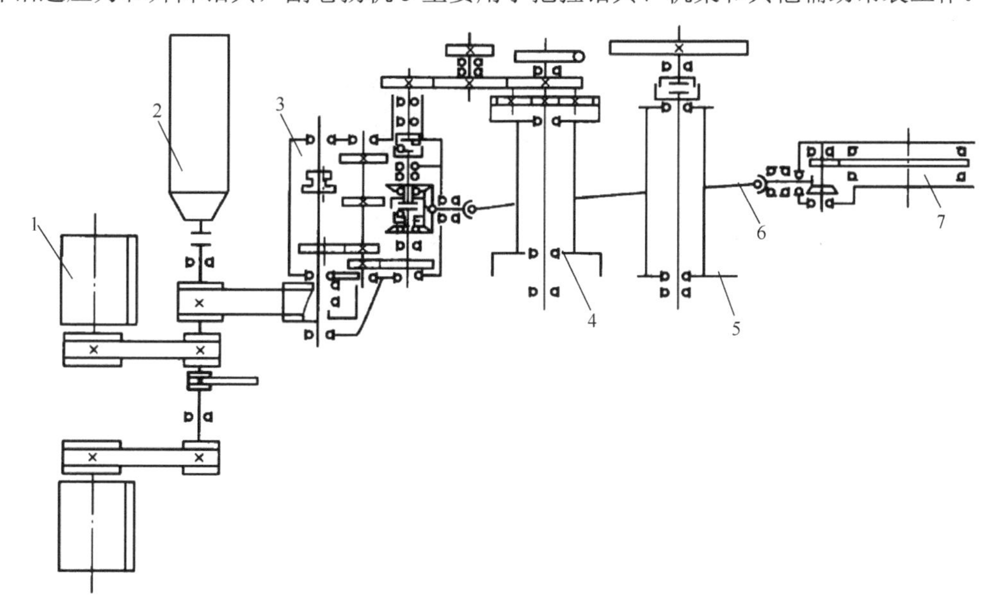

图 5-6　SPJ-300 钻机传动系统图

1-柴油机(或电动机)；2-泥浆泵；3-变速箱；4-主卷扬机；5-副卷扬机；6-万向联轴器；7-转盘

该钻机共有 4 个执行机构，由一个动力机(柴油机和电动机)集中驱动，通过 4 条传动路线分别驱动泥浆泵、钻杆和主、副卷扬机，其传动路线如下：第 1 条，由动力机 1 经 V 带驱动泥浆泵 2 工作；第 2 条，由动力机 1 经 V 带、变速箱 3 和万向联轴器 6 驱动转盘 7(转盘可正反转)以驱动钻杆工作；第 3、4 条，由动力机 1 经 V 带、变速箱的箱外齿轮和惰轮分别驱动主、副卷扬机 4、5 工作。

4个执行机构的转速没有严格的传动比联系，采用一个动力机驱动，可以减少动力机数量，节省能源，对于野外作业机械具有显著的优点。对于中小型机械，可以简化传动系统。

5. 联合驱动传动系统

对于低速、重载、大功率、执行机构少而惯性大的机械，多由两个或多个动力机经各自的传动链联合驱动一个执行机构。图5-7 所示的双输入轴圆弧齿轮减速器为用于功率大于1000kW 的矿井提升机的主减速器，由两个电动机联合驱动。

联合驱动的优点是可以使机械的工作负载由多台动力机分担，每台动力机的负载减小，因而使传动件的尺寸减小，整机的重量减轻。

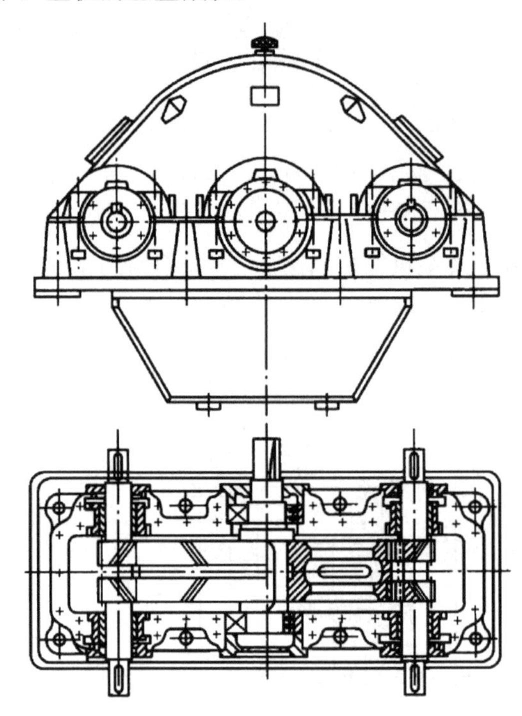

图 5-7　双输入轴圆弧齿轮减速器结构图

5.2　传动系统的组成

传动系统的类型繁多，用途各异。但它们通常都是由变速装置、启停和换向装置、制动装置，以及安全保护装置几个基本部分组成。确定传动系统的组成及其结构是传动系统设计的重要任务。

传动系统通常由以下三部分组成。

(1)传动系统的主体部分　变速装置。把动力机的动力和运动传递给执行机构，使之实现预定功能(包括运动或力)的装置。它包括各种传动部件或装置，离合、制动、换向和蓄能(如飞轮)等零部件。

(2)操纵和控制系统　启停和换向装置、制动装置。它指通过人工操作或自动控制改变动力机或传动系统的工作状态和参数，使执行机构保持或改变其运动或动力的装置。它包括启动、离合、制动、调速和换向的操纵装置，以及按预定顺序工作和自动控制所需的元件及装置等。

(3) 辅助系统　安全保护装置等。为保证传动正常工作、改善操作条件和延长使用寿命而设的装置，它包括冷却、润滑、计数、消声，除尘和安全防护等装置。

5.2.1　变速装置

变速装置是把动力机的动力和运动传递给执行机构的装置，其作用是改变动力机的输出转速和转矩以适应执行机构的需要。若执行机构不需要变速，可采用具有固定传动比的传动系统或采用标准的减速器、增速器实现降速传动或增速传动。

有许多机械要求执行机构的运动速度或转速能够改变，如采煤机在不同工作条件和煤层厚度时应能改变牵引速度；推土机在不同的工况条件下工作时，应能改变行驶速度。通用金属切削机床由于工艺范围较大，要求主运动和进给运动都能在较大范围内变速，以适应加工不同直径和材料、不同工序对精度和表面粗糙度的要求。

设计变速装置的基本要求是：能传递足够的功率和转矩，并具有较高的传动效率；满足变速范围和变速级数要求，且体积小、重量轻，噪声在允许的范围内；结构简单，制造、装配和维修的工艺性好；润滑和密封良好，防止出现三漏(漏油、漏气、漏水)现象。

传动件的尺寸取决于它们所传递的转矩。当传递功率一定时，传动件的转速越高，其传递的转矩越小，传动件的结构尺寸就越小些。因此，变速装置应位于传动链的高速部位。

如果执行机构的转速较低，则应使变速装置在前(接近动力机处)，降速传动机构在后(接近执行机构处)。但是变速装置的转速也不宜过高，以免增大噪声。

常用的变速装置有以下几种。

1. 交换齿轮变速机构

图 5-8 所示为交换齿轮变速机构，电机安装在变速箱体上，通过一对定传动比的齿轮 z_{22} 和 z_{44} 将动力由轴 I 传到轴 II，在轴 II 和轴 III 的外轴端上安装一对交换齿轮 A 和 B，改变齿轮 A 和 B 的齿数，轴 III 可得到不同的转速。在经两对定传动比齿轮 z_{23}、z_{36} 及 z_{20}、z_{65} 传动空心轴 V，空心轴 V 的内孔是花键孔，可以和输出轴连接，将运动传给执行机构。

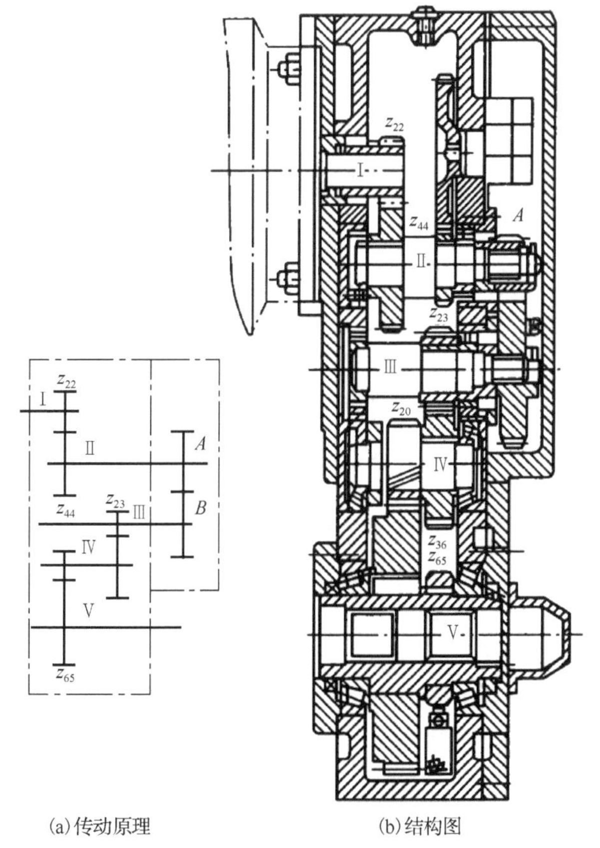

图 5-8　交换齿轮变速机构

交换齿轮变速机构的特点是结构简单，不需要变速操纵机构，轴向尺寸小，变速箱的结构紧凑，与滑移齿轮变速相比，实现同样的变速级数所用的齿轮数量少。但是，更换齿轮费时费力，交换齿轮是悬臂安装，刚性和润滑条件较差，因此，只适用于不需要经常变速的机械，如各种自动和半自动机械。

2. 滑移齿轮变速机构

图5-9 所示为六级变速箱结构，有凸缘端

盖的电机安装在变速箱体上，通过一对定传动比齿轮 z_1 和 z_2 传动至轴Ⅰ，轴Ⅰ和轴Ⅲ上的一个组合式三联和双联滑移齿轮，通过改变滑移齿轮的啮合位置，轴Ⅲ可得到六级转速。

滑移齿轮变速机构的特点是能传递较大的扭矩和较高的转速；变速方便，串联几个变速组便可实现较多的变速级数；没有常啮合的空转齿轮，因而空载功率损失较小。但是滑移齿轮不能在运转中变速，为便于滑移啮合，多用直齿齿轮传动，因而传动不够平稳，轴向尺寸比较大。

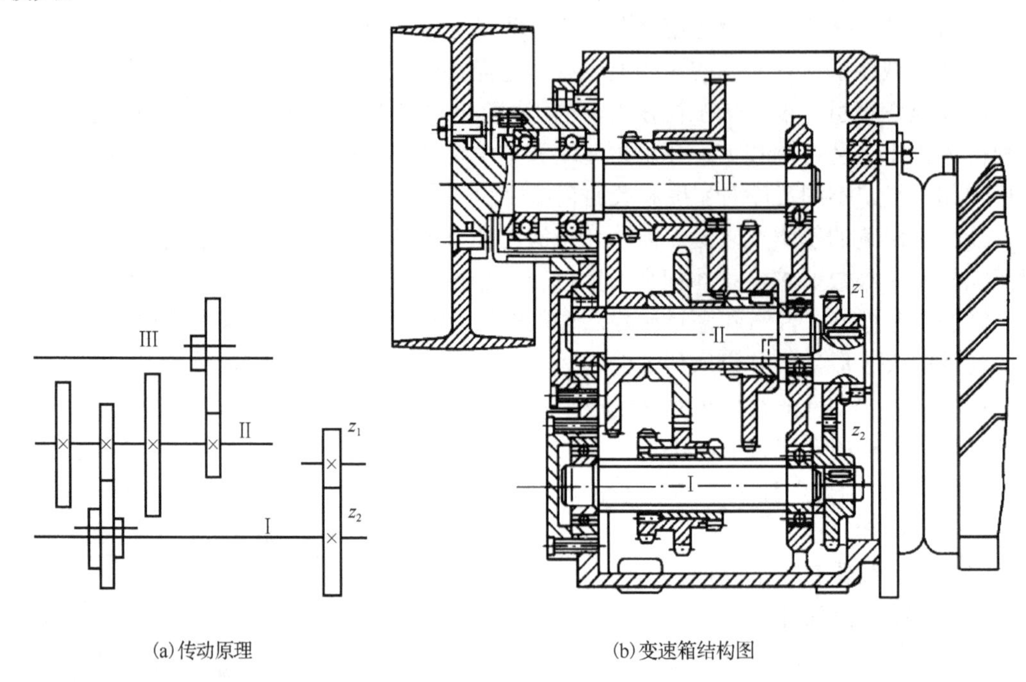

图 5-9　六级变速箱结构

滑移齿轮的结构有整体式和组合式两类，如图 5-10 所示。高于七级精度的淬火齿轮，一般需要剃齿、珩齿或磨齿加工才能达到精度，整体式多联齿轮在插齿、剃齿、珩齿时，两个轮间应留有足够宽的空刀槽，磨齿时则要更大些，这将导致齿轮的轴向尺寸加大。若用组合式结构，轴向尺寸就较为紧凑，但增加了齿轮的切削加工量。

3. 离合器变速机构

离合器变速机构有牙嵌式离合器、齿轮式离合器、摩擦片式离合器等。牙嵌式离合器和齿轮式离合器属于刚性传动，传动比准确，可传递较大扭矩，但不能在运转中变速。摩擦式离合器是靠摩擦片之间的摩擦力传递扭矩，可在运转中变速，结合平稳、无冲击，可起过载保护作用，但结构复杂，传递大扭矩时体积较大，传动比不准确，此外，摩擦离合器也是一个热源和噪声源。

图5-11 所示为采用电磁离合器变速机构的变速箱结构图。运动由带传动输入，经一对齿轮 z_{18}、z_{54} 驱动轴Ⅳ，在轴Ⅳ上有三个空套齿轮 z_{25}、z_{48}、z_{34}，它们分别与轴Ⅴ上的齿轮 z_{75}、z_{52}、z_{66} 啮合可得到四级转速。对应各级转速的传动路线如表 5-3 所示。由表 5-3 可见，有三种转速的传动路线为正向传动，即从Ⅳ轴传到Ⅴ轴，而有一种转速为Ⅳ轴→Ⅴ轴→Ⅳ轴→Ⅴ轴的传动路线，这是一条折回传动路线，称为折回机构。由图 5-11 可见，在 M_1、M_2、M_3、M_4 四个离合器中，只能同时有两个不同轴的离合器接合，而另外两个必须断开。

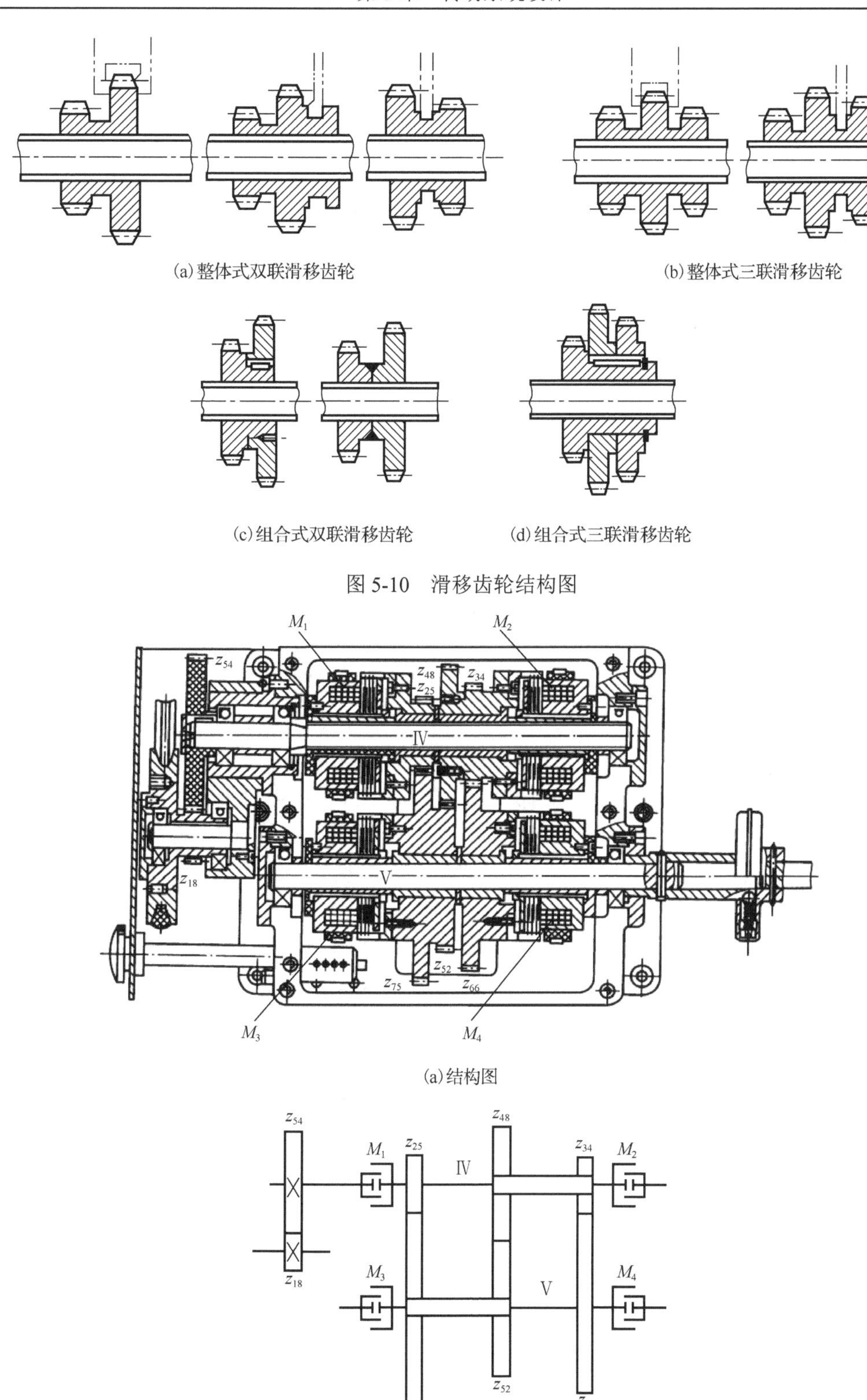

(a)整体式双联滑移齿轮　　(b)整体式三联滑移齿轮

(c)组合式双联滑移齿轮　　(d)组合式三联滑移齿轮

图 5-10　滑移齿轮结构图

(a)结构图

(b)传动原理图

图 5-11　采用电磁离合器变速机构的变速箱结构图

表 5-3　离合器变速机构传动路线

变速箱传动比	离合器状态
$i_1=\frac{54}{18}\times\frac{52}{48}$	M_2和M_3结合，M_1和M_4脱开
$i_2=\frac{54}{18}\times\frac{66}{34}$	M_2和M_4结合，M_1和M_3脱开
$i_3=\frac{54}{18}\times\frac{75}{25}$	M_1和M_3结合，M_2和M_4脱开
$i_4=\frac{54}{18}\times\frac{75}{25}\times\frac{48}{52}\times\frac{66}{34}$	M_1和M_4结合，M_2和M_3脱开

4. 啮合器变速机构

啮合器分普通啮合器和同步啮合器两种，广泛用于汽车、叉车、挖掘机等行走机械的变速箱中。啮合器变速机构可采用常啮合的传动，运动平稳，能在运转中变速，并可传递较大扭矩。

普通啮合器的结构简单，但轴向尺寸较大，变速过程中易出现顶齿现象，故换档不太轻便，噪声较大。为改善变速性能，目前在中小型汽车和许多变速频率高的机械中多采用同步啮合器变速。

同步啮合器的工作原理是变速过程中先使将要进入啮合的一对齿轮的圆周速度相等，然后才使它们进入啮合，即先同步后变速。这可避免齿轮在变速时产生冲击，使变速过程平稳。

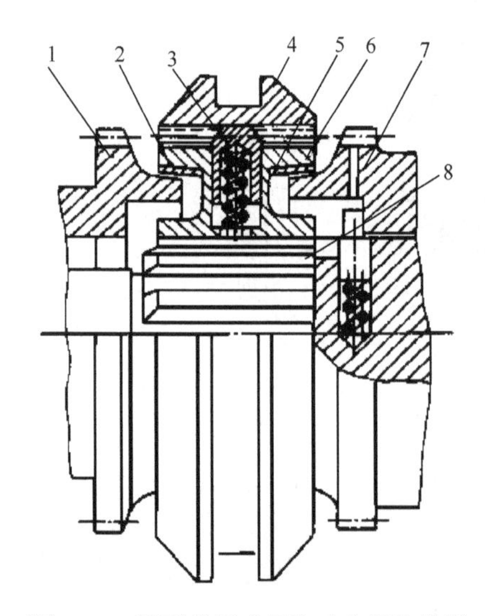

图 5-12　锥形常压式同步啮合器结构图

1-左齿环；2、5-内锥面减磨衬套；3-定位销；4-啮合套；6-套筒；7-右齿环；8-花键轴

图 5-12 所示为锥形常压式同步啮合器的结构图。套筒具有内花键孔和外花键齿，它可在花键轴上移动，其外花键齿与啮合套的内花键啮合，套筒的左右侧各镶有减摩材料制造的衬套。啮合套可通过定位销带动套筒一起左右移动。图 5-12 中为啮合套处于空挡位置。

当啮合套向左移动时，套筒随之一起向左移动，使左侧衬套的内锥面与左齿环上的外锥面接触，作用在啮合套上的操纵力使两锥面相互压紧，由此产生的摩擦力使空套的左齿环与套筒、啮合套同步旋转。适当加大操纵力，使啮合套克服弹簧力将定位销压下后继续向左移动，使啮合套与空套的左齿环相啮合，变速过程结束。啮合套向右移动时，变速过程与上述相同。

啮合器的齿轮一般采用渐开线齿形，其齿形参数可根据渐开线花键国家标准选定。因为啮合套使用频繁，轮齿经常冲击，齿端和齿工作侧面易磨损，因此齿厚不宜太薄。为减小轴向尺寸，啮合器的工作宽度一般均较小。

5. 无级变速装置

无级变速器的类型很多，主要有机械式、液压式、电气式三大类。

与其他无级变速器相比，机械无级变速器的优点是：结构简单、传动平稳，可升速、降速，噪声低，使用维修方便，效率较高，有过载保护作用，价格低等。其在各类机械中得到了广泛的应用。其缺点是：承受过载及冲击的能力差，不能满足严格的传动比要求(有滑动)，寿命短，对材质及工艺要求高，变速范围较小，通常 R=4～6，少数可达 R=10～15。机械无级变速器按结构可以分为：固定轴刚性式、行星式、带式、链式和脉动式。

机械无级变速器(传动)由传动机构、加压装置和调速机构三部分组成。图 5-13 所示的摩擦(牵引)传动是利用传动机构间的压紧力 Q 产生的摩擦(牵引)力 $F=\mu Q$ 来传递动力的。为防止打滑，应使有效圆周力 F_e 小于摩擦副所能提供的最大摩擦力 F，为此，应增大压紧力和摩擦因数。压紧力由加压装置提供。调速机构用来调节传动件间的尺寸(角度)比例关系，以实现无级变速。一般将无润滑油的干式无级变速传动称为摩擦式无级变速传动，而将有润滑的湿式无级变速传动称为牵引式无级变速传动。摩擦传动无级变速装置一般传递的功率相对较小，应将变速装置放在传动链的高速端。

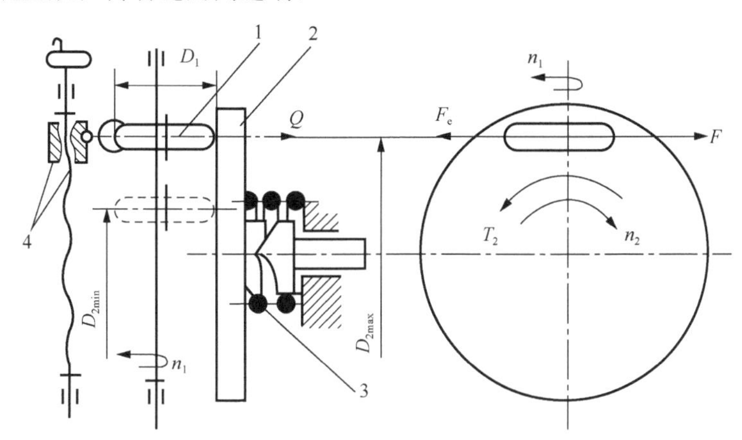

图 5-13　机械无级变速传动的原理

1、2-传动机构；3-加压装置；4-调速机构

图 5-14 为 SPT 系列锥盘环盘无级变速器结构图。停机时，锥盘 4、环盘 5 在预压弹簧的作用下，产生一定的压紧力。工作时，电机 1 驱动椎盘 4，依靠摩擦力矩带动环盘 5 转动，从而使输出轴 9 运转。当输出轴上的负载发生变化时，通过自动加压凸轮 8，使摩擦副间的压紧力和摩擦力矩正比于负载而变化，因此输出功率正比于外界负载的变化而变化。调速时，通过调速齿轮齿条 2、3，使锥盘 4 相对于环盘 5 做径向移动，改变了锥盘与环盘的接触工作半径，从而实现了平稳的无级变速。

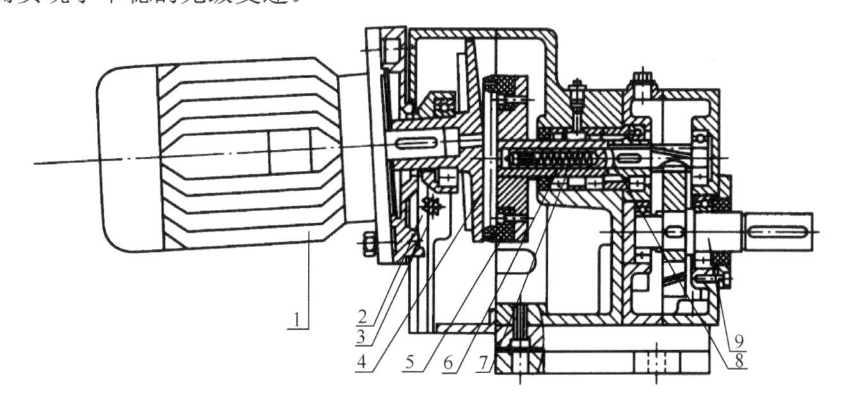

图 5-14　锥盘环盘无级变速器结构图

1-电机；2、3-调速齿条；4-锥盘；5-环盘；6-预压弹簧；7-连接套；8-加压凸轮；9-输出轴

图 5-15 为环锥行星无级变速器结构图。一组沿主动锥轮 2 圆周均布的行星锥轮 7 置于保持架 3（相当于转臂）中。自动加压装置 13、14 使行星锥轮 7 分别与主动锥轮 2、从动锥轮

11 压紧，行星锥轮 7 的椎体与不转动的外环 10 压紧，输入轴 1 上的主动锥轮 2 旋转时，行星锥轮 7 自动并沿外环 10 的内圈公转，驱动从动锥轮 11 转动，最后经自动加压装置 13、14 将动力传至输出轴 15。通过调速机构改变外环 10 的轴向位置，以改变行星锥轮 7 的工作半径，达到调速的目的。

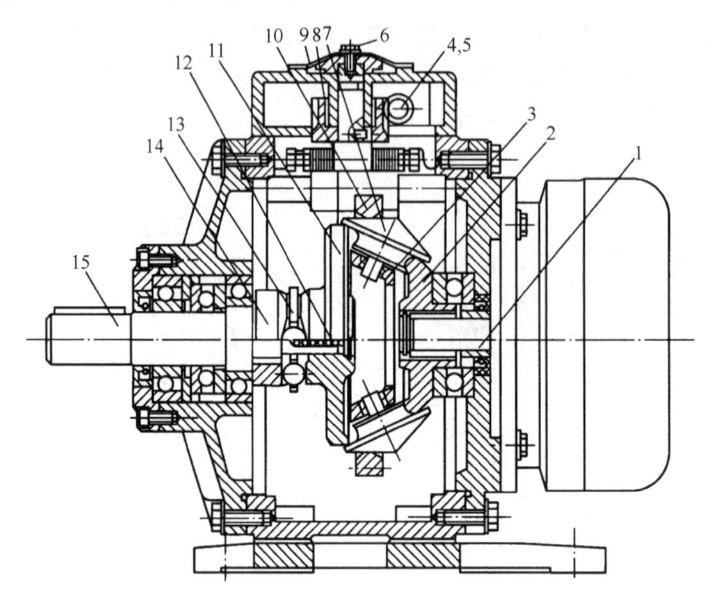

图 5-15　环锥行星无级变速器结构图

1-输入轴；2-主动锥轮；3-保持架；4、5、6、8-调速机构；7-行星锥轮；
9-转速显示盘；10-外环；11-从动锥轮；12-预压弹簧；13、14-加压装置；15-输出轴

流体无级变速器有液力式、液黏式、液压式和气压式四类变速。液力式无级变速采用液力耦合器或液力变矩器；液黏式无级变速采用液体黏性离合器；液压式和气压式无级变速采用节流调速式容积调速。其中液力式无级变速广泛应用于各种车辆和工程机械上，如汽车、载重卡车、内燃机车等运输机械，装载机、铲运机、推土机等多种工程机械，及钻探设备、起重机械等。使用液力传动可简化操纵，易于实现自动控制，利用其自适应性来改善车辆的通过性和舒适性。所谓车辆通过性指使车辆以爬行速度前进时，使附着力增加的能力。关于流体无级变速的详细内容请参见液压传动、液力传动、液体传动等相关文献。

电力无级变速传动的优点是可简化机械变速机构、提高传动效率、操作简洁，易于实现远距离控制和自动控制。电力无级变速传动有直流变速和交流变速两类，关于电力无级变速的内容请参见电力拖动、机电传动控制等相关文献。

在机械系统设计时，如果执行机构要求的变速范围较大、变速的平滑性好，可采用有级变速和无级变速相结合的设计方案。当有些动力机变速方便时，也可用动力机单独变速或动力机与传动系统相结合的变速方案。

5.2.2　启停和换向装置

启停和换向装置用来控制执行机构的启动、停车以及改变运动方向。对启停和换向装置的基本要求是启停和换向方便省力，操作安全可靠，结构简单，并能传递足够的动力。

1. 常用的启停换向装置

1) 齿轮-摩擦离合器换向机构

图 5-16(a)所示为齿轮-摩擦离合器换向机构的传动原理图。齿轮 z_1 和 z_3 均空套在轴 I 上，摩擦离合器向左接合时，通过 z_1、z_2 将运动传递给传动轴 II；摩擦离合器向右接合时，通过 z_0、z_4 使传动轴 II 实现反转；摩擦离合器处于中间位置时，轴 II 不转。这样就可实现轴 II 的启停和换向。

图 5-16(b)所示为钢球压紧式摩擦离合器的结构图。内摩擦片通过花键轴相连，外摩擦片与齿轮相连，锥面套筒通过销与轴相连。移动操纵套，通过钢球、锥面套筒、左右压紧套及螺母使左右两边摩擦离合器结合或脱开。调节螺母可以分别调整两边摩擦片的间隙。调整后用锁紧销锁紧以防止螺母松动。

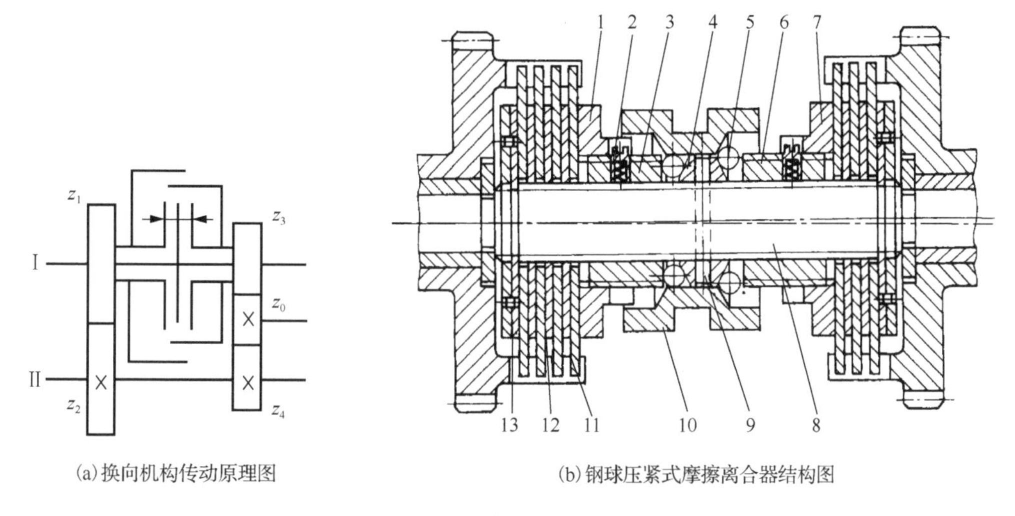

(a)换向机构传动原理图　　(b)钢球压紧式摩擦离合器结构图

图 5-16　齿轮-摩擦离合器换向机构

1-左螺母；2-锁紧销；3-左压紧套；4-锥面套筒；5-钢球；6-右压紧套；7-右螺母；8-花键轴；9-销；10-操纵套；11-外摩擦片；12-内摩擦片；13-止动环

操纵套移动到位后应具有自锁功能，即当操纵力去掉后压紧摩擦片的压紧力不能消失。在压紧位置上使操纵套的圆柱部分压紧钢球，此时钢球的作用力与操纵套的运动方向垂直，就能保证可靠地自锁。

在结构上应使操纵离合器的压紧力成为一个封闭的平衡力系，使传动轴和轴承免受较大的轴向载荷。向左的止紧力通过左压紧套、左螺母、摩擦片、止动环作用在花键轴上。同时，左压紧套通过钢球传给锥面套筒的反作用力，与压紧力大小相等、方向相反，此力通过销也作用在花键轴上，构成一个封闭的平衡力系。

2) 齿轮换向机构

齿轮换向的原理是采用惰轮机构改变齿轮机构的外啮合齿轮的对数，从而改变从动轮的转向。图 5-17 所示为车床上的三星齿轮换向机构，齿轮 1 与主轴固连，齿轮 6 通过进给箱与走刀光杠或丝杠相连。

图 5-17 所示实线位置，运动传递路线为齿轮 1→2→3→4→5→6，其传动比为

$$i_{16} = \frac{n_1}{n_6} = \left(-1\right)^4 \frac{z_2 z_3 z_4 z_6}{z_1 z_2 z_3 z_5} = \frac{z_4 z_6}{z_1 z_5}$$

传动比为正，说明齿轮 6 与主轴 1 同向转动。

图 5-17 所示虚线位置，操纵手柄 a 逆时针转 α 角度，中间轮 2 脱离啮合，而齿轮 3 同时与齿轮 1 和齿轮 4 相啮合，运动传递路线为 1→3→4→5→6，其传动比为

$$i_{16}=\frac{n_1}{n_6}=(-1)^3\frac{z_3z_4z_6}{z_1z_3z_5}=-\frac{z_4z_6}{z_1z_5}$$

传动比为负，齿轮 6 与主轴 1 转向相反。

换向机构的惰轮轴(图 5-18 中 O_3 轴)应尽量采用两端支承，如采用悬臂结构，则刚度较差、啮合不良，是变速箱的主要噪声源之一。在布置的时候应注意其受力情况，图 5-18(a)所示的方案为外侧布置，惰轮轴 O_3 所受载荷 F 较大。而图 5-18(b)所示方案为内侧在布置，惰轮轴 O_3 上的载荷 F 较小。

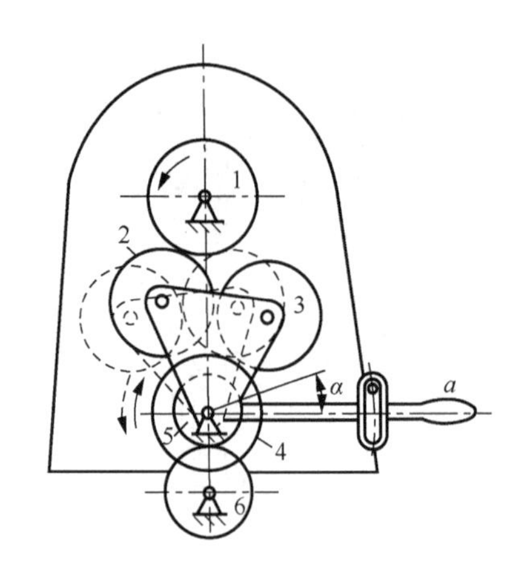

图 5-17　车床上的三星齿轮换向机构

1～6-齿轮

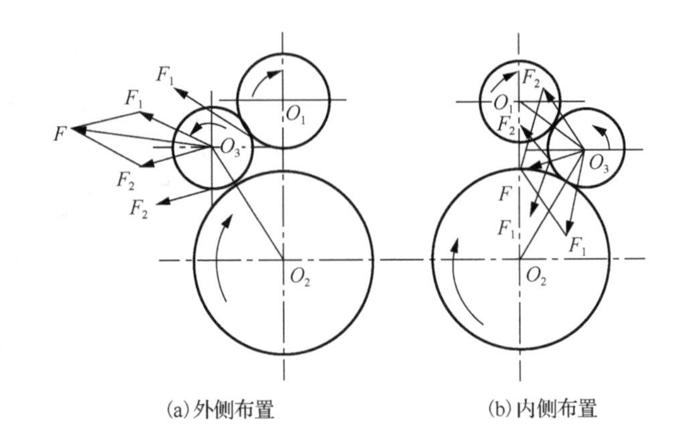

图 5-18　惰轮轴的布置方案

2. 启停换向装置的方案选择

常用的启停和换向装置有两类：一类是通过按钮或操纵杆直接控制动力机实现启停和换向，另一类是用离合器实现启停和换向。选择方案时应考虑执行机构所要求的启停和换向的频繁程度、动力机的类型与功率大小。

电动机允许在负载下启动，可以正反运转，但电动机的启动电流远大于其额定电流，因此，换向不频繁或换向虽频繁但电动机功率较小时，可直接由电动机启停和换向，电动机和传动系统输入轴可通过刚性或弹性联轴器连接，以避免启停时因冲击过大而损坏传动零件。这种方式的优点是操作方便，可简化机械结构，因此得到广泛应用。

由于内燃机不能在负载下启动，故必须用摩擦离合器或液力偶合器来实现启停。内燃机不能反向运转，执行机构需要反向时应在传动链中设置反向机构。

当功率较大且启停和换向频繁时，常采用离合器启停和换向。执行机构的转速较高时采用摩擦离合器，执行机构的转速较低时可采用牙嵌离合器等刚性的啮合式离合器。用离合器实现启停时，为了减小摩擦离合器的结构尺寸，应将它放置在转速较高的传动轴上。由于靠近动力机，故当离合器脱开时，传动链中大部分传动件停止运动，可以减少空转功率损失。

换向机构放在靠近动力机的转速较高的传动轴上，也可使其结构紧凑，但会使换向的传动件较多，能量损失较大。因此，对于传动件少、惯性小的传动链，宜将换向机构放在前面，

即靠近动力机处；反之，宜将换向机构放在传动链的后面，即靠近执行机构处，以提高传动的平稳性和效率。

5.2.3　制动装置

1. 制动装置的功能与分类

由于运动构件具有惯性，当启停装置断开后，运动构件不能立即停止，而是逐渐减速后才能停止运动。转速越高，运动构件的惯性越大，摩擦阻力越小，停车的时间就越长。为了节省辅助时间，对于启停频繁或运动构件惯性大、运动速度高的传动系统，应安装制动装置。执行机构频繁换向时，也应先停车后换向。制动机构还可用于机械一旦发生事故时紧急停车，或使运动构件可靠地停止在某个位置上。

制动器的功能包括：①制动，使运转中的机械系统或设备完全停止下来；②减速，使运转中的机械系统或设备的速度减下来，以满足工况的需要；③支持，一般指已切断设备的动力源并已制动，但在重力(或其他有势力)的作用下依然有运动趋势的机构或设备。此时，制动器使其在制动力的作用下得以保持原位，不继续运动，以免发生事故或危险，例如提升机构。

制动器按工作状态分类，可分为常闭式与常开式。

(1) 常闭式：通常靠弹簧或重力作用常处于制动状态，而机械设备须运行时松开(如卷扬机、起重机的起升机构等)。

(2) 常开式：常处于松闸状态，须制动时操纵制动器施加外力进入制动状态(如运输车辆、起重机的运行机构等)。

按操纵方式分，有人力操纵、电磁铁操纵、电力液压操纵等。人力操纵和电磁铁操纵用于制动转矩不太大的场合，电磁铁操纵又分为直流电磁铁操纵和交流电磁铁操纵。电力液压操纵的推动器自备电机和液压系统。

按结构形式可分为摩擦式(如块/鼓式、蹄式、盘式、带式等)和非摩擦式(如磁粉式、磁涡流式)。

2. 常用的制动装置

1) 带式制动器

图 5-19 所示为闸带式制动器的结构图，包括操纵杆、杠杆、制动带、制动轮和调节螺钉等主要部件。制动带为内侧固定一层石棉等材料的钢带，对转轴进行制动时，操纵力带动操纵杆沿杆轴向移动，操纵杆上有凹槽，通过钢球在凹槽内位置改变使杠杆产生角度变化，带动杠杆将制动带拉紧，制动带抱紧制动轮，使制动带内侧摩擦衬片和制动轮之间产生摩擦阻力，使轴迅速停止转动。

当制动衬片磨损或制动带松弛时，可通过调节螺钉调整制动带的拉紧程度。

设计带式制动器时，应分析制动轮的转动方向及制动带的受力状态。如图 5-19 中操纵力作用在制动带的松边，操纵力所产生的制动带拉紧力与而作用于制动带上的摩擦力方向一致，有助于制动时在同样大小的拉紧力下可获得较大的制动力矩。如果操纵杆位于制动带的紧边，制动带拉紧力与摩擦力方向相反，若要求产生相同的制动力矩，则制动带的拉紧力必须加大，所需要的操纵力也增大，而且由于作用于自动带上的摩擦力导致制动力矩减小将使制动不平稳，所以设计时应使拉紧力作用于制动带的松边。

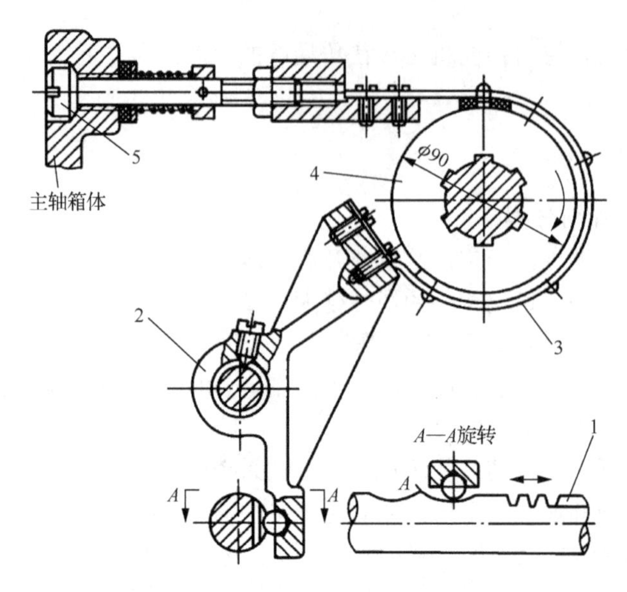

图 5-19　闸带式制动器结构图

1-操纵杆；2-杠杆；3-制动带；4-制动轮；5-调节螺钉

闸带式制动器的结构简单、轴向尺寸小、操纵方便，但制动时制动轮和传动轴受单向压力作用，制动带磨损不均匀，制动力矩受摩擦系数变化的影响大，因此只适应于中小型机械。

2) 盘式制动器

盘式制动器的制动轮为盘状器，摩擦面可制成圆盘形或圆锥形，结构形式与盘式离合器相似，工作时利用轴向力(如弹簧力、液压或气动力、手动力等)使制动盘的摩擦表面压紧而实现制动。圆盘形制动盘可为单盘或多盘，多盘式结构的制动力矩大，轴向尺寸也稍大。

由于制动轴向力均匀分布在制动盘圆周表面，制动轮轴不承受弯曲作用力，因此结构紧凑，制动平稳，摩擦表面的磨损均匀，且制动力矩的大小与旋转方向无关，但散热性较差，摩擦表面温度较高。

盘式制动器可制成封闭式，利于防尘、防潮。加注润滑油制成湿式制动器，可以使制动性能更稳定，延长使用寿命。

盘式制动器应用较广，适用于要求结构紧凑的场合，如车辆的车轮及电动葫芦的制动，也常用于带有制动的电动机中。

3) 外抱块式制动器

图 5-20 所示为短行程直流电磁铁外抱块式制动器，驱动装置在上部，弹簧使制动器处于紧闸状态。电磁铁通电后，动铁心下降，推动直角杠杆和调整螺钉，使弹簧压缩而松闸。压下手柄，也可使动铁心下降而松闸。

这种制动器的宽度小，动作灵敏，可频繁操作，散热性好，驱动装置连同主弹簧可一起装拆，组装性能好，维修方便，多为常闭式，适用于工作频繁且空间较大的场合，如电梯升降设备及起重运输设备。

4) 内张蹄式制动器

图 5-21 所示为内张蹄式制动器，两个制动蹄的下端分别通过两个支承销与机架制动底板铰接，在制动轮的内圆柱表面上装有摩擦材料。当压力油进入制动液压缸后，即推动左右两个活塞，活塞的推力 F_P 使制动蹄向外摆动，压紧制动轮内圆面，从而闸住制动轮。油路泄压

后，弹簧使两个制动蹄与制动轮分离，制动器处于松闸状态。

内张蹄式制动器的结构紧凑，外形尺寸小，散热性好，容易密封，广泛应用于各种车辆车轮的制动及结构尺寸受到限制的机械上。

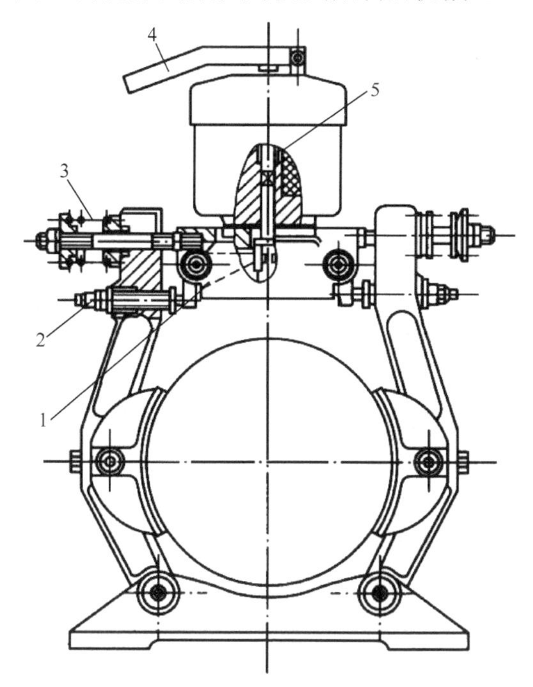

图 5-20　短行程直流电磁铁外抱块式制动器

1-直角杠杆；2-调整螺钉；3-弹簧；4-手柄；5-动铁心

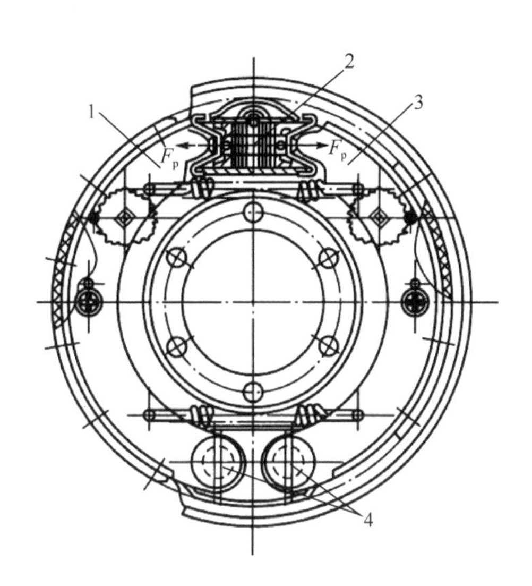

图 5-21　内张蹄式制动器

1、3-制动蹄；2-制动液压缸；4-支承销

5) 磁粉制动器

磁粉制动器的工作原理如下。在固定件和旋转件之间的工作间隙中填充磁粉，当电流通过激磁线圈时，产生垂直于间隙的磁通，使磁粉聚集而形成磁粉链，利用磁粉磁化时所产生的剪力实现制动。

磁粉链的抗剪力与磁粉的磁化程度成正比，即制动力矩的大小与绕组中激磁电流的大小成正比。此外，磁粉的装满程度也影响制动力矩的特性。

图 5-22 所示为磁粉制动器的结构图，其固定部分由外壳和心体组成，在外壳的环槽中安装激磁绕组线圈，为了防止磁通短路，装有一个非磁性圆盘。转动部分由薄壁圆筒和非磁性铸铁套筒铆接成一体，在固定部分和转动部分之间填充磁粉，风扇用于强迫通风冷却。

磁粉制动器的体积小，质量小，制动平稳，激磁功率小，制动力矩与转速无关，适用于自动控制及各种机械驱动系统的制动。

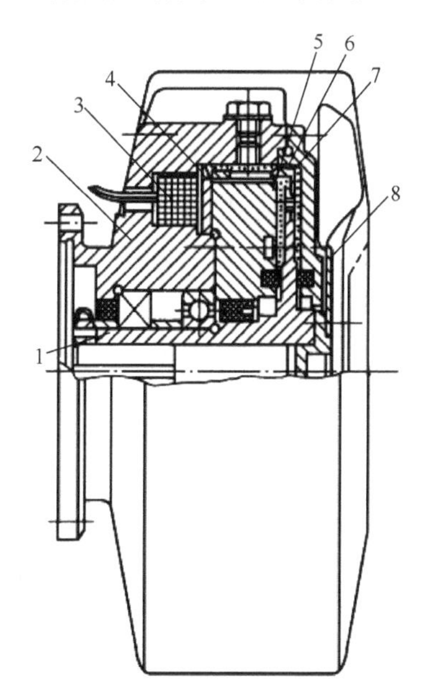

图 5-22　磁粉制动器结构图

1-非磁性铸铁套筒；2-外壳；3-激磁绕组线图；4-非磁性圆盘；5-心体；6-磁粉；7-薄壁圆筒；8-风扇

3. 制动方案的选择和布置

制动装置的设计要求是工作可靠、操纵方便、制动迅速平稳、结构简单、尺寸小、磨损小、散热好。

常用的制动方案有电动机制动和机械制动，如表 5-4 所示。

表 5-4　常用的制动方案

制动方案	说明
用电动机启停和换向时，常采用电动机反接制动	优点是结构简单、操作方便、制动迅速 缺点是反接制动时制动电流较大，传动系统受到的惯性冲击较大 该方案适用于制动不频繁、传动系统惯性小或电机功率较小的传动系统
用离合器启停和换向时，在传动链中安装制动器	制动器与离合器的操纵机构必须互锁，即离合器先脱开，制动器后制动；制动器先放松，离合器后接通，以免损坏传动件或造成过大的功率损失

制动器的选择，应根据使用要求与工作条件确定，选择时一般应考虑以下几点。

(1)要考虑工作机械的工作性质和条件。对于起重机械的提升机构，必须采用常闭式制动器。对于水平行走的车辆等设备，为了便于控制制动力矩的大小和准确停车，多采用常开式制动器。对于安全性有高度要求的机械，须设置双重制动器。如运送熔化金属或易燃、爆炸物品的起升机构，规定必须装两个制动器，每个制动器都能单独、安全地支持铁水包等运送物品不致坠落。再如矿井提升机，除在高速轴上设置制动器外，还在卷筒或绳轮上设置安全制动器。对于重物下降制动(滑摩式制动)则应考虑散热。它必须具有足够的散热面积，使其将重物位能所产生的热量散出去。

(2)要考虑合理的制动转矩。用于起重机起升机构支持的制动器，或矿井提升机的安全制动器，制动转矩必须有足够的储备，即应有一定的安全系数。用于水平行走的机械车辆等，制动转矩以满足工作要求为宜(满足一定的制动距离或时间，或车辆不发生打滑)，不可过大，以防止机械设备的振动或零件的损坏。

(3)要考虑安装地点的空间大小。当安装地点有足够的空间，可选用外抱式制动器，空间受限制处，可采用内蹄式、带式或盘式制动器。

(4)选用电磁式制动器时，应根据通电持续率(JC%)选用相应的制动转矩。

如果选用标准制动器，应以计算制动转矩 T 为依据，参照标准制动器的制动转矩 T_e，使 $T \leqslant T_e$。选出标准型号后，必要时进行验算。

在设计过程中，如果需要自行设计制动器，具体计算过程可查阅机械设计手册相关章节，其主要设计步骤如下。

(1)根据机械的运转情况，计算出制动轴上的载荷转矩，再考虑安全系数的大小，以及对制动距离(时间)的要求等具体情况，算出制动轴上需要的计算制动转矩。

(2)根据需要的计算制动转矩和工作条件，选定合适的制动器的类型和结构，并画出传动图。

(3)按摩擦元件的退距求出松闸推力和行程，用以选择或设计松闸器。

(4)对主要零件进行强度计算，其中制动臂和传力杠杆等还应进行刚度验算。

(5)对摩擦元件进行发热验算。

对于制动器的安装位置，如果要求制动扭矩较小，则制动器安装在转速较高的轴上，保证制动平稳，制动器体积也小。如果要求制动时间短、制动灵活，则制动器可直接安装在主轴或其他执行机构上。通常情况下，制动器安装在转速较高、变速范围较小的轴上。

5.2.4　安全保护装置

机械在工作中若载荷变化频繁、变化幅度较大、可能过载而本身又无保护作用时，应在传动链中设置安全保护装置，以避免损坏传动机构。如果传动链中有带、摩擦离合器等摩擦副，则具有过载保护作用，否则应在传动链中设置安全离合器或安全销等过载保护装置。当传动链所传递的扭矩超过规定值时，靠安全保护装置中连接件的折断、分离或打滑来停止或限制扭矩的传递。

安全保护装置装在转速较高的传动构件上，可使结构尺寸小些。若装在靠近执行机构的传动构件上，一旦发生过载，就能迅速停止运动，并可使传动链中其他传动构件避免超负荷运行。所以，安全保护装置宜放在靠近执行机构且转速较高的传动构件上。常用的安全保护装置有柱销式安全联轴器、嵌合式安全离合器、摩擦式安全离合器等。

1. 柱销式安全联轴器

在传动链中设置一个最薄弱的环节，如剪断销或剪断键，当传递的扭矩超过允许值时，销或键被剪断，使传动链断开，执行机构便停止运动，必须更换销或键以后才能恢复工作。剪断销或剪断键应装在传动链中易于更换的位置上。图 5-23 所示为两种剪断销的结构。

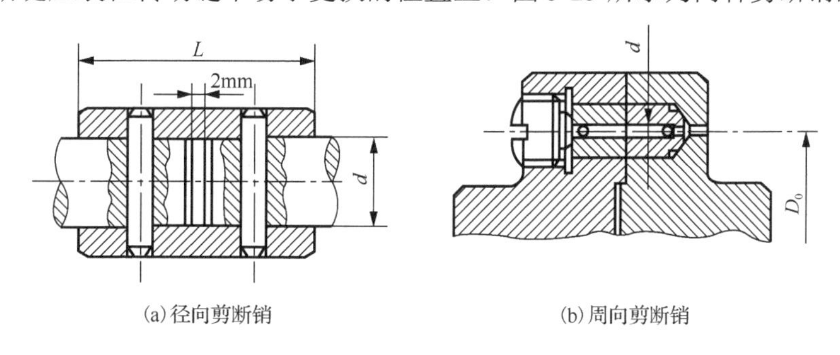

图 5-23　剪断销结构图

2. 嵌合式安全离合器

嵌合式安全离合器的类型有端面牙嵌安全式、钢球安全式等。接合时元件间的压紧力靠弹簧调节，当载荷超过安全载荷时，元件相对滑动，退出嵌合，中断传动。

图5-24 所示为钢珠安全离合器的结构图。它由空套在轴上的齿轮及与轴用导键连接的圆盘组成。齿轮和圆盘的圆周上均匀分布 6～8 个孔，孔内装入垫板及钢珠，调节螺套上的螺母可调整弹簧的压紧力。当载荷正常时，齿轮通过钢珠传动圆盘和轴，这时钢珠之间将产生轴向分力 F。随着传递载荷的增大，轴向分力也不断增大，当超过弹簧的压紧力 F 时，圆盘孔内钢珠连同圆盘压缩弹簧而一起右移，使钢珠之间出现打滑，轴便停止转动。超载消除后，即自动恢复正常工作。

这种安全离合器的灵敏度较高、工作可靠、结构简单。但元件滑动实际上是一种频繁的离合过程，会产生较大的冲击，连接刚度较小，反向回转时运动的同步性较差。同时，这种反复作用可能使被保护机件因附加动力过载受到损害。所以，这种离合器适用于转速不高、载荷不太大、从动件惯性小的系统，而对于过载时转差大的场合并不适用。

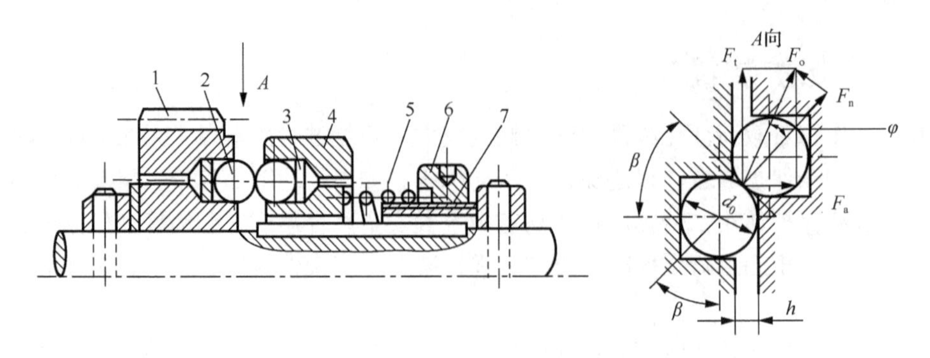

图 5-24　钢珠安全离合器结构图

1-齿轮；2-钢珠；3-垫板；4-圆盘；5-弹簧；6-调整螺母；7-螺套

3. 摩擦式安全离合器

摩擦式安全离合器有单盘式、多盘式。接合元件有圆盘形式或圆锥面形式。其工作原理为接合元件的压紧力靠弹簧调节，当载荷超过安全载荷时，离合器从动部分摩擦元件间出现相对滑动，并因摩擦而消耗一部分能量。该离合器工作平稳，只要散热好，可以用于离合器过载时转差大且不常作用的场合，适用于有冲击载荷的系统。

图5-25 所示为单圆锥摩擦安全离合器。摩擦面由内锥面摩擦盘和外锥面摩擦盘组成，在弹簧的作用下使两个锥面压紧，由此产生的摩擦力矩即为安全离合器允许的输出转矩。螺母用来调整压紧力。在两个锥面制造与安装正确的情况下，所需很小的压紧力就能保证良好的接触。这种安全离合器的结构简单，多用于传递扭矩不大的场合。如果传递的扭矩较大，也可采用双圆锥摩擦安全离合器或摩擦片安全离合器。

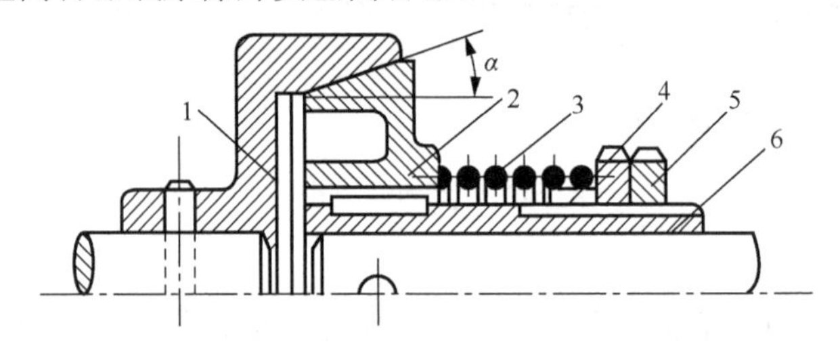

图 5-25　单圆锥摩擦安全离合器结构图

1-内锥面摩擦盘；2-外锥面摩擦盘；3-弹簧；4-压紧盘；5-螺母；6-套筒

5.3　机械传动系统的设计

5.3.1　传动系统的设计程序

机械传动系统的设计通常是在动力机选型和执行机构运动设计完成后进行，是机械总体方案设计的重要组成部分，机械传动系统的设计程序包括以下几方面。

1. 确定传动系统的总传动比

传动系统的总传动比 i 为

$$i = \frac{n_r}{n_c} \tag{5-1}$$

式中，n_r、n_c 分别表示传动系统输入轴的转速、输出轴的转速。通常输入轴的转速为动力机的转速，输出轴的转速为执行机构所需转速。

2. 拟定传动系统的布置方案

首先根据机器设计的总体要求以及各种传动的性能和特点，合理地选择相应的传动类型。由于不同的机器具有不同的功能要求，一些机器常须选用不同传动机构组成多级传动，因而在选择传动类型时就涉及布置传动机构的先后次序问题，它对整个机器的工作性能和结构尺寸有着重要的影响。

合理布置传动机构顺序的一般原则如下。

(1) 使传动系统的尺寸小、结构紧凑。宜将传动能力较小的机构，如带传动和摩擦传动布置在高速级。因高速级的转速高，传递的力矩小，相应传动零件的结构尺寸也小。同理，应将需要减小外廓尺寸的零件，如闭式齿轮传动放在高速级，而将制造精度较低的开式齿轮传动布置在低速级。

(2) 使机器运转平稳、减小振动和噪音。宜将带传动布置在高速级，带传动属于弹性挠性件，具有吸振和过载打滑防止其他零件损坏等特点。当机器同时采用斜齿和直齿圆柱齿轮传动时，高速级应布置动载小的斜齿圆柱齿轮传动。因链传动冲击振动较大，一般布置在中、低速级。只有当高速级要求确定的传动比而必须采用链传动时，宜采用齿形链(无声链)传动。

(3) 尽量提高传动系统的效率，减少功率损耗。在设计传动路线时，应尽量使动力机先传动功率消耗大的传动机构，后传动功率消耗较小的传动机构。例如，机床通常先传动主运动系统，后传动进给系统。对于必须同时先用蜗杆传动和齿轮传动时，宜将蜗杆传动置于高速级，使之有较高的齿面相对滑动速度，利于形成液体润滑油膜，提高其传动效率。

(4) 使传动系统的运动链尽量简单。通常宜将变化转速的传动机构尽可能布置在与原动机相连部分(一般为高速级)，而将转变运动形式的机构(如凸轮机构、连杆机构、螺旋机构等)布置在运动末端，与执行机构相连。

(5) 有利于加工制造和安装维修。对于因尺寸增大而加工困难的传动零件，如圆锥齿轮传动，宜布置在高速级。传动机构布置时还应考虑拆装和维修方便。

(6) 其他要求。在传动布置时应考虑安全、使用及其他一些特殊要求。例如，为操作者的安全宜将闭式传动布置在传动系统的末端，对于医药、食品、印刷机械的传动应考虑防污染等要求。

3. 变速系统的运动设计

当专业工厂生产的标准零部件或产品能够满足执行机构的运动要求时，应尽量选用适合的产品型号，以降低成本、提高生产效率。对于自行设计的变速系统，总传动比确定后要把它分配到各级传动上。总的要求是应使各级传动结构紧凑、工作可靠、成本低、承载能力和效率高。

总传动比 i 和各级传动比的关系为

$$i = i_1 \cdot i_2 \cdot \cdots \cdot i_k \tag{5-2}$$

4. 计算机械传动系统的性能参数

机械传动系统的性能参数包括各级传动的转速、效率和转矩等，是机械传动系统方案优劣的重要指标，也是各级传动强度设计的依据。

1) 动力计算

动力计算有两种方式：一是根据执行机构的载荷特性，考虑传动系统的效率，计算出各传动零件所承受的载荷(包括力、力矩和功率等)，最后确定动力机的功率；二是当执行机构上的载荷不够明确，则可按照选定动力机的功率和转速，然后再计算出各传动零件所承受的载荷。

必要时，传动系统还须进行过渡过程的动力学计算，如机器启动(或加速)、制动(或减速)的时间以及在传动零件上引起的附加载荷。

在进行传动系统的动力学计算时，可同时进行粗略的结构设计和强度计算。

2) 效率计算

传动系统的效率是与结构形式、工作表面状态、摩擦阻力的类型、润滑方式和润滑剂的种类以及工作条件等有关，各种机械传动机构或装置的效率可参考有关的文献资料选取。单流、分流或汇流传动的总传动效率可按表 5-5 所列的公式计算。

表 5-5　传动系统的效率

类型	简图	计算公式
单流传动	$\to \eta_1 \to \eta_2 \to \cdots \to \eta_n \to$	$\eta=\eta_1\cdot\eta_2\cdot\ \cdots\ \cdot\eta_n$
分流传动	P_r; η_1, η_2, η_n; P_{c1}, P_{c2}, P_{cn}	$\eta=\dfrac{P_{c1}+P_{c2}+\cdots+P_{cn}}{P_r}=\dfrac{P_{c1}+P_{c2}+\cdots+P_{cn}}{\dfrac{P_{c1}}{\eta_1}+\dfrac{P_{c2}}{\eta_2}+\cdots+\dfrac{P_{cn}}{\eta_n}}$
汇流传动	P_{r1}, P_{r2}, P_{rn}; η_1, η_2, η_n; P_c	$\eta=\dfrac{P_c}{P_{r1}+P_{r2}+\cdots+P_{rn}}=\dfrac{P_{r1}\eta_1+P_{r2}\eta_2+\cdots+P_{rn}\eta_n}{P_{r1}+P_{r2}+\cdots+P_{rn}}$

注：P 表示功率；η 表示效率；下标 1,2,⋯,n 表示传动元件编号；r 表示输入；c 表示输出。

3) 振动计算

传动系统的振动将会大大降低其承载能力和使用寿命，并会产生噪音和恶化环境。对于高速机器，振动是一个突出问题。对于中、低速机器，应防止产生共振。传动系统的振动计算常将系统简化为各种动力学模型，然后计算其固有频率、振型和强迫振动的振幅等。

为防止传动系统在激力作用下产生共振，应使轴的工作转速位于各阶临界转速的范围之外。通常取

$$n\leqslant(0.75\sim0.80)n_{c1}$$

当　$n>n_{c1}$ 时，取

$$1.4n_{ck}\leqslant n\leqslant 0.7n_{ck+1}$$

式中，n 为轴的临界转速；n_{c1} 为轴的一阶临界转速；n_{ck}、n_{ck+1} 为轴的 k 阶和 k+1 阶临界转速。

传动零部件的质量配制不当(包括制造和安装误差)所产生的不平衡惯性力是引起振动的重要因素，应在设计和制造中限制在许可范围内。

5. 确定机械传动装置的主要几何尺寸

通过各级传动的强度计算和几何计算，确定基本参数和主要几何尺寸，如齿轮传动的中心距、齿数、模数及齿宽等，并绘制机械传动系统图。

5.3.2　分级变速传动系统的运动设计

1. 转速范围

变速系统执行轴最高转速 n_{max} 与最低转速 n_{min} 的比值称为转速范围 R_n，它是机械系统设计的重要参数之一。

$$R_n = \frac{n_{max}}{n_{min}} \tag{5-3}$$

2. 转速数列分析

分级变速传动系统常采用变速齿轮传动或变速带传动，在一定的变速范围内，其输出轴能得到有限级数的转速，按由低向高可以排列为

$$n_1, n_2, n_3, \cdots, n_j, n_{j+1}, \cdots, n_Z$$

在没有特殊要求时，机械系统输出的各种转速一般按照等比数列(几何级数)排列。

在进行变速系统设计时，用到以下基本概念和基本公式。

(1) 公比：指任一输出转速与前一级转速之比，通常用符号 φ 来表示，即 $\varphi=n_{j+1}/n_j$。

(2) 级数：指输出转速的个数，用符号 Z 表示。

(3) 相对转速损失率：指理论工作转速与实际工作转速之间的转速损失率。在机械系统工作时，会出现实际要求转速 n 在输出转速中不存在，即

$$n_j < n < n_{j+1}$$

采用较高转速 n_{j+1} 工作，会发生工作负荷过大，影响系统的正常工作。所以，往往采用较低转速 n_j 代替要求的转速 n，由此产生了转速损失 $n-n_{j+1}$，其相对转速损失率 A 为

$$A = \frac{n-n_j}{n} \tag{5-4}$$

转速呈等比数列时，可推导得到变速范围 R_n 与公比 φ 和级数 Z 的关系为

$$R_n = \varphi^{Z-1} \tag{5-5}$$

3. 标准公比和标准数列

1) 标准公比

标准公比指标准中规定的公比标准值。机械系统的输出转速是从小到大递增排列，所以公比 $\varphi>1$。当设定最大相对转速损失率 A_{max} 不超过 50%时，由相对转速损失率公式可推得 $\varphi \leqslant 2$，因此存在关系 $1<\varphi \leqslant 2$。

为了在传动系统设计时选取方便，规定出七种标准公比值，如表 5-6 所示。表中列出了不同公比 φ 下的最大转速损失率 A_{max}。可以看出，随着 φ 值的增大，A_{max} 值也增大。

2) 标准数列

标准数列指标准中规定的数列标准值。表 5-7 中列出了以 1.06 为公比的 1～10000 的标准数列值。当采用标准公比时，标准转速数列可以从表中直接查取。

表 5-6　标准公比

φ	1.06	1.12	1.26	1.41	1.58	1.78	2
$\sqrt[E]{2}$	$\sqrt[12]{2}$	$\sqrt[6]{2}$	$\sqrt[3]{2}$	$\sqrt{2}$	$\sqrt[3/2]{2}$	$\sqrt[6/5]{2}$	2
$\sqrt[E]{10}$	$\sqrt[40]{10}$	$\sqrt[20]{10}$	$\sqrt[10]{10}$	$\sqrt[20/3]{10}$	$\sqrt[5]{10}$	$\sqrt[4]{10}$	$\sqrt[20/6]{10}$
A_{max}	5.7%	11%	21%	29%	37%	44%	50%
与 1.06 的关系	1.06	1.06^2	1.06^4	1.06^6	1.06^8	1.06^{10}	1.06^{12}

表 5-7　标准数列值

1	2.36	5.6	13.2	31.5	75	180	425	1000	2360	5600
1.06	2.5	6.0	14	33.5	80	190	450	1060	2500	6000
1.12	2.65	6.3	15	35.5	85	200	475	1120	2650	6300
1.18	2.8	6.7	16	37.5	90	212	500	1180	2800	6700
1.25	3.0	7.1	17	40	95	224	530	1250	3000	7100
1.32	3.15	7.5	18	42.5	100	236	560	1320	3150	7500
1.4	3.35	8.0	19	45	106	250	600	1400	3350	8000
1.5	3.55	8.5	20	47.5	112	265	630	1500	3550	8500
1.6	3.75	9.0	21.2	50	118	280	670	1600	3750	9000
1.7	4.0	9.5	22.4	53	125	300	710	1700	4000	9500
1.8	4.25	10	23.6	56	132	315	750	1800	4250	10000
1.9	4.5	10.6	25	60	140	335	800	1900	4500	
2.0	4.75	11.2	26.5	63	150	355	850	2000	4750	
2.12	5.0	11.8	28	67	160	375	900	2120	5000	
2.24	5.3	12.5	30	71	170	400	950	2240	5300	

例如，某传动系统的最低转速 n_{min}=20r/min，最高转速 n_{max}=2000 r/min，公比 φ=1.26。查表 5-7，首先找到 20，然后每隔 3 个数(1.26=1.06^4，1 与 1.25 之间隔 3 个数)取一个值，可得转速数列：20、25、31.5、40、50、63、80、100、125、160、200、250、315、400、500、630、800、1000、1250、1600、2000，共 21 个数值。

标准数列表不仅适用于传动系统输出标准转速数列，也适合于机械系统的尺寸参数和动力参数等数列。

3) 公比的选用

传动系统的公比选择要从机械系统的结构简化和使用性能等方面综合考虑。公比选得较小，可以减少相对转速损失，有利于提高机械系统的工作效率。但公比越小，级数就会越多，将导致其结构复杂。反之，公比选得较大，虽然可以有效简化机械系统的结构，但也会降低其工作效率。在选用公比时，通常可分为下列三种情况。

(1) 一般情况。一般的机械系统，如普通车床、滚齿机等，既要求具有较高的工作效率，又希望结构能简单一些，可选用公比 φ=1.26 或 φ=1.41。

(2) 高效率情况。一些自动化机械系统，如用于成批或大量生产的自动机床等，减少相对转速损失率的要求更高，常取公比 φ=1.12 或 φ=1.26。

(3) 简化结构情况。对于大型、特大型的机械系统，或是有些小型的机械系统，使用率很低，希望简化结构，公比可取得大些，可取 φ=1.58 或 φ=2。

4. 转速图

在设计分级变速传动系统时，常用到转速图。使用转速图可以直观地表达出传动系统中各轴转速的变化规律和传动副的速比关系。

图 5-26 所示为某车床主轴变速箱的传动系统图，这个传动系统内共有五根轴，电机轴和轴Ⅰ～轴Ⅳ。其中轴Ⅳ为输出轴，轴Ⅰ与轴Ⅱ之间为传动组 a，轴Ⅱ与轴Ⅲ之间为传动组 b，轴Ⅲ与轴Ⅳ之间为传动组c。传动系统图具有清晰直观的特点，既可以清晰地看出传动系统的总体构成，如电动机各传动副、带传动、齿轮传动和各传动轴等，也可以直观看出各传动副的传动关系。但由于从传动系统图中不能直观看出输出轴的各级转速值，且绘制较麻烦，因此，传动系统图的应用受到了一定的限制。

图5-27 为图 5-26 的转速图。从图 5-27 中可知，主轴共有 12 级转速，转速范围为 31.5～1400r/min，公比 φ=1.41，主电动机转速为 1440r/min。

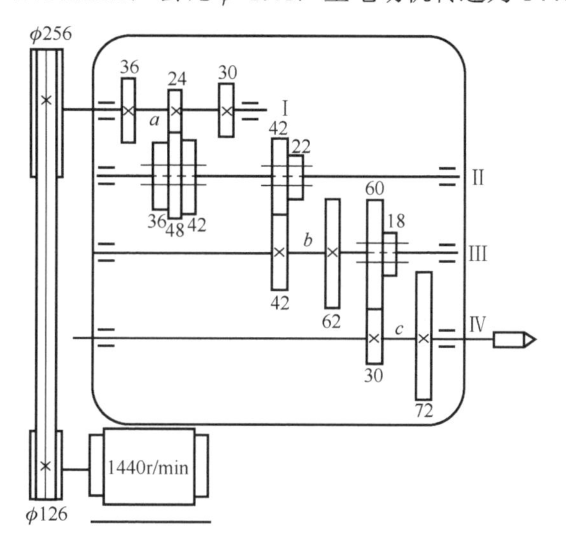

图 5-26　某车床主轴变速箱的传动系统

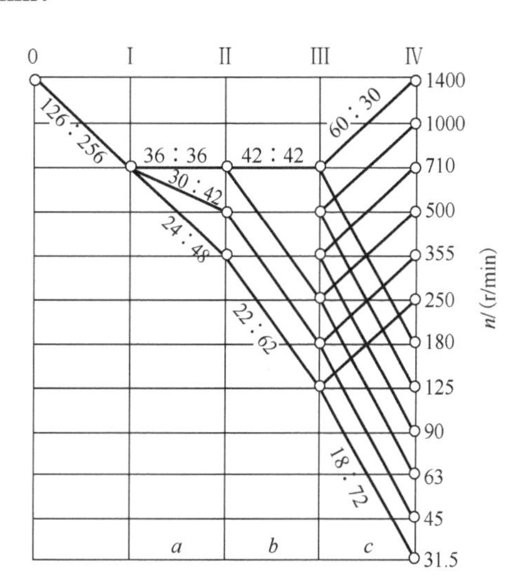

图 5-27　某车床主轴变速箱传动系统的转速图

(1) 距离相等的一组竖线代表传动系统的各轴，从左到右依次标注轴号Ⅰ、Ⅱ、Ⅲ、Ⅳ，与传动系统图上从动力机到执行机构的传动顺序相同。

(2) 距离相等的一组水平线代表各级转速，从下到上表示执行机构由低速到高速依次排列的各级等比转速数列。

(3) 水平线与各竖线相交处的小圆点代表各轴的转速。

由于转速的分级是按等比级数排列的，故采用对数坐标表示。相邻两水平线之间的一个间隔表示转速相差 φ 倍，若两条水平线相距 x 个间隔，表示它们转速相差 φx 倍。通常习惯在转速图上直接写出转速的数值。

(4) 相邻两轴各圆点之间的连线代表相应传动副的传动比。传动比的大小以连线的倾斜方向和倾斜度表示，从左向下斜表示降速传动，向上斜表示升速传动，而水平连线则表示等速传动。

从图 5-27 可见，电机轴与Ⅰ轴之间为皮带传动，其传动比为

$$u=\frac{126}{256}\approx\frac{1}{2}=\frac{1}{1.41^2}=\frac{1}{\varphi^2}$$

因此，连线向下倾斜降速两格，轴Ⅰ的转速为

$$n_1 = 1440 \times \frac{126}{256} = 710 (\mathrm{r/min})$$

传动系统有三个相互串联的传动组，传动组是指在两相邻传动轴之间具有两个或者两个以上传动副的传动环节。例如，轴Ⅰ与轴Ⅱ之间有三个传动副，所以，轴Ⅰ与轴Ⅱ之间有传动组 a，传动比分别为

$$i_{a1} = \frac{36}{36} = \frac{1}{1}$$

$$i_{a2} = \frac{30}{42} = \frac{1}{1.4} \approx \frac{1}{1.41} = \frac{1}{\varphi}$$

$$i_{a3} = \frac{24}{48} = \frac{1}{2} = \frac{1}{1.41^2} = \frac{1}{\varphi^2}$$

在转速图上表现为轴Ⅰ与轴Ⅱ之间有三条传动线，分别为水平、降一格和降两格。

轴Ⅱ与轴Ⅲ之间有两个传动副，所以，轴Ⅱ与轴Ⅲ之间传动组 b 传动比分别为

$$i_{b1} = \frac{42}{42} = \frac{1}{1}$$

$$i_{b2} = \frac{22}{62} = \frac{1}{2.82} = \frac{1}{1.41^3} = \frac{1}{\varphi^3}$$

在转速图上表现为轴Ⅱ的每一种转速都有两条传动线与轴Ⅲ相连，分别为水平和降三格。由于轴Ⅱ有三种转速，每种转速都通过上述两条线与轴Ⅲ相连，故轴Ⅲ共有 3×2=6 种转速。传动线中的平行线代表同一传动副的传动比。

轴Ⅲ与轴Ⅳ之间有两个传动副，所以，传动组 c 传动比分别为

$$i_{c1} = \frac{60}{30} = \frac{2}{1} = \frac{1.41^2}{1} = \frac{\varphi^2}{1} = \varphi^2$$

$$i_{c2} = \frac{18}{72} = \frac{1}{4} = \frac{1}{1.41^4} = \frac{1}{\varphi^4}$$

在转速图上表现为升两格和降四格，轴Ⅳ共获得 6×2=12 种转速。

转速图可以清晰地表达各级输出转速值和对应的传动路线。例如，轴Ⅳ输出转速为 355 r/min 的传动路线为

$$\text{电动机} \rightarrow \frac{60}{30} \rightarrow \text{轴Ⅰ} \rightarrow \frac{30}{42} \rightarrow \text{轴Ⅱ} \rightarrow \frac{22}{62} \rightarrow \text{轴Ⅲ} \rightarrow \frac{60}{30} \rightarrow \text{轴Ⅳ}$$

轴Ⅳ的其他 11 种输出转速也可以用上述方法逐一分析出来。

从图 5-27 中可以看出，该传动系统共有三个传动组，即传动组 a、传动组 b 和传动组 c，每个传动组内的传动副数分别为 3、2 和 2，即有 12=3×2×2。

在同一传动组内，相邻两个传动副的传动比之比称为传动组的级比。这里的相邻是指在转速图中的相邻关系，如图 5-27 中传动组 a 内，传动副 36/36 与 30/42 是相邻关系，传动副 30/42 与 24/48 也是相邻关系，所以，传动组 a 的级比为 1.41。

级比指数是指同一传动组内相邻两个传动副传动比之比的 φ^x 的指数 x 值。三个传动组的级比指数分别为 1、3 和 6，在转速图中恰好分别分开 1、3 和 6 个格。

5. 传动系统的扩大组

根据各传动组的级比指数，可以看出传动系统内的基本组和扩大组，得到传动系统的扩

大顺序。基本组是指级比指数等于 1 的传动组。在一个传动系统中，一般总会有一个基本组。如图 5-27 中的传动组 a 的三个传动副传动比之间的比值等于级比，即有

$$i_{a1}:i_{a2}:i_{a3}=\frac{36}{36}:\frac{30}{42}:\frac{24}{48}\approx 2:1.41:1=\varphi^2:\varphi:1$$

可以看出，传动组 a 的级比指数等于 1，即传动组 a 为基本组。在转速图上 a 组的相邻两条传动线从轴Ⅰ到轴Ⅱ刚好扩展 1 格。

对于级比指数大于 1 的传动组称为扩大组，图 5-27 中的传动组 b 和传动组 c 级比指数分别为 3 和 6，它们都是扩大组，级比指数最小的称为第一扩大组，级比指数次小的为第二扩大组，以此类推。

扩大组的作用是在基本组的基础上，扩大传动系统的级数和变速区间。图 5-27 中基本组(轴Ⅰ到轴Ⅱ)的级数为 3，变速区间是两格，第一扩大组(轴Ⅱ到轴Ⅲ)的级数是 2，变速区间是 3 格，扩大后，轴Ⅲ能得到 3×2=6 种转速，而变速区间扩展为 2+3=5 格。同理，经第二扩大组后，轴Ⅳ转速扩大为 3×2×2=12 种，变速区间扩展为 2+3+5=11 格。

对于每个传动组的变速范围，设传动系统内某一传动组的最大传动比为 $i_{\max}$，最小传动比为 $i_{\min}$，根据变速范围的定义，可以把传动组的变速范围 r_i 表示为

$$r_i=\frac{i_{\max}}{i_{\min}}=\varphi^{x_i(p_i-1)} \tag{5-6}$$

式中，x_i 为传动组的级比指数；p_i 为传动组的传动副数；下标 i 分别表示基本组，第一扩大组，…，第 n 扩大组。

传动系统的变速范围可表示为

$$R_n=r_0\times r_1\times\cdots\times r_n \tag{5-7}$$

对于图 5-27 中传动系统的变速范围则有

基本组　$r_0=\varphi^{x_0(p_0-1)}=1.41^{1\times(3-1)}\approx 2$

第一扩大组　$r_1=\varphi^{x_1(p_1-1)}=1.41^{3\times(2-1)}\approx 2.8$

第二扩大组　$r_2=\varphi^{x_2(p_2-1)}=1.41^{6\times(2-1)}\approx 8$

总变速范围　$R_{\rm n}=r_0\times r_1\times r_2=2\times 2.8\times 8=44.8$

在本例中，基本组、第一扩大组、第二扩大组的排列顺序与传统顺序(从电动机到轴Ⅳ)是一致的，即扩大顺序与传统顺序相同。一般来说，扩大顺序不一定与传统顺序相同，在基本组和扩大组不变(传动副数和级比指数不变)的情况下，改变其扩大顺序并不影响传动系统的输出转速。

6. 转速图的拟定

拟定转速图是分级变速传动系统设计中不可缺少的重要环节，它将对传动系统的设计质量产生重大影响。在拟定转速图时，除了要符合传动规律以外，还要遵循一定的原则，并按照设计步骤拟定转速图，一般可遵循下列原则。

(1)“前多后少”原则，是指在一个传动链的各传动组中，应尽量使得按传动顺序在前面的传动组内传动副数多，而后面传动组内的传动副数少。采用“前多后少”原则，可以把较多的传动件设计在较高速度位置，因此有利于减少传动件的尺寸，使传动链结构紧凑，节省材料。

(2)“前密后疏”原则，是指在一个传动链的各传动组中，应尽可能使按传动顺序在前面

的传动组内的级比指数小，而后面传动组内的级比指数大。“前密后疏”也可以理解为按扩大顺序传动，可以有效提高中间传动轴的最低转速，减小传动轴和轴上传动件尺寸，有利于传动链结构紧凑，节省材料。

(3)“升二降四”原则，是指升速传动时传动副的传动比不要大于 2，降速传动时传动副的传动比不要小于 4，在传动系统设计时，一般要分别考虑升速传动和降速传动的情况。

升速传动的系统误差传递与传动比成正比，在升速传动中，为了避免扩大传动误差，减少振动与噪声，一般限制直齿圆柱齿轮传动的最大传动比小于等于 2，斜齿圆柱齿轮传动比较平稳，可以取小于等于 2.5。

在降速传动中，为了避免被动齿轮的尺寸过大，进而增加传动箱的径向尺寸，一般限制最小传动比大于等于 1/4。当由于其他原因使得箱体尺寸足够大时，也可以放宽降速传动限制。例如，在挤出机中，为了保障料筒支撑的稳定性，支座的结构尺寸较大，支座内又兼做传动箱，由于空间充足，可以在设计时取最小传动比等于 1/6。又如卧式铣床的立柱也可兼做传动箱，由于内部空间充足，所以最小传动比也可以适当减小。

对于传递功率很小、转速低的传动链，如普通车床的进给传动链等，由于占用的空间尺寸较小，上述传动比限制可适当放宽，最小传动比大于等于 1/5，最大传动比小于等于 2.8。

根据“升二降四”原则，各传动组最大变速范围可表示为

$$r_{\max}=\frac{i_{\max}}{i_{\min}}=\frac{2\sim2.5}{1/4}\approx8\sim10$$

在设计机械传动系统时，为了避免出现问题，可验算结构式或结构网中最大扩大组的变速范围，满足要求 $r\leqslant8\sim10$。

(4)“前慢后快”原则，又称为早升晚降，是指在确定转速图中各轴转速时，应使前面传动轴的最低转速值尽可能高一些，把降速传动比较大的传动副设计在最后 1～2 级，可以提高部分中间传动轴的最低转速，有利于减小部分传动件的尺寸，使得传动箱的结构紧凑。

为了进一步减小传动箱的结构尺寸，可以在输出轴前(各传动组之后)增加一个降速定比传动副，或把前级的定比传动副移到最后，这时各中间轴的最低转速值都将会得到有效提高。应当注意的是，这种方法虽然提高了各中间轴的最低转速，但对应各传动轴的最高转速也会提高，传动链工作中的振动和噪声会相应增大。当某些传动件的转速过高，如传动齿轮的速度 v 接近或超过 12～15m/min 时，传动系统就会出现剧烈振动，甚至无法正常工作。因此，提高各传动轴的最低转速要适度，即在满足性能要求的前提下，提高各传动轴的最低转速。

7. 设计实例

【例 5-1】设计某机械设备的主传动系统，已知输出的转速为 31.5～1400r/min，级数 Z=12，输出转速公比 φ=1.41，主电动机转速为 1440r/min，试拟定转速图。

【解】

1)确定输出转速数列

由表 5-7 中的标准数列可查的各级输出转速值为 31.5/rmin、45 r/min、63 r/min、90 r/min、125 r/min、180 r/min、250 r/min、355 r/min、500 r/min、710 r/min、1000 r/min、和 1400 r/min。

2)确定传动组数和传动副数

传动组和传动副数可能的方案如下。

$$12=4\times3 \qquad 12=3\times4$$

$$12=3\times2\times2 \qquad 12=2\times3\times2 \qquad 12=2\times2\times3$$

方案 12=4×3 和 12=3×4，虽然可以节省 1 根传动轴，但存在 1 个具有 4 个传动副的传动组，如果采用两个双联滑移齿轮块，必须设计互锁机构，以防止两个滑移齿轮块同时啮合而出现干涉。若采用一个四联滑移齿轮块，不仅占用的轴向尺寸大，而且设计成功的难度很大。因此，一般在设计时很少采用具有 4 个或 4 个以上传动副的传动组。

对其余 3 个方案，根据“前多后少”原则，选择方案 12=3×2×2 为好。

3) 结构式和结构网的方案选择

这一步的实质是安排扩大顺序，对于方案 12=3×2×2，可能有的结构网和结构式方案如图 5-28 所示。图 5-28 中的六种方案可以从极限变速范围和排列顺序两方面考虑。

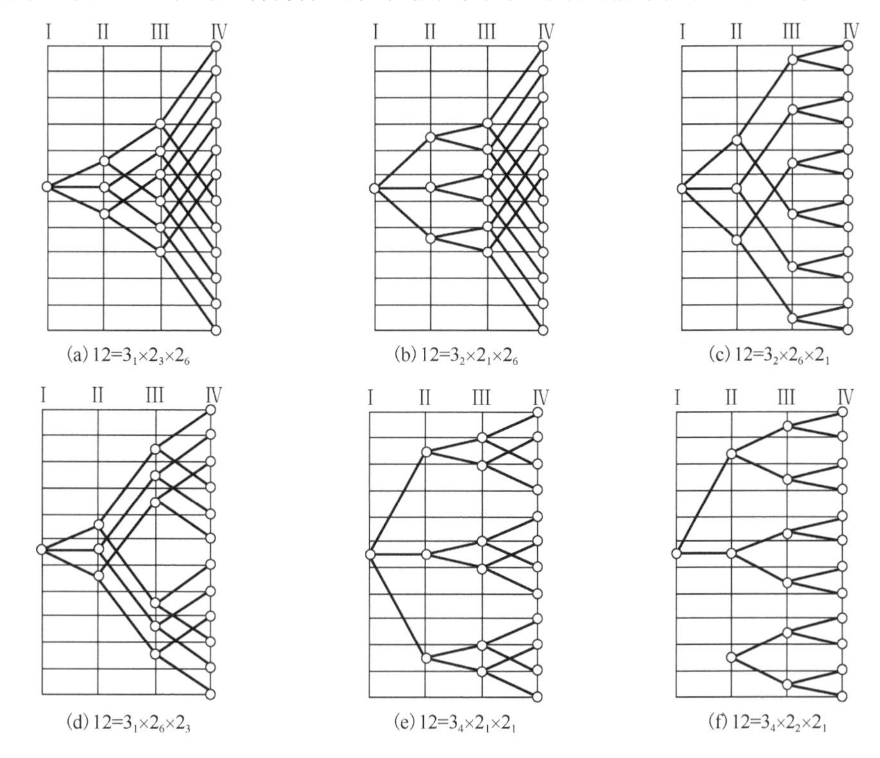

图 5-28　12 级结构网和结构式的方案

(1) 极限变速范围。图 5-28(a)～(d) 的最大扩大组的级比指数相同，均为 x_2=6，传动副数 p_2=2，传动组最大变速范围即为 $r=\varphi^{x_2(p_2-1)}=1.41^{6(2-1)}=8$，满足“升二降四”原则。

图 5-28(e)、(f) 的最大扩大组的级比指数相同，均为 x_2=4，传动副数 p_2=3，传动组最大变速范围即为 $r=\varphi^{x_2(p_2-1)}=1.41^{4(3-1)}=16$，不满足“升二降四”原则。

(2) 排列顺序。图 5-28(a)～(d) 中，其转速扩大顺序不同，根据“前密后疏”原则，应选择图 (a) 的方案 $12=3_1\times2_3\times2_6$。这个方案与其他方案比较，具有结构紧凑、尺寸小的特点。

4) 拟定转速图

在传动系统的分析和设计过程中，一般可以遵循“抓两端，连中间”的原则，即先从传动链的两个端部件(如执行件、输出轴或电机、输入轴等)开始，按传动关系逐步分析或设计中间传动环节。

转速图的拟定也可以遵循“抓两端，连中间”的原则，即先从输出轴向前设计，再从输入轴(电动机)向后设计，最终设计由中间部分传动件的传动比，绘制完成转速图。

(1)由后向前设计。由图 5-28(a)确定的结构网分析，根据“升二降四”原则，轴III的 6 级转速为固定值，分别为 125 r/min、180 r/min、250 r/min、355 r/min、500 r/min 和 710 r/min，绘制在转速图上，如图 5-29 所示。

(2)由前向后设计。先考虑选择电动机，在没有特殊控制要求时，根据轴Ⅳ的最高输出转速 1400r/min，兼顾考虑电动机的外形尺寸、工作效率和各中间传动副的传动比等因素影响，选择异步转速为 1440r/min(同步转速为 1500r/min)的 Y 系列电动机。

接下来考虑电动机与轴 I 的连接问题。常用的连接方式有两种，其一是选用电动机与轴 I 直接连接，可采用联轴器、内嵌式(电动机轴插入轴 I 端部孔内)等连接方式，使轴 I 与电动机同步转动；其二是在电动机与轴 I 之间增加一个定比传动副，如皮带传动、齿轮传动等，这类连接的轴 I 既可以与电动机转速相同，也可以与电动机转速不同。若采用皮带传动，可以使电动机与传动箱分离，消除或减小电动机振动对传动系统的影响，有利于提高传动系统精度。

此处选择在电动机与轴 I 之间增加一级传动比 i=1/2 的皮带传动，使轴 I 的转速降至 710r/min。从图 5-29 中可以看出，轴 I 转速与轴Ⅲ的最高转速刚好相等。

应当注意的是：在选择皮带传动副的传动比时，要特别考虑带轮直径尺寸对后续结构设计的影响。此处，皮带传动副为降速传动，通常在轴 I 的悬伸端处安装大皮带轮，这样可以方便皮带的调节和更换。但轴 I 上的大皮带轮以 710r/min 的速度转动，有很大的安全隐患，一般应采用隔离罩，实现操作者与皮带、带轮隔离。如果传动箱外形设计得较小，轴 I 偏向传动箱的一侧，且大皮带轮尺寸过大，则轴 I 上的皮带轮径向边缘很可能悬于传动箱壁以外，这将导致隔离罩的设计比较困难，同时也不利于机械系统的造型美观。因此，在转速图设计时就应该考虑皮带传动副的传动比和皮带轮的尺寸。一般建议电动机至轴 I 之间的皮带传动副，升速传动比 $i \leqslant 2$，降速传动比 $i \geqslant 1/2$。

(3)连接中间环节。此处考虑到升速传动会增加传动链的振动，降速传动不要达到极限传动比，所以选择前两个传动组内的最大传动比 $i_{a1}=i_{b1}=1$，则组内其他传动副的传动比分别为 $i_{a2}=1/\varphi$、$i_{a3}=1/\varphi^2$ 和 $i_{b2}=1/\varphi^3$，绘制在转速图上如图 5-29 所示。轴Ⅱ具有的转速为 355r/min、500 r/min 和 710 r/min。

最后，补充缺少的传动线，标注各传动副的传动比，检查轴号、转速值和单位等，绘制出完整的转速图，如图 5-30 所示。

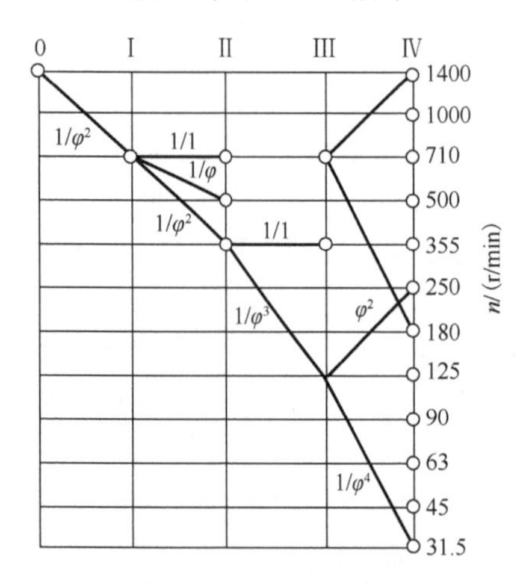

图 5-29　转速图的拟定过程

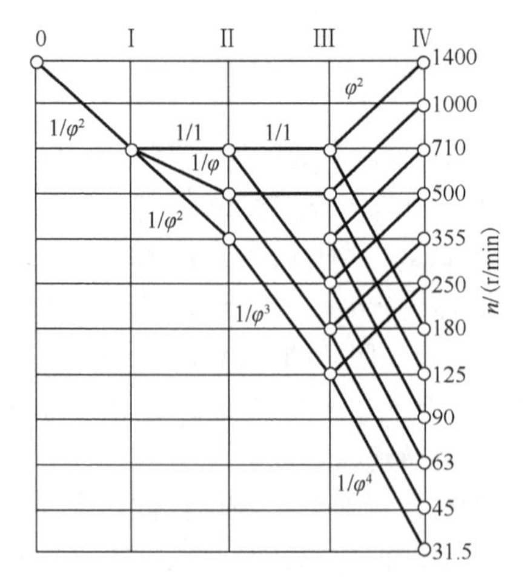

图 5-30　绘制完整的转速图

同一个结构式和结构网，由于传动链的工作性能要求不同，会产生不同的转速图。即使结构式和传动链的工作性能要求相同，对于不同设计者也会设计出不同的转速图方案，各有利弊。设计者应根据机械系统的实际工作要求，权衡利弊与得失，有目的地进行方案选择。

5.3.3　无级变速传动系统的运动设计

1. 无级变速传动系统设计原则

无级变速传动通常应用于如下情况。

(1) 要求转速在工作中连续变化。例如各种卷绕机要求保持恒定的卷绕线速度，从而保证恒定的张力，这就要求主轴转速能随卷径的变化自动地无级变速。

(2) 寻找机械的最佳工作速度。许多自动机都采用无级变速传动，当原材料的性能、环境条件或工艺参数发生变化时，可以随时调整工作机构的工作速度，使自动机处于最佳工作状态。

(3) 带负载启动的机械要求在低速下平稳启动。

(4) 需要协调机械系统中几个执行构件之间的运动速度。

进行无级变速传动系统设计时，一般应遵循以下两方面设计原则。

(1) 符合机械系统的功率扭矩特性。对于不同的机械传动系统，应具有不同的功率扭矩特性。在无级变速传动系统设计时，应根据传动系统的功率扭矩特性要求，选择(或设计)适合的无级变速装置。对于恒扭矩无级变速传动链，可以直接利用调速电动机的恒扭矩区间，也可以选用恒扭矩机械无级变速器。对于“非恒扭矩”无级变速传动链，应利用调速电机的恒功率区间，或选用恒功率机械无级变速器及变功率、变扭矩机械无级变速器。

(2) 满足机械系统的变速范围。不同的机械系统需要的变速范围不同，而对于无级变速装置的变速范围要求也存在很大区别。一般来说，无级变速传动链应具有较宽的变速范围。例如，400mm 普通车床主传动链的变速范围 R_n 为 140～200，而有些传动链的变速范围更大。对于调速电动机，虽然恒扭矩变速范围较宽，但恒功率变速范围较窄；而机械无级变速器的变速范围一般是 4～10，很难满足机械系统的使用要求。为拓宽无级变速装置的变速范围，可采用串联有级变速的方法。无级变速器与有级变速机构串联时，宜将无级变速机构置于高速端。

若已有的标准无级变速器产品能够满足机械功率扭矩特性和调整范围的要求，可直接选用已有的无级变速器产品。若采用有级变速机构拓宽调速范围，目前与调速电动机相配的分级传动变速箱已经形成独立的功能部件，由专业厂家生产，变速箱的输入轴可以通过联轴器与电动机直联，也可以通过带传动连接，输出轴可用联轴器或带传动与执行件连接。目前，变速箱已逐渐形成系列产品，根据用户的使用要求，配有不同的公比、级数和功率，通常级数为 2、3 和 4，可以选购。

在多种无级变速方案都可应用时，应作经济性比较，从中选优。

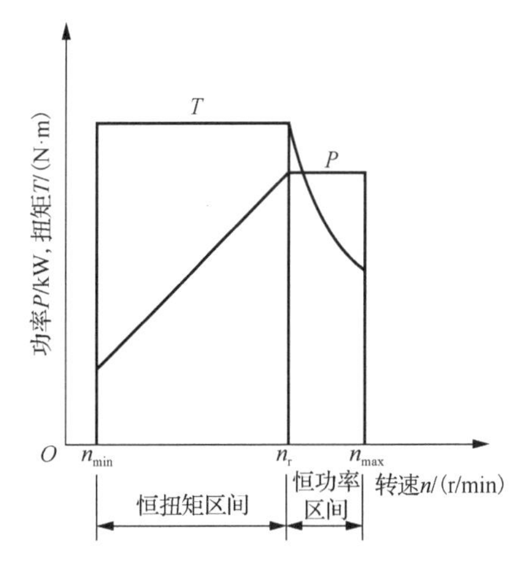

图 5-31　直流和交流调速电动机的功率扭矩特性

2. 调速电动机的特点

调速电动机广泛用作机械系统的动力源，常用的调速电动机有直流调速电动机和交流调速电动机两类，其功率扭矩特性如图 5-31 所示。

直流调速电动机采用调压或调磁方式来改变输出转速，从最低转速 n_{min} 至额定转速 n_r，通过调节电枢电压(保持励磁电流恒定)进行调速，为恒扭矩调速，该方式具有启动力矩大、响应速度快的特点。从额定转速 n_r 到最高转速 n_{max} 通过改变励磁电流(保持电枢电压恒定)进行调速，为恒功率调速。直流调速电动机的恒扭矩区间较大，一般可达 30 甚至更大；而恒功率区间较小，仅为 2～3，通常不能满足机械系统的恒功率调速要求。

直流调速电动机的额定转速 n_r 一般为 1000～2000r/min，最高转速 n_{max} 较低。要提高转速必须加大励磁电流，这将引起电刷产生火花，影响使用寿命。另外，直流调速电动机的结构也比较复杂，成本较高，因此，在早期的机械系统中应用较多。

交流调速电动机通常是通过调节交流电源频率的方法进行调速，它的功率扭矩特性与直流调速电动机相似，额定转速 n_r 和最高转速 n_{max} 往往高于直流调速电动机，恒功率区间也略大于直流调速电动机，一般是 3～5，可以满足某些机械系统的使用要求。

交流调速电动机一般为笼式感应电动机，其主要特点是结构简单、成本较低、体积小、重量轻、转动惯量小、响应速度快。由于无电刷，因此最高转速不受电火花限制，采用全封闭结构强制空气制冷，保证了高转速、较宽的调速范围和较强的超载能力。在中小功率的机械系统中，交流调速电动机已经逐渐取代直流调速电动机。

3. 无级变速传动系统的设计要点

设传动链总的变速范围为 R_n，无级变速装置的变速范围为 r_w，串联的分级变速装置的变速范围为 r_f，若使传动链获得连续且无重合的输出转速，则

$$R_n = r_w \cdot r_f \tag{5-8}$$

可得

$$r_f = \frac{R_n}{r_w} = \varphi_f^{Z-1} \tag{5-9}$$

式中，φ_f 为分级变速装置的公比；Z 为分级变速装置的转速级数。

通常，可以把无级变速装置作为基本组，即有 $r_w = \varphi_0$，串联的分级变速装置作为扩大组。当 $\varphi_f = \varphi_0$ 时，传动系统可以在转速范围 R_n 内获得连续不重复的输出转速，其结构网如图 5-32(a)所示。若 $\varphi_f < \varphi_0$（$\varphi_f = r_w$），如图 5-32(b)所示会出现一定范围的转速重复。当采用无级变速器时，考虑到机械摩擦传动会产生一定相对滑动而使输出转速出现微小量的不连续。为了得到连续的无级变速，可使 φ_f 略小于 φ_0，即有 $\varphi_f \approx (0.94 \sim 0.96)\varphi_0$。

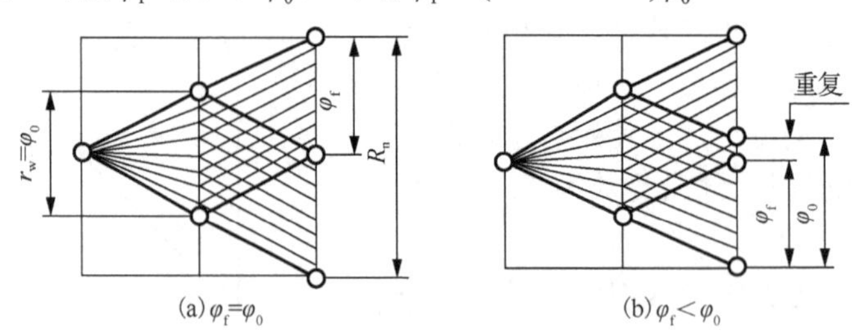

图 5-32　无级变速与分级变速串联的结构网

在“非恒扭矩”无级变速传动链中，选用调速电动机无级变速主要是如何拓宽无级变速传动链的恒功率区间。在设计时，串联的分级变速公比 φ_f 有下列三种情况。

(1) 从重合无缺口的输出转速。设传动链总的恒功率变速范围为 R_{np}，电动机的恒功率变

速范围为r_{wp}，串联的分级变速装置的恒功率变速范围为r_f。当传动系统获得连续输出转速时，有

$$R_{np}=r_{wp}\cdot r_f=r_{wp}\cdot\varphi_f^{Z-1} \tag{5-10}$$

由于$\varphi_f=r_{wp}$，则

$$R_{np}=\varphi_f^Z=r_{wp}^Z \tag{5-11}$$

可得分级变速传动的转速级数Z为

$$Z=\frac{\lg R_{np}}{\lg r_{wp}} \tag{5-12}$$

无重合无缺口的结构图如图 5-33(a)所示，如前所述，可以把调速电动机作为基本组，即$\varphi_f=\varphi_{op}$。

(2)无重合有缺口的输出转速。无重合有缺口的结构图如图 5-33(b)所示。由于$\varphi_f>\varphi_{op}$，在恒功率输出转速之间会出现功率降低的“缺口”，称为功率降低区，功率降低区的个数等于分级变速传动副的个数。可以看出，存在关系式

$$R_{np}=r_{wp}\cdot r_f\cdot\frac{\varphi_f}{\varphi_{op}}=r_{wp}\cdot r_f\cdot\frac{\varphi_f}{r_{wp}}=r_f\cdot\varphi_f=\varphi_f^{Z-1}\cdot\varphi_f=\varphi_f^Z \tag{5-13}$$

由式(5-12)可推得无重合有缺口的分级变速传动的转速级数Z为

$$Z<\frac{\lg R_{np}}{\lg r_{wp}} \tag{5-14}$$

当使用到功率降低区时，电动机能够输出的最大功率随着转速的下降而降低。为满足机械系统的使用要求，必须使功率降低区的最低输出功率达到机械系统要求输出的功率值，即必须增大电动机的功率。采用无重合有缺口的电动机恒功率无级调速，虽然可以简化串联的分级变速箱结构，增大工作中恒功率调速范围，但是电动机的功率不能全部输出，电动机的能耗也比较大。

(3)有重合无缺口的输出转速。有重合无缺口的结构图如图 5-33(c)所示。分级变速的公比φ_f小于电动机的恒功率变速范围r_{wp}，即$\varphi_f<\varphi_{op}$。其输出转速会出现一定范围的转速重合，式(5-10)仍然有效。由式(5-12)可推出分级变速传动的转速级数Z为

$$Z>\frac{\lg R_{np}}{\lg r_{wp}} \tag{5-15}$$

分析可知，有重合无缺口的输出转速可以在不提高电动机功率的情况下，增大传动链在工作中的恒功率调速区间，拓宽机械系统的工作范围，但串联的分级变速十时级数增多，变速箱结构要复杂一些。

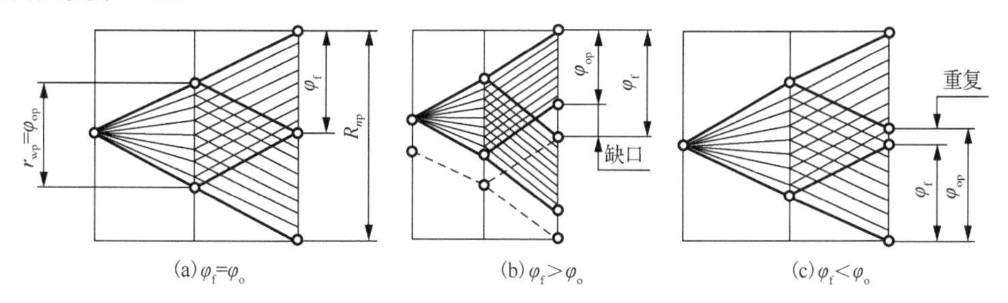

图 5-33　采用调速电动机无级变速的结构网

4. 无级变速传动系统设计举例

【例 5-2】 欲设计一无级变速传动系统，输出的最高转速 $n_{max}=4000\text{r/min}$，最低转速 $n_{min}=30\text{r/min}$，计算转速 $n_j=145\text{r/min}$，最大输出功率为5.5kW。拟选用交流调速电动机，额定转速 $n_r=1500\text{r/min}$，最高转速 $n_{wmax}=4500\text{r/min}$，试设计无级变速传动系统，并选择电动机的功率。

【解】 无级变速传动系统的恒功率调速范围 R_{np} 为

$$R_{np}=\frac{n_{max}}{n_j}=\frac{4000}{145}=27.6$$

交流调速电动机的恒功率调速范围 r_{wp} 为

$$r_{wp}=\frac{n_{wmax}}{n_r}=\frac{4500}{1500}=3$$

设 $\varphi_f=r_{wp}=3$，由式(5-12)可算得分级变速传动的转速级数为

$$Z=\frac{\lg R_{np}}{\lg r_{wp}}=\frac{\lg 27.6}{\lg 3}\approx 3$$

把调速电动机作为基本组，绘制结构网如图 5-34(a)所示。

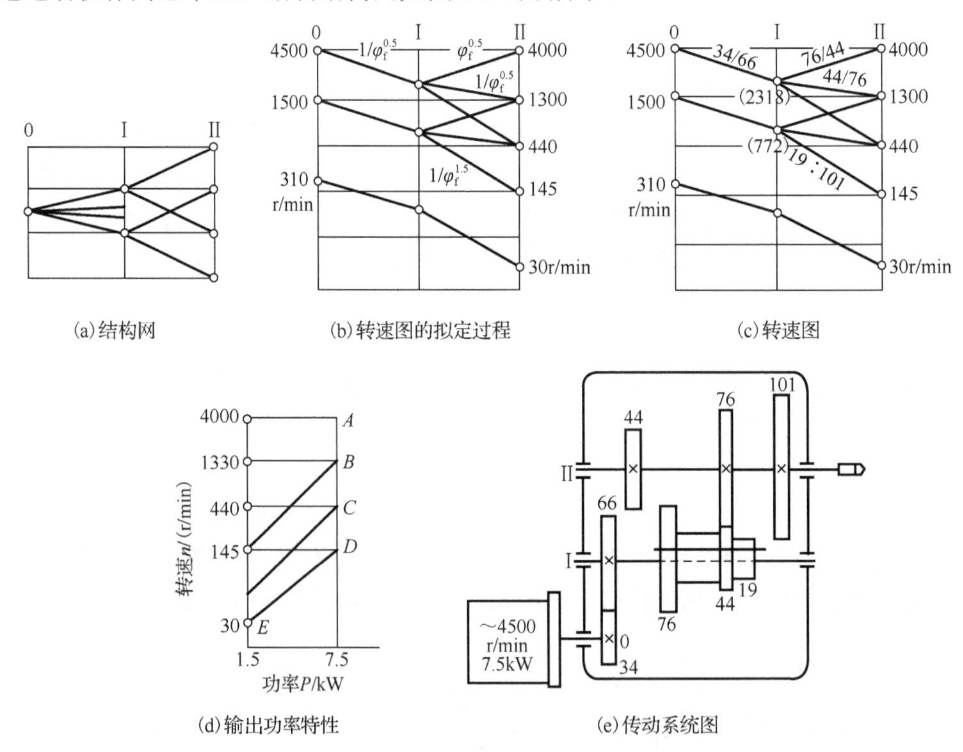

(a)结构网　(b)转速图的拟定过程　(c)转速图

(d)输出功率特性　(e)传动系统图

图 5-34　串联三对齿轮副的无级变速传动链

用分级变速的公比 $\varphi_f=3$，计算出各恒功率段极限转速分别为145r/min、440 r/min、1330 r/min、4000 r/min。由式(5-6)计算可知 $r_f=\varphi^{x_f(p_f-1)}=3^{1\times(3-1)}=9>8$，已经不满足“升二降四”的原则。综合考虑对传动性能和结构尺寸的影响，取分级变速各传动副的传动比为 $\varphi_f^{0.5}=1.73$、$1/\varphi_f^{0.5}=1/1.73$ 和 $1/\varphi_f^{1.5}=1/5.2$（图 5-34(b)）。配齿后得到在交流调频电动机后串联三对齿轮

副传动组的转速图(图 5-34(c))和传动系统图(图 5-34(e))。

图 5-34(d)是传动链的输出功率特性，转速 145 r/min 以上为恒功率区间，转速 145 r/min 以下为恒扭矩区间。如果取总效率为 η=0.75，则电动机的功率为

$$P=\frac{5.5}{0.75}=7.3(\mathrm{kW})$$

可选额定输出功率为 7.5kW 的交流调频电动机。

【例 5-3】已知同例 5-2，为了简化结构，拟采用无重合有缺口的输出转速形式，试设计无级变速传动系统，并选择电动机的功率。

【解】同例 5-2 可得 $R_{\mathrm{np}}=27.6$ ，$r_{\mathrm{wp}}=\varphi_{\mathrm{op}}=3$ 。

由式(5-14)计算分级变速的转速级数 Z 为

$$Z<\frac{\lg R_{\mathrm{np}}}{\lg r_{\mathrm{wp}}}=\frac{\lg 27.6}{\lg 3}\approx 3$$

取 Z=2。由式(5-13)求取分级变速的公比 φ_{f} 为

$$\lg\varphi_{\mathrm{f}}=\frac{\lg R_{\mathrm{np}}}{Z}=\frac{\lg 27.6}{2}=0.72$$

则 $\varphi_{\mathrm{f}}=5.25$ 。绘制串联两对齿轮副无级变速传动链的转速图、输出功率特性和传动系统图，如图 5-35 所示。

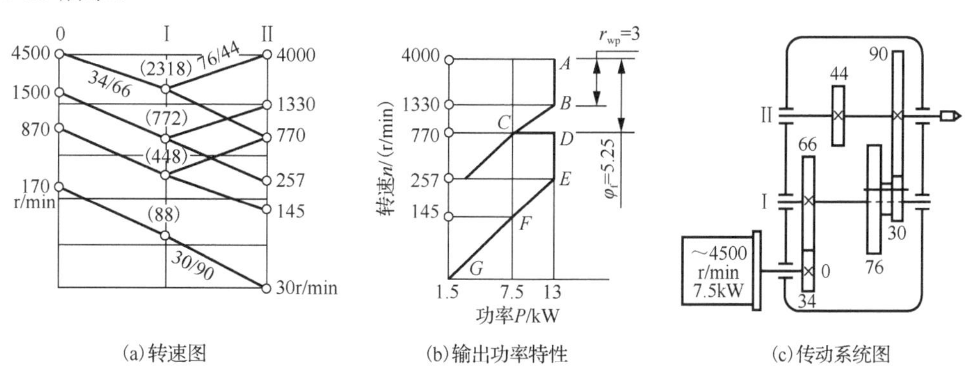

(a)转速图　(b)输出功率特性　(c)传动系统图

图 5-35　串联两对齿轮副的无级变速传动链

从图 5-35(b)可知，输出转速为 145～4000 r/min 时出现了两段功率降低区，即 BC 段和 EF 段。应将电动机的功率选大些，以满足机械系统的工作要求。

由于要求电动机在 870 r/min 时，轴 II 能输出 5.5kW 的功率，取总效率为 η=0.75，则电动机在 870 r/min 时要求输出的功率为 $P_{870}=5.5/0.75=7.3(\mathrm{kW})$ ，当转速为 1500 r/min 时，应输出功率为

$$P_{1500}=7.3\times\frac{1500}{870}\approx 12.6(\mathrm{kW})$$

选择交流调频电动机的额定输出功率为 15kW。

【例 5-4】已知同例 5-2，为了拓宽传动链工作中的恒功率调速范围，拟采用有重合无缺口的输出转速形式，试设计无级变速传动系统。

【解】同例 5-2 可得 $R_{\mathrm{np}}=27.6$ ，$r_{\mathrm{wp}}=\varphi_{\mathrm{op}}=3$ 。

由式(5-15)计算分级变速的转速级数 Z 为

$$Z > \frac{\lg R_{\mathrm{np}}}{\lg r_{\mathrm{wp}}} = \frac{\lg 27.6}{\lg 3} \approx 3$$

取 Z=4。由于 $R_{\mathrm{np}} = r_{\mathrm{wp}} \cdot \varphi_{\mathrm{f}}^{Z-1}$，可计算串联分级变速的公比 φ_{f} 为

$$\varphi_{\mathrm{f}} = \sqrt[(Z-1)]{\frac{R_{np}}{r_{wp}}} = \sqrt[(4-1)]{\frac{27.6}{3}} \approx 2.1$$

绘制串联四对齿轮副无级变速传动链的转速图、输出功率特性和传动系统图，如图 5-36 所示。

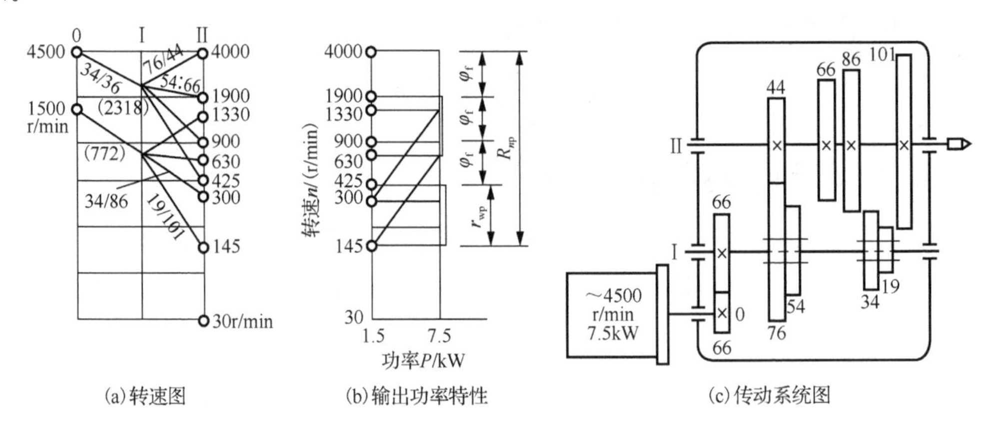

图 5-36　串联四对齿轮副的无级变速传动链

分析可知，传动系统在工作过程中变速的恒功率输出转速分为 145～425 r/min、300～900 r/min、630～1900 r/min、1330～4000 r/min，共四段，这四段转速彼此都有一定的重合。如果要求输出的转速范围是 500～2000 r/min，选用第三段 630～1900 r/min 大致满足要求。这种恒功率段重合的设计方法，在各类数控机械中应用越来越多。

思考与实践题

1. 常见的传动系统有哪些类型？选择传动类型时应考虑哪些因素？

2. 实现传动系统的启停和换向可以采用哪些装置?什么情况下宜用离合器实现传动系统启停和换向，此时离合器应如何布置？

3. 传动系统常用的安全保护装置有哪几种？

4. 什么是传动系统的转速图？拟定转速图时应注意哪些要点？

5. 利用电动机进行无级变速时，传动系统设计具有什么样的特点？

6. 试选择一个机械系统(机械产品)，分析其传动系统的组成及特点。

7. 对上述所选产品的传动系统设计进行自我拓展训练(还能采用哪些传动方式实现同样的传动效果？并分析比较不同传动方式的优缺点)。

第6章　操控系统设计

操控系统是指把人和机械联系起来，使机械按照人的指令和要求协调工作的机构、元件所构成的总体，因此它是一个人-机系统。人-机系统工作效能的高低首先取决于它的总体设计，也就是要在整体上使“机”与人体相适应。人机配合成功的基本原因是两者都有自己的特点，在系统中可以互补彼此的不足，如机器功率大、速度快、不会疲劳等，而人具有智慧、多方面的才能和很强的适应能力。如果注意在分工中取长补短，则两者的结合就会卓有成效。

操控系统不直接参与机械做功，对机械的强度、刚度和寿命没有直接影响，但它对机械系统工作性能的好坏、功能完成情况及操作者工作强度等有直接关系。传统机械设备通常以手动操控为主，然而随着机械装备日益朝着高速度、大功率、超精密的方向发展，控制设备需要的反应速度和操纵力是人力无法满足的，因此各种自动控制系统已成为机械设备中不可缺少的组成部分。

控制系统在现代机械中的地位举足轻重，它能使机械设备的性能产生质的飞跃。在某些自动化程度较高的机电产品中，控制系统的成本可高达整机成本的一半；而同类的数控机床和普通机床相比，价格贵一倍以上。近年来，智能控制技术在机械产品中得到了应用，出现了智能仓储、智能机器人等设备和智能无人驾驶、智能故障诊断等技术。

6.1　操控系统概述

6.1.1　操控系统的功能和要求

操控系统是人-机交互接口，它的功能是把人的指令转换成某种信号，传递给机器，调整、控制机器的工作状态，使得机器各部分协调运转，按人的要求执行启停、换向、变速、变力、制动或以一定规律工作。

操控系统一般应满足以下要求。

1) 操纵灵活高效、舒适方便

良好的操控体验是操作人员对机器的客观要求。操纵力大小要适当，操纵行程尽量在保证人体不动的情况下，处于上下肢能舒适达到的范围内，尽可能减轻操作者的劳动强度。操纵系统的能量传递的损失要尽可能小、效率高，操纵系统对操作指令的反应要灵敏而准确。应合理确定操纵件类型、形状、尺寸、布置位置角度、运动方向，以及操纵顺序等。操纵件要符合人体状况和动作习惯。

2) 控制系统具备稳定性、准确性、快速性

为了保证被控制量按着预定的规律变化，控制系统必须具备良好的性能。

稳定性是控制系统的一项基本要求。控制系统的稳定性是指当系统所受的扰动消失后，系统从初始偏差能否恢复到原来平衡状态的能力。它包括两方面的含义：一是系统稳定，即绝对稳定；二是输出量振荡的强烈程度，称为相对稳定性。

控制系统的准确性可以用其精确度来衡量，这里精确度指的是输出量复现输入指令信号的精确程度。系统中各个元件的误差都会影响控制系统的精确度，如机械装置中的反向间隙和传动误差、传感器的灵敏度和精度、伺服放大器的零点漂移和死区误差、各元器件的非线性因素等。控制系统应在比较经济的条件下达到要求的精度。

快速性是指在系统稳定的前提下，当系统输入量与给定的输出量之间产生偏差时，消除这种偏差的快慢程度。快速性通过动态过渡过程时间的长短来表示，控制系统应具有一定的响应速度。

3) 安全可靠

操控系统应保证实现预定的操作功能，防止错误的操纵或操控失效，具体表现在：操纵件应能长时间、可靠地保持在某一操作状态的位置，当操作件偏离操作位置时，应具有自动回位功能。系统应具有良好的反馈性，以便操作者及时判断操作效果、做出新的操纵决策。系统应具有可调性，以保证元件磨损后，经调节仍能实现预期的操作效果。系统应具有安全保护措施和应急措施，如常用的互锁机构、自锁机构和急停开关等。

6.1.2　操控系统的分类和组成

1. 操控系统的分类

操控系统种类繁多，从不同的角度有各种不同的分类办法。

根据操作人员参与程度和角色的不同，操控系统可分为操纵系统和控制系统。操纵系统通常以机械结构、手动控制为主，操作动作较复杂，要求一定甚至较大的操纵力，系统通过力、位移的传递实现操纵目的，有时还通过操纵力、操纵行程大小控制操纵效果，如汽车的制动和转向系统。控制系统是指能使被控制对象的工作状态自动按规定的方式和要求变化的系统，即自动控制系统，往往以电子器件、电气元件或液压、气动元件为主，操作多为按压按钮、拧动旋钮，甚至是软件操作。系统传递控制信息，不需要操纵力，一般有明确的控制参量。

操纵系统按操纵力来源不同，可分为人力、助力、液压和气动操纵系统；按传动方式不同可分为机械式和混合式操纵系统；按操纵件控制的执行件数目可分为单独操纵系统和集中操纵系统；按操作器官不同可分为手操纵系统和脚操纵系统。

控制系统可按下面的方法分类。

1) 按输入信号变化规律分类

按输入信号变化规律不同，控制系统可分为恒值控制系统、程序控制系统和随动控制系统。

(1) 恒值控制系统。恒值控制系统的输入信号为常值，输出信号也要求是常值或基本恒定。常见的如保持温度、压力恒定，保持电动机转速恒定等都是恒值控制系统。

(2) 程序控制系统。输入量为已知的时间函数或按预定规律变化的系统，如高炉程序加料系统及一些自动化生产线，系统输入是固有的程序。

(3) 随动控制系统。系统输入量的变化规律预先不能确定，要求被控对象能准确、迅速地跟随输入的随机变化。当被控量为位置、速度、力之类的机械量时，随动控制系统又称为伺服控制系统。

2) 按系统所传送信号的性质分类

按系统所传送信号的性质不同，控制系统可分为连续控制系统和离散控制系统。连续控制系统中控制信号是连续量或模拟量。离散控制系统中控制信号是脉冲量或数字量。

3) 按系统结构特点分类

按系统结构特点不同，控制系统可分为开环控制系统、闭环控制系统和复合控制系统。

(1) 开环控制系统没有主反馈回路，系统输出只受输入控制，控制精度和抑制干扰能力较差。

(2) 闭环控制系统又称反馈控制系统，是建立在反馈原理基础上的自动控制系统。闭环控制是自动控制的主要形式，它利用输出量和期望值的偏差对系统进行控制，可获得比较好的控制性能。然而闭环控制必须在被控量偏离了给定值、产生了偏差后才能施加影响，有时控制不及时。

需要注意的是如果反馈信号不是来自被控对象，而是执行元件，则不是完全闭环控制系统。例如有很多数控机床的进给系统，不是直接以工作台的位移作为输出量，而是以驱动电机的角位移作为输出量，这称为半闭环控制系统。

(3) 复合控制系统是将开环控制和闭环控制适当结合的控制系统，可分为按扰动补偿和按输入给定补偿两种基本形式。它可用来实现复杂、控制精度要求较高的控制任务。

4) 按主控元件分类

(1) 电气控制。电气控制是以电气执行元件为主控元件，以移动部件的位置、速度等为控制量的自动控制系统。电气控制具有能源清洁高效、响应速度快、动态性能好、控制精度高等优点，应用非常广泛。

电气控制根据自控装置不同又可分为继电接触器控制系统、顺序控制器和计算机控制系统。

继电接触器控制系统是由继电器、接触器和保护元件等组成，通过电器元件之间的固定连线构成的控制系统。它简单、经济，适用于动作比较简单、控制规模较小的场合，缺点在于体积大、耗电量高、接线复杂、可靠性差、维修困难且灵活性差。

顺序控制器是从继电接触器控制系统演变而来，采用了程序的思想，由固定位置的电子元件排列成矩阵电路，通过元件间连线的接插实现控制。程序的运行是通过在不同时间接通不同回路来实现，虽然仍然是对硬件进行设置和更改，但是能够适应经常更改的控制要求，通用性和灵活性较强。

计算机控制系统是用计算机来实现控制器功能的控制系统，它由硬件和软件两个基本部分组成。硬件指计算机本身及其外部设备，软件指管理计算机的程序及生产过程的应用程序。计算机控制系统可以充分利用计算机的运算、逻辑判断和记忆等功能处理来自检测传感器的输入信息，并把处理结果输出到执行机构去控制生产过程，同时可对生产进行监督、管理。

工业控制现场通常使用工业控制计算机，包括单片微型计算机(简称单片机)、可编程序控制器(PLC)、总线工控机(简称工控机)等。

单片机是将 CPU、RAM、ROM 和 I/O 接口集成在一块芯片上，同时还具有定时/计数、通讯和中断等功能的微型计算机。单片机以其体积小、功能齐全、价格低等优点，在机电一体化产品中应用越来越广泛。

PLC 是计算机技术与继电接触器控制技术相结合的产物，它采用可编程序存储器，常用梯形图语言编程，以“顺序扫描，不断循环”的方式进行工作，控制程序的更改可以通过直接改变存储器中的应用软件来实现，易于学习和使用。目前 PLC 已经发展成为多功能控制器，除可用于开关量和顺序控制外，还具有数据处理、故障自诊断、PID 运算、联网等能力，指令系统丰富，程序结构灵活，可以实现模拟量等复杂控制，是目前工业自动化领域应用最广的控制装置之一。

工控机是一种采用总线结构的工业计算机，应用于工业过程、机电设备的测量、控制和数据采集等，它具有丰富的过程输入/输出结构功能、迅速响应的实时功能和环境适应能力，可靠性较高。例如，STD 总线工控机的使用寿命达到数十年，平均故障间隔时间(MTBF)超过上万小时。工控机还具有系统扩充性和开放性好、人-机交互方便、控制软件包功能强等优点。

工业控制计算机的选用一般要根据控制系统的大小和控制参数的复杂程度而定。对于小系统，监视控制量为开关量和少量数据信息的模拟量，可采用单片机或可编程控制器。对于数据处理量大的系统，则往往采用工控机。对于多层次、复杂的机电一体化设备，则要采用分级分布式控制系统，将 PLC 或单片机作为下位机进行现场控制，工控机作为上位机进行信息处理和人机交互，构成一个功能较强的完整控制系统。

(2)液压、气动控制系统。液压、气动控制系统以液压元件、气动元件为执行环节的主控元件，通过液压油、压缩空气提供驱动动力的控制系统。液压系统具有传递载荷大、控制精度高、快速性好、运转平稳、占用空间小等优点，常用于大功率的控制系统，但其构造复杂，成本较高。气动控制的主要优点是结构简单、动作迅速，可得到较大的驱动力、行程和速度，在机械工业自动生产线上应用较多，但由于压缩空气具有可压缩性，因此定位精度不高，且噪声大。

2. 操控系统的组成

1)操纵系统的组成

操纵系统主要由下述三部分组成。

(1)操纵件——产生操纵动力或发出操纵信号，如拉杆、手柄、手轮、按钮、按键和脚踏板等。

(2)执行件——执行操纵运动，如滑块、拨叉、拨销等。

(3)传动件——将操纵运动及其上的作用力传递给执行件。常用的传动方式有机械传动、液压传动、气压传动、电气传动等；常用的传动装置有杠杆机构、齿轮传动、蜗杆传动、螺旋传动和凸轮机构等。

此外，操纵系统通常还包括一些辅助元件，如定位元件、锁定和互锁元件、回位元件等。

图 6-1 所示为铰支杆导板式变速操纵系统，图中变速杆 8 是操纵件，拨叉 13、14、15、16 是执行件，从操纵件到执行件之间的三根滑杆 1、2、3 是传动件，作用是将变速杆的摆动变成拨叉的移动。联锁轴 11、锁销 12、止动销 10 和压紧弹簧 7 为辅助元件，起联锁、定位和回位作用。

2)控制系统的组成

图 6-2、图 6-3 分别为闭环数控系统结构框图和柔索并联机器人系统组成框图。虽然这两个系统物理结构不同，但从系统组成来看，都可以分为控制部分和被控对象两个部分。控制部分的功能是接受指令信号和被控对象的反馈信号，并对被控部分发出控制信号；被控部分接受控制信号、发出反馈信号，并在控制信号作用下实现被控运动。

图 6-4 是闭环控制系统结构框图，由图可知，控制部分通常由以下元件组成。

(1)测量元件。测量元件测量被控量并将其按着某种规律转换成与输入量同一物理量，再反馈到输入端以做比较。测量元件一般称为传感器，包括热敏电阻、热电偶、温度变送器、流量变送器、测速发电机、电位器、光电码盘、旋转变压器和感应同步器等元件，以及它们的信号处理电路。测量元件的精度直接影响到系统的精度。

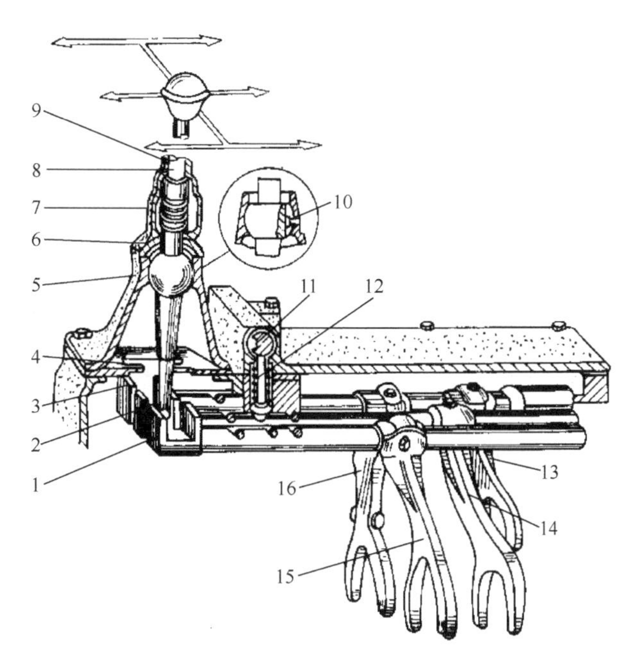

图 6-1　铰支杆导板式变速操纵系统

1～3-滑杆；4-导板；5-变速杆座；6-碗盖；7-压紧弹簧；8-变速杆；9-防尘罩；
10-止动销；11-联锁轴；12-锁销；13-倒挡拨叉；14-Ⅰ、Ⅳ挡拨叉；15-Ⅱ、Ⅲ挡拨叉；16-Ⅴ挡拨叉

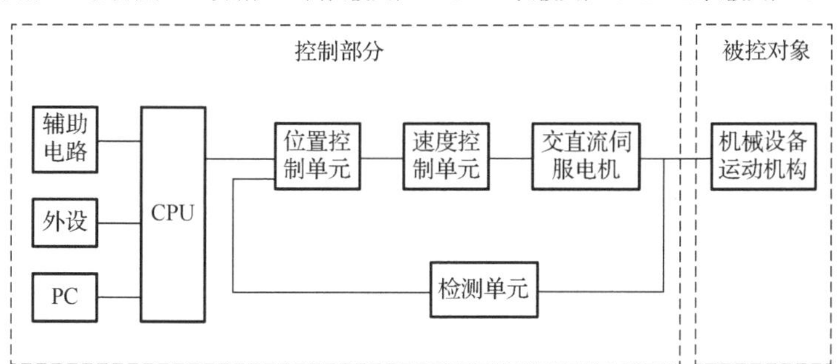

图 6-2　闭环数控系统结构框图

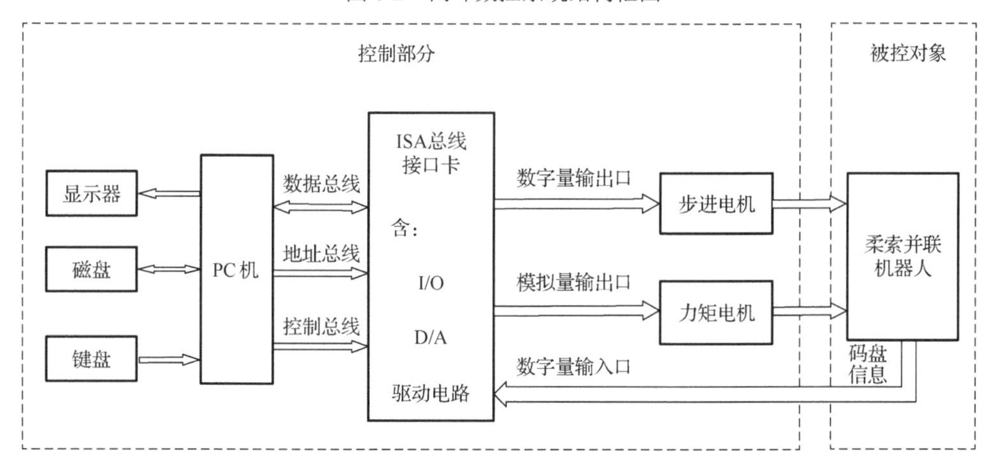

图 6-3　柔索并联机器人系统组成框图

(2) 比较元件。比较元件用来比较输入信号与反馈信号，并产生反映两者差值的偏差信号。比较元件一般不是一个单独的实际元件，例如有些测量元件就包含比较元件功能。

(3) 放大元件。放大元件的功能是将微弱信号作线性放大，使信号具有足够大的幅值或功率。放大元件又分为前置放大器和功率放大器两类。前置放大器能放大一个信号的数值，但功率并不大。功率放大器输出功率大，它输出的信号可直接带动执行元件运转和动作。

(4) 校正元件。为了保证系统能正常、稳定工作并提高系统的性能，控制系统中还要有校正元件。校正元件按某种函数规律变换控制信号，以利于改善系统的动态品质或静态性能。常用的校正元件有模拟电子线路、计算机和部分测量元件(如测速发电机)等。

(5) 执行元件。执行元件的功能是直接带动被控对象，使被控变量按期望值变化。机电控制系统中的各种电动机，液压控制系统中的液压缸、液压马达，温度控制系统中的加热器等都属于执行元件。执行元件有时也被归入控制对象中。

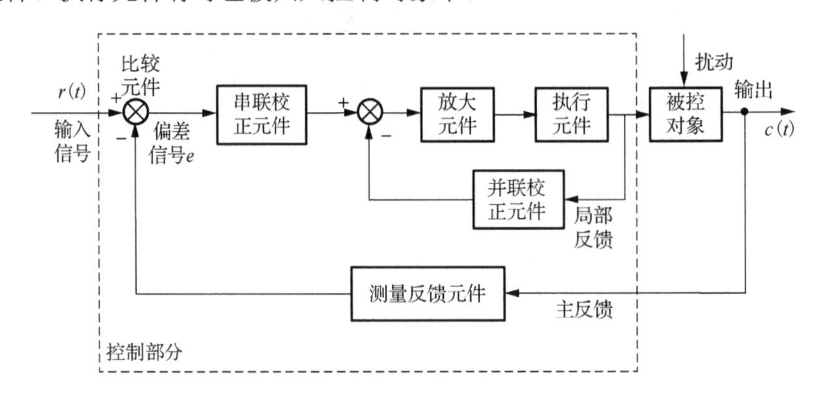

图 6-4　闭环控制系统结构框图

6.2　操纵系统设计

6.2.1　操纵系统方案设计及参数确定

1. 操纵系统原理方案设计

操纵系统的原理方案设计就是根据设计要求提出操纵机构原理性的构思和实现方案。在进行操纵系统的原理方案设计时，首先要全面分析要求，如被操纵件的运动轨迹、工作行程、工作载荷以及被操纵件的数目、各被操纵件之间的关系和操纵控制要求等，还要综合考虑机械系统的复杂程度、操控频繁状况，以及操纵力的来源和操纵机构的空间限制等。

从原理上来说，操纵机构就是把人的操纵动作转换成执行件的移动、转动或某种复杂动作，同时按照需要变力、变行程。相应的传动方案有杆机构、齿轮传动、蜗杆传动以及凸轮等，有时候还采用电磁铁和液压阀。操纵系统可以是一个操纵件只控制一个执行件的单独操纵，也可以是一个操纵件控制两个或更多执行件的集中操纵。操纵系统设计要根据设计要求，采用合理的操纵机构原理方案，即选择操纵件、执行件和传动方案等，并进行必要的计算和验算。

下面是几个操纵系统常用原理方案的例子。

图 6-1 中的变速操纵机构通过滑杆将变速杆的摆动转换成拨叉的移动。图 6-1 中，变速杆可绕中部的球形结构转动，其下端插在滑杆端部的沟槽中，当扳动变速杆时，变速杆下端可

分别滑入滑杆的沟槽，带动滑杆和滑杆上的拨叉移动，控制相应的离合器，达到变速和换向的目的。一根变速杆对应多个拨叉，这是集中操纵系统。

图 6-5 所示为 CA6140A 车床主轴离合及制动操纵机构，将手柄 7 扳到中间位置可以打开离合器并同时对主轴进行制动。手柄 7 通过曲柄 9、拉杆 10 和曲柄 11，带动轴 12 上的扇形齿轮 13 旋转，从而使齿条轴 14 发生移动，通过拨叉 10 拉动滑套 4 打开离合器，与此同时，齿条轴上的凸起部分顶动杠杆 5，使杠杆绕轴摆动、拉紧制动带 6 实现制动。

图 6-6 为车床单手柄六级变速操纵机构，这是一个通过盘形凸轮和滑移齿轮实现变速的例子。转动手柄通过链轮链条可带动传动轴 4 转动，轴 4 上固定有盘形凸轮 3 和曲柄 2。凸轮 3 通过封闭曲线槽控制杠杆 5 摆动，该曲线槽由两段不同半径的圆弧槽和过度直线槽组成，从而经拨叉 6 操纵轴Ⅱ上的双联滑移齿轮实现两个工作位置的变换。曲柄 2 随着轴 4 转动时，拨动拨叉 1 在导杆轴上作左、中、右三个位置的变换，对应轴Ⅲ上三联滑移齿轮的三个工作位置。依次转动手柄至各个变速位置，就可通过双联滑移齿轮两个位置与三联滑移齿轮的 3 个位置的组合，得到六级转速。

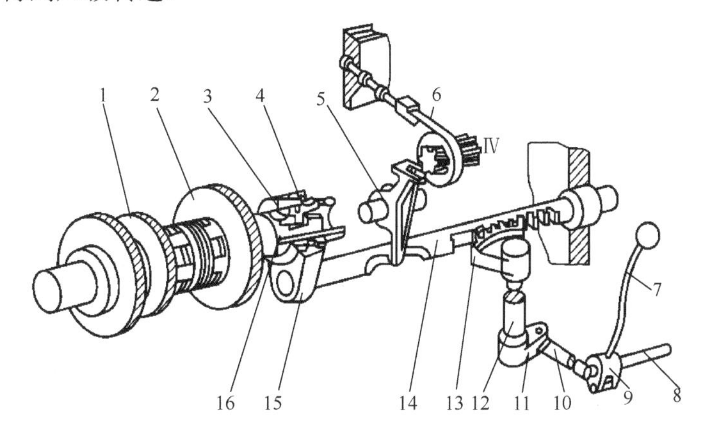

图 6-5　CA6140A 车床主轴离合及制动操纵机构

1-双联齿轮；2-齿轮；3-元宝形摆块；4-滑套；5-杠杆；6-制动带；7-手柄；8-支承轴；9、11-曲柄；10、16-拉杆；12-轴；13-扇形齿轮；14-齿条轴；15-拨叉

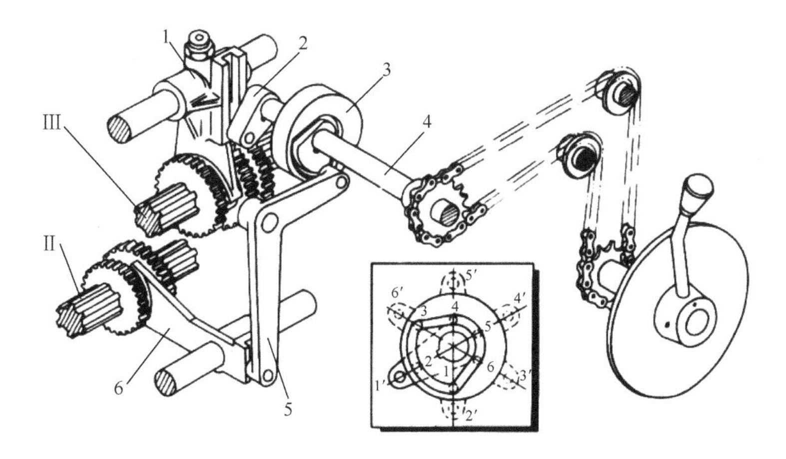

图 6-6　车床单手柄六级变速操纵机构

1、6-拨叉；2-曲柄；3-盘形凸轮；4-传动轴；5-杠杆

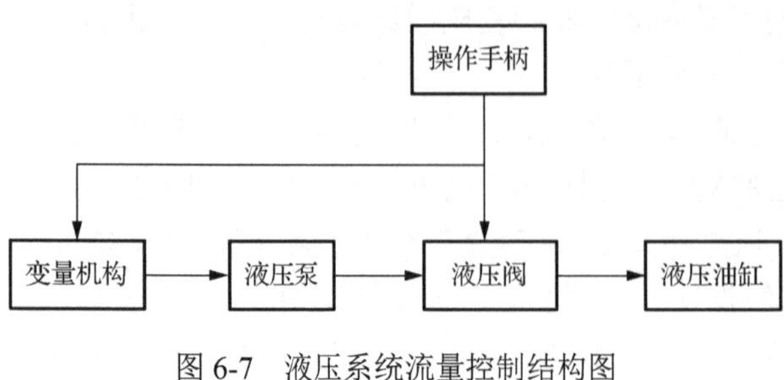

图 6-7　液压系统流量控制结构图

图6-7是挖掘机中常用的液压系统流量控制结构图。几乎所有液压控制都可以归结为压力控制和流量控制。对于挖掘机，液压系统工作压力的大小由负载决定，所以对挖掘机液压系统的控制实际上就是对液压系统流量的控制。操作人员扳动操作手柄，实现对液压泵排量和液压阀开度的调节，驱动液压缸动作。

2. 主要参数计算

操纵系统的主要参数有传动比、操纵力和操纵行程。

1)传动比

操纵系统的传动比i_c数值上等于当系统处于最大操纵阻力状态时传动件主动力臂与从动力臂长度之比。然而在进行一个新的设计时，系统中构件的尺寸未定，此时可以根据人-机工程学或经验值确定的许用操纵力$\left[F_{cp}\right]$初算传动比，计算式为

$$i_c=\frac{F_r}{\left[F_{cp}\right]} \tag{6-1}$$

式中，F_r为执行件的工作阻力。

2)操纵力和操纵行程

操纵力F_c是指操作者施加给操纵件的最大作用力，其计算式为

$$F_c=\frac{F_r}{\eta \cdot i_c} \tag{6-2}$$

式中，η为传动效率，取决于操纵传动的复杂程度，一般取值为0.7～0.8。

由式(6-2)可以看出，如果η和i_c已知，则操纵力F_c取决于工作阻力F_r，应按最大工作阻力计算操纵力。

在经常使用的操纵系统中，手操纵力不超过60N，脚操纵力不超过120N；对不常用的操纵系统，手操纵力不大于150N，脚操纵力不大于200N。一般手操纵力建议不大于120N，脚操纵力不大于180N，车辆方向盘上的操纵力允许达到400N。

操纵行程S_c是指操纵件从工作的起始位置至终止位置之间的位移量。

$$S_c=i_c \cdot S_r \tag{6-3}$$

式中，S_r为工作行程。

操纵行程大小直接影响操作者的方便程度和舒适度。若行程过大，则操纵不便、操作耗时长、容易产生疲劳。操纵行程大小应使操作者在不移动位置的情况下，能够方便自如地达到。一般操纵手柄的行程不应大于120mm(前后转角不大于45°，左右转角不大于90°)，脚踏板的行程推荐值为20～150mm。

操纵系统设计参数计算可按以下步骤进行：对原理方案设计初定的操纵机构，首先由式(6-1)粗算传动比i_c；然后根据该i_c初定各传动件尺寸，进行详细设计；最后，由结构尺寸精确计算传动比，并按照式(6-2)、式(6-3)验算操纵力F_c和操纵行程S_c。如果计算得到的F_c、S_c超过推荐值，则应调整传动件的尺寸，必要时可重新选择传动方案。

由式(6-2)、式(6-3)可知，执行件的工作阻力F_r一定时，i_c大则F_c小，操纵省力；当执行件行程S_r一定时，i_c大则S_c大。因此，在确定传动比时，要全面考虑操纵力和操纵行程两

个方面。有些机械给出了传动比的推荐值，例如变速箱操纵杆球形铰链支承的以上部分(主动臂)和以下部分(从动臂)长度比推荐值为 2.5 : 3.5。

6.2.2　操纵系统和人机工程学

人机工程学又称人机学，它研究人、机器和环境的相互作用，根据人的功能能力设计机器，考虑安全性、舒适性和工作效率等因素，使得人机系统工作效果达到最佳。

人机系统通常是一个闭环调节系统。操作者从周围环境或仪器、仪表的指示中得到信息，经过大脑思考、判断后发出指令，对机器进行操作、促使机器进入新的状态，并根据机器的反馈信号决定下一步操作。

在这个系统中，人始终起主导作用。与机器相比，人存在体力不足、反应迟缓、准确性差、记忆力有限和容易疲劳等弱点，因此在设计操纵系统时，就必须依据人体功能特点和心理、生理规律来进行设计，使“人-机”系统达到最佳配合状态。例如，机械系统操纵件的布置应便于操纵，保证操作人员和操纵件之间有合适的位置。操纵件的运动方向应符合习惯，如一般规定调速手轮顺时针转动为增速。为便于调试和避免误动作，应附设操纵方法指示牌。操作人员应经常处在工作最集中、操纵最频繁、容易出现故障和便于观察的部位，常用操纵件应尽量布置在操作人员的近旁。对于大型复杂的机械可能需要在几个位置上操作，可采用联动装置，以便在不同位置都可进行操纵。

操纵件的布置和人工作时的姿势、人体操作部位有关，其位置必须与人体各相应部分的尺度相适应，应当设在人肢体活动所能达到的范围内。人的工作姿势主要有立姿和坐姿两种情况，操纵机器主要通过手和脚。

1. 立姿操纵

立姿操纵手和脚活动范围大、易于用力，若常用的操纵件分布在较大区域，或操纵力较大、坐姿难以满足，或操作动作需要频繁起立，采用立姿操纵。

按操作的舒适程度，可把工作范围分为最有利工作范围、正常工作范围、最大工作范围和最大可触及范围。经常操纵的操纵件其中间位置和移动范围应布置在最有利工作范围内。

图 6-8 所示为站立时人手臂的活动范围。图中阴影区 2 为手臂最有利工作范围，小圆弧 1 为手臂的正常抓取工作范围，大圆弧 3 为手臂的最大抓取工作范围，大圆弧 4 为手臂的最大可触及范围。

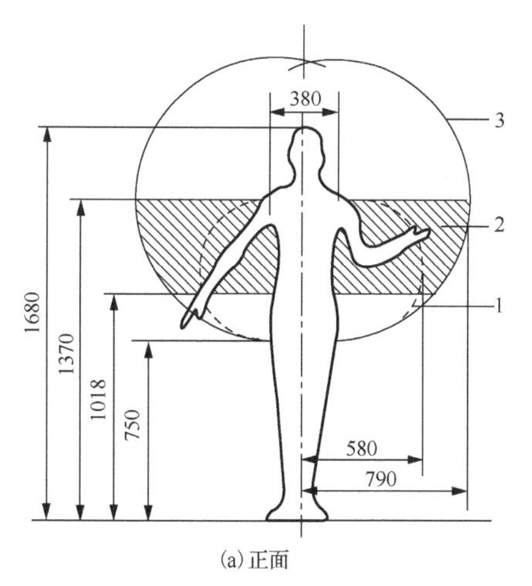

(a) 正面

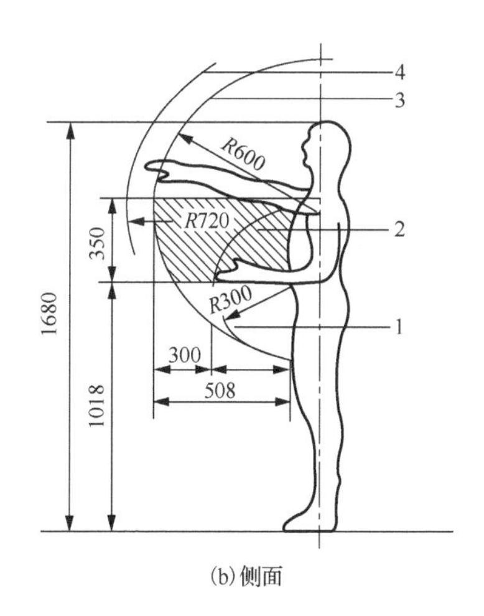

(b) 侧面

图 6-8　站立时手臂的活动范围

图 6-9 为人处于轻松状态的站立姿势时，上肢的最佳活动角度。单手操作时最佳方向为侧 60°方向，双手操作时最佳方向为左右各侧 30°方向，而正前方向是双手准确、轻松操作的方向。

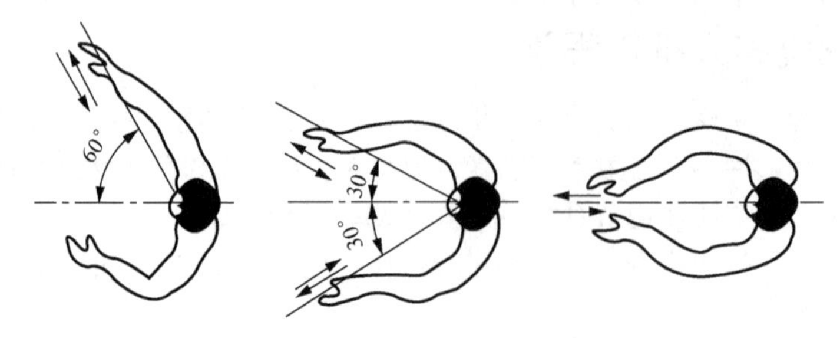

图 6-9　手操作时最佳运动方向

操纵件的适宜用力与操纵件的性质及操纵方式有密切关系。对只要求操作快而对精度要求不高的操纵系统，操纵力越小越好；对要求精度很高的系统，应使操纵件有一定的阻力，以便使操作者借以获得操作量的反馈信息，从而提高操纵精度。

操纵力与肢体动作以及肢体和操纵件的位置关系很大。例如，立姿下若手作前后运动，拉力大于推力，瞬时最大拉力可达 1078N，连续操作时拉力最大约 294N；而若手臂伸直，则最大拉力只能达到体重的 10%。另外，手臂在不同方位上的最大操纵力也不相同，最多可相差 13 倍。手臂最大拉力在肩的下方 180° 方向，大小是体重的 1.2 倍；最大推力在肩的上方 0° 方向，大小是体重的 1.3 倍。

2. 坐姿操纵

与立姿相比，坐姿有很多优点，如体重负担小，有利于手和脚并用作业，易保持姿势稳定、便于精密作业等。但坐姿下用力受到限制，工作范围相对较小，不易改变体位。

图 6-10 所示为坐姿操纵的工作范围和视力范围(图中带括号的尺寸为参考尺寸)。

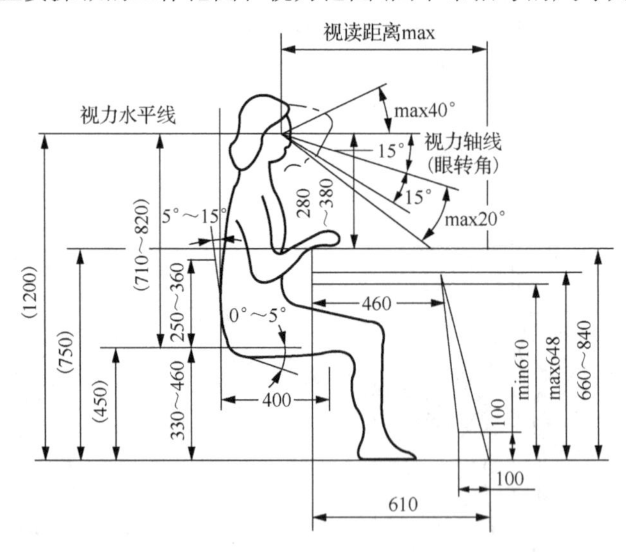

图 6-10　一般坐姿操纵的工作范围和视力范围

采用坐姿时，上肢的最大活动范围是座位以上手掌可及距离，男为 1120mm，女为 1060mm，座位以下手掌可及距离，男女均为 30mm；肩高位置手掌前伸距离，男为 570mm，女为 540mm；肩高位置手掌可及宽度，男为 1460mm，女为 1360mm。

坐姿下肢的活动范围如图 6-11 所示。

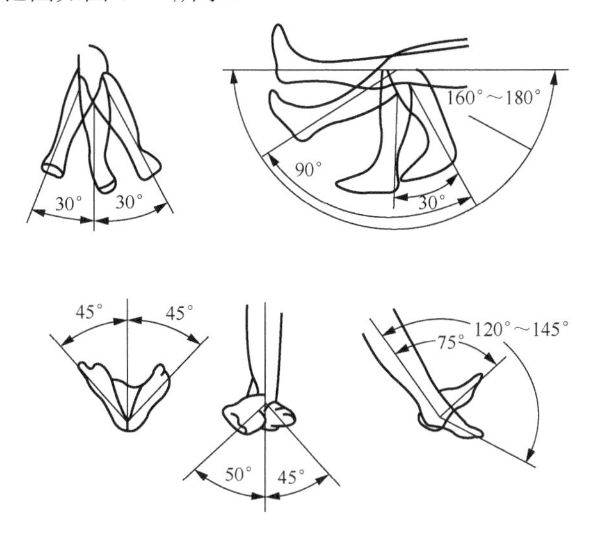

图 6-11　坐姿下肢活动范围

据统计，坐姿下手臂的推力稍大于拉力，瞬时最大推力平均为 1088N，最大拉力平均为 889N；坐姿下右脚最大蹬力平均为 2568N，左脚最大蹬力平均为 2362N。

在设计操纵系统时，首选坐姿下手操纵，这是因为坐着工作更省力，而手与脚相比动作更为敏捷、准确，能够完成复杂任务。当需要连续进行操作不方便用手的时候，或在操纵力为 50～150N 的情况下，考虑用脚操纵。由于脚不如手灵活，为防止脚操纵失误、误触操纵件，应使脚操纵件具有一定的起始阻力，此力应大于脚自由放在踏板上的压力。

6.3　控制系统设计

6.3.1　常用控制方式的原理和特性

1. 开环控制和闭环控制

工业上常用的控制系统有开环控制和闭环控制两类。

开环控制是指组成系统的控制器和控制对象之间，只有顺向作用而没有反向联系的控制，即系统的输出端和输入端之间不存在反馈回路，输入量不会对系统的控制作用发生影响，其结构框图如图 6-12 所示。

图 6-13 所示的机床开环控制系统中，输入装置、控制装置、伺服驱动装置和工作台这四个环节的输入变化自然会影响工作台位置(系统的输出)，但系统的输出并不能反过来影响任一环节的输入，因此这是一个开环控制系统。

开环控制系统只是单方向地依一定的程序或规律实现控制，对应每一个输入值便有一个相应的输出值，输出精度完全取决于组成系统各环节的精度，其结构简单、稳定，易于实现，一般精度不高。

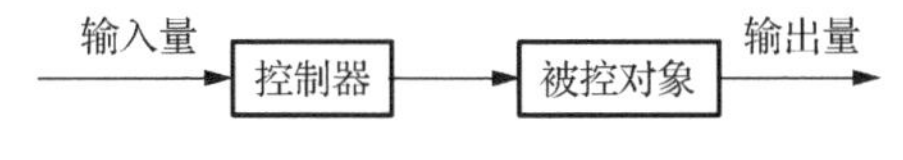

图 6-12　开环控制系统结构框图

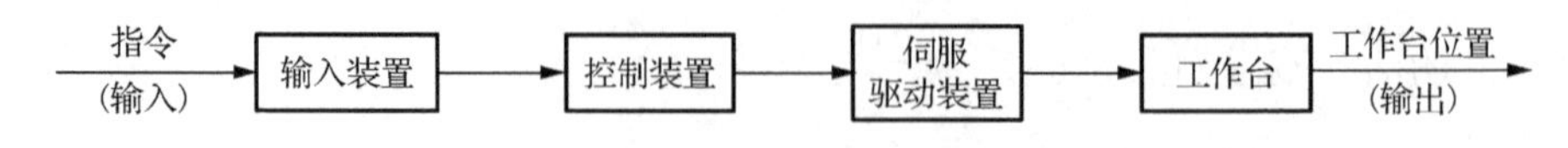

图 6-13　机床开环控制系统结构框图

闭环控制系统是将输出量检测出来，经变换后反馈到输入端与给定量相比较，并利用所得到的偏差信号经控制器对控制对象进行控制(图 6-4)。一个完善的闭环控制系统通常是由测量反馈元件、比较元件、放大元件、校正元件、执行元件以及被控对象等基本环节所组成的。通常还把除被控对象外的所有元件合在一起，称为控制器。

图 6-14 所示为机床闭环控制系统，其输出通过检测装置构成的反馈回路后，也成为控制装置的输入之一，系统的输出和控制装置的输入有交互作用，因而影响到驱动装置与工作台的输入。

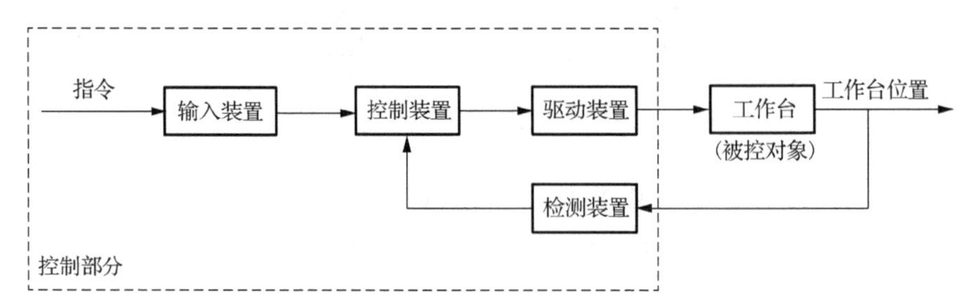

图 6-14　机床闭环控制系统结构框图

闭环控制系统中反馈的作用就是力图减小反馈信息与输入信息的偏差，以期尽可能获得所希望的输出。只要偏差存在，系统的输出就要受到偏差的校正。偏差越大，校正作用越强；偏差越小，校正作用越弱，直至偏差趋于最小值。

闭环控制系统具有降低系统对元件参数变化的敏感程度、改善系统的动态特性和控制干扰信号对系统的影响等优点，有可能采用不太精密和成本低廉的元件来构成控制质量较高的系统。但是，反馈回路的存在增加了系统元件，减小了系统的增益，并造成了系统不稳定的可能性。

2. 控制策略

通常所说的自动控制系统，多半指闭环控制系统。闭环控制在机械设备中得到了广泛应用。在闭环控制系统中，控制器和被控对象形成一个息息相关的闭合回路，系统动态过程的好坏取决于控制器和被控对象的动特性。由于被控对象的参数是不能改动的，为了保证控制效果和质量，得到良好的动态过程，往往只能根据对象的动态特性选用合适的控制策略，确定好控制器参数，使系统满足实际性能指标的要求，这就是系统的校正。控制策略(狭义地也称控制算法)是机电一体化系统中控制器的核心，选用合适的控制策略是成功开发产品的重要保证。

闭环控制系统通常采用 PID 控制器，目前 90%以上的工业控制器采用的都是 PID 控制算法。图 6-15 所示为 PID 控制器控制系统框图。PID 控制器按一定的控制规律对测量值和设定值之间的偏差信号进行运算，常常采用的基本控制规律有比例控制(P)、积分控制(I)和微分控制(D)等，工业上用这些基本规律的不同组合来调节系统，例如比例微分(PD)、比例积分(PI)、比例积分微分(PID)等，以使系统性能达到期待的要求，不同的控制规律适用于不同特性和要求的机械设备和生产过程。

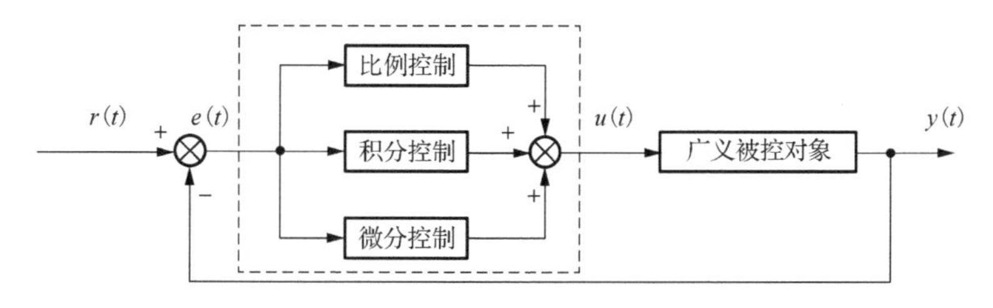

图 6-15　PID 控制器控制系统框图

1) 比例控制 (P)

所谓比例控制，就是其输出 $m(t)$ 与输入偏差信号 $e(t)$ 成正比，时域方程为

$$m(t)=K_{\mathrm{p}}e(t) \tag{6-4}$$

其传递函数为

$$G_{\mathrm{c}}(s)=\frac{M(s)}{E(s)}=K_{\mathrm{p}} \tag{6-5}$$

式中，$M(s)$ 为输出量的拉普拉斯变换；$E(s)$ 为输入量的拉普拉斯变换；K_{p} 为比例增益，可调参数。

具有比例控制规律的控制器称为比例控制器，简称 P 控制器。采用 P 控制器的系统称为比例控制系统。

图 6-16 所示为一个典型的比例控制系统结构图，图中 $G_0(s)$ 是系统的固有部分，K_{p} 为比例控制器的比例系数。可见，P 控制器实质上是一个具有可调放大系数的放大器。若 $K_{\mathrm{p}}>1$，则引入 P 控制器后可增大整个系统的开环放大系数，从而起到减小稳态误差、提高控制精度的作用。

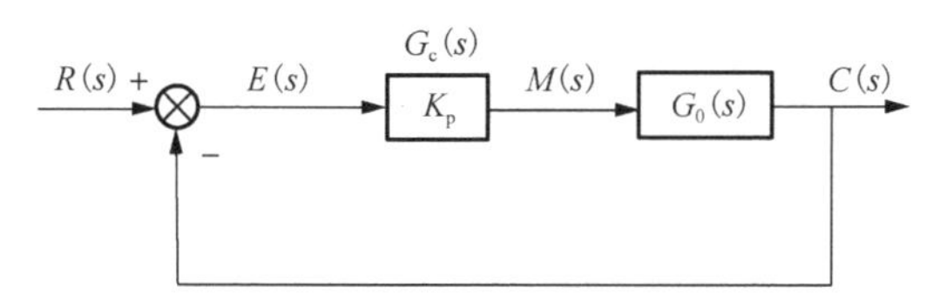

图 6-16　比例控制系统

2) 积分控制 (I)

积分控制的特点是输出 $m(t)$ 与输入偏差信号 $e(t)$ 之间满足如下关系式。

$$m(t)=\frac{1}{T_{\mathrm{i}}}\int_0^t e(t)\mathrm{d}t \tag{6-6}$$

其传递函数为

$$G_{\mathrm{c}}(s)=\frac{M(s)}{E(s)}=\frac{K_{\mathrm{i}}}{s} \tag{6-7}$$

式中，K_{i} 为积分增益，可调参数。

具有积分控制规律的控制器称为积分控制器，简称 I 控制器，积分控制器结构图如图 6-17 所示。

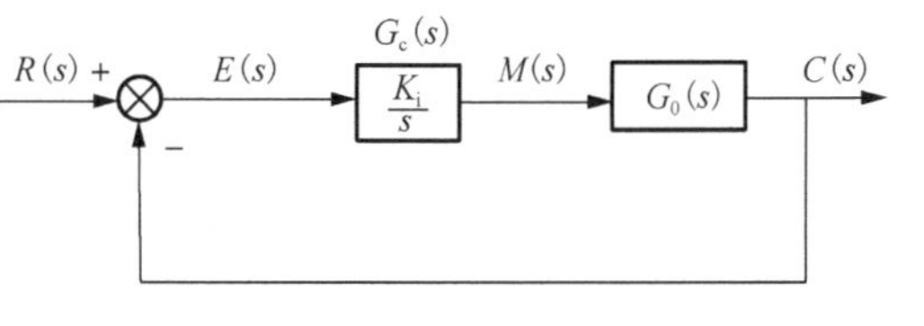

图 6-17　积分控制器

由式 (6-6) 可见，积分控制器的输出控制信号的变化速度正比于输入偏差信号 $e(t)$，偏差越大，

控制信号变化速度越大，反之就越小。只有当偏差为零时，才会停止积分，此时输出就会维持在一个数值上不变。因此，积分控制是一种无差控制，可以提高系统的稳态精度。但积分控制给系统增加了一个位于原点的开环极点，使信号产生 90° 的相角滞后，系统稳定性下降。当系统受到扰动作用而产生偏差的时候，积分控制作用的动作是迟缓、滞后的，尤其在过渡过程的前期积分控制作用很小，因此不能及时抑制系统偏差的增长，对控制不利。

3）微分控制（D）

微分控制的特点是输出 $m(t)$ 随输入偏差信号 $e(t)$ 的时间变化率变化。

$$m(t)=T_{\mathrm{d}}\frac{\mathrm{d}e(t)}{\mathrm{d}t} \tag{6-8}$$

其传递函数为

$$G_{\mathrm{c}}(s)=\frac{M(s)}{E(s)}=K_{\mathrm{d}}s \tag{6-9}$$

式中，K_{d} 为微分增益，可调参数。

具有微分控制规律的控制器称为微分控制器，简称 D 控制器，微分控制器结构图如图 6-18 所示。

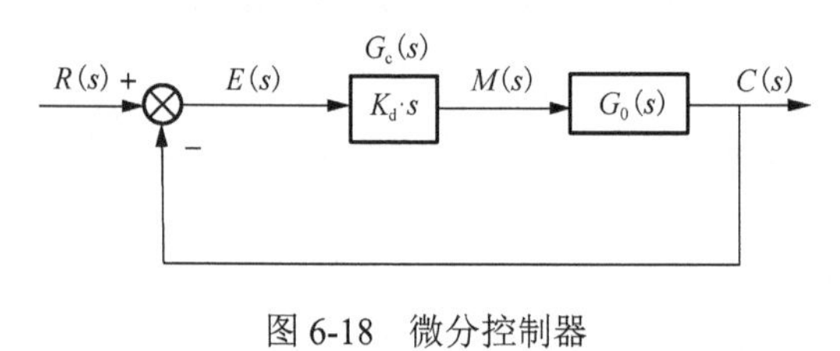

图 6-18　微分控制器

微分控制不是等偏差出现时才动作，而是根据变化趋势提前动作。因此，微分控制具有超前控制的特点。微分控制能产生有效的早期修正信号，以增加系统的阻尼程度，从而改善系统的稳定性。在实际应用中，某些时间常数和容积迟延大的系统，都要采用微分控制。

应该注意，比例控制中，若 K_{p} 值过大，会导致系统的相对稳定性下降，甚至造成不稳定；积分控制的输出是渐进的，其产生的控制作用总是落后于偏差的变化，不能及时有效地克服干扰的影响，难以使控制系统稳定下来；而微分控制只对动态过程起作用，对稳态过程没有影响，且对系统噪声非常敏感。因此，基本控制规律往往不单独使用。

4）PI 控制器

PI 控制器即比例积分控制器，是把比例控制与积分控制结合起来取长补短的一种较好的控制器。PI 控制器既利用比例控制的动作及时快速，又利用积分控制最后能消除稳态偏差的优点，提高系统的准确性。

PI 控制器的输出 $m(t)$ 和输入偏差信号 $e(t)$ 之间的关系为

$$m(t)=m_{\mathrm{p}}(t)+m_{\mathrm{i}}(t)=K_{\mathrm{p}}\left[e(t)+\frac{1}{T_{\mathrm{i}}}\int_{0}^{T}e(t)\mathrm{d}t\right] \tag{6-10}$$

式中，T_{i} 为积分时间，可调参数，$T_{\mathrm{i}}=K_{\mathrm{p}}/K_{\mathrm{i}}$。

PI 控制器在系统产生偏差的瞬间，先立即进行与偏差大小成比例的粗调，然后再慢慢细调，直至完全消除偏差为止。PI 控制的稳定性相对 P 变差，只要偏差不为零，控制器就不停地积分，使输出进入深度饱和，控制器失去控制作用。因此，采用积分规律的控制器一定要防止积分饱和。

PI 控制器适用于负荷变化不大，对象滞后小，被控量不允许存在稳态误差的场合。

5）PD 控制器

PD 控制器即比例微分控制器，其输出 $m(t)$ 和输入偏差信号 $e(t)$ 之间的关系为

$$m(t)=m_{\mathrm{p}}(t)+m_{\mathrm{d}}(t)=K_{\mathrm{p}}\left[e(t)+T_{\mathrm{d}}\frac{\mathrm{d}e(t)}{\mathrm{d}t}\right] \tag{6-11}$$

式中，T_{d} 为微分时间，可调参数，有 $T_{\mathrm{d}}=K_{\mathrm{d}}/K_{\mathrm{p}}$。

PD 控制作用是有差控制，但其稳态误差要比纯 P 控制小。微分控制具有超前控制作用，当选用的微分时间 T_{d} 合适时，能大大改善系统的动态特性。PD 控制有利于减小稳态误差，提高系统的响应速度。PD 控制器适用于负荷变化大、容量滞后较大、被控量允许存在稳态误差的场合。

6）PID 控制器

PID 控制器即比例积分微分控制器。PID 控制器结合了比例控制的快速反应特点、积分控制消除稳态误差的特点和微分控制超前控制的特点，兼顾了动态和静态两方面的控制要求，能取得满意的控制效果。

PID 控制器输出 $m(t)$ 和输入偏差信号 $e(t)$ 之间的关系为

$$m(t)=m_{\mathrm{p}}(t)+m_{\mathrm{i}}(t)+m_{\mathrm{d}}(t)=K_{\mathrm{p}}\left[e(t)++\frac{1}{T_{\mathrm{i}}}\int_{0}^{T}e(t)\mathrm{d}t+T_{\mathrm{d}}\frac{\mathrm{d}e(t)}{\mathrm{d}t}\right] \tag{6-12}$$

在 PID 控制中，比例控制作用是最基本的，积分控制与微分控制都是辅助的。积分控制作用主要在过渡过程的后期，以消除稳态误差，但同时它会使稳定性变差。微分控制若参数适当，因其超前控制的特性，能大大改善控制系统的动态特性。

PID 控制器适用于负荷变化大、容量滞后较大、控制质量要求较高、被控量不允许存在稳态误差的场合。

在实际应用中，PID 控制器的实现分模拟和数字两种方法。模拟法主要是利用电子元件构成的硬件电路实现 PID 调节规律，此外也有气动、液动式 PID 控制器。数字 PID 控制器是用计算机或微控制器芯片取代模拟 PID 控制电路，结合计算机的逻辑判断功能，用软件实现 PID 控制算法，使 PID 控制更加灵活，更能满足控制系统的要求。

6.3.2　检测装置

检测装置是闭环控制系统中的一个重要组成部分。检测装置通过传感器检测位置、速度、力等物理量，并将被测量转化为相应的电信号(如电流、电压等)反馈给控制系统，用于调整、监视或检测被控对象的工作过程。

检测装置一般包括传感器和信号调理环节两个部分。传感器是检测装置与被测量之间的接口，处于检测系统的输入端，完成被测量的感知和能量转换工作，其性能对测量精确度起主要作用。信号调理环节把传感器的输出信号转换成适合于进一步传输和处理的形式，这种信号转换多数是电信号之间的转换，例如把阻抗变化转换成电压变化，滤波、幅值放大，或者把幅值的变化转换成频率的变化等。在采用计算机、PLC 等测试时，检测装置还需要模-数(A-D)转换环节进行模拟信号和数字信号互相转换。

1. 检测装置的特性

检测装置的特性可分为静态特性和动态特性。这是因为被测量的变化特点大致可分为两种：一种是被测量不随时间变化或变化极其缓慢的情况；另一种是被测量随时间变化极迅速

的情况，它要求检测装置的响应也必须迅速。一般情况下，检测装置的静态特性与动态特性并不是互不相关的，静态特性也会影响到动态条件下的检测。

检测装置的静态特性就是在静态测量情况下描述实际检测系统与理想线性时不变系统的接近程度，表示静态特征的参数主要有线性度、灵敏度、分辨率、滞后和重复性等，此外还要考虑测量范围、负载阻抗和漂移。对于电流输出的仪表，负载阻抗指的是满足最大功率输出条件时的负载阻抗值，即与电路内阻抗匹配的负载阻抗值。阻抗匹配时，不仅输出功率大，而且系统特性好。漂移是指测量系统在输入不变的条件下，输出随时间变化的现象。产生漂移的原因有两个方面：一是检测装置自身结构参数的变化，另一个是周围环境的变化(如温度、湿度等)对输出的影响。最常见的漂移是温漂，即由于周围的温度变化引起输出的变化，进一步引起测试系统的灵敏度和零位发生漂移，即灵敏度漂移和零点漂移。

检测装置的动态特性是指输入量随时间变化时，其输出和输入之间的关系。检测装置在所考虑的测量范围内一般可以认为是线性系统，因此，可以用线性时不变系统微分方程描述测试系统输入、输出之间的关系。

对于一阶系统，反映其动态特性的指标主要有时间常数及与之相关的响应时间。时间常数越小，系统的响应就越快。一阶测量装置只适用于被测量缓变或低频的情况。

二阶系统的动态特性取决于系统的固有圆频率、阻尼比。动态特性指标有延迟时间、上升时间、响应时间、峰值时间、超调量、衰减率等。系统的固有圆频率越高，系统响应越快。阻尼比主要影响超调量和振荡次数，通常取值为 0.6～0.8，此时最大超调量为 2.5%～10%，达到稳态时间最短，稳态误差为 2%～5%。

2. 传感器的基本要求和选用原则

设计、选择控制系统中的检测装置，首先考虑的是传感器的选择，其选择正确与否直接关系到检测装置的成败，影响控制效果。一般来说，传感器应满足以下基本要求。

(1) 精确度和灵敏度高、响应快、稳定性好、信噪比高。

(2) 体积小、重量轻、操作性能好，对整机适应性好，便于与控制系统连接。

(3) 安全可靠、寿命长。

(4) 不易受被测对象(如电阻、磁导率等)影响，对环境的适应能力强。

(5) 价格低廉。

相应地，传感器选择一般应遵循以下原则。

(1) 达到灵敏度要求。传感器的灵敏度越高，即可感知的被测量越小。但灵敏度越高，外界噪声也容易混入，噪声会被放大，此时要求传感器有较大的信噪比。

传感器的量程是和灵敏度紧密相关的一个参数，灵敏度越高则量程越窄。传感器不应在非线性区域工作，更不能在饱和区域内工作。过高的灵敏度会影响其适用的检测范围。

因此，传感器的灵敏度选用要适当，以达到系统要求的灵敏度为宜。

(2) 满足频率响应特性要求。传感器必须在要求的频率范围内尽量保持不失真，这就要求频率响应特性满足要求。频率响应特性决定了可测量的频率范围。实际传感器的响应总有一些延迟，但延迟时间越短越好。一般光电效应、压电效应等物性型传感器，响应时间短，可测的信号频率范围宽；而电感、电容、磁电式等结构型传感器，由于受到结构特性的影响，机械系统的惯性较大，固有频率较低，可测信号的频率也相应较低。

在动态测量中，不同信号对传感器的响应特性要求不同，选择传感器应充分考虑被测物理量的变化特点，以免产生过火的误差。

(3)满足稳定性和可靠性要求。在工业自动化系统中或自动检测系统中，传感器往往在比较恶劣的环境下工作，灰尘、油污、温度和振动等干扰是很严重的，这时传感器的选用必须优先考虑稳定性因素。传感器的稳定性是经过长期使用以后，其输出特性不发生变化的性能。传感器的稳定性有定量指标，超过使用期应及时进行标定。

传感器的可靠性是指其在规定条件和规定时间内完成检测功能的能力。在要求高或涉及安全的应用场合，要考虑传感器的可靠性。好的传感器不仅要求性能稳定、寿命足够长，同时还要求变异性要小。传感器常用可靠性指标有工作寿命、平均无故障时间、故障率、可信任概率等。传感器可靠性评价和鉴定要通过可靠性试验，如环境耐久性试验、强化试验等。

(4)满足精度要求。传感器的精度表示传感器的输出与被测量真值的一致程度，是传感器的一个重要性能指标。传感器处于检测装置的输入端，其精度和整个系统的精度息息相关。然而精度越高，传感器价格越昂贵。因此，选择传感器的精度应从实际出发，满足检测装置的精度要求即可，不必选得过高。

(5)满足检测环境的特殊要求。机械系统检测装置的现场使用环境千差万别，有时候对传感器的选择有一些特殊要求，传感器选择必须充分考虑使用环境。例如，检测运动部件的误差应选用非接触式传感器，有时要求传感器能够远程传输数据，此外还有环境温度、湿度、抗振动的要求等。

3. 机械系统常用传感器

由于被测机械量种类繁多，加之同种物理量可以用多种不同转换原理的传感器来检测，同一种转换原理也可以用于不同测量对象的传感器中。如加速度计按其敏感元件不同就有压电式、应变式和压阻式等。因此，传感器有多样性。

传感器是光、电、声、信息、仿生等各种新技术的集成，按其功能不同分为位置、位移、角度、速度、加速度、温度、压力、流量、振动传感器等；按其工作原理可分为压电式、磁电式、光电式、热电式、电阻式、电容式、电感式传感器；按测量转换形式还可分为模拟式和数字式。目前研制和采用的智能型传感器则在一般传感器功能上更进了一步，在传感器的单元中集成了信息处理元件，更加有利于实时控制及处理。

在进行机械控制系统设计时，往往按照被检测信号的性质来选用传感器，常用的有位置传感器、位移传感器、速度和加速度传感器、力和力矩传感器，以及视觉传感器。

1)位置传感器

位置传感器是用来检测被测物是否到达某一个位置的传感器，它可以用一个开关量来表示。位置传感器可分为接触式和非接触式两种。

接触式位置传感器通过被测物对传感器可动部分的接触，造成开关的接点断开或接通而发出相应的信号。常见的接触式传感器有销键按钮式、压簧按钮式、片簧按钮式、铰链杠杆式和软杆式等微动开关，其中销键按钮式精度最高。

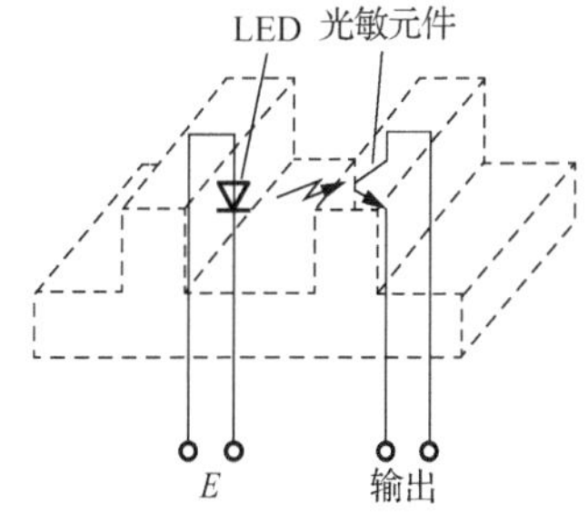

图 6-19　光电开关结构

非接触式位置传感器按其工作原理可分为高频振荡式、磁感应式、电容感应式、超声波式、气动式、光电式、光纤式等多种。图 6-19 所示为光电开关，当充当基准位置的遮光片通过 LED 光源和光敏元件间的缝隙时，光被阻断，照射不到光敏元件上，触发开关。光电开关精度可达 0.5mm。

2) 位移传感器

位移传感器用于检测位移信号，主要包括直线位移传感器和角位移传感器两类，分别用于直线位移量和角位移量的检测。按照传感器的变换原理，常用的位移传感器可分为电阻式、电感式、电容式、磁电式和光电式等。表 6-1 列出了常见位移传感器的主要特点和使用性能。

表 6-1　常见位移传感器的主要特点和使用性能

类型				测量范围	精确度	直线性	特点
电阻式	变阻器	线位移		1～1000mm①②	±0.5%	±0.5%	结构牢固，寿命长，但分辨率差，电噪声大
		角位移		0～60r	±0.5%	±0.5%	
	应变式	非粘贴		±0.15%应变	±0.1%	±1%	不牢固
		粘贴		±0.3%应变	±(2%～3%)		使用方便，需温度补偿
		半导体		±0.25%应变	±(2%～3%)	满量程±20%	输出幅值大，温度灵敏性高
电感式	自感式	变气隙型		±0.2mm	±1%	±3%	只宜用于微小位移测量
		螺管型		1.5～2mm	—		测量范围转变气隙型宽，使用方便可靠，动态性能较差
		特大型		300～2000mm	—	0.15%～1%	
	互感式	旋转变压器		±60°①	±1%	±0.1%	非线性误差与电压比和测量范围有关
		差动变压器		±0.08～75mm①	±0.5%	±0.5%	分辨率好，受到磁场干扰时需屏蔽
		感应同步器	直线式	10^{-3}～10^{4}mm①	10μm/1m	—	模拟和数字混合测量系统，数字显示(直线式同步器的分辨率可达 1μm)
			旋转式	0°～360°	±0.5		
		磁尺	长磁尺	10^{-3}～10^{4}mm①	5μm/1m	—	测量时工作速度可达 12m/min
			圆磁尺	0°～360°	±1°		
	涡流式			±2.5～250mm①	±1%～3%	<3%	分辨率好，受被测物材料、形状影响
电容式		变面积		10^{-3}～10^{3}mm①	±0.005%	±1%	受介电常数随温度和湿度变化的影响
		变间距		10^{-3}～10mm①	0.1%	—	分辨率很好，但线性范围小
磁电式		霍尔元件		±1.5mm	0.5%	—	结构简单，动态特性好
光电式	遮光式	计量光栅	长光栅	10^{-3}～10^{3}mm①	0.2～1μm/1m	—	模拟和数字混合测量系统，数字显示(长光栅利用干涉技术，可分辨 1μm)
			圆光栅	0°～360°	±0.5°		
	反射式	激光干涉仪		几十米①	10^{-8}～10^{-7}	—	分辨率可达 0.1pm 以下
	吸收式	射线物位计		0.1～100mm①②	0.5%	—	可测高温、高压及腐蚀性容器内物位
超声波(测距、测厚)				0.1～100mm①②	45μm/mm	—	抗光电磁干扰，可测透明、抛光体
编码器		光电式		0°～360°	10^{-6}r	—	分辨率好，可靠性高
		接触式		0°～360°	10^{-6}r		

注：① 指这种传感器形式能够达到的最大可测范围，但每种规格的传感器都有其一定的远小于此范围的量程。

② 指这种传感器的测量范围，受被测物的材料或力学性质影响较大，表中数据为钢材的测量范围。

3) 速度和加速度传感器

速度和加速度传感器用于检测运动构件的运动速度或加速度值。检测转速的常用传感器有测速发电机、光电转速传感器、磁电转速传感器等。检测加速度可用电容式、压电式等加速度传感器。检测直线运动速度时，可以将直线运动变换成回转运动，然后利用转速传感器检测。采用数字型传感器检测位移时，也可同时检测运动速度。

图 6-20 所示为光电式转速传感器工作原理图。图中(a)为反射式转速传感器，在被测转

轴上用金属箔或反射纸贴出一圈黑白相间的测量条纹，光源发射的光线经反射后照射在光电元件上，产生光电流。被测轴旋转时，黑白相间的反射面造成反射光强弱变化，形成与黑白间隔数有关的光脉冲，使光电元件产生相应电脉冲。若黑白间隔数为 m，T 秒内脉冲计数值为 N，则转速 n 可表达为

$$n=\frac{60N}{mT} \tag{6-13}$$

图 6-20(b)为透射式光电转速传感器。固定在被测转轴上的旋转盘圆周上开有 m 个测量孔，光源发出的光线穿过测量孔照射在光电元件上，形成光电流。当旋转盘随被测轴转动时，光电元件接收的光线不断发生明暗变化，并输出一个电脉冲信号。

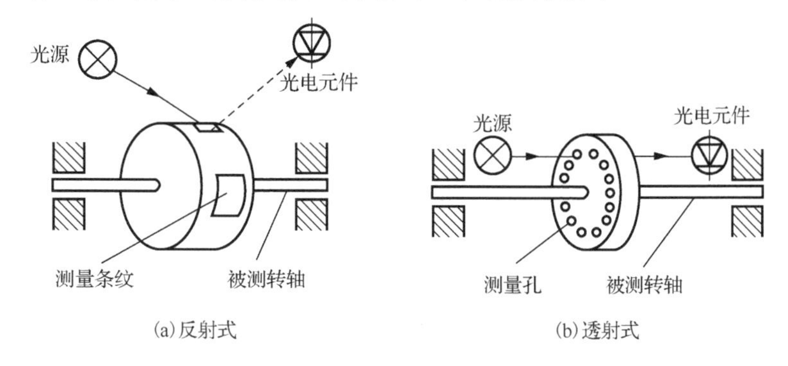

图 6-20　光电式转速传感器

4)力和力矩传感器

力和力矩传感器可以用于检测机械构件上所承受的力和力矩值。力不是直接可测量的物理量，而是通过其他物理量间接测量出的。最常见的方法是以应变片作为敏感元件，制成应力传感器、力传感器和力矩传感器。此外，还可通过压电效应、压磁效应等实现力的检测；可以通过检测电动机电流及液压马达油压等方法测量力。

图 6-21 为电容式测力传感器原理图。在矩形的特殊弹性元件上，加工若干个贯通的圆孔，每个圆孔内固定两个端面平行的“丁”字形电极，每个电极上贴有铜箔，构成由多个平行板电容器并联组成的测量电路。在力 F 作用下，弹性元件变形使极板间距发生变化，从而改变电容量。电容式测力传感器的特点是：结构简单、灵敏度高、动态响应快，但是由于电荷泄漏难以避免，不适宜静态力的测量。

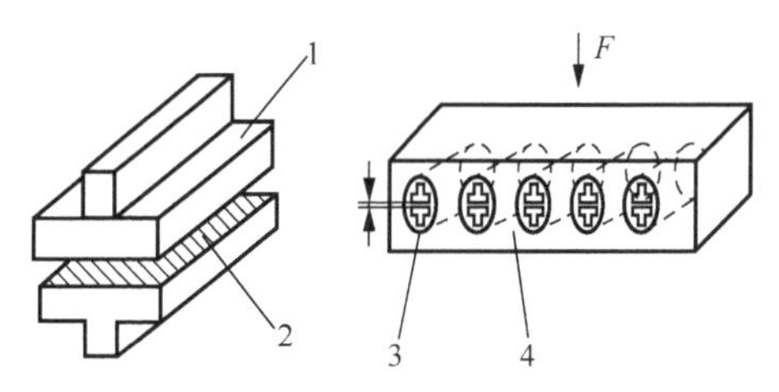

图 6-21　电容式测力传感器

1-绝缘物；2-导体；3-电极；4-铸件

5)视觉传感器

视觉检测技术是建立在计算机视觉研究基础上的一门新兴检测技术，它利用视觉传感器(如 CCD 摄像器件)采集图像，通过计算机从图像或图像序列中提取信息，对目标进行形态和运动识别。

视觉检测的基本任务是实现物体几何尺寸的精确检测或对物体精确定位，在机电一体化系统中的应用有：确定对象物的位置和姿态，图像识别——确定对象物的特征(识别符号、读出文字、识别物体)，形状、尺寸检验——检查零件形状和尺寸方面的缺陷。

视觉检测系统的构成如图 6-22 所示，一般由光源、镜头、摄像器件、图像存储体、监视

器，以及计算机等组成。光源为视觉系统提供足够的照度，摄像器件通过镜头采集目标图像，并将其转变为电信号。图像存储体负责将电信号转变为数字图像并存储，最后由计算机对图像进行处理、分析、判断和识别，将结果提供给控制器。

视觉检测具有非接触、动态响应快、量程大、可直接与计算机连接等优点，它对检测对象几乎不加选择。理论上计算机视觉可以观察到人眼观察不到的范围，如红外线、微波、超声波等，而视觉检测可以利用敏感器件形成红外线、微波、超声波等图像。视觉传感器和视觉检测技术仍在迅速发展之中。

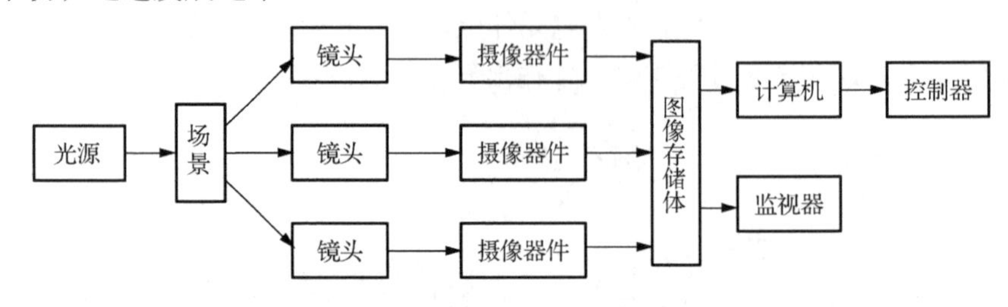

图 6-22　视觉检测系统的构成

6.3.3　伺服控制系统设计

伺服系统是指被控量是位移、速度、加速度、力和力矩等力学量的一类自动控制系统。在这种系统中，执行机构的运动跟随控制机构(或输入信号)运动的改变而变化，它的基本要求是输出量应能迅速而精确地响应指令输入的变化。伺服系统应用广泛，服务的对象种类繁多，大到工业生产设备，小到计算机的磁盘、光盘的驱动控制。

实际生产中经常会提出位置跟踪的要求，例如数控机床的定位控制及加工轨迹控制，机器人手臂各关节的运动控制，仿形铣床中铣刀与被加工工件之间相对运动轨迹的控制，电弧炼钢炉中电极的位置控制，电动控制阀门的位置，控制轧钢机压下装置的定位控制和飞剪的定长剪切等。要实现这些较高精度的位置控制，必须采用伺服系统。

伺服系统是由多种元件、部件联结组成，通常是具有负反馈的闭环控制系统，有的场合也可以用开环控制来实现其功能，如图 6-23 所示。

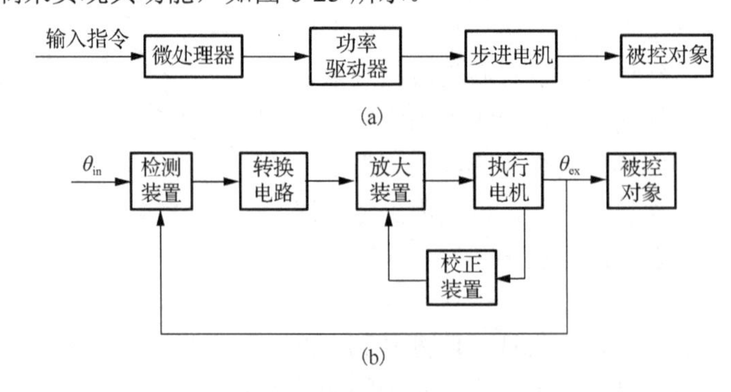

图 6-23　伺服系统结构框图

伺服系统按传递和变换能量的工作介质不同可分为气动、液压、电气三大类。在复杂的应用中，气动、液压伺服系统也越来越多地引入电子、电气元件。在功率级以前的信息都是以电信号传递的，信号的变换、放大、测量、校正、解调都较方便，这就是所谓的电气伺服和电液伺服系统。这里仅以电气伺服系统为例介绍系统的设计方法。

1. 对伺服系统的一般技术要求

工程上对伺服系统的技术要求很具体，由于系统所服务的对象不同、用途殊异，因而对系统的要求也有差别，但可将技术要求归纳成以下几个方面。

(1) 对系统基础性能的要求，包括对系统稳态性能和动态性能两方面的要求。伺服系统的稳态性能指标通常有系统静误差e_s，速度误差e_v，最大跟踪误差e_m，最低、最大跟踪角速度$\Omega_{\min}$、$\Omega_{\max}$，最大跟踪角加速度$\varepsilon_{\max}$，最大角速度和角加速度$\Omega_{\lim}$、$\varepsilon_{\lim}$等。动态性能指标有最大超调量$\sigma\%$、过渡过程时间t_s、振荡次数μ，最大振荡指标M_r、系统频带宽度ω_b等。

(2) 对系统工作体制、可靠性、使用寿命等方面的要求。

(3) 系统须适应的工作环境条件：如温度、湿度、振动等方面的要求。

(4) 对系统体积、容量、结构外形、安装特点等方面的限制。

(5) 对系统制造成本、运行的经济性、标准化程度、能源条件等方面的要求。

2. 伺服系统设计的内容和步骤

设计伺服系统要根据被控对象工作的性质和特点，明确伺服系统的基本性能要求，同时要充分了解市场上器材、元件的供应情况、性能质量、品种规格、价格与售后服务等，还要注意了解新技术、新工艺的发展动态。

系统设计的主要内容和步骤如下。

1) 确定设计任务

分析控制系统需要完成的任务和使用条件，归纳出技术指标和设计数据，具体包括以下几点。

(1) 控制系统的用途、使用范围及负载情况。

(2) 系统的技术要求，包括稳态性能和动态性能要求。

(3) 对系统安装结构和所用控制元件的要求。

(4) 对控制系统的工作条件要求，如温度、振动、防腐(尘、爆、水)等要求。

对于相对较复杂的控制系统(如多任务控制系统)，可以采用控制流程图、动作表或其他适当的形式描述控制过程和任务，搞清楚各控制动作的时间、顺序、状态，并写出设计任务说明书。

2) 制定系统总体方案

根据设计任务，对伺服系统的总体做一个初步设想。例如，确定系统控制方式是开环、闭环还是复合控制，整个系统应由哪几个部分组成，各部分采用什么元器件等。可以将可能的控制系统方案都罗列出来，然后逐一进行详尽的经济性和技术可行性评价，反复权衡、比较，确定最优方案。

3) 完成系统元件的选择和设计

系统方案仅仅是一个粗略的轮廓，还必须结合设计技术要求进一步将系统的各部分具体化，即根据系统稳态性能的要求，选择和确定各主要控制元件的型号、规格和参数。一般首先选择执行元件和相应的机械传动元件，接着可以选择或设计驱动执行电机的功率放大装置，再根据系统工作精度的要求确定检测装置的具体组成形式及其线路参数，最后设计前置放大器、信号转换线路、传动装置等。

在考虑各元部件连接时，要注意阻抗的匹配、饱和界限、分辨率、供电方式和接地方式。为使有用信号不失真、不失精度地有效传递，要设计好耦合方式。同时也要考虑必要的屏蔽、去耦、保护、滤波等抗干扰措施。

4)建立系统的动态数学模型，进行动态设计

当系统的控制对象、驱动装置、功率转换电路及其元器件、线路参数初步确定之后，就可以着手建立系统的动态数学模型，推导传递函数。系统建模往往需要作适当的简化，但要尽量保证数学模型能够反映该系统的实际，必要时要对某些元部件的特性进行试验测试以获得必要的数据。目前，也可用辨识的方法对系统建模。

由系统的数学模型即可进行动态分析，求出系统的动态性能指标。如果分析结果显示系统不满足动态性能要求，比如稳定裕度不够，或过渡过程不满足要求，则需要进行动态设计，考虑在系统中附加校正装置(如 PID 控制器)，通过调节校正装置的参数改善系统的动态性能。

5)系统的试验

控制系统的设计计算总是近似的，结果有时与实际情况有较大出入，必须经过一定的试验检验，将系统的功能、性能和参数等指标完全正确地演示出来。试验验证可以是计算机仿真试验，也可以是部分实物和仿真相结合，还可以采用缩小比例的实物模拟负载试验。经过严格的试验并获得圆满成功以后，控制系统才能转入现场试验。

3. 主要元件的选择

伺服系统中的主要元件包括执行元件、机械传动元件和测量元件，这些元件的选择和设计对伺服系统控制性能的优劣起到关键的作用。

1)执行元件

可作伺服系统执行元件的主要是 3.2.1 节中介绍的控制用电动机，从大的类别看，可分为步进电机、直流伺服电机和交流伺服电机三大类。步进电机一般用于开环伺服系统、小功率场合。在闭环伺服系统中，早期多采用小惯量直流伺服电机，20 世纪 70 年代后多采用宽调速直流伺服电机，20 世纪 80 年代初已开始采用交流伺服电机。直流伺服电机具有调速范围宽、机械特性硬、过载能力强、动态响应性能好等优点，但也存在电机结构复杂、需要经常维修等不足。交流伺服电机的成本低、使用寿命长、维修方便，虽然控制较复杂，但随着驱动技术的不断发展，应用越来越多，在中等功率特别是大功率场合，有逐渐替代直流伺服系统的趋势。表 6-2 列出了伺服电动机的特点和应用。

表 6-2　伺服电动机的特点及应用

种类	主要特点	应用实例
步进电机	1. 转角与控制脉冲数成比例，可构成直接数字控制 2. 有定位转矩 3. 可构成廉价的开环控制系统	计算机外围设备、办公机械、数控装置等
直流伺服电机	1. 高响应特性 2. 高功率密度(体积小、重量轻) 3. 可实现高精度数字控制 4. 接触换向部件	NC 机械、机器人、计算机外围设备、办公机械、音响、雷达天线驱动等
交流伺服电机	1. 对定子电流的激励分量和转矩分量分别控制，调速系统复杂 2. 具有直流伺服电机的全部优点，无换向器	NC 机械(主轴运动)

在确定伺服电动机的具体型号时要考虑输出转矩、转速和功率，电机应能满足负载运动要求，控制特性应保证所需的调速范围和转矩变化范围。

对直流伺服电动机，选择的首要依据是功率，电动机应具有足够的功率驱动负载。如果要求电动机在峰值转矩下以最高转速不断地驱动负载，则电动机功率可按下式估算。

$$P_M \approx (1.5 \sim 2.5)\frac{M_{LP} \cdot \Omega_{LP}}{1020\eta} \tag{6-14}$$

式中，P_M 为电动机功率，kW；M_{LP} 为负载峰值转矩，N • m；Ω_{LP} 为负载最高角速度，rad/s；η 为传动效率。

这里 1.5～2.5 的系数为经验数据，它考虑到初步估算时负载转矩有可能遗漏，且考虑电机转子和传动装置的功率消耗。

当电机长期连续地、周期性地工作在变负载条件下，通常应按负载均方根功率来估算。

$$P_M \approx (1.5 \sim 2.5)\frac{M_{LR} \cdot \Omega_{LR}}{1020\eta} \tag{6-15}$$

式中，M_{LR} 为负载均方根转矩，N • m；Ω_{LR} 为负载角速度，rad/s。

由估算的 P_M 就可以选电动机，其额定功率 P_R 满足

$$P_R \geqslant P_M \tag{6-16}$$

初选电动机后，一系列的技术数据，诸如额定转矩、额定转速、额定电压、额定电流、转子转动惯量、过载倍数等，均可由产品目录直接查得或经计算求得。

2）机械传动元件

机械传动元件是伺服系统中的一个重要环节，它将伺服电机的动力和力矩传递到负载，使驱动电动机与负载的转矩和转速相互匹配。近年来，不通过传动链，由直接驱动电机即所谓的 DD 马达，直接驱动负载的技术应用日益广泛，但是应用这种技术需要低速大转矩的伺服电机，并要考虑负载的非线性和耦合性等因素对执行电动机的影响，从而增加系统的复杂性。因此，伺服系统中的传动机构目前还难以消除。

机械传动链的技术性能主要取决于传动类型、传动方式、传动精度、动态特性及可靠性等。在伺服系统中，要求考虑传动元件对系统的伺服特性，即精度、稳定性和快速性的影响。例如，在开环系统中，不仅对各传动件的精度有要求，还对整个传动系统的精度提出要求；闭环系统中，各传动件的精度可以适当降低，但整个传动系统的精度也必须达到一定要求，才能补偿随机误差。

一般来说，对于伺服机械传动系统的基本要求是：高的机械固有频率、高的刚度、合适的阻尼、尽可能采用线性的传递性能，以及运动部件的惯量尽可能低等，这些都是保证良好伺服特性所必需的。

传动机构的惯性用转动惯量来计算。转动惯量会产生不利影响：机械负载增加，功率消耗大；系统响应速度变慢，降低灵敏度；系统固有频率下降，容易产生谐振。转动惯量增大使电气驱动部件的谐振频率降低，而阻尼增大。所以在不影响系统刚度的条件下，机械部分的质量和转动惯量尽可能小。

干摩擦，包括静摩擦和动摩擦，也是影响伺服系统性能的一个不利因素。它一方面造成系统静态误差，另一方面在系统低速运行时引起跳动。要注意克服干摩擦造成的不良影响，改善伺服系统低速运行时的平稳性。理论分析指出，减小摩擦力矩和减小静、动摩擦力矩之差，是避免产生低速跳动的重要途径，如提高传动部分的精度和光洁度、改善润滑条件、采用 PWM 式晶体管放大器作为功率放大器等。

传动系统的设计还要注意限制传动误差和回程误差，这两种误差会影响系统的精度和稳定性。传动误差是指输入轴单方向转动时输出轴转角的实际值相对于理论值的变动量，它的存在使得输出轴与输入轴之间的传动比发生变化，造成传动不准确，影响传动精度。这主要是由传动件的变形和制造误差引起的。回程误差可以定义为输入轴由正向回转变为反向回转时输出轴在转角上的滞后量，也可以理解为当输入轴固定时输出轴可以任意转动的角度。它主要是由传动件之间的间隙引起的。

伺服系统中常用的机械传动元件有齿轮系、滚珠丝杠和同步带等。此外，在工业机器人中还大量使用了 RV 减速器和谐波减速器。这里简要介绍伺服系统中齿轮系和滚珠丝杠设计中需要考虑的一些问题。

(1) 齿轮系。

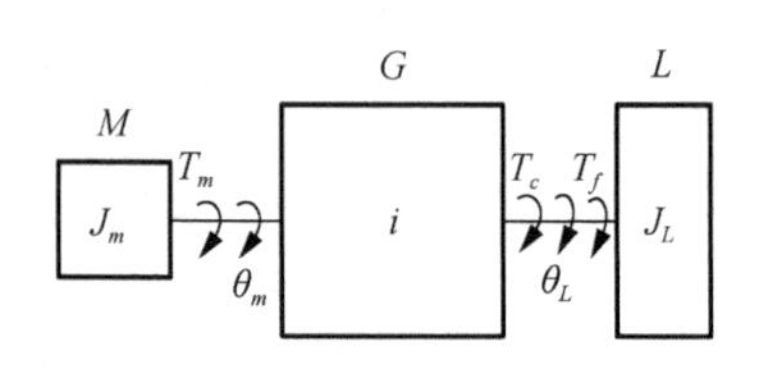

图 6-24 伺服系统齿轮传动计算模型

选择伺服机构所用的齿轮系除了考虑强度因素外，更重要的是应考虑其响应特性，即在相同的输出功率下，应选择具有最大加速度响应的齿轮系。

图 6-24 是伺服系统齿轮传动计算模型。转子转动惯量为 J_m、输出转矩为 T_m 的电动机，通过总传动比为 i 折算到电机轴上的等效转动惯量为 J_{eg} 的齿轮系 G，带动转动惯量为 J_L、工作负载转矩为 T_c、摩擦负载转矩为 T_f 的负载 L。设齿轮系的传动效率为 η，传动比 $i>1$，即

$$i=\theta_m/\theta_L=\dot{\theta}_m\big/\dot{\theta}_L=\ddot{\theta}_m\big/\ddot{\theta}_L>1 \tag{6-17}$$

式中，θ_m、$\dot{\theta}_m$、$\ddot{\theta}_m$ 分别为电动机的转角、角速度、角加速度；θ_L、$\dot{\theta}_L$、$\ddot{\theta}_L$ 分别为负载的转角、角速度、角加速度。

T_c、T_f 换算到电机轴上分别为 T_c/i、T_f/i，J_L 换算到电机轴上为 J_L/i^2。按动力学第二定律得

$$T_m-\left(\frac{T_c+T_f}{i\eta}\right)=\left(J_m+J_{eg}+\frac{J_L}{i^2\eta}\right)\ddot{\theta}_m=\left(J_m+J_{eg}+\frac{J_L}{i^2\eta}\right)i\ddot{\theta}_L \tag{6-18}$$

整理得

$$\ddot{\theta}_L=\frac{T_m i\eta-(T_c+T_f)}{(J_m+J_{eg})i^2\eta+J_L} \tag{6-19}$$

将式(6-19)对 i 求偏导，并令其等于零，可求得负载具有最大加速度时的最佳传动比为

$$i=\frac{T_c+T_f}{T_m\eta}+\sqrt{\left(\frac{T_c+T_f}{T_m\eta}\right)^2+\frac{J_L}{\eta(J_m+J_{eg})}} \tag{6-20}$$

令 $\eta=1$、$T_c=T_f=J_{eg}=0$，对式(6-20)进行简化，则

$$i=\sqrt{J_L/J_m} \tag{6-21}$$

式(6-21)表明，齿轮系传动比的最佳值就是 J_L 换算到电机轴上的转动惯量正好等于转子转动惯量 J_m，此时负载加速度最大，这就是达到了惯性负载和力矩源的最佳匹配。最大加速度为

$$\ddot{\theta}_{L\max} = \frac{T_m}{2\sqrt{J_m J_L}} \tag{6-22}$$

若将齿轮的转动惯量折算到负载上，可以看出减小转动惯量有利于提高伺服系统响应的快速性。因此，希望齿轮系中齿轮的转动惯量越小越好。对于齿轮，减小转动惯量最有效的途径是减小高速级齿轮的直径。对齿轮系，传动级数越多，其总的折算惯量越小。但一味地增加级数也不合适，因为当级数增加到一定数量后，再增加级数，总折算惯量的减小将不再显著；同时，级数多了，结构复杂，且会带来积累齿隙误差和角度传递误差。此外，越接近高速级的齿轮，其上的转动惯量对总折算惯量的影响越大，为此，高速齿轮的齿厚应做得比低速齿轮的齿厚小，以减小其转动惯量。对于一定的总传动比，其各级传动比从低速级到高速级应逐级增加。

另外，当传动比 i 小于最佳值时，加速度将急剧下降；当 i 大于最佳值时，加速度很快收敛于一定值。故加大传动比，可以相当接近于 $\ddot{\theta}_{L\max}$，而且选用大传动比，可使驱动系统获得较高的固有频率，从而提高系统的响应速度。但有时为了保持负载所需的最大速度，又必须限制传动比，此时只能牺牲加速度，或者选择能够输出更大转矩的电动机。

(2) 滚珠丝杠

滚珠丝杠是在丝杠和螺母滚道之间放入适量的滚珠，使螺纹间产生滚动摩擦。和普通的滑动丝杠相比，它具有传动效率高、摩擦力小、无自锁现象、精度稳定性好等优点。

为了提高轴向刚度，滚珠丝杠的支承常用于以推力轴承为主的轴承组合。这种组合有一端止推和两端止推两种形式，仅当轴向载荷很小时，才用向心推力轴承。

伺服驱动用的滚珠丝杠，不仅应保证其静态精度和机械强度，还应保证其刚度、动态变形、失动量、固有频率及寿命等。其中，刚度计算适用于高精度丝杠传动系统，而且还要考虑电机工作台和负载等各种因素。有关计算公式如下。

滚珠丝杠扭转刚度 K_T (N • μm /rad) 为

$$K_T = \pi G d_1^4 / (32 l_s)$$

滚珠丝杠扭转变形在进给方向上引起的位移量 ΔS_T (m) 为

$$\Delta S_T = \frac{1}{2\pi} \cdot T_s \cdot \frac{t_s}{K_T} = \frac{1}{4\pi^2} \cdot F_a \cdot \frac{t_s}{K_T}$$

滚珠丝杠纵向刚度 K_s (N/m) 为

$$K_s = \pi d_1^2 E / (4 l_s)$$

滚珠丝杠的轴向变形在进给方向上引起的位移量 ΔS_z (m) 为

$$\Delta S_z = F_a / K_T$$

单推-单推方式下滚珠丝杠进给传动的总刚度为

$$\frac{1}{K_e} = \frac{1}{4K_b} + \frac{1}{4K_s} + \frac{1}{K_n} + \frac{1}{K_m}$$

双推-双推方式下滚珠丝杠进给传动的总刚度为

$$\frac{1}{K_e} = \frac{1}{2K_b} + \frac{1}{4K_s} + \frac{1}{K_n} + \frac{1}{K_m}$$

双推-简支、双推-自由方式下滚珠丝杠进给传动的总刚度为

$$\frac{1}{K_e}=\frac{1}{2K_b}+\frac{1}{K_s}+\frac{1}{K_n}+\frac{1}{K_m}$$

驱动系统的扭转固有角频率ω_{0t} (rad/s)为

$$\omega_{0t}=\sqrt{K_T/J}$$

驱动系统的轴向固有角频率ω_{0x} (rad/s)为

$$\omega_{0x}=\sqrt{K_e/m}$$

式中，G为剪切模量，对于钢质丝杠$G=8\times10^{10}\,\text{N/m}^2$；$d_1$为滚珠丝杠内径，m；$l_s$为丝杠的自由长度，m；$F_a$为进给丝杠的轴向进给力，N；$t_s$为丝杠导程，m；$E$为弹性模量，对于钢质丝杠$E=2.1\times10^{11}\,\text{N/m}^2$；$K_b$为支承的轴向刚度；$K_m$为滚珠螺母安装在工作台的刚度；$K_n$为滚珠螺母的轴向刚度。

支承的轴向刚度K_b取决于所采用的轴承组合和轴承座，是影响系统精度和可靠性的重要原因之一。因此，要求支承具有高的承受能力、高的刚度和小的轴向间隙，并尽量减少维修。在数控机床中，支承刚度与直径大致为：$K_b=1500\sim7000\text{N/m}$；$d_1=20\text{mm}\sim100\text{mm}$。

滚珠螺母的轴向刚度K_n取决于丝杆直径、滚珠总圈数和预紧力。它可由制造给出，也可经计算得到，通常为：$d_1=16\text{mm}\sim100\text{mm}$；$K_n=352\sim2200\text{N/m}$。螺母的安装刚度$K_m$应在结构设计时考虑，初步设计时，可以假定$K_m=1000\text{N/m}$。

3) 测量元件

测量元件测量被控量、提供反馈信号，是闭环控制系统必不可少的一部分。

一般来说，半闭环控制系统主要采用角位移传感器，如光电脉冲编码器、原感应同步器、旋转变压器、码盘等；全闭环控制系统主要采用直线位移传感器，如光栅尺、磁尺、直线感应同步器等。

在位置伺服系统中，为了获得良好的性能，往往还要对执行元件的速度进行反馈控制，因而要选用速度传感器。交、直流伺服电动机常用测速发电机作为速度传感器。目前，在半闭环伺服系统中，也常采用光电脉冲传感器，既测量电动机的角位移，又通过计时而获得速度。

6.3.4　智能控制技术

自动控制理论经历了经典控制理论和现代控制理论，目前正向智能控制发展。智能控制是由自动控制和人工智能、计算机科学，以及系统科学中一些有关学科分支(如系统工程、系统学、运筹学、信息论)相结合，建立起来的一种适用于复杂系统的控制理论和技术。

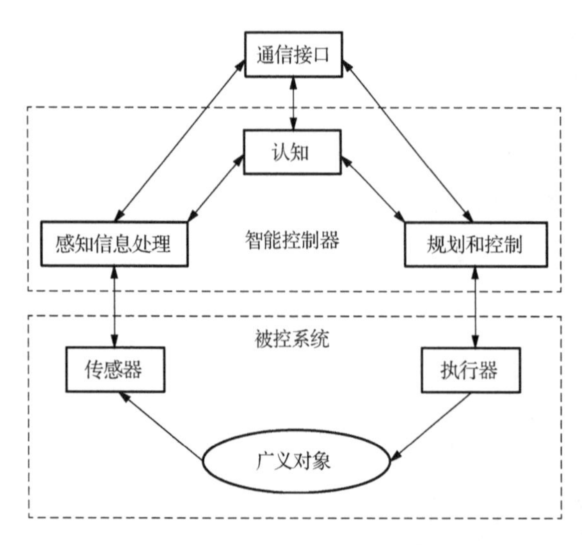

图 6-25　智能控制系统典型结构

图 6-25 所示为智能控制系统典型结构。智能控制不同于经典控制理论和现代控制理论的处理方法。控制器不再是单一的数学解析模型，而是数学解析模型和知识系统相结合的广义模型，可以在熟悉或不熟悉的环境中自动地或人-机交互地完成拟人任务。

与传统自动控制系统相比，智能控制系统具有足够的关于人的控制策略、被控对象及环境的有关知识，以及运用这些知识的能力；采用开、闭环控制和定性、定量控制结合的多模态控制方式；具有变结构特点，能总体自寻优，具有自适应、自组织、自学习和自协调能力；有补偿及自修复能力和判断决策能力。

目前应用较多的智能控制方法有模糊控制、神经网络、遗传算法、专家控制系统、学习控制等理论和自适应控制、自组织控制、自学习控制等技术。

1) 模糊控制

模糊控制是智能控制较早的形式，它吸取了人的思维具有模糊性的特点，从广义上讲，模糊逻辑控制指的是应用模糊集合理论，统筹考虑系统的一种控制方式。模糊控制不需要精确的数学模型，是解决不确定性系统控制的一种有效途径。目前，模糊控制的形式多种多样，如模糊模型及辨识、模糊自适应控制等，是智能控制的重要分支。

2) 神经网络控制

神经网络控制是研究和利用人脑的某些结构机理以及人的知识和经验对系统的控制。采用神经网络，控制问题可以看成模式识别问题，被识别的模式是映射成“行为”信号的“变化”信号。人们普遍认为，神经网络控制系统的智能性、鲁棒性均较好，能处理高维、非线性、强耦合和不确定性的复杂工业生产过程的控制问题。其显著特点是具有学习能力，只要有足够的各态遍历的数据学习样本，它就能不断修正神经元之间的连接权值，并离散存储在连接网络中。因而，对非线性系统、难以建模的系统，它具有良好的映射能力。权值的修正可以看成是对映射的修正，以达到希望的目标函数。

一般来说，神经网络用于控制有两种方法，一种是用来实现建模，另一种是直接作为控制器使用，具体可分为以下几个方面。

(1) 系统建模。对于系统的输入/输出数据，利用神经网络在带有严重非线性特性的系统中建立其输入/输出映射，比传统的线性系统辨识更为有效。多数神经网络建模是和控制器一起实现的。

(2) 直接自校正控制。神经网络先离线学习被控对象的逆动力学特性，然后作为对象的前馈控制器，并在线继续学习动力学特性。这种方法的思想是，如果神经网络充分逼近对象的逆动力学特性，则从神经网络的输入端至对象的输出端的传递函数近似为 1。

(3) 间接自校正控制。自校正调节器的目的是在被控系统参数变化的情况下，自动调整控制器的参数，消除扰动的影响，以保证系统的性能指标。在这种控制方式中，神经网络用作过程参数或某些非线性函数的在线估计器。

3) 遗传算法

遗传算法(GA)是模拟自然进化过程而得到的一种随机性全局优化方法，现在也被广泛研究和应用。此方法的全局性、快速性、并行性和鲁棒性，使得遗传算法越来越为各领域所接受。遗传算法在自动控制学科中，已用来研究离散时间最优控制问题、Riccati 方程的求解问题、控制系统的鲁棒稳定问题等。尤其是在模糊神经网络训练中，应用最广的 BP 算法，由于本身的机理，使得其训练结果常常陷入局部最优，成为神经网络发展的一大障碍。因而，近年来遗传算法成为模糊神经网络训练中的有力工具，用来训练神经网络权值，对控制规则和隶属度函数进行优化，也可以用来优化网络结构。

遗传算法的应用按其方式可分为三部分，即基于遗传的优化计算、基于遗传的优化编程和基于遗传的机器学习。

4) 专家控制系统

专家控制系统是将专家系统的设计规范和运行机制与传统控制理论和技术相结合而形成的实时控制系统。专家控制的功能目标是模拟、延伸、扩展“控制专家”的思想、策略和方法。所谓“控制专家”，既指一般自动控制技术的专门研究者、设计师、工程师，也指具有熟悉操作技能的控制系统操作人员。他们的控制思想、策略和方法包括成熟的理论方法、直觉经验和手动控制技能。专家控制并不是对传统控制理论和技术的排斥、替代，而是对它的包容和发展。专家控制不仅可以提高常规控制系统的控制品质，拓宽系统的作用范围，增加系统功能，而且可以对传统控制方法难以奏效的复杂过程实现控制。

专家智能控制将控制规律的解析算法与各种启发式控制逻辑的有机结合，使系统体现出智能性，获得良好的控制系统性能。

5) 学习控制

学习控制是智能控制的一个重要分支，它把过去的经验与过去的控制局势相联系，能针对一定的控制局势来调用适当的经验，适合于建模不准确的非线性问题。典型的学习控制方法有基于模式识别的学习控制、Bayes 学习控制和迭代学习控制等。

基于模式识别的学习控制方法的基本思想是，针对先验知识不完全的对象和环境，将控制局势进行分类，确定这种分类的决策，根据不同的决策切换控制作用的选择，通过对控制器性能估计来引导学习过程，从而使系统总的性能得到改善。

Bayes 学习控制是利用一种基于 Bayes 定理的迭代方法来估计未知的密度函数信息，类似于统计模式识别中的情况，然后根据估计信息实现控制律。

迭代学习控制的基本思想是，基于多次重复训练，只要保证训练过程的系统不变性，控制作用的确定可在模型不确定的情况下获得有规律的原则，使系统的实际输出逼近期望输出。在迭代学习控制系统中，控制作用的学习是通过对以往控制经验(控制作用与误差的加权和)的记忆实现的。算法的收敛性依赖于加权因子的确定。这种学习系统的核心是系统不变性的假设以及基于记忆单元间断的重复训练过程，它的学习规律极为简单，可实现训练间隙的离线计算，因而不但有较好的实时性，而且对于干扰和系统模型的变化具有一定的鲁棒性。

6.4　操控系统的安全保护

安全思想应贯穿于整个机械系统设计过程中。操控系统与人直接接触，人为因素较多，必须对其安全保护措施和装置给予足够重视。一方面，为保证机械系统正常运行和人身安全，应尽量避免操作失误；另一方面，在设计时应做到即使工人操作发生错误，也不会造成机械系统的损坏或人身事故。能否避免或尽量减少事故和伤害，是衡量一个操控系统成败的重要因素之一。

6.4.1　安全保护要求和措施

分析事故原因可以发现，事故可以分为操控系统自身缺陷和人的操作失误两大类，其中系统自身缺陷包括关键零部件失效，防护不足导致人和危险点接触，突发情况(如停电等)导致系统异动等；人的操作失误包括手柄、阀门等操作方向错误，按错按钮，未打开防护设施，供料或送料速度过快、误开/误关设备等。

据此，一般对操控系统有以下一些安全要求。

(1) 工作位置安全可靠，在设计上满足强度、刚度等要求。

(2) 要有有效的保护、防护措施。例如，应根据需要，在操作位置和需要的地方设置可靠的急停按钮或紧急停车装置；控制线路应保证线路损坏后也不会发生危险；当设备的能源偶然切断时，制动、夹紧动作不应中断；能源又重新接通时，设备不得自动启动。

(3) 充分考虑人机工程学要求。例如，应保证操作人员的头、手、臂、腿、脚有合乎心理和生理要求的足够的活动空间；操纵件空间位置和排列方式、形状大小和颜色，以及操作动作应符合人机工程学的要求；操纵力应大小适宜，太大容易引起疲劳，太小没有操纵感且容易误触发。

(4) 设置必要的危险警示或警报装置。

操控系统设计一般可采取以下安全措施。

(1) 采用可靠性技术，提高系统可靠性。可靠性技术已成为提高使用寿命、减少设备故障、实现安全生产的重要手段。在系统设计时，可进行故障树分析(FTA)和故障模式影响及危害度分析(FMECA)，找出系统薄弱环节并从设计方案上进行改进；进行可靠性设计，提高关键零部件可靠度；采用冗余技术，在系统中增加冗余元件或备用装置，例如传感器失效会导致控制失败，在事关人身安全的场合，可采用多个传感器以确保安全。

(2) 加入安全防护装置。当无法消除危险因素时，采用安全防护装置隔离危险因素是最常用的技术措施。安全防护装置包括防护罩、防护屏，延时开关，各种自锁、互锁装置等。此外，还可以对操作动作做出限制性要求，例如要求双手操作以避免操作人员另一只手伸入危险区；为脚踏板、按钮等加入阻尼器或弹簧以避免误碰、误触引发设备动作；在危险区设置光电式、感应式、压力传感式传感器，当人进入危险区，可立即停机，避免发生危险。

安全装置的设计应充分考虑人的因素，确保操作人员在使用中舒适、安全、省力。例如，防护罩的拉动要省力、急停开关要设置在人易于触及的位置、操作指示仪表、信号显示装置、指示灯和警示性标牌等要易于观察、醒目，等等。

(3) 加入安全保险装置。这种装置的作用和安全保护装置稍有不同，它能在设备产生超压、超温、超速、超载、超位等危险因素时，进行自动控制并消除或减弱上述危险。常见的安全保险装置有安全阀、超载保护装置、限位器、爆破片、熔断器、保险丝、力矩限制器、极限位置限制器等。

(4) 提高设备自动化程度。采用机械化、自动化和遥控技术代替人的手工操作，既可以提高劳动生产率、降低劳动强度，又可以防止危险因素和人接触，这是保证操作者安全和设备安全的最佳方案。例如在冲压设备中，早期没有足够的安全保护措施，极易发生事故；加入光电式保护装置后，很大程度上保证了安全，但是有时候会误停机降低生产效率；采用自动上料机提高设备自动化程度则既避免手工上料可能发生的危险，又大大提高机械生产效率。

6.4.2 自锁和互锁

自锁和互锁机构是操控系统常用的安全保护装置。

1. 自锁机构

自锁机构以一定的预压力把操纵件、执行件或中间的某传动件固定在规定的位置。只有施加的操纵力大于这个预压力，操纵件或执行件才会动作。

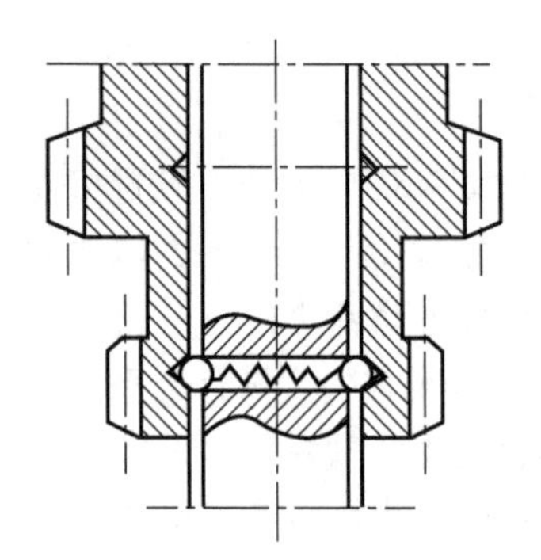

图 6-26　滑移齿轮钢球自锁机构

图 6-26 所示为滑移齿轮操纵系统中采用的钢球自锁机构。钢球在弹簧力的作用下，压紧在齿轮的 V 型槽内起到自锁作用。当作用在齿轮上的轴向力大于压紧力在齿轮轴向上的分力时，齿轮才能滑移。这就保证了齿轮不能自动滑移，也不会影响正常的传动。

2. 互锁机构

互锁机构使操纵系统在进行一个操作动作时把另一个操作动作锁住，从而避免机械发生不应有的运动干涉，保证在前一执行件的动作完成后才可使另一执行件动作。如在车辆和机床等各类机械的变速箱中，不会同时挂两个挡。在离合器和制动器配合动作的操纵系统中，应保证离合器先脱开、制动器后制动，制动器先松开、离合器后接合。

互锁机构种类繁多、形式多样，在操控系统中应用十分广泛。互锁机构可以采用机械的、液压的和电气的等多种方式来实现，可以根据电源形式、防护对象危险程度、防护速度要求，以及互锁装置故障后的后果来选用。电气互锁容易实现，但机械互锁机构往往可靠性更高。因为电子控制系统中只要有一个元件不合格或出现故障，就可以使整个装置失灵。

图 6-27 所示为两种机械式互锁机构。图 6-27(a)为两平行轴通过钢球互锁，两轴上环形槽相对时为原始位置，此时可移动其中任意的一根轴，当其中一根轴移动后，钢球被推入另一根轴上的环形槽内，使该轴被锁住。图 6-27(b)为两平行轴通过圆盘互锁，当圆盘上的缺口对准某一轴时，该轴可以轴向移动，另一轴被圆盘锁住。

图 6-28 所示为压力机操纵系统中，按钮式电磁铁与脚踏板联锁装置，它主要由电磁铁心和脚踏板等组成。电磁铁心平时插在操纵杠杆的销孔内，使脚踏板不能踏下，因此压力机不动作。只有双手同时按两个按钮时，接通电磁铁线路，使电磁铁产生吸力，将铁心拉出，此时踏下踏板，压力机才能启动，从而起到安全保护作用。

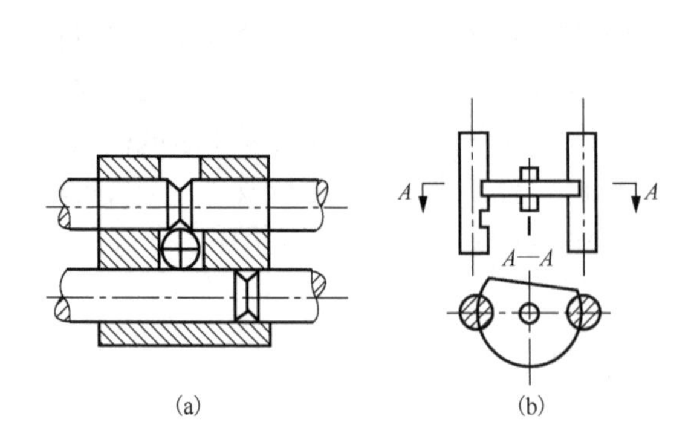

图 6-27　机械式互锁机构示例

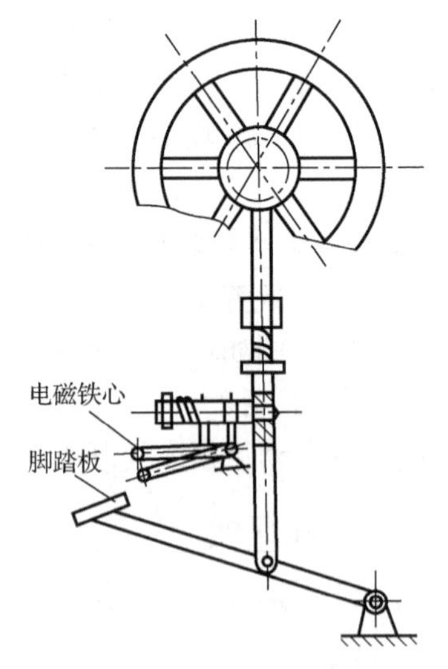

图 6-28　压力机联锁装置

思考与实践题

1. 说明常用控制电机的类型和用途。

2. 试讨论普通轿车操控系统有哪些功能、常用原理和方案。

3. 试讨论电动汽车操控系统的功能、常用原理和方案。

4. 对比普通机床和数控机床的操控系统，讨论现代机械产品操控系统的特点及其对设备的影响。

5. 试结合波音 737MAX 连续坠机事件从安全保护的角度讨论操控系统设计注意事项。

6. 试选择一个机械系统(机械产品)，分析其操控系统的组成及特点。

7. 在题 6 的基础上，对所选产品的操控系统设计进行自我拓展训练(现有操控系统能否进一步改进优化？怎样实现？)。

第 7 章　机械结构设计

机械结构是机械功能的载体，所确定的结构不但要保证功能实现的可能性，而且要保证功能实现的可靠性，使得机械装置在工作中具有足够的工作能力和工作性能。机械结构设计的任务是在功能原理方案设计与总体设计的基础上，将原理设计方案结构化，确定机械装置的具体结构与参数。具体内容为在确定零件的材料、形状、尺寸、公差、热处理方式和表面状况的同时，还须考虑其加工工艺、强度、刚度、精度，以及与其他零件相互之间的关系等问题。结构设计的直接产物是技术图纸，但结构设计工作不是简单的机械制图，图纸只是表达设计方案的语言，综合技术的具体化是结构设计的基本内容。功能原理设计决定了产品的先进性、新颖性，结构设计则决定了产品的质量和成本。结构设计是机械设计中涉及问题最多、工作量最大的一个环节。

机械结构设计的主要特点有：①它是集思考、绘图、计算(有时进行必要的实验)于一体的设计过程，对机械设计的成败起着举足轻重的作用；②机械结构设计问题的多解性，即满足同一设计要求的机械结构并不是唯一的；③机械结构设计阶段是一个很活跃的设计环节，常常需反复、交叉地进行。为此，在进行机械结构设计时，必须从机器的整体出发，了解和掌握机器对机械结构的基本要求。

结构设计包括机器的总体结构设计和零部件结构设计两方面内容。它们之间既有联系，又有区别。本章将着重讨论零件结构设计的共性问题，有时也涉及与之有关的部件结构方案问题，以便更好地进行零件设计。

7.1　零　　件

零件是构成机械装置的基本单元，机械装置的功能通过零件之间的相互作用而实现。

7.1.1　零件的功能

充分认识零件的功能是正确进行结构设计的重要前提。不同的零件在功能上亦不尽相同，概括地讲，机械零件在机械结构中的基本功能主要有承受载荷、传递运动和动力，以及保持有关零部件之间的相对位置或运动轨迹关系等。

1. 承受载荷

机械装置在工作中受到多种力的作用，这些力都要由零件承受。

(1) 机械装置工作所需要的力。

(2) 零件自身的重力。

(3) 由于零件运动速度变化产生的惯性力。

(4) 回转零件产生的离心力。

(5) 直接接触表面产生的摩擦力。

(6) 在介质中运动的零件受到介质的作用力(液压力、风阻力)。

(7) 对连接结构施加的预紧力(如螺栓连接、过盈连接等)。

(8) 由温度变化引起的附加负荷。

承受载荷是使零件发生时效的重要原因。正确分析零件受力的类型、大小、方向及其对零件正常工作的影响，是进行结构设计的重要依据和保证。

2. 传递运动和动力

在机械系统中，动力系统(如电动机)的运动和动力通常是通过传动系统传递给执行机构的。显然，传动系统中的零件的作用就是传递运动和动力。如轧钢机械，电动机通过联合减速器和万向联轴器，将回转运动和扭矩传递给轧辊。除传动系统中的零件外，机械系统中还有一些零件的作用也是负责传递运动和动力，如曲柄-摇杆机构中的摇杆。

3. 保持有关零部件之间的相对位置或运动轨迹关系

以车床为例，车床主轴箱和床身之间应有严格的相对位置关系，即主轴中心线应与床身上的导轨相平行，保证沿导轨移动的刀架上所装刀具的尖端走出与主轴轴线相平行的轨迹。同时，还要求尾座顶尖与主轴顶尖的连线与床身导轨平行，要求床身导轨本身要具有相应的直线度，受热、受力变形小等。若不满足上述要求，加工时就会造成被加工工件的几何形状误差。保持零部件之间的相对位置和运动轨迹关系是保证机器功能的先决条件之一，而结构设计则是满足这一要求的基本保证。

4. 其他功能

有些零件还具有其他一些功用。如箱体除了保证各传动轴的相对位置及其中心距外，还起着包容和保护传动件的作用，还可以盛装润滑油。有的零件还兼有或主要用作防护或装饰，要求具有一定的外形及色彩。

零件的功能是结构设计的主要依据和必须满足的要求。当一零件具有两种或两种以上功能时，应分清主次，在优先满足主要功能的前提下，尽量满足其他功能的要求。

7.1.2　零件的分类

零件的形式多种多样，从不同的角度可以有不同的分类。

为了设计、制造和管理上的方便，通常将其分为盖盘、轴套、支架、杆件、壳体、箱体和支承件等类别。这样的划分不是唯一的方法，因为形状类似的同一类零件，如盖盘类或轴套类中，不同零件之间在功能上、精度上会有很大差别，其设计要求也自然不同。从毛坯工艺角度可分为铸造件、焊接件、锻造件、铆接或黏结件等，在结构上也应有所不同，故设计时应根据实际情况做具体分析。

7.1.3　零件的相关

在机器或机械中，任何零件都不是孤立存在的。因此，在结构设计中除了研究零件本身的功能及其特征外，还必须研究零件之间的相互关系。

在机械系统中，各零件通常成链状、树状或网状相互连接，构成完整的机械网络。图 7-1 所示为一齿轮减速器简图，图中包括箱体、齿轮、轴和轴承等九个主要零件。至于其他零件，如端盖、螺钉、轴套、键，以及输入、输出传动件等均予省略，这里不加以讨论。

分析上述九个主要零件之间的关系，可绘出该减速器的主要零件相关图，如图 7-2 所示。图 7-2 中，两零件之间的实线连接表示两零件有直接装配关系，虚线连接表示两零件虽无直接装配关系，但它们之间的相对位置有较严格的要求。由图 7-2 可知，每个零件都与一个或几个零件有装配关系或相互位置关系，可以称这种关系为相关，称有这种关系的两个零件互为相关零件。

零件的相关分为直接相关和间接相关两类。凡是两零件有直接装配关系的，称为直接相关，如图 7-2 中的齿轮Ⅰ和轴Ⅰ，齿轮Ⅱ和轴Ⅱ，以及齿轮Ⅰ和齿轮Ⅱ。

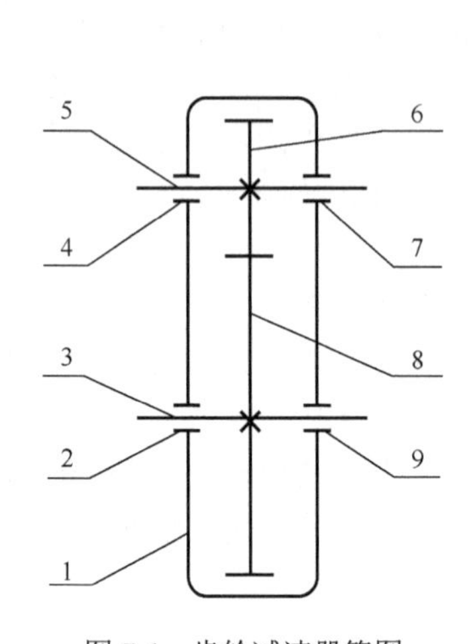

图 7-1　齿轮减速器简图

1-箱体；2-轴承 *C*；3-轴Ⅱ；4-轴承 *A*；5-轴Ⅰ；6-齿轮Ⅰ；7-轴承 *B*；8-齿轮Ⅱ；9-轴承 *D*

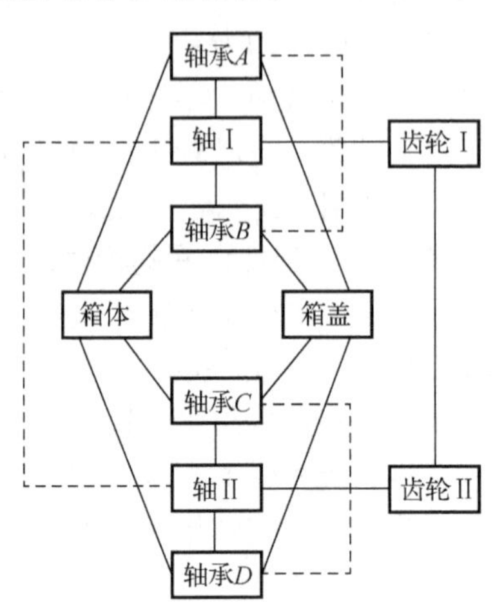

图 7-2　零件相关图

没有直接装配关系的相关称为间接相关，间接相关又可分为位置相关和运动相关两类。位置相关是指两零件在相互位置上有要求，如图 7-1 中的轴Ⅰ和轴Ⅱ的中心距必须保持一定的精度，两轴线必须平行，以保证齿轮的正常啮合，故这两轴互为位置相关零件。运动相关是指一零件的运动轨迹与另一零件有关，如车床刀架的运动轨迹必须平行于主轴中心线，这是靠床身导轨与主轴轴线相平行来保证的。所以，主轴与导轨之间为位置相关，而刀架与主轴之间为运动相关。由此可见，欲满足运动相关条件，一般需要一个或几个位置相关的中间件来达到，床身导轨就是这样的中间件。

7.1.4　零件的结构要素

零件的形体通常由多个表面构成，这些构成零件形体的表面称为零件的结构要素。

一个零件与其他零件形成直接相关关系的结构要素，或与工作介质相接触的结构要素称为工作要素(或工作表面)，其他结构要素称为连接要素(或连接表面)。

1. 工作表面

每一个零件都有一个或多个工作表面。零件的工作表面决定着零件的工作能力和工作质量，所以零件工作表面的设计是零件设计的核心问题。每个零件的工作表面都不是孤立存在的，每个工件表面和与之相接触的表面相互配合，共同起作用，所以零件的工作表面都是成对进行设计。设计中同时考虑材料的选择搭配，表面的形状、尺寸，配合公差的分配，热处理方式的选择等。

例如，螺栓和螺母的螺纹工作表面共同设计，滑动轴承与轴的轴颈表面共同设计，主动齿轮和被动齿轮的齿廓表面共同设计。

2. 连接表面

连接表面将各个工作表面连接成为完整形体，并保证零件的工作表面的形状、尺寸和位置在工作中不被破坏。连接表面的设计方法较为灵活，没有统一的过程和标准，也不要求有统一的过程和标准。因此，零件的连接表面设计是设计人员最能发挥创造性思维的重要方面。

连接表面设计方法虽较灵活，但也应遵守以下的原则。

(1) 不影响工作表面的功能。

(2) 不影响零件运动。

(3) 不影响操作。

(4) 在不违背以上原则的前提下，还应尽可能兼顾零件的强度、刚度、寿命、工艺性、经济性、美观等要素。

7.2　结构设计的基本原则与原理

机械产品应用于各行各业，结构设计的内容和要求也是千差万别，但都有共性部分。为了设计出最佳的机械结构方案，即在保证实现产品的预期功能的前提下，最大限度地降低成本，延长使用寿命，确保产品本身、操作者或使用者及环境的安全等。掌握和运用设计的基本原则和常用的设计原理是非常必要的。

7.2.1　结构设计的基本原则

确定和选择结构方案时应遵循三项基本原则：明确、简单和安全可靠。

1. 明确

所谓明确是指对产品设计中所应考虑的问题都应在结构方案中获得明确的体现与分担。

1) 功能明确

所确定的结构方案应能明确地体现产品或结构所要求的各种功能的分担情况，既不能遗漏，也不应重复。对于每个具体结构件来说，应能明确、可靠地实现其所分担的功能。

2) 工作原理明确

所依据的工作原理应预先考虑到可能出现的各种物理效应，以免出现使载荷、变形或磨损超出允许范围的有害情况。图 7-3 所示为轴的轴向固定的两种方案。图 7-3(a) 为一端固定方案，即图示的左端轴承内外环均固定，既确定了轴的轴向位置，又可承受一定的轴向力；右轴承外环未固定，当轴因受热膨胀而伸长时，右轴承可以随轴的右部一起移动且基本保持轴承的正常工作条件。故该方案对于轴的轴向位置及轴承正常负荷来说工作原理明确无误。图 7-3(b) 为两端固定方案，当轴受热伸长时，轴的轴向载荷为轴承的预紧力与由受热伸长所产生的附加载荷之和，是不明确的。若伸长超出了轴承间隙允许的范围，就会破坏轴承的正常工作状态。轴的长度越大，此不利影响越严重。

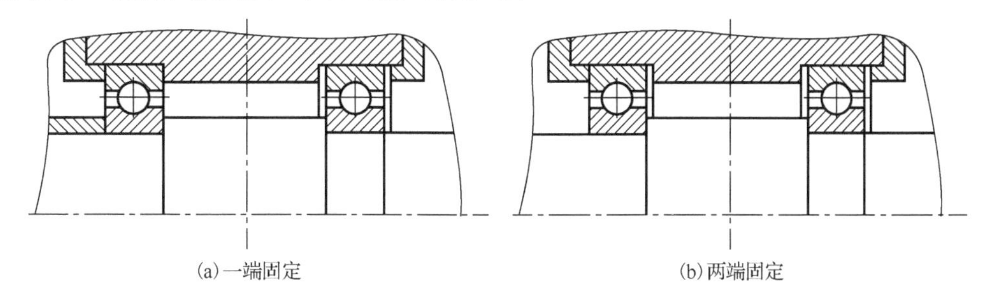

(a) 一端固定　　　　(b) 两端固定

图 7-3　轴的轴向定位

3) 使用工况及承载状态明确

材料选择及尺寸计算要依据载荷情况进行，不应盲目采用双重保险措施。例如，轮毂与轴的连接中，若同时采用过盈配合和平键，则应注意它给轴向装配造成的困难。平键只起周向定位作用或辅助承载作用，此时不能按承受载荷来确定平键的尺寸。

4) 其他

凡与结构设计有关的其他方面也都应在图样或技术文件中予以明确体现。例如人-机显示系统，它的制造、检验、运输、安装调试、使用及保养诸方面的要求等。

2. 简单

在确定结构方案时，应使其所含零件数目和加工工序数量与类型尽可能减少。零件的几何形状力求简单，尽量减少零件的机械加工面、机械加工次数及热处理程序，减少或简化与相关零件的装配关系及调整措施。

简单的好处在于不但降低了产品的制造成本，而且还提高了产品工作的可靠性。比如，由平面、圆柱、圆锥、圆球或其他对称形状所构成的零件很容易加工、检验。因此，可用较少的工时，获得较高的精度，以便确保其功用的实现；另一方面，上述的规则形体便于计算，不但节省计算时间和试验费用，而且计算结果接近实际，从而提高了零件的工作可靠性。

3. 安全可靠

安全技术可分为直接的、间接的和提示性的三种类型。在结构中直接满足安全要求，使用中不存在危险性的称为直接安全技术。通过采用防护系统或保护装置来保证安全的称为间接安全技术。既不能直接保证安全可靠，又没有保护或防护措施，仅能在发生危险之前进行预报和报警的，则称为提示性安全技术。在结构设计中应根据产生不安全情况的危害性大小、技术的难易程度和成本等因素按直接的、间接的和提示性的这样的顺序来选择。

安全可靠主要从构件的可靠性、功能的可靠性、工作安全性和环境安全性等方面来衡量。就是说在规定的载荷下，在规定的使用条件和时间内，构件不产生过度变形、过度磨损、不丧失稳定或不发生破坏。机器在其规定的使用期限内、在规定的条件下，不丧失其功能，不造成对人体及环境的危害。同时，在可能出现的条件或环境变化时，也不至于产生对机器自身和环境的破坏。

1) 直接安全技术

直接安全技术首先要确保构件的可靠性。正确地分析和计算，必要时通过试验确定构件受力情况和应力状态，避免出现应力过于集中，防止出现断裂。还应充分估计辐射、腐蚀、老化、温度、介质、表面涂层及加工过程对材料的影响。

当破坏无法避免时，应将破坏引导到特定的次要部位，比如采用特定的功能零件。当出现危险时该零件首先破坏，从而避免了整机或其他重要部位的损坏，更不至造成人身事故。这种零件应装在对机器影响最小的位置上，且一旦破坏时，便于发现、便于更换。机械中常用易于剪断的安全销来连接某些运动件，如车床的丝杠。一旦载荷达到危险程度时，安全销就被剪断，从而保护了整机或丝杠的安全。

对于在发生事故时会造成重大损失的系统，可采用冗余配置来保证系统的安全可靠。例如电站的备用机组、坦克中的备用发电机、飞机的双操纵设计等，一旦主功能载体失效，便可起用备用装置。当运动阻力过大时，离合器之间通过弹性系统的作用，使两部分打滑而实现过载保护。

2) 间接安全技术

间接安全技术的主要方式是采用防护系统和防护装置。防护系统应能防止机器在超负载下工作，可自动脱险。例如液压、气动系统或锅炉系统中的安全阀，电动机驱动系统的热继电器，机床中的安全离合器等，就是在系统出现超负载时自动降低或切断负载的防护装置。安全离合器及安全阀等则是不引起任何破坏的安全装置。

3) 提示性安全技术

由于技术上或经济上的原因不能采用上述两种安全技术而又可能出现不安全情况时，可采用提示性安全技术。在即将出现危险情况之前通过指示灯、发警报声等给予提示，以便使用者及时停止机器的工作并排除故障。

还有一类防护装置的作用是在机器正常工作时，防止操作者触及高速运动零件或进行误操作而造成事故，例如带传动的防护罩、不应同时工作的两套机构间的互锁机构等。

7.2.2　结构设计原理

机械设计的最终结果是以一定的结构形式表现出来的，按所设计的结构进行加工、装配，制造成最终的产品。所以，机械结构设计应满足作为产品的多方面要求，基本要求有功能、可靠性、工艺性、经济性和外观造型等方面的要求。此外，还应改善零件的受力，提高强度、刚度、精度和寿命。因此，机械结构设计是一项综合性的技术工作。由于结构设计的错误或不合理，可能造成零部件不应有的失效，使机器达不到设计精度的要求，给装配和维修带来极大的不方便。为保证零件设计的可行性、合理性，要熟练掌握和运用结构设计中常用的设计原理。

1. 实现预期功能的设计原理

产品的设计主要目的是实现预定的功能要求，因此实现预期功能的设计准则是结构设计首先考虑的问题。要满足功能要求，必须做到以下几点。

(1) 明确功能：结构设计要根据其在机器中的功能和与其他零部件相互的连接关系，确定参数尺寸和结构形状。零部件主要的功能有承受载荷、传递运动和动力，以及保证或保持有关零件或部件之间的相对位置或运动轨迹等。设计的结构应能满足从机器整体考虑对它的功能要求。

(2) 功能合理的分配：产品设计时，根据具体情况，通常有必要将任务进行合理的分配，即将一个功能分解为多个分功能。每个分功能都要有确定的结构承担，各部分结构之间应具有合理、协调的联系，以达到总功能的实现。多结构零件承担同一功能可以减轻零件负担，延长使用寿命。V 形带截面的结构是任务合理分配的一个例子。纤维绳用来承受拉力；橡胶填充层承受带弯曲时的拉伸和压缩；包布层与带轮轮槽作用，产生传动所需的摩擦力。例如，若只靠螺栓预紧产生的摩擦力来承受横向载荷时，会使螺栓的尺寸过大，可增加抗剪元件，如销、套筒和键等，以分担横向载荷来解决这一问题。

(3) 功能集中：为了简化机械产品的结构，降低加工成本，便于安装，在某些情况下，可由一个零件或部件承担多个功能。功能集中会使零件的形状更加复杂，但要有度，否则反而影响加工工艺、增加加工成本，设计时应根据具体情况而定。

2. 满足强度要求的设计原理

1) 等强度原理

按等强度原理设计的结构，材料可以得到充分利用，从而减轻了重量、降低了成本。所以，只要可能，就应采用等强度结构。有时，因故不便采用等强度结构时，可以采用一些结构措施来降低高应力区的应力或提高低应力区的应力，以使应力趋于均匀，接近于等强度。图 7-4 所示为改变梁的结构以降低高应力区应力的两个实例。图中梁为承受载荷的主体构件，当在结构中增加筋板或改变结构时，梁左半部的应力显著减小，两部分应力趋于均匀。

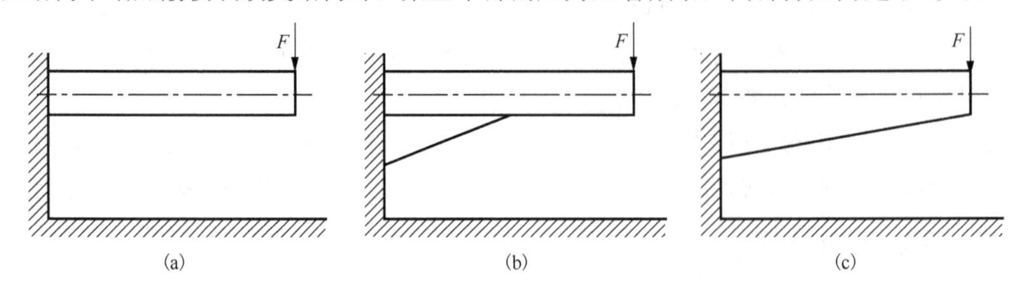

图 7-4 不同结构梁的受力简图

2) 合理力流原理

可以认为力在其传递路线上形成所谓力线，这些力线汇成力流。

图 7-5 所示的中心冲工作时的力流情况就是一个既简单又典型的例子。当手锤的冲击力作用在中心冲头部顶平面时，力线在冲体中平行地向下延伸，到尖端处汇聚在一起并在尖端流出。由图 7-5 可见，尖端的力流密度越来越高，因此局部应力很高，相当于把锤头的力聚集到尖端一点上，故可冲出中心孔来。

力流在构件中不会中断，也不会增多，任一条力线都不会突然消失，必然是从一处传入，从另一处传出。在若干个构件所构成的结构体中，力流可以是穿过的，也可以是封闭的。

力流的另一个特性是它倾向沿最短路线通过，从而在最短路线附近力流密集，形成高应力区。其他部位力流稀疏，甚至没有力流通过，从应力的角度讲，材料未必充分利用。因此，应该尽可能按力流最短路线来设计零件形状，以使材料得到有效的利用。

图 7-6 所示为不同形状的两种杆件，两端均受水平拉力，两个孔之间的距离均为 l。显然，图 7-6(a) 所示方案的力流路线短，图 7-6(b) 所示方案的力流路线较长，尺寸也大，若无特殊要求则不宜采用。

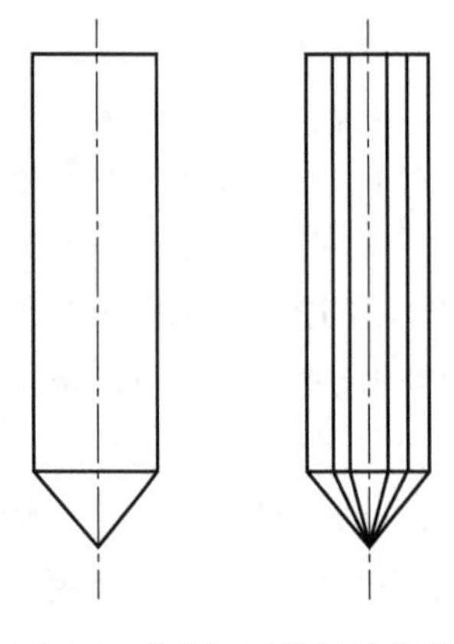

图 7-5 中心冲工作时的力流

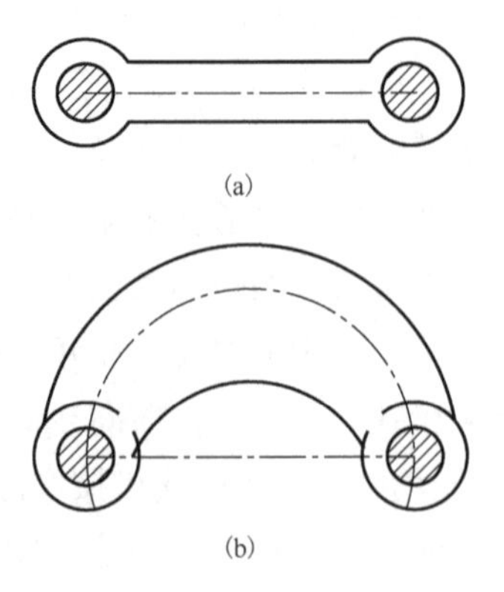

图 7-6 不同形状的杆件

当力流方向急剧转折时，力流在转折处会过于密集，从而引起应力集中，设计中应在结构上采取相应措施，使力流转向平缓。

3) 变形协调原理

所谓变形协调，就是使相连接的两零件在外载荷的作用下所产生的变形的方向相同并且使其相对变形尽可能小。

现以焊接或黏结的搭接板为例说明。图 7-7 所示为两种不同的结构形式。图 7-7(a) 中，左板受拉力 F，右板则受大小相等、方向相反的压力 F，两零件在接缝的上端应力集中很大。图 7-7(b) 中，左板及右板均受拉力，应力分布相对均匀些。

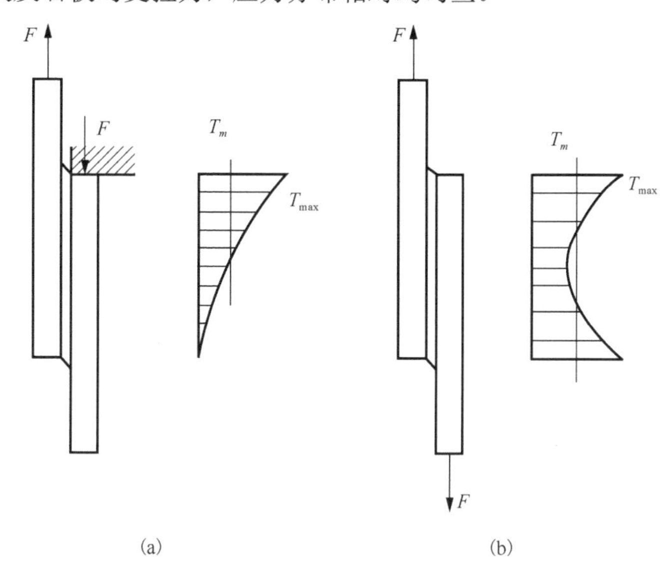

图 7-7　不同搭接形式受载情况

4) 力平衡原理

在机器工作时，常产生一些无用的力，如离心惯性力、变速惯性力、斜齿轮的轴向力等，这些力不但增加了轴和轴承等零件的负荷，降低其精度和寿命，同时也降低了机器的传动效率。

所谓力平衡就是指采取结构措施部分或全部平衡掉无用的力，以减轻或消除其不良影响。这些结构措施主要有采用平衡元件、采取对称布置等。

3. 满足结构刚度要求的设计原理

刚度是表示零部件受力后形状变化程度的指标，形状变化过大，可能会威胁到预定功能的实现以及实现的质量。为保证零件在使用期限内正常地实现其功能，必须使其具有足够的刚度。提高零部件刚度的常用措施有：改变零件截面形状、改善支撑方式或支撑布置、合理设置隔板或筋板等。

4. 考虑加工工艺性的设计原理

机械零部件结构设计的主要目的是：保证功能的实现，使产品达到要求的性能。但是，结构设计的结果对产品零部件的生产成本及质量有着不可低估的影响。因此，在结构设计中应力求使产品有良好的加工工艺性。

所谓好的加工工艺指的是零部件的结构易于加工制造，任何一种加工方法都有可能不能制造某些结构的零部件，或生产成本很高，或质量受到影响。因此，对于设计者，认识一种加工方法的特点非常重要，以便在设计结构时尽可能的扬长避短。实际中，零部件结构工艺性受到诸多因素的制约，如生产批量的大小会影响坯件的生成方法，生产设备的条件可能会限制工件的尺寸。此外，造型、精度、热处理、成本等方面都有可能对零部件结构的工艺性有制约作用。因此，结构设计中应充分考虑上述因素对工艺性的影响。

5. 考虑装配的设计原理

(1) 合理划分装配单元。整机应能分解成若干可单独装配的单元(部件或组件)，以实现平行且专业化的装配作业，缩短装配周期，并且便于逐级进行技术检验和维修。

(2) 使零部件得到正确安装。保证零件准确的定位、避免双重配合、防止装配错误等。

(3) 使零部件便于装配和拆卸。结构设计中，应保证有足够的装配空间，如扳手空间；避免过长配合以免增加装配难度，使配合面擦伤，如有些阶梯轴的设计；为便于拆卸零件，应给出安放拆卸工具的位置，如轴承的拆卸。

6. 考虑维护修理的设计准则

(1) 产品的配置应根据其故障率的高低、维修的难易、尺寸和质量的大小以及安装特点等统筹安排。凡需要维修的零件部件，都应具有良好的可达性。对故障率高而又需要经常维修的部位及应急开关，应提供最佳的可达性。

(2) 产品，特别是易损件、常拆件和附加设备的拆装要简便，拆装时零部件进出的路线最好是直线或平缓的曲线。

(3) 产品的检查点、测试点等系统的维护点，都应布置在便于接近的位置上。

(4) 需要维修和拆装的产品，其周围要有足够的操作空间。

(5) 维修时一般应能看见内部的操作，其通道除了能容纳维修人员的手或臂外，还应留有供观察的适当间隙。

7. 考虑造型设计的准则

产品的设计不仅要满足功能要求，而且还应考虑产品造型的美学价值，使之对人产生吸引力。从心理学角度看，人 60%决定取决于第一印象。技术产品的社会属性是商品，在买方市场的时代，为产品设计一个能吸引顾客的外观是一个重要的设计要求；同时造型美观的产品可使操作者减少因精力疲惫而产生的误操作。

外观设计包括三个方面：造型、颜色和表面处理。

考虑造型时，应注意下述三个问题。

(1) 尺寸比例协调。在结构设计时，应注意保持外形轮廓各部分尺寸之间均匀协调的比例关系，应有意识地应用“黄金分割法”来确定尺寸，使产品造型更具美感。

(2) 形状简单统一。机械产品的外形通常由各种基本的几何形体(长方体、圆柱体、锥体等)组合而成。结构设计时，应使这些形状配合适当，基本形状应在视觉上平衡，接近对称又不完全对称的外形易产生倾倒的感觉；尽量减少形状和位置的变化，避免过分凌乱；改善加工工艺。

(3) 色彩、图案的支持和点缀。在机械产品表面涂漆，除具有防止腐蚀的功能外，还可增强视觉效果。恰当的色彩可使操作者眼睛的疲劳程度降低，并能提高对设备显示信息的辨别能力。通过一定的色彩配置可使产品显得安全、稳固。将形状变化小的、面积较大的平面配置浅色，而将运动、活跃轮廓的元件配置深色；深色应安置于机械的下部，浅色置于上部。

8. 考虑成本的设计准则

(1) 简化产品及维修操作。

(2) 提高标准化、互换性程度。

(3) 采用模块化设计。

(4) 具有完善的防差错措施及识别标志。

7.3　机械结构设计的工作步骤

不同类型的机械结构设计中各种具体情况的差别很大，没有必要以某种步骤按部就班地进行。通常是确定完成既定功能零部件的形状、尺寸和布局。结构设计过程是综合分析、绘图、计算三者相结合的过程，其过程大致如下。

(1) 理清主次、统筹兼顾。明确待设计结构件的主要任务和限制，将实现其目的的功能分解成几个功能。然后从实现机器主要功能(指机器中对实现能量或物料转换起关键作用的基本功能)的零部件入手，通常先从实现功能的结构表面开始，考虑与其他相关零件的相互位置、联结关系，逐渐同其他表面一起连接成一个零件，再将这个零件与其他零件联结成部件，最终组合成实现主要功能的机器。而后，再确定次要的、补充或支持主要部件的部件，如密封、润滑及维护保养等。

(2) 绘制草图。在分析确定结构的同时，粗略估算结构件的主要尺寸并按一定的比例，通过绘制草图，初定零部件的结构。图中应表示出零部件的基本形状、主要尺寸，运动构件的极限位置，空间限制，安装尺寸等。同时，结构设计中要充分注意标准件、常用件和通用件的应用，以减少设计与制造的工作量。

(3) 对初定的结构进行综合分析，确定最后的结构方案。综合过程是指找出实现功能目的各种可供选择的结构的所有工作。分析过程则是评价、比较并最终确定结构的工作。可通过改变工作面的大小、方位、数量及构件材料、表面特性、连接方式，系统地产生新方案。另外，综合分析的思维特点更多的是以直觉方式进行的，不是以系统的方式进行的。人的感觉和直觉不是无道理的，多年在生活、生产中积累的经验不自觉地产生了各种各样的判断能力，这种感觉和直觉在设计中起着较大的作用。

(4) 结构设计的计算与改进。对承载零部件的结构进行载荷分析，必要时计算其承载强度、刚度、耐磨性等内容。并通过完善结构使结构更加合理地承受载荷、提高承载能力及工作精度。同时考虑零部件装拆、材料、加工工艺的要求，对结构进行改进。在实际的结构设计中，设计者应对设计内容进行想象和模拟，头脑中要从各种角度考虑问题，想象可能发生的问题，这种假象的深度和广度对结构设计的质量起着十分重要的作用。

(5) 结构设计的完善。按技术、经济和社会指标不断完善，寻找所选方案中的缺陷和薄弱环节，对照各种要求和限制，反复改进。考虑零部件的通用化、标准化，减少零部件的品种，降低生产成本。在结构草图中注出标准件和外购件。重视安全与劳保(劳动条件：操作、观察、调整是否方便省力、发生故障时是否易于排查等)，对结构进行完善。

(6) 形状的平衡与美观。要考虑直观上看物体是否匀称、美观。外观不均匀时造成材料或机构的浪费。出现惯性力时会失去平衡，很小的外部干扰力作用就可能失稳，抗应力集中和疲劳的性能也弱。

总之，机械结构设计的过程是从内到外、从重要到次要、从局部到总体、从粗略到精细，权衡利弊，反复检查，逐步改进。

7.4　机械结构设计规范

机械类设备和零部件的设计是一个极其复杂的过程，不仅零部件种类繁多，而且还需要考虑后续的加工、装配、维护、成本、运输、环境腐蚀等诸多因素，对于刚入门的工程师来说，积累起方方面面的设计经验来，将是一个漫长的过程，但新产品推陈出新速度的日益加快又没给入门工程师的培养留出太多的时间。同时，即使是资深工程师，也存在知识面不全的问题。为很好地解决这个问题，学习和熟练掌握机械结构设计方面的行业规范，是机械工程师短平快的吸收前人的智慧，并应用于日常设计中，快速提升工程师个人技能与企业整体开发水平的有效途径。通用机械结构设计规范如下。

1）标准件设计准则

（1）优选器件准则；
（2）标准件种类最少准则；
（3）非标件慎用准则；
（4）相同装配相同标准件准则；
（5）腐蚀环境材料同质准则；
（6）外部螺钉特征一致准则；
（7）明显差异或完全相同准则。

2）薄板

（1）薄板翻边准则；
（2）薄板零件禁攻丝准则；
（3）薄板件判定标准；
（4）形状简单准则；
（5）节省材料准则；
（6）足够强度刚度准则；
（7）避免粘刀准则；
（8）弯曲棱边垂直切割面准则；
（9）平缓弯曲准则；
（10）避免小圆形卷边准则；
（11）槽孔边不弯曲准则；
（12）复杂结构组合制造准则；
（13）避免直线贯通准则；
（14）压槽连通排列准则；
（15）空间压槽准则；
（16）局部松弛准则件设计准则。

3）防腐蚀设计准则

（1）避免大面积叠焊准则；
（2）避免缝隙残留物准则；
（3）避免局部微观腐蚀环境准则；
（4）防止流体通道淤积原则；
（5）避免大温度和浓度梯度差准则；
（6）防止高速流体准则；
（7）腐蚀裕度准则；
（8）最小比表面积准则；
（9）便利后继措施准则；
（10）良好力学状态准则。

4）公差设计准则

（1）关键配合尺寸的加工要求明确准则；
（2）同一道工序准则；
（3）减少刚体转动位移准则；
（4）避免双重配合准则；
（5）最小公称尺寸准则；
（6）避免累积误差准则；
（7）形状简单准则；
（8）最小尺寸数量准则；
（9）采用弹性元件准则；
（10）采用调节元件准则。

5）工艺设计准则

（1）螺钉的扭矩扭力要求；
（2）内孔后处理准则；
（3）重要安装面受保护准则；
（4）精密零件包装强化要求准则；
（5）模具件外观判定；
（6）工装辅助装配设计准则；

(7) 容易松动的位置加螺纹胶等防松措施；
(8) 易掉细小物件固定准则；
(9) 可更换件方便拆装准则；
(10) 开关防误操作准则；
(11) 重零部件组装中先支撑准则；
(12) 相近组件中明显区分部件准则；
(13) 磁环导线固定准则；
(14) 无用接插件脚热熔胶热封准则；
(15) 走线孔内护线套准则；
(16) 光源处无漏光遮光准则。

6) 焊接件设计准则

(1) 几何连续性原则；
(2) 避免焊缝重叠；
(3) 焊缝根部优先受压；
(4) 避免铆接式结构；
(5) 避免尖角；
(6) 结构的设计便于焊接前后的处理、焊接的操作和检测；
(7) 对接焊缝强度较大，尤其动载荷时优先采用；
(8) 焊接区柔性准则；
(9) 最少的焊接；
(10) 材料的可焊性，碳钢中的碳含量；
(11) 前处理、后处理工艺；
(12) 焊缝受载形式利于焊接工艺准则。

7) 可靠性设计准则

(1) 冗余法则；
(2) 零流准则；
(3) 可靠的工作原理准则；
(4) 裕度准则；
(5) 安全阀准则；
(6) 简单准则；
(7) 两插件之间最短距离。

8) 力学原理设计准则

(1) 强度计算和试验准则；
(2) 均匀受载准则；
(3) 力流路径最短准则；
(4) 减低缺口效应准则；
(5) 变形协调准则；
(6) 等强度准则；
(7) 附加力自平衡准则；
(8) 空心截面准则；
(9) 受扭截面凸形封闭准则；
(10) 最佳着力点准则；
(11) 受冲击载荷结构柔性准则；
(12) 避免长压杆失稳准则；
(13) 热变形自由准则。

9) 便于切削设计准则

(1) 便于退刀准则；
(2) 最小加工量准则；
(3) 可靠夹紧准则；
(4) 一次夹紧成形准则；
(5) 便利切削准则；
(6) 减少缺口效应准则；
(7) 避免斜面开孔准则；
(8) 贯通孔优先准则；
(9) 孔周边条件相近准则。

10) 热应力设计准则

(1) 问题点明确准则；
(2) 知识点明确准则；
(3) 减法结构准则；
(4) 加法结构准则；
(5) 方向调节原则；
(6) 消除温度差准则；
(7) 自由膨胀准则；
(8) 柔性准则。

11) 塑胶件设计准则

(1) 零件配合无变形过应力准则；
(2) 避免翘曲准则；
(3) 细长筋受拉准则；
(4) 避免内切准则；

(5) 避免尖锐棱角准则；
(6) 铸塑构件避免局部材料堆积；
(7) 避免局部表面倒塌准则；
(8) 避免公差精度准则；
(9) 非各向同性准则；
(10) 黏合面剪切力原则；
(11) 螺栓带衬板准则；
(12) 最小壁厚准则；
(13) 避免局部材料堆积准则。

12) 系统要求设计准则

(1) 结构布局重心居中准则；
(2) 兼顾产品系列准则；
(3) 销售价格和预期成本；
(4) 年度、月度批量；
(5) 销售卖点预设计准则；
(6) 配套人员技能与公司薪酬匹配准则；
(7) 同类产品缺陷清晰准则；
(8) 用户环境明确准则；
(9) 隐含环境条件明确准则；
(10) 环境条件变化率明确准则；
(11) 环境材料匹配准则；
(12) 非传动机构优先准则；
(13) 复杂结构功能分解准则；
(14) 功能合并准则；
(15) 等强度准则；
(16) 裸露边角倒角准则；
(17) 设计公差与加工公差能力匹配准则；
(18) 系统接地安全设计准则；
(19) 整机包装要求；
(20) 整机运输要求；
(21) 整机安装要求；
(22) 配件的现场配套准则；
(23) 整机的维修级别定义准则；
(24) 维修工具、维修设备明确准则；
(25) 量化指标考核准则；
(26) 部件的维修级别准则；
(27) 建立企业优选器件清单；
(28) 接口规格一致准则；
(29) 接口规格不一致准则；
(30) 螺纹螺母同材质准则。

13) 线材和接插件设计准则：

(1) 线材信号定义对称准则；
(2) 线材接插件插拔强度准则；
(3) 线材有物料编号版本控制准则；
(4) PCB 板接插件差异化准则；
(5) 插头插座锁定准则；
(6) 插拔无阻碍准则。

14) 运动部件设计准则

(1) 可活动部件预防准则；
(2) 运动部件防护和标识准则；
(3) 运动部件长期磨损期储存腐蚀的 SFC 分析准则；
(4) 磨损后的运动部件安全设计准则；
(5) 最大活动范围受控准则；
(6) 运动部件装配专用工装夹具准则。

15) 整机外观设计准则

(1) 手压外壳检测方法；
(2) 无锐边和毛刺准则；
(3) 操作运输无脱落准则；
(4) 外壳开口设计准则。

16) 轴支撑设计准则

(1) 轴向静定准则；
(2) 固定轴承轴向能双向受力准则；
(3) 固定轴承四面定位准则；
(4) 松弛轴承至少一圈定位准则；
(5) 受变载轴承圈固定准则；
(6) 可分离轴承的配合固定准则；
(7) 可分离轴承的调隙准则；
(8) 便利安装拆装准则；
(9) 滚动轴承滑动轴承不混用准则；
(10) 保障轴向定位可靠准则；
(11) 过渡配合准则；
(12) 避免双重配合准则。

17) 铸件设计准则

(1) 最小壁厚准则；
(2) 筋长方向柔性准则；
(3) 避免局部材料堆积准则；
(4) 良好的受力状态准则；
(5) 便利模具制作准则；
(6) 脱模方便准则；
(7) 可分离轴承的调隙准则；
(8) 便利安装拆装准则；
(9) 滚动轴承滑动轴承不混用准则；
(10) 保障轴向定位可靠准则；
(11) 过渡配合准则；
(12) 避免双重配合准则。

18) 便于装配设计准则

(1) 预留装配活动空间准则；
(2) 防呆设计；
(3) 一道工序只操作几个活动零件准则；
(4) 装配累积误差受控准则；
(5) 密封圈装配过程光滑过渡准则；
(6) 清洗烘干排液便利准则；
(7) 加工过程表面要求；
(8) 标准工具准则；
(9) 便于运送的原则；
(10) 便于方位识别的准则；
(11) 方便抓取准则；
(12) 方便定位准则；
(13) 简化运动准则；
(14) 方便接近准则；
(15) 避免同时入轨准则；
(16) 一体化准则；
(17) 简单连接件准则；
(18) 避免高精度装配公差准则；
(19) 组合制造准则；
(20) 便于拆卸准则。

7.5　机械结构设计的有限元分析及结构优化

随着科学技术的飞速发展，机械产品的结构和功能日趋复杂化和多样化，对产品机械结构的布局和力学性能提出了更高的要求，常规设计计算方法已无法满足现代机械设计的要求。机械结构有限元分析方法和机械结构优化设计方法经数十年的发展，已达到相当成熟的境地，广泛用于机械结构设计之中，所起的作用也越来越重要，是机械工程师必须掌握的现代设计方法。

7.5.1　有限单元法的基本理论

1. 有限单元法的基本思想

有限单元法(finite element method，FEM)，简称为有限单元法，它的核心思想是结构的离散化，就是将实际结构假想地离散为有限数目的规则单元组合体，实际结构的物理性能可以通过对离散体进行分析，得出满足工程精度的近似结果来替代对实际结构的分析，这样可以解决很多实际工程需要解决而理论分析又无法解决的复杂问题。近年来，随着计算机技术的普及和计算速度的不断提高，有限元分析在工程设计和分析中得到了越来越广泛的重视，已经成为解决复杂的工程分析计算问题的有效途径。

2. 有限元分析方法的发展与工程应用

有限元分析方法早在 20 世纪五六十时年代提出，是随计算机技术的发展而发展起来的一门现代设计方法。有限元分析方法早期主要用来求解线性结构问题。实践证明这是一种非常有效的数值分析方法。而且从理论上也已经证明，只要用于离散求解对象的单元足够小，所得的解就可足够逼近于精确值。随着计算机技术的发展，有限元方法逐步发展和完善起来，现在已广泛用于求解结构非线性、流体动力学和耦合场等问题。

专业有限元分析系统：ANSYS、ADINA、NASTRAN、ABQUS、ALGOR SUPER SAP、CAD 软件挂带、I－DEAS 软件中的有限元系统、Pro/E 软件中的有限元系统、UG 软件中的有限元系统、SOLIDWORKS 软件中的有限元系统。

3. 有限元分析方法求解步骤

应用有限元软件求解工程问题时，主要包括建立问题的有限元分析模型、前处理、求解、后处理以及结果分析等步骤。

(1) 建立有限元分析模型：将实际工程问题转化成有限元计算模型。首先进行结构分类，即判断实际问题的结构类型，常用的结构类型包括平面问题、轴对称问题、杆系结构、板壳结构、空间实体结构等。其次进行结构简化，如对称性的利用、忽略不重要的细节等。简化后的模型必须是静定的。

(2) 前处理：主要包括单元类型、数量选择、网格划分、材料属性定义、施加约束和载荷等。

(3) 求解：由软件自动求解。

(4) 后处理：软件提供了可视化的各种输出结果，包括文字输出、云图输出、矢量图输出和路径输出。

(5) 结果分析：根据实际问题的特点和计算输出结果，对求解结果做出评价和判断。

4. 工程案例——基于 ANSYS 的数控机床主轴有限元分析

主轴的静态特性反映了主轴抵抗静态外载荷的能力。静力学分析实际上是为了得到机床主轴在一定静态载荷作用下所产生的变形量。在实际生产条件下，机床的主要失效形式大部分是由于机床的刚度不足而引起。所以主轴静刚度的计算就显得尤为重要。

所谓的主轴静刚度实际上就是主轴的刚度，是机床主轴一个非常重要的性能指标，它直接反映出主轴负担载荷与抵抗振动的能力。如果主轴的静刚度不足，主轴在切削力的作用下会产生较大的变形量，并可能引起振动。这样不仅会降低机床的加工精度、增大加工工件表面的粗糙度，也会对轴承造成较大磨损，破坏主轴系统的稳定性。因此，主轴的静刚度是衡量机床性能的重要指标。

问题描述：如图 7-8 为某机床主轴结构图，机床主轴材料为 45 号钢，弹性模量为 $2.06\times10^5\,\mathrm{N\cdot mm^2}$，泊松比 $\mu=0.3$。

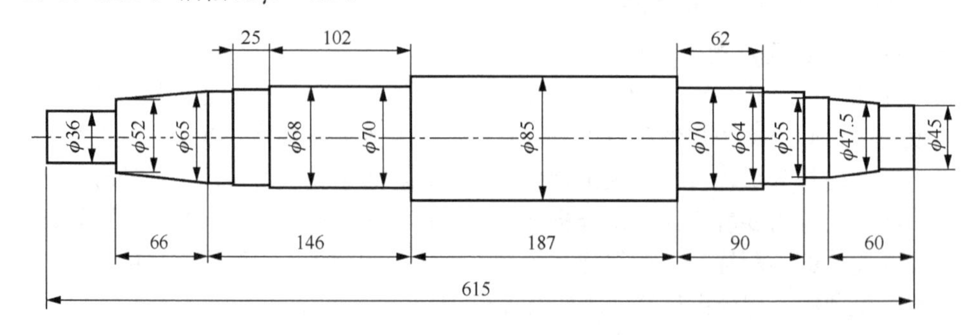

图 7-8　机床主轴结构参数

1) 主轴有限元模型的建立及边界条件的处理

为了真实、准确、有效地对主轴进行特性分析，需要对机床主轴进行相应的简化。对主轴的简化应该遵循以下原则。

(1) 忽略对分析结果影响不大的细小特征，如倒角、倒圆等。

(2) 对模型中的锥度和曲率曲面进行直线化和平面化的处理。

(3) 忽略对主轴静态特性影响不大的零部件结构。

在建立主轴的三维模型时可以采用两种方式。一种是在三维实体造型软件中建立三维模型，然后导入到 ANSYS 软件中；另一种是直接在 ANSYS 软件中建立有限元分析模型。两种方法各有利弊，适用于不同的情况。此处选择先在通用三维设计软件 Pro/E 软件中建模，如图 7-9 所示。将其导入到 ANSYS 中进行力学分析，导入后模型如图 7-10 所示。

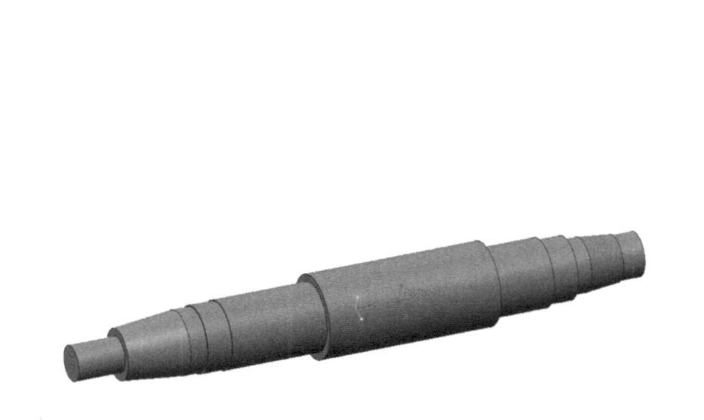

图 7-9 主轴三维模型

图 7-10 主轴 ANSYS 模型

2) 划分网络

设置网络，依次选择 Preprocessor→Meshing→MeshTool。如图 7-11 所示，在弹出的对话框中选择 Smart Size，6 级精度，单击 Mesh，选择所要划分的主轴。网格划分后的结果如图 7-12 所示。

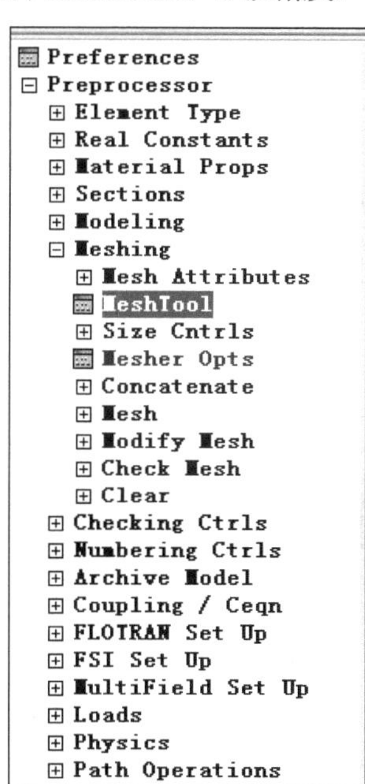

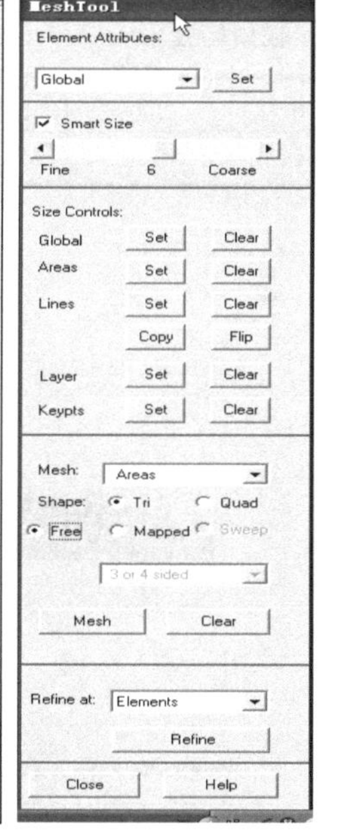

图 7-11 网格划分对话框

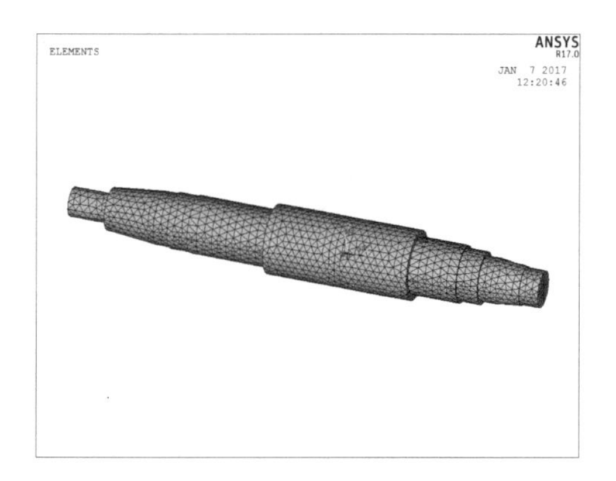

图 7-12 主轴网格模型

3）进入求解器，施加边界条件及计算

采用弹簧阻尼单元等效轴承时，须将轴承简化为沿机床主轴周向均匀分布的四根弹簧支撑。主轴系统中含有前后两个轴承，因此共需设置八根弹簧支承。这些弹簧单元共有八个内圈节点和八个外圈节点。对于内圈节点，约束其轴向自由度；对于外圈节点，约束其所有的自由度。由于此处不考虑轴承的交叉刚度和交叉阻尼，因此不采用交叉弹簧的布局。

将切削力加载到机床主轴的轴端，注意加载方向要通过加载平面的圆心，以保证加载的准确。建立完成的三维有限元静力分析模型中共含有 24164 个单元，27428 个节点，如图 7-13 所示。

依次选择 Main Menu→Preprocessor→Solve→Current，经过一段时间后，弹出一个对话框（图 7-14），显示“Solution is done!”，至此求解完毕。

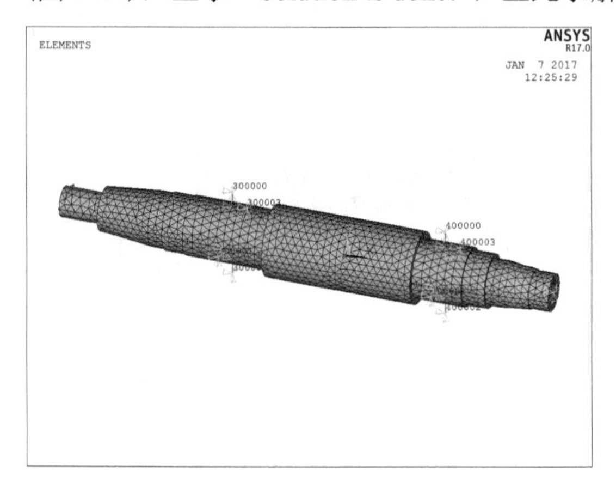

图 7-13　主轴加载示意图

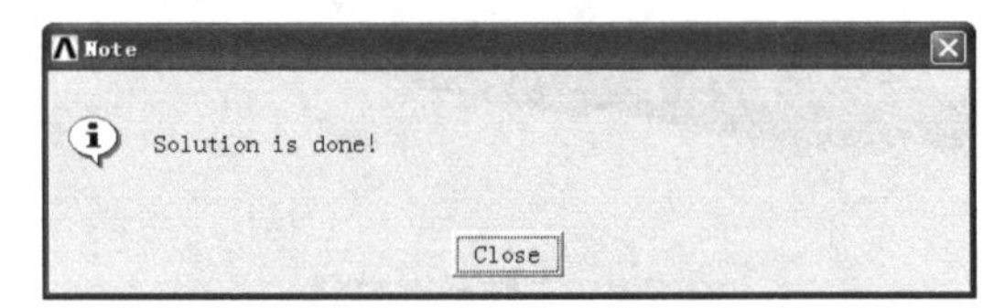

图 7-14　计算结束示意图

4）计算结果分析

主轴承受不同的剪切力后，引起的变形情况也发生变化，如表 7-1 和变形云图 7-15 所示。

表 7-1　主轴的载荷与变形

加载力 F/N	50	100	150	200	300	400	500
有限元中的变形量 δ/μm	1.5	3	4.5	6	9	12	15

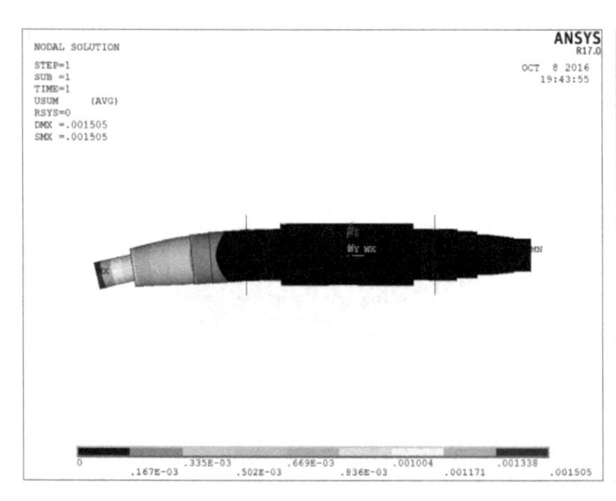

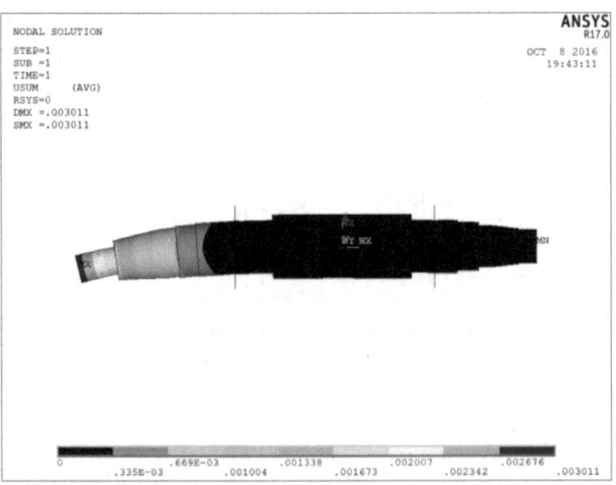

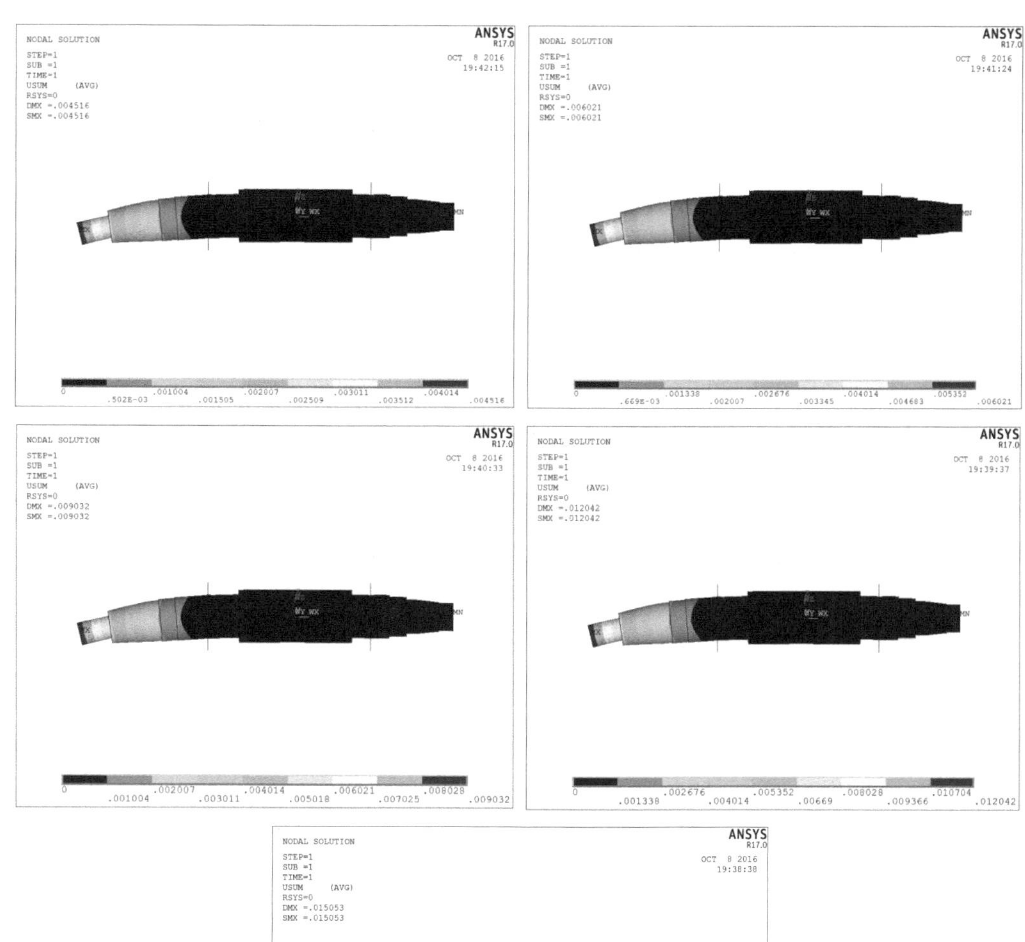

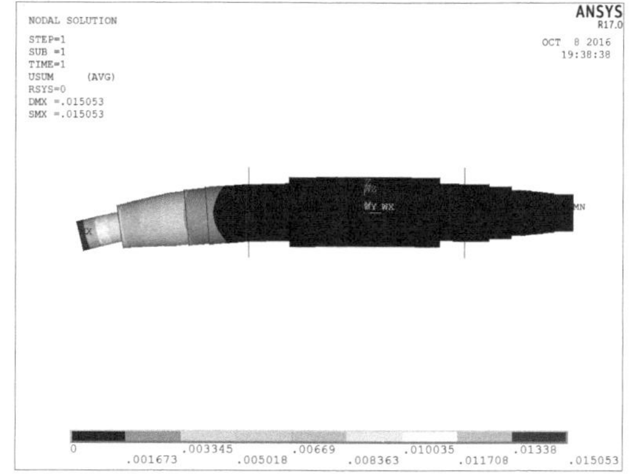

图 7-15　变形云图

从图 7-15 可以看到，主轴的变形主要发生在主轴的前端部分，后面变形较小。而主轴的主要变形方向沿着 Z 轴的负方向，主轴的最大变形和最小变形的方向相同，因此可以判定主轴发生弯曲变形。

7.5.2　机械优化设计

机械优化设计是一门新兴学科，它是以数学规划为理论基础、以计算机为求解工具的一门现代机械设计方法，能从众多设计方案中寻求到最优设计方案。实践证明，这种设计方法能大大提高产品的设计效率和设计质量。优化设计过程主要包括两个方面，一是如何将设计问题转化为确切反映问题实质并适合于优化计算的数学模型，二是根据模型特点选择适当的优化方法求解模型。建立正确的优化问题数学模型是优化设计的前提，模型是否符合工程实际，很大程度上决定了优化结果是否是实际最优解。模型求解是优化设计的关键，它决定了求解过程是否收敛，以及收敛的速度和精度。因此，掌握优化问题的建模方法，了解各种优化算法的特点及适用范围是十分必要的。

1. 设计变量

设计变量是在设计中所要选择的描述结构特性的量，是设计中待确定的量。设计变量可以是各个零件的尺寸、面积等几何数，也可以是力、速度、重量等物理量。设计变量分为连续型设计变量和离散型设计变量。

(1) 连续型设计变量。这类变量在优化过程中的变化是连续的，如轴的直径、轴段长度等。

(2) 离散型设计变量。这类变量在优化过程中的变化是不连续，如齿轮的模数。

一般来说，机械设计中的所有参数都是可以变化的，如果将所有的设计参数都列为设计变量，会使问题更加复杂而造成求解困难。通常在充分了解设计要求的基础上，根据各设计参数对目标函数的影响程度，区分主次，尽量减少设计变量的数目，使优化问题得到简化。同时，还应注意设计变量应当是相互独立的。

2. 约束条件

约束条件是所有对设计变量的取值构成限制的条件。全部约束条件组成设计空间的一个子空间，该子空间称为设计可行域，记为 D。根据约束性质的不同，约束条件的类型也不同。按数学表达形式分，有等式约束和不等式约束；按约束条件的性能不同，约束条件可分为性能约束和边界约束。针对产品性能要求建立的约束条件叫作性能约束，如强度、刚度和稳定性等。限制设计变量取值范围的条件叫作边界约束；按约束条件的表达方式分，约束条件分为显示约束和隐式约束；建立优化问题约束条件时，要注意既不能遗漏起作用的约束，也不能引入过多的不必要约束，否则会影响优化结果。

3. 目标函数

目标函数就是设计问题中所要追求的最优指标与设计变量之间的函数关系，它是评价一个设计方案优劣的控制目标，例如重量、精度、成本等。根据优化目标的多少，优化问题的目标函数分为单目标函数和多目标函数。目标函数的函数值大小，常常用来衡量设计方案的优劣，因此有时也称为评价函数。

4. 优化问题的求解方法——数值迭代方法

建立优化问题的数学模型后，需要依其复杂程度和具体条件不同，选取合适的求解方法。优化设计问题的求解方法可分为解析方法(微分法)、图解法、数值迭代法等。通常实际工程问题十分复杂，直接用解析法很难求得优化问题的解，需要寻找一种普遍适用的近似数值算法，这就产生了求解优化问题的数值迭代算法。数值迭代的迭代格式可写为 $X^{k+1} = X^k + \alpha^k S^k$，$k$=0,1,2,… 其中 α 为搜索步长，S 为搜索方向。

5. 求解优化问题的一般过程

机械优化设计的求解过程为：①建立优化设计的数学模型；②选择合适的优化方法；③编写计算机程序；④准备必要的初始数据并且上机计算，分析计算结果。

6. 机械优化设计案例——单级圆柱齿轮减速器优化设计

对一对单级圆柱齿轮减速器，以体积最小为目标进行优化设计。

已知数输入功 $p = 58\text{kW}$，输入转速 $n_1 = 1000\text{r/min}$，齿数比 $\mu = 5$，齿轮的许用应力

$[\sigma]_H = 550\text{MPa}$，许用弯曲应力$[\sigma]_F = 550\text{MPa}$。

1) 问题分析及设计变量的确定

由已知条件得求在满足零件刚度和强度条件下，使减速器体积最小的各项设计参数。由于齿轮和轴的尺寸(壳体内的零件)是决定减速器体积的依据，故可按它们的体积之和最小的原则建立目标函数。按设计要求，首先画出结构设计草图，如图 7-16 所示。

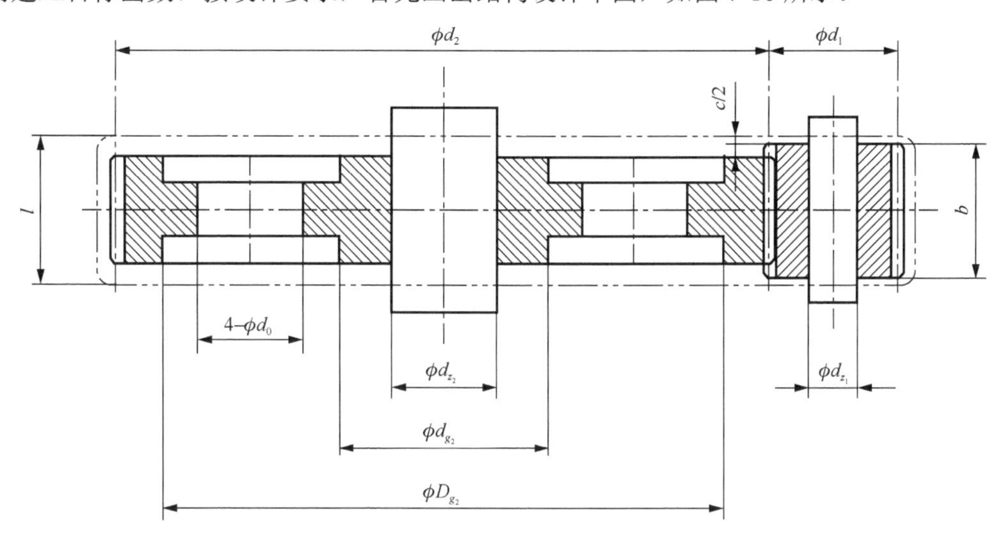

图 7-16　单级圆柱齿轮减速器结构设计草图

单机圆柱齿轮减速器的齿轮和轴的体积可近似的表示为

$$
\begin{aligned}
v &= 0.25\pi b\left(d_1^2 - d_{z_1}^2\right) + 0.25\pi b\left(d_2^2 - d_{z_2}^2\right) - 0.25(b-c)\left(D_{g_2}^2 - d_{g_2}^2\right) \\
&\quad - \pi d_0^2 c + 0.25\pi l\left(d_{z_1}^2 + d_{z_2}^2\right) + 7\pi d_{z_1}^2 + 8\pi d_{z_2}^2 \\
&= 0.25\pi[m^2 z_1^2 b - d_{z_1}^2 b + m^2 z_1^2 \mu^2 b - d_{z_2}^2 b - 0.8b\left(m z_1 \mu - 10m\right)^2 \\
&\quad + 2.05bd_{z_2}^2 - 0.05b\left(m z_1 \mu - 10m - 1.6d_{z_2}\right) + d_{z_2}^2 l + 28d_{z_1}^2 + 32d_{z_2}^2]
\end{aligned}
$$

式中符号意义由结构设计草图 7-16 给出，其计算公式为

$$
\begin{aligned}
&d_1 = mz_1,\quad d_2 = mz_2 \\
&D_{g_2} = \mu m z_1 - 10m \\
&d_{g_2} = 1.6d_{z_2},\quad c = 0.2b \\
&d_0 = 0.25\left(\mu m z_1 - 10m - 1.6d_{z_2}\right)
\end{aligned}
$$

由上式知，齿数比给定之后，体积取决于b、z_1、m、l、d_{z1}、d_{z2}六个参数，则设计变量可取为

$$
x = \begin{bmatrix} x_1 & x_2 & x_3 & x_4 & x_5 & x_6 \end{bmatrix}^{\mathrm{T}} = \begin{bmatrix} b & z_1 & m & l & d_{z1} & d_{z2} \end{bmatrix}^{\mathrm{T}}
$$

2) 目标函数

$$
\begin{aligned}
f(x) &= 0.785398(4.75x_1x_2^2x_3^2 + 85x_1x_2x_3^2 - 85x_1x_3^2 + 0.92x_1x_6^2 \\
&\quad - x_1x_5^2 + 0.8x_1x_1x_3x_6 - 1.6x_1x_3x_6 + x_4^2x_5^2 + x_4^2x_6^2 + 28x_5^2 + 32x_6^2) \to \min
\end{aligned}
$$

3) 约束条件的建立

(1) 为避免发生根切，应有$z \geqslant z_{\min} = 17$，得

$$
g_1(x) = 17 - x_2 \leqslant 0
$$

(2) 齿宽应满足 $\varphi_{\min} \leqslant \dfrac{b}{d} \leqslant \varphi_{\max}$，$\varphi_{\min}$ 和 $\varphi_{\max}$ 为齿宽系数 φ_d 的最大值和最小值，一般取 $\varphi_{\min}$=0.9，φ_d=1.4，得

$$g_2(x) = 0.9 - x_1/(x_2 x_3) \leqslant 0$$
$$g_3(x) = x_1/(x_2 x_3) - 1.4 \leqslant 0$$

(3) 动力传递的齿轮模数应大于 2mm，得

$$g_4(x) = 2 - x_3 \leqslant 0$$

(4) 为了限制大齿轮的直径不至过大，小齿轮的直径不能大于 $d_{1\max}$，得

$$g_5(x) = x_2 x_3 - 300 \leqslant 0$$

(5) 齿轮轴直径的范围：$d_{z\min} \leqslant d_z \leqslant d_{z\max}$ 得

$$g_6(x) = 100 - x_5 \leqslant 0$$
$$g_7(x) = x_5 - 150 \leqslant 0$$
$$g_8(x) = 130 - x_6 \leqslant 0$$
$$g_9(x) = x_6 - 200 \leqslant 0$$

(6) 轴的支撑距离 l 按结构关系，应满足条件：$l \geqslant b + \varDelta_{\min} + 0.5 d_{z2}$（$l$ 可取 $\varDelta_{\min} = 20$），得

$$g_{10}(x) = x_1 + 0.5 x_6 - x_4 - 40 \leqslant 0$$

(7) 齿轮的接触应力和弯曲应力应不大于许用值，得

$$g_{11}(x) = 1468250\Big/\left(x_2 x_3 \sqrt{x_1} - 550\right) \leqslant 0$$
$$g_{12}(x) = 7098\Big/\left[x_1 x_2 x_3^2 \left(0.169 + 0.6666 \times 10^{-2} x_2 - 0.854 \times 10^{-4} x_2^2\right) - 400\right] \leqslant 0$$
$$g_{13}(x) = 7098\Big/\left[x_1 x_2 x_3^2 \left(0.2824 + 0.177 \times 10^{-2} x_2 - 0.394 \times 10^{-4} x_2^2\right) - 400\right] \leqslant 0$$

(8) 齿轮轴的最大挠度 $\delta_{\max}$ 不大于许用值 $[\delta]$，得

$$g_{14}(x) = 117.04 x_4^4 \Big/ \left[\left(x_2 x_3 x_5^4\right) - 0.003 x_4\right] \leqslant 0$$

(9) 齿轮轴的弯曲应力 σ_w 不大于许用值 $[\sigma]_w$，得

$$g_{15}(x) = \frac{1}{x_5^3}\sqrt{\left(\frac{2.85 \times 10^6 x_4}{x_2 x_3}\right)^2 + 2.4 \times 10^{12}} - 5.5 \leqslant 0$$
$$g_{16}(x) = \frac{1}{x_6^3}\sqrt{\left(\frac{2.85 \times 10^6 x_4}{x_2 x_3}\right)^2 + 6 \times 10^{12}} - 5.5 \leqslant 0$$

4) 优化方法的选择

由于该问题有六个设计变量，16 个约束条件的优化设计问题，采用传统的优化设计方法比较烦琐，比较复杂，所以选用 MATLAB 优化工具箱中的 fmincon 函数来求解此非线性优化问题，避免了较为繁重的计算过程。

5) 数学模型的求解

综上，该优化设计的数学优化模型表示为

$$\begin{aligned}\min f(x) = {} & 0.785398(4.75 x_1 x_2^2 x_3^2 + 85 x_1 x_2 x_3^2 - 85 x_1 x_3^2 + 0.92 x_1 x_6^2 \\ & - x_1 x_5^2 + 0.8 x_1 x_1 x_3 x_6 - 1.6 x_1 x_3 x_6 + x_4^2 x_5^2 + x_4^2 x_6^2 + 28 x_5^2 + 32 x_6^2)\end{aligned}$$

约束条件：

$g_1(x)=17-x_2\leqslant 0$

$g_2(x)=0.9-x_1/(x_2x_3)\leqslant 0$

$g_3(x)=x_1/(x_2x_3)-1.4\leqslant 0$

$g_4(x)=2-x_3\leqslant 0$

$g_5(x)=x_2x_3-300\leqslant 0$

$g_6(x)=100-x_5\leqslant 0$

$g_7(x)=x_5-150\leqslant 0$

$g_8(x)=130-x_6\leqslant 0$

$g_9(x)=x_6-200\leqslant 0$

$g_{10}(x)=x_1+0.5x_6-x_4-40\leqslant 0$

$g_{11}(x)=1468250/\left[\left(x_2x_3\sqrt{x_1}\right)-550\right]\leqslant 0$

$g_{12}(x)=7098/\left[x_1x_2x_3^2\left(0.169+0.6666\times 10^{-2}x_2-0.854\times 10^{-4}x_2^2\right)-400\right]\leqslant 0$

$g_{13}(x)=7098/\left[x_1x_2x_3^2\left(0.2824+0.177\times 10^{-2}x_2-0.394\times 10^{-4}x_2^2\right)-400\right]\leqslant 0$

$g_{14}(x)=117.04x_4^4/\left[\left(x_2x_3x_5^4\right)-0.003x_4\right]\leqslant 0$

$$g_{15}(x)=\frac{1}{x_5^3}\sqrt{\left(\frac{2.85\times 10^6x_4}{x_2x_3}\right)^2+2.4\times 10^{12}}-5.5\leqslant 0$$

$$g_{16}(x)=\frac{1}{x_6^3}\sqrt{\left(\frac{2.85\times 10^6x_4}{x_2x_3}\right)^2+6\times 10^{12}}-5.5\leqslant 0$$

6)运用 MATLAB 优化工具箱对数学模型进行程序求解

首先在 MATLAB 优化工具箱中编写目标函数的 M 文件 myfun.m,返回 x 处的函数值 f。

```
function f = myfun(x)
f=0.785398*(4.75*x(1)*x(2)^2*x(3)^2+85*x(1)*x(2)*x(3)^2-85*x(1)*x(3)^2
  +0.92*x(1)*x(6)^2-x(1)*x(5)^2+0.8*x(1)*x(2)*x(3)*x(6)-1.6*x(1)*x(3)*x(6)
  +x(4)*x(5)^2+x(4)*x(6)^2+28*x(5)^2+32*x(6)^2)
```

由于约束条件中有非线性约束，故需要编写一个描述非线性约束条件的 M 文件 mycon.m。

```
function[c,ceq]=myobj(x)
c=[17-x(2);0.9-x(1)/(x(2)*x(3));x(1)/(x(2)*x(3))-1.4;2-x(3);
  x(2)*x(3)-300;100-x(5);x(5)-150;130-x(6);x(6)-200;x(1)+0.5*x(6)-x(4)-40;
  1486250/(x(2)*x(3)*sqrt(x(1)))-550;
  7098/(x(1)*x(2)*x(3)^2*(0.169+0.006666*x(2)-0.0000854*x(2)^2))-400;
  7098/(x(1)*x(2)*x(3)^2*(0.2824+0.00177*x(2)-0.0000394*x(2)^2))-400;
  117.04*x(4)^4/(x(2)*x(3)*x(5)^4)-0.003*x(4);
  (1/(x(5)^3))*sqrt((2850000*x(4)/(x(2)*x(3)))^2+2.4*10^12)-5.5;
  (1/(x(6)^3))*sqrt((2850000*x(4)/(x(2)*x(3)))^2+6*10^13)-5.5];
ceq=[];
```

最后在 command window 里输入：

```
x0=[230;21;8;420;120;160];%给定初始值
[x,fval,exitflag,output]=fmincon(@myfun,x0,[],[],[],[],[],[],@myobj,
                        output) %调用优化过程
```

7) 最优解以及结果分析

运行结果如图 7-17 所示。

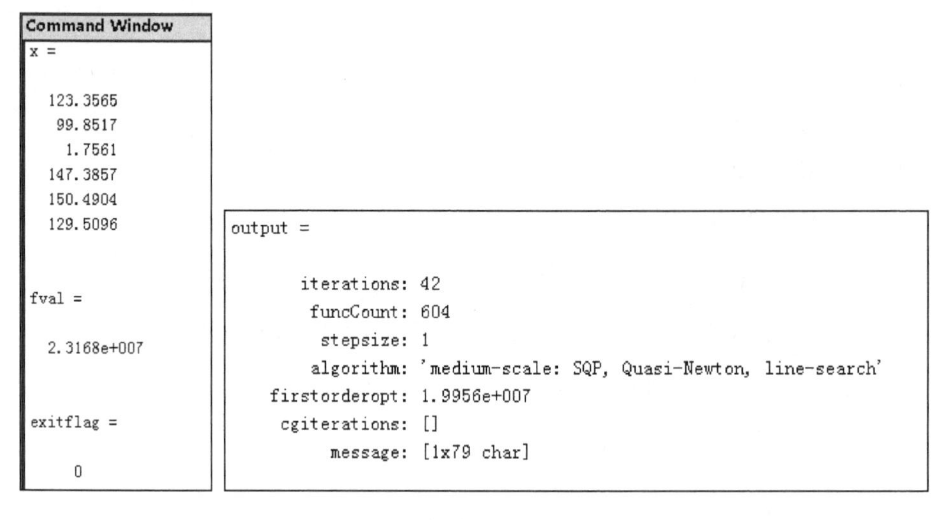

图 7-17　优化问题运行结果

由图 7-17 可知，优化后的最终结果为

$$X=\begin{bmatrix}123.36 & 99.85 & 1.76 & 147.38 & 150.49 & 129.51\end{bmatrix}$$

$$f(X)=2.36\times10^7$$

由于齿轮模数应为标准值，齿数必须为整数，其他参数也要进行圆整,所以最优解不能直接采用，按设计规范，经标准化和圆整后有

$$X=\begin{bmatrix}124 & 100 & 2 & 148 & 150 & 130\end{bmatrix}$$

$$f(X)=2.16\times10^7$$

8) 结果对比分析

若按初始值减速器的体积 V 大约为 $3.32\times10^7\,\text{mm}^3$，而优化后的体积 V 则为 $2.16\times10^7\,\text{mm}^3$，优化结果比初始值体积减小为

$$\Delta V=1-\frac{2.16\times10^7}{3.32\times10^7}\times100\%=35\%$$

所以优化后的体积比未优化前减少了 35%，说明优化结果相对比较成功。

思考与实践题

1. 试选择一个机械系统(机械产品)，分析其典型机械结构的设计特点。
2. 对题 1 所选产品的主要零部件进行有限元分析或进行结构优化设计。

第 8 章　加工中心的机械系统设计

8.1　概　　述

数控机床机械结构是在普通机床的基础上进行改进、改造而逐步发展起来的。回顾数控机床的发展过程，在其发展的初级阶段，数控机床的结构设计主要是在传统机床上进行改装，或者以通用机床为基础进行局部的改进设计。随着现代制造技术的发展，这种由通用机床机械结构改装、改进而成的机械结构的刚性不足、抗振性差、滑动摩擦阻力大、传动元件间存在间隙等弱点明显地暴露出来，影响数控机床技术性能的发挥。现在数控机床的结构设计已经转变为基于性能要求对其机械结构进行全新的设计。现代数控机床，特别是加工中心，无论是支撑部件、主传动系统、进给传动系统、刀具系统和辅助功能等部件结构，还是整体布局和外部造型等均已发生了很大变化，已形成了数控机床独特的机械结构。

8.1.1　数控机床机械结构组成

数控机床的机械结构除数控机床的基础部件外，主要由以下几部分组成。

1) 主传动系统

主传动系统包括动力源、传动件及主运动执行件(主轴)等，是将驱动装置的运动及动力传给执行件，以实现主切削运动。

2) 进给传动系统

进给传动系统包括动力源、传动件及进给运动执行件(工作台、刀架)等，是将伺服驱动装置的运行与动力传给执行件，以实现进给切削运动。

3) 刀架或自动换刀装置

刀架或自动换刀装置完成刀具的自动选择与更换。

4) 自动托盘交换装置

由托盘升降装置、交换驱动装置、定位装置以及控制系统等构成。升降装置用来将托盘升起，到达目标位置后使托盘准确落下。交换驱动装置实现托盘在工作台和工作台外等待位置之间的交换动作。定位装置的作用有：使托盘在工作台外等待位置的定位，保证托盘在工作台上正确定位，保证交换的动作协调、准确。控制系统用来对托盘交换过程中的动作顺序进行控制。

5) 辅助装置

不同数控机床的辅助装置有很大不同。辅助装置包括：液压气动系统、润滑、冷却装置等。

某类型数控车床的结构和选择配置如图 8-1 所示。车床的主传动系统主要用于带动工件旋转，主轴的驱动形式主要有：内装式电主轴实现零传动、主轴电机直联驱动和主轴电机经变速机构驱动主轴。数控车床的主轴可以采用主轴电机和带 C 轴控制的主轴电机来驱动。主轴前端可以选择配置三爪卡盘或弹性卡头等，主轴尾部根据需要可以配置自动送料装置，用于完成自动上料功能。在与主轴对应的位置可以配置副主轴或尾顶尖，用于实现零件装夹和带动工件旋转或对零件进行辅助支撑。数控机床进给运动主要包括导向和驱动功能，导向功能目前主要采用滚动直线导轨，驱动功能的形式多种多样，采用交流伺服电机驱动滚珠丝杠螺母副来实现最为常见。数控车床的刀架用于装夹刀具，可以采用标准刀架、VDI 刀架和动力刀架等几种形式，车削中心则需要配置刀库和自动换刀装置。数控车床一般还需要配置排屑器和集屑装置，用于切屑的自动收集。有些数控车床还需要配置自动对刀仪等。

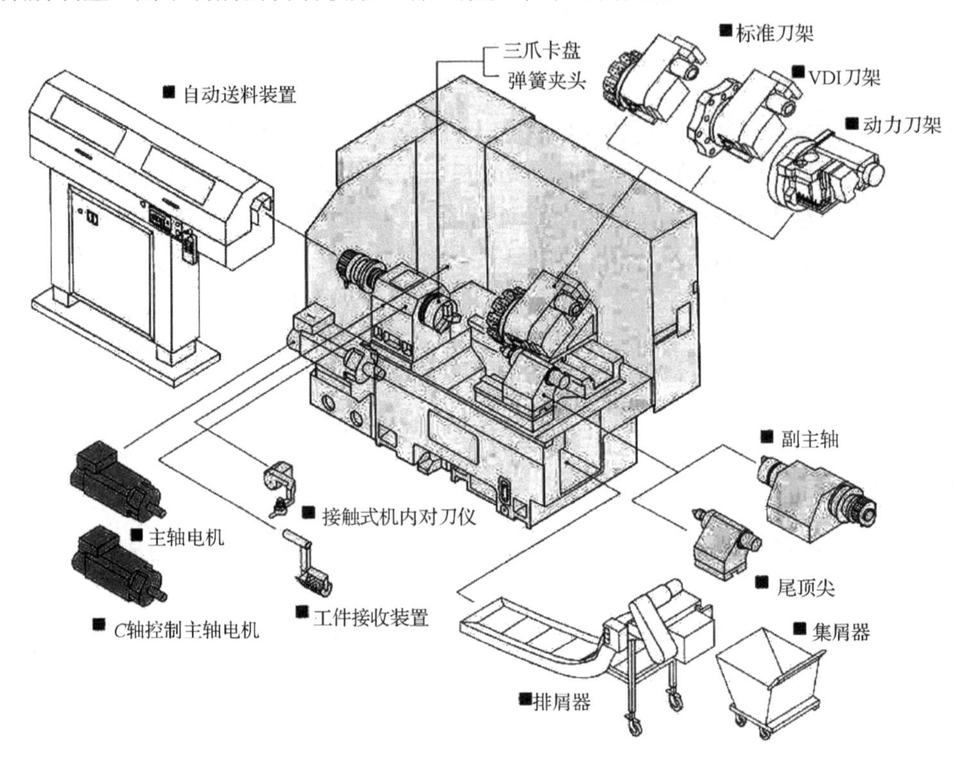

图 8-1　数控车床结构及其选择配置图

8.1.2　对数控机床机械结构的要求

目前数控机床的结构功能与普通机床有很大差异，对数控机床结构设计的要求主要可归纳为如下几个方面。

1) 具有大的切削功率和高的静、动刚度

数控机床生产费用比传统机床要高很多，若不采取措施大幅度压缩单件加工时间，就不可能获得较好的经济效益。压缩单件加工时间可以从两个方面入手：一方面是缩短切削时间，另一方面是采用自动辅助装置减少辅助时间。这些措施大幅度提高了生产率，同时也明显增加了机床的负载。

此外，由于机床床身、导轨、工作台、刀架和主轴箱等部件的几何精度及其变化产生的误差取决于它们的结构刚度，所有这些都要求数控机床要有比传统机床更高的静刚度。

切削过程中的振动不仅影响工件的加工精度和表面质量，而且还会降低刀具寿命，影响生产率。在传统机床上，操作者可以通过改变切削用量和改变刀具几何角度来消除或减少振动。数控机床具有高效率的特点，为了充分发挥其加工能力，在加工过程中不允许进行人工调整，这对数控机床的动态特性提出更高要求。

2)减少运动件的摩擦和消除传动间隙

数控机床工作台的运动是以脉冲当量或最小设定单位为最小移动单位，它常以极低的速度运动，这就要求工作台对数控装置发出的指令做出准确响应，这能否实现与运动件之间的摩擦特性有直接关系。传统机床使用的滑动导轨，其最大静摩擦力和动摩擦力相差较大，在低速运行时容易产生“爬行”现象。由于静压导轨和滚动导轨的最大静摩擦力较小，而且由于润滑油的作用，最大静摩擦力和滑动摩擦力比较接近，有效地减少了低速爬行现象，从而提高了数控机床的运动平稳性和定位精度。目前数控机床普遍采用滚动导轨和静压导轨。数控机床在进给系统中采用滚珠丝杠代替滑动丝杠实现进给驱动，也是基于同样的道理。

对数控机床进给系统的另一个要求就是无间隙传动。由于加工运动和控制的需要，数控机床各坐标轴的运动都是双向，传动件之间的间隙会影响机床的定位精度及重复定位精度，必须采取措施消除进给传动系统中的间隙，如齿轮副、丝杠螺母副等各种传动副的间隙。

3)良好的抗振性和热稳定性

数控机床加工时可能由于断续切削、加工余量不均匀、运动部件不平衡以及切削过程中的自激振动等原因引起的冲击力或交变力的干扰，使主轴产生振动，影响加工精度和表面粗糙度，严重时甚至破坏刀具或零件。所以数控机床各主要零部件不但要具有一定的静刚度，而且要求具有足够的抑制各种干扰力引起振动的能力——抗振性。

普通机床在切削热、摩擦热等内外热源的影响下，各个部件将发生不同程度的热变形，使工件与刀具之间的相对位置关系发生改变，从而影响工件的加工精度。对于数控机床来说，热变形的影响就更突出。一方面，工艺过程的自动化及其精密加工的发展，对机床加工精度和精度的稳定性提出了越来越高的要求；另一方面，数控机床的主轴转速、进给速度以及切削量等也远远大于普通机床，而且通常要长时间连续加工，产生的热量也多于传统机床。因此，需要特别重视采取措施，以减少热变形对加工精度的影响。

4)充分满足人性化要求

数控机床是自动化程度很高的加工设备，与传统机床的手工操作不同，其操作性能有了新的含义。要尽可能提高机床各部分的互锁能力，并安装紧急停车按钮。将所有操作都集中在一个操作面板上，操作面板要一目了然，不要有太多的按钮和指示灯，以减少误操作的可能。

8.1.3　设计过程中可以采取的措施

1)提高机床的机构刚度

机床刚度是指在机床切削力和其他力的作用下抵抗变形的能力。数控机床应比普通机床具有更高的静刚度和动刚度。有标准规定，数控机床的刚度系数应该比类似的普通机床高50%。由于加工状态的多变和复杂，通常很难对结构刚度进行精确的理论计算。尽管如此，遵循下列原则和措施，仍可以提高机床的结构刚度。

提高机床结构刚度的措施主要有：合理选择构件的结构形式，包括合理选择截面的形状和尺寸、合理选择和布置隔板和筋板、提高构件的局部刚度和选用焊接结构和构件；合理的结构布局可以提高刚度；采取补偿构件变形的结构措施。其中的一种提高机床刚度的措施如图 8-2 所示。

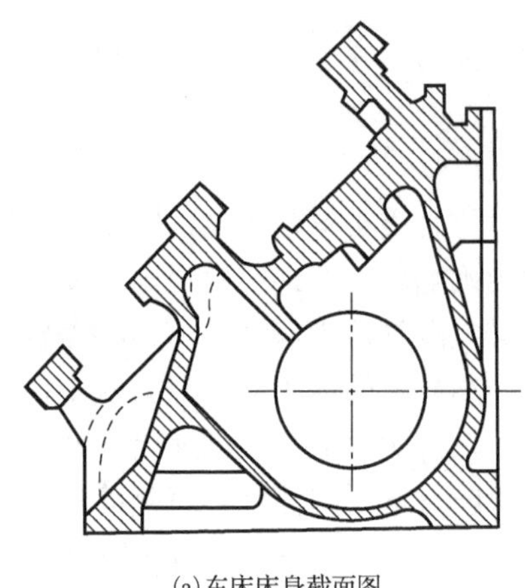

(a) 车床床身截面图

(b) 封闭整体箱型结构

图 8-2　提高机床支撑刚度的结构示例

图 8-2(a)为某车床床身的截面图，床身截面采用封闭式结构，并且在导轨等位置增加了筋板以便提高支撑刚度。8-2(b)为某加工中心封闭整体箱型结构，采用箱型结构以提高机床刚度。另外，数控机床机械结构中包含大量的结合面，结合面的刚度对数控机床的最终刚度有重要影响，需要采取一些措施提高结合面的刚度。

2) 提高机床的抗振性

机床切削加工过程中可能产生两种振动：强迫振动和自激振动，机床抗振性是指机床抵抗这两种振动的能力。

改善和提高机床抗振性可从以下几个方面入手：减少机床内部振源或降低激振力，就减少了产生强迫振动的可能性，相当于提高了机床的抗振性；提高静态刚度可以提高构件或系统的谐振频率，从而避免发生共振，在结构设计时应该强调提高单位质量的刚度；增大阻尼也是提高刚度和自激振动稳定性的有效措施。

3) 提高低速进给运动的平稳性和运动精度

数控机床各坐标轴进给运动的精度极大地影响着机床的加工精度。在开环进给系统中，运动精度取决于系统各组成环节，特别是机械传动部件的精度。在闭环和半闭环进给系统中，位置检测装置的分辨率和分辨精度对运动精度有着决定性的影响，但机械传动部件的特性对运动精度的影响也不容忽视。

要提高运动精度，应提高进给运动的低速运动平稳性，可以采取的措施有：降低执行部件的质量，减少静、动摩擦系数之差和提高传动刚度。执行部件所受的摩擦阻力主要来自导轨副，现代数控机床上广泛采用滚动导轨、卸荷导轨、静压导轨、塑料导轨等；为了提高传动系统的传动刚度，应尽可能缩短传动链，适当加大传动轴的直径，加强支撑座的刚度。此外，对轴承、丝杠螺母副进行预紧也可以提高传动刚度。

4) 减小机床的热变形

数控机床的热变形是影响加工精度的重要因素。引起机床热变形的热源主要是机床的内部热源。热变形影响加工精度主要是由于热源分布不均匀，热源产生的热量不等，各零部件的质量不均匀，形成各部件温升不一致，从而产生不均匀的温度场和不均匀的热膨胀变形，影响刀具与工件的正确相对位置。

减少机床热变形及其影响的措施主要有：减少机床内部热源和发热量、改善散热和隔热条件；结构设计时应设法使热量比较大的部位的热向热量小的部位传导，使结构部件的各个部位能够热均衡；预测热变形的规律，建立变形数学模型，或测定其变形的具体数值，存入数控装置的内存中，用以进行实时补偿校正。高精度的机床可以安装在恒温车间，并且正常使用前进行预热，使机床达到热平衡后再进行加工。

8.2　总体方案设计

8.2.1　数控机床的总体布局

数控机床加工工件时和普通机床一样，由主运动和进给运动实现工件表面的成形运动。数控机床的这些运动必须由相应的执行部件以及一些必要的辅助运动部件来完成。多数数控机床的总体布局与和它类似的普通机床的总布局是基本相同或相似的，并且已经形成了传统的、经过考验的固定形式，只是随着生产要求与科学技术的发展，还会不断有所改进。数控机床的总体布局是机床设计中带有全局性的问题，它的好坏对机床的制造和使用都有很大的影响。下述的一些问题，可作为数控机床总体布局设计时的参考。

1）总体布局与工件形状、尺寸和质量的关系

数控机床加工工件所需的运动仅只是相对运动，故对执行部件的运动分配可以有多种方案。机床的总体布局取决于被加工工件的尺寸、形状和质量大小。

2）运动分配与部件布局

运动数目，尤其是进给运动数目的多少，直接与表面成形运动和机床的加工功能有关。运动的分配与部件布局是机床总布局的中心问题。

在布局时可以遵循的原则是：获得较好的加工精度、较低的表面粗糙度和较高的生产率；转动坐标的摆动中心到刀具端面的距离不要过大；工件的尺寸与质量较大时，摆角进给运动由装有刀具的部件来完成，反之由装夹工件的部件来完成；两个摆角坐标合成矢量应能在半球空间范围的任意方位变动；由于摆动坐标带着工件或刀具摆动的结果，将使加工工件的尺寸范围有所减少，这也是在总体布局时需要考虑的问题。

3）总体布局与机床结构性能

数控机床的总体布局应能兼顾机床有良好的精度、刚度、抗振性和热稳定等结构性能。在加工功能和运动要求相同的条件下，数控机床的总布局方案是多种多样的，以机床的刚度、抗振性和热稳定性等结构性能作为评价指标，可以判别出布局方案的优劣。

4）自动换刀数控卧式镗铣床（加工中心）的总布局

自动换刀数控卧式镗铣床是由数控镗铣床加上刀具自动交换系统所组成。主机总布局要特别考虑如何将刀具自动交换系统与主机有机地结合在一起，构成一台完整的自动换刀数控镗铣床。所要考虑的问题有：选择合适的刀库、换刀机械手与识刀装置的类型，力求这些结构部件的结构简单，动作少而可靠；机床的总体结构尺寸紧凑，刀具存储交换时保证刀具与工件和机床部件之间不发生干涉等。

5）机床的使用要求与总体布局

数控机床是一种全自动化的机床，但是像装卸工件和刀具（加工中心可以自动装卸刀具）、清理切屑、观察加工情况和调整等辅助工作，还得由操作者来完成，所以在考虑数控机床总体布局时，除遵循机床布局的一般原则，还应考虑在使用方面的特定要求：便于同时操作和观察，刀具、工件装卸、夹紧方便，排屑和冷却。

8.2.2 常见的车削中心设计方案

根据实现高效切削方式的不同，可以把卧式车铣复合加工中心分为两大流派：一个是欧式，以 WFL、Niles-Simmons 为代表；一个是以 DMG、Mazak 和 Mori Seiki 为代表。日式卧式车铣复合加工中心是以高速、小切深大进给为基础来确定机床的参数的，利用了刀具的上限切削速度，适合于模具圆角和材料较软的被加工零件切削。欧式卧式车铣复合加工中心是以重切削为条件，即大切深、大进给、高线速度来确定机床参数的。以高速为基础的方式实现高效，从经济上考虑，刀具寿命低，零件制造成本相对提高。以重切削为基础设计的机床，刚性好，刀具使用中高转速寿命长，经济性好。

日式流派的卧式车铣复合加工中心刀具主轴通常采用电主轴，应用角接触球轴承，可实现较高转速，属高速小扭矩主轴，对于大刀具悬伸和重负载切削不利。在小切深、高转速方面有优势，但是主轴寿命相对较低，主轴后期维护成本高。欧式流派的卧式车铣复合加工中心刀具主轴是机械式主轴，最高转速相对电主轴而言较低，但是对于绝大多数切削条件来说也可以满足，适合于大扭矩切削，在黑色金属切削方面有明显优势。

从机床的主要结构特征方面考虑，又可以把卧式车铣复合加工中心分为以下五类典型结构。

1) 斜床身式卧式车铣复合加工中心(垂直 *Y* 轴)

该结构机床床身采用传统卧式车削中心的斜床身，刀具主轴沿垂直 *X* 轴方向上、下运动，实现 *Y* 轴功能，*X*、*Y*、*Z* 三轴正交。垂直 *Y* 轴的卧式车铣复合加工中心在铣削 *Y* 向平面时易于达到理想的平面质量。受其结构限制，机床 *Y* 轴行程不长，车削功能占主导地位。此类结构的代表有 WFL 的 M 系列、沈阳机床的 HTM 系列和 Niles-Simmons 的 C 系列机床。图 8-3 为某 HTM 系统机床机构示意图。

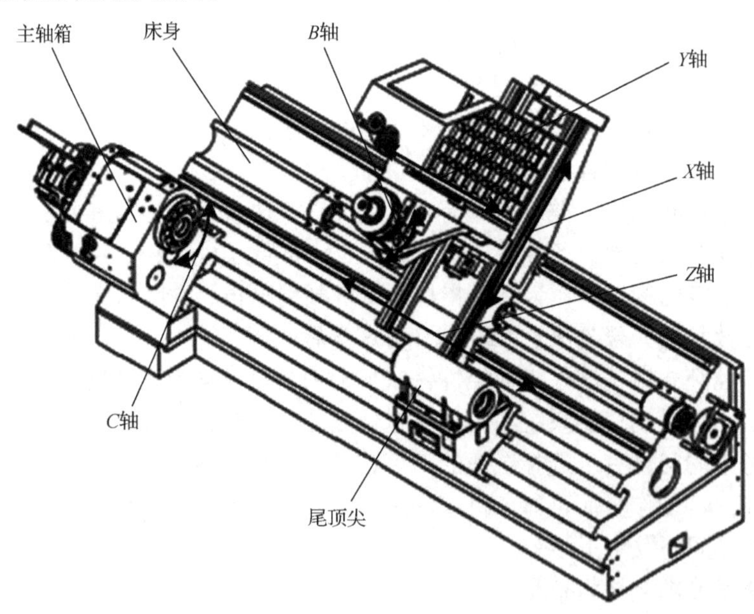

图 8-3　某 HTM 系列机床机构示意图

2)斜平床身式卧式车铣复合加工中心(插补 *Y* 轴/虚拟 *Y* 轴)

多数卧式车铣复合加工中心厂家早期开发的产品均采用此结构。如图 8-4 所示 DMG 的 GMX 系列和图 8-5 所示的 Mazak 的 Integrex Ⅳ系列，该结构机床采用传统卧式车削中心的布局，床身采用高刚性斜平床身。其 *Y* 轴是虚拟 *Y* 轴，通过 *X* 轴与刀具主轴的倾斜运动合成，插补实现 *Y* 轴功能。在实现 *Y* 坐标方向运动时，*X* 轴和虚拟 *Y* 轴同时运动。因此，机床对这两个轴运动的动态特性要求较高。*Y* 坐标与 *X* 坐标的垂直关系由插补精度决定。该类型机床结构紧凑，但是受机床布局限制，*Y* 轴行程较小，铣削能力不足，车削功能占绝对主导。鉴于以上不足，目前新开发的卧式车铣复合加工中心很少采用该类结构。此类结构的代表有 DMG 的 GMX Linear 系列、MAZAK 的 Integrex Ⅳ系列、DOOSAN 的 PUMA MX 和沈阳机床的 HTM63150iy 等。

图 8-4　DMG 的 GMX 系列

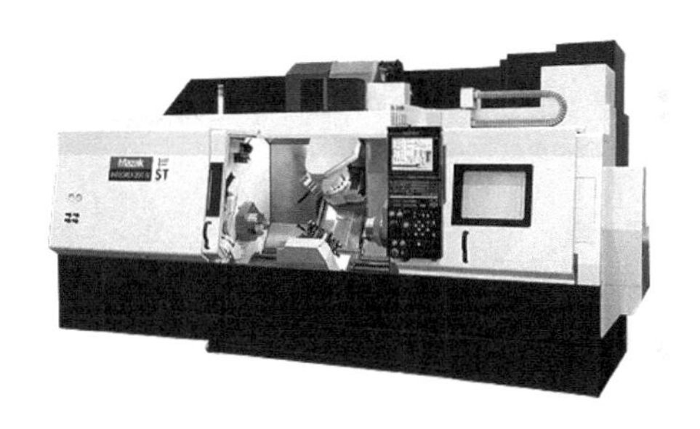

图 8-5　Mazak 的 Integrex Ⅳ系列

3)动立柱式卧式车铣复合加工中心(垂直 *Y* 轴)

该结构机床采用平床身(或斜平床身)，通过立柱、滑板移动带动刀具主轴等部件移动实现 *X*、*Y*、*Z* 轴，且三轴正交。该类结构的机床可以实现大直径加工，例如沈阳机床的 HTM125600 和 Weingartner 的 mpmc1500(最大加工直径达 1.6m，最大加工长度达 12m)均为大加工直径的动立柱式垂直 *Y* 轴卧式车铣复合加工中心。该类结构的代表有 Mazak 的 Integrex e-H 系列(图 8-6)，DMG 的 CTX gamma 系列(图 8-7)。

图 8-6　Mazak 的 Integrex e-H 系列

图 8-7　DMG 的 CTX gamma 系列

4)箱中箱式的卧式车铣复合加工中心(垂直 *Y* 轴)

此类机床为平床身和箱中箱(box-in-box)式结构，八角滑枕前、后移动实现 *Y* 轴功能，*X*、*Y*、*Z* 三轴正交。该类结构机床是 Mori seiki 在 2005 开发的新款卧式车铣复合加工中心，在其上应用了很多新技术，如重心驱动、直接驱动式马达的力矩电机、八角形滑枕和内置电机的刀塔等技术。这种结构机床的 *Y* 轴行程比较长。如 Mori seiki 的 NT4300，其 *Y* 轴行程可达 420mm，铣削能力加强。Mori seiki 正是看中了此优点，而放弃了其原有的 MT 系列卧式车铣复合加工中心(属于传统插补 Y 轴)，全部转向箱中箱式垂直 Y 轴结构的卧式车铣复合加工中心。Mori seiki 的 NT 系列结构如图 8-8 所示。

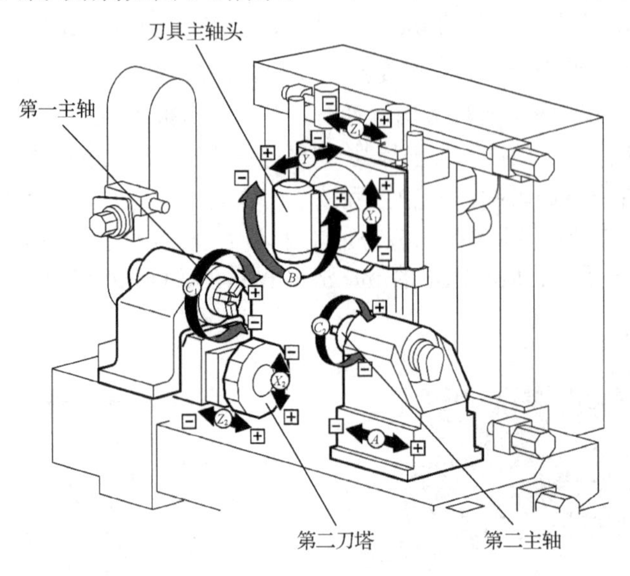

图 8-8　Mori seiki 的 NT 系列

5)用于棒料加工的小型卧式车铣复合加工中心

这类卧式车铣复合加工中心本身尺寸很小，带有棒料进给系统，特别适合以棒料为毛坯的六面都需要加工的精密异型件的加工。机床的左端是车削正主轴，棒料通过正主轴通孔由棒料输送装置送到指定位置，夹紧后对零件前端进行加工。机床的副主轴装置一般比较特殊，比如威力铭公司的发明专利，它是个可绕 Y 轴回转的多功能塔座，由中间的车削副主轴、左边的自动定心虎钳、右边的尾架三部分组成。副主轴的功能是接正主轴传来的棒料后将其夹紧，从而切断棒料并对工件进行其他加工。液压自定心虎钳的功能是将工件夹紧后向上旋转 90°，从而对工件作第六面加工。当加工细长轴零件时，由尾架顶紧工件右端，以防挠曲变形。此类机床的代表是瑞士的 Wellimin-Macodal、Bumotec、德国的 Benzinger、斯宾纳斯，以及日本的津上和 Star 等公司。Wellimin-Macodal 的 MT 系列如图 8-9 所示。

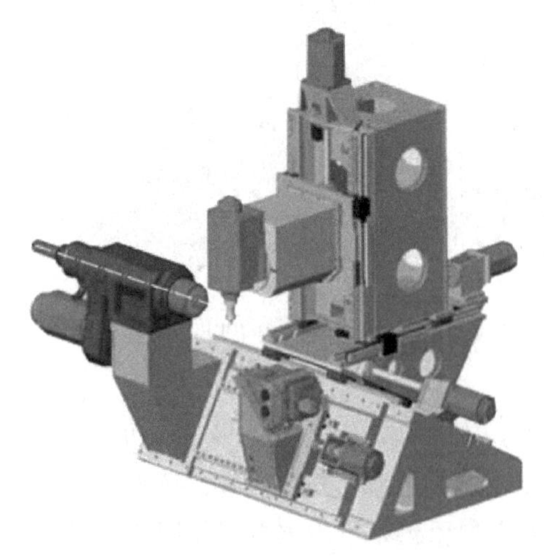

图 8-9　Wellimin-Macodal 的 MT 系列

从这几类典型的卧式车铣复合加工中心不难看出，现代机床已经发展为各类机床之间彼此相互交融。第一、二类结构的卧式车铣复合加工中心的思想源于传统的卧式车削中心，受自身结构限制，Y 轴行程相对较小，铣削加工能力不足。而第三、四类结构的卧式车铣复合加工中心则很好地融合了卧式加工中心和车削中心的结构，得到的全新结构。Y 轴采用滑枕结构增加了伸出刚性，加大了 Y 轴行程，扩大了加工范围，虽然还是以车为主，但是增强了铣削能力。所以，其既有卧式加工中心的特点，同时又有车削中心的特点。

8.2.3　需求分析

卧式车铣复合加工中心的加工对象主要是形状复杂的回转体零件，零件表面上有曲面、平面、斜平面、中心孔、偏心孔或斜孔等；工序多，车、铣、钻、镗或攻丝；精度高，相关特征有比较高的形状和位置误差要求；多品种小批量零件，尤其是试制零件。从国内卧式车铣复合加工中心加工的工件的材料、加工要求和结构特征等方面来看，卧式车铣复合加工中心的加工对象可以分为以下四类。

1) 黑色金属类

加工黑色金属时一般采用低速重切削，注重机床的高刚性和大扭矩，机械式主轴的卧式车铣复合加工中心在此方面优势明显。典型零件有船用曲轴等，虽然曲轴无特殊曲面，但是船用曲轴的尺寸、质量一般比较大，装夹不便。所以，如果采用一般机床和传统工艺方法加工曲轴，则须经过多台机床、多次装夹才能完成加工。而用卧式车铣复合加工中心加工，其所用机床和装夹次数均可以减少一半还多，因此用卧式车铣复合加工中心加工曲轴，不论在效率上还是在精度上，或是场地、物流、机床投资及维护、人员投入及管理等方面，都具有明显的优势。

2) 有色金属类(铝合金等)

有色金属类零件相对比较容易切削，所以目标是在保证其加工精度的同时，追求大的去除率，提高加工效率。机床的车削主轴和刀具动力主轴普遍采用内置式电主轴。

3) 精密类零件

精密类零件在医疗、航空航天等领域有广泛应用，比如起落架、机架、控制杆、骨钢板和骨螺钉等的加工。其具有以下特点：首先，零件精度高，小批量，多品种，材料坚韧；其次，零件多是形状不规则的异形件(具有斜平面或者斜孔，而且与某些特征有较高的形状和位置误差)，不仅要回转车削加工，而且还需多工序换刀铣削加工；最后，为了保证加工精度和提高加工效率，需要全自动完成零件加工，即工件的六面加工。基于上述特点，采用带副主轴的卧式车铣复合加工中心，通过正副主轴之间轮流夹持零件，则可实现一次装夹，完成全部或者大部分加工，相对比较容易的达到加工要求。

4) 叶片叶轮类薄壁复杂曲面零件

加工此类零件时机床的动态响应特性要好，以保证零件的轮廓形状精度，否则容易出现过切现象。为了消除传动的反向间隙，提高机床 B 轴的动态响应特性，B 轴需要采用力矩电机直接驱动。此类零件的加工程序较为复杂，对编程方面要求较高。因为有专门针对叶片叶轮类薄壁复杂曲面零件加工的五轴联动专机，目前用卧式车铣复合加工中心加工叶片、叶轮类薄壁复杂曲面零件的比较少。对于车铣复合加工中心的应用最多还是从加工精度方面考虑，主要是工序集中的复杂回转体零件，特别是使用其他机床加工时很难保证相关特征的位置度要求的零件。

总之，客户对车铣复合加工中心的要求是高刚度车削主轴，具备 C 轴功能；进给轴快移速度大，有大的加速度；铣削主轴既能安装车刀进行车削，也能安装铣刀进行铣削加工，具有 B 轴功能；B 轴既可以任意角度定位，也可以固定角度定位；同时 B、C 轴，X 轴、Y 轴、Z 轴可以实现联动加工。

卧式车铣复合加工中心主要包括车削主轴系统、尾台、进给系统、铣削主轴、B 轴、刀库机械手、冷却润滑系统、卡盘、油缸系统、自动检测装置、数控系统、防护等核心功能，每一部件都有自己独特的功能。卧式车铣复合加工中心机床精度设计需求如表 8-1 所示。

表 8-1 卧式车铣复合加工中心机床精度设计需求

项目	单位	数值
尺寸加工精度	—	IT6
X、*Y* 轴定位精度	mm	0.01
X、*Y* 轴重复定位精度	mm	0.005
Z 轴定位精度	mm	0.02
Z 轴重复定位精度	mm	0.008
C 轴定位精度	(″)	20
C 轴重复定位精度	(″)	10
B 轴定位精度	(″)	±4
B 轴重复定位精度	(″)	±2
圆度	mm	0.003/ϕ150
圆柱度(*Z* 轴方向)	mm	0.01/ϕ150×300
平面度	mm	0.015/ϕ300
表面粗糙度	μm	*Ra*0.8

8.2.4 加工中心机械系统的主要参数

以某卧式车铣加工中心为研究对象进行说明。该卧式车铣加工中心能进行五轴联动加工，不仅能进行车削、铣削、钻削、镗削等多工序的复合加工，利用多轴联动功能还可完成零件倾斜部位及复杂空间曲面的加工。机床主要技术参数如表 8-2 所示。

表 8-2 机床主要参数

项目	单位	规格	备注
床身上最大回转直径	mm	600	—
最大加工直径	mm	400	—
最大车削长度	mm	1000	—
X 轴行程	mm	520	铣削主轴垂直运动方向
Y 轴行程	mm	-100/+100	铣削主轴水平面内前进后退运动方向
Z 轴行程	mm	1400	铣削主轴水平面内左右进给运动方向
B 轴转角	(°)	-120～+120	—
车削主轴功率(额定)	kW	22	—
车削主轴扭矩(额定)	N·m	150	—
车削主轴最高转速	r/min	5500	—
车削主轴通孔直径	mm	48	—
车削主轴头型号	—	A2-6	—
卡盘直径	mm	215	—
C 轴最小编程增量	(°)	0.001	—
铣削主轴功率(额定)	kW	60	—
铣削主轴扭矩(额定)	N·m	95.5	—
铣削主轴锁紧扭矩	N·m	1000	用于安装车削刀具
铣削主轴最高转速	r/min	20000	—
B 轴功率(额定)	kW	5.55	—
B 轴扭矩(额定)	N·m	632	用于插补加工
B 轴锁紧扭矩	N·m	1200	用于固定角度加工
B 轴额定转速	r/min	113	—
最小编程增量	(°)	0.001	—
尾座套筒直径	mm	125	—
尾座套筒行程	mm	160	—
顶尖规格	—	M5	—

续表

项目	单位	规格	备注
X 轴快移速度	m/min	50	—
Y 轴快移速度	m/min	50	—
Z 轴快移速度	m/min	60	—
各进给轴最小编程增量	mm	0.001	—
刀具存储能力	把	32	—
最大刀具长度	mm	300	—
最大刀具直径	mm	$\phi 76$	相邻刀具空位时 $\phi 125$
最大刀具重量	kg	6	—
刀具接口形式	—	CAPTO C5	—

8.3　加工中心执行系统说明

加工中心的机械系统为了满足用户的需求，需要实现一系列特定的功能，主要体现为加工中心机械系统能够完成的工作任务。加工中心机械系统的工作任务是通过执行系统来完成的。不同的机械系统要完成的工作任务不同，因此执行系统的功能也存在很大差异。

所研究加工中心的执行系统的主要功能包括如下几个方面：传递和输出所需要的运动，传递和输出所需要的动力，实现运动形式和运动规律的变换，完成预定的辅助工作(如定位、夹紧等)。执行系统都是由执行末端件和与之相连的执行机构组成，执行机构是用来驱动执行末端件，它把传动系统传递过来的运动和动力经过必要的转换传递给执行末端件。所研究的车铣复合加工中心坐标系和主要部件名称如图 8-10 所示。

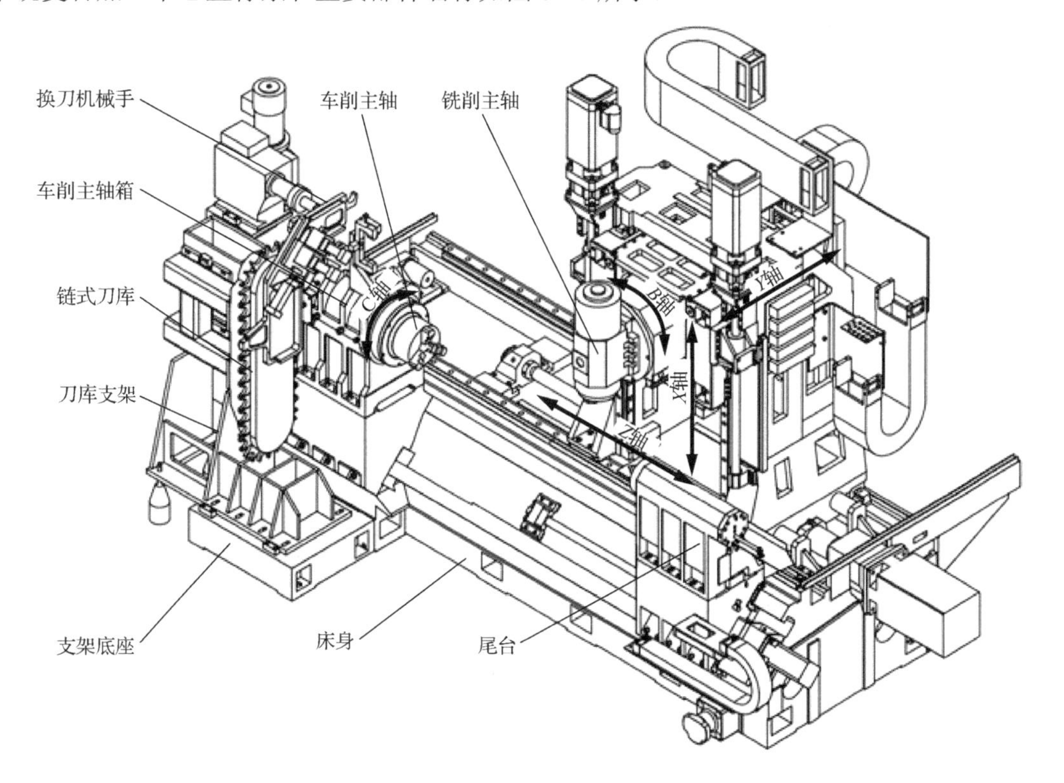

图 8-10　加工中心坐标系和各主要部件的名称

五轴车铣复合加工中心的五个轴如图 8-10 中所示，分别为 *X* 轴、*Y* 轴、*Z* 轴、*B* 轴和 *C* 轴，可以实现工件一次装夹，分别实现车削加工和铣削加工。对于车削加工工件安装在车削主轴上，必要时可以使用尾顶尖将工件顶紧，主轴带动工件旋转，安装在铣削主轴上的车刀分别做 *X* 向和 *Z* 向的进给运动，实现车削加工。对于五轴车铣加工，工件安装在车削主轴上，主轴带动工件旋转运动形成 *C* 轴运动，铣削刀具安装铣削主轴上，铣削刀具可以实现高速旋转形成主切削运动。刀具的 *X* 轴、*Y* 轴、*Z* 轴和 *B* 轴运动，与工件的旋转 *C* 轴进给共同实现五轴进给运动，实现五坐标联动加工。加工中心的刀库和自动换刀系统采用链式刀库、机械手换刀的形式实现。

车削主轴采用内装式电主轴驱动实现，该机床车削加工最高转速 5500r/min，对于这样高主轴转速的数控车床，电主轴的使用比较普遍。该机床将电机的转子直接安装在主轴上，电机位于主轴前后支撑轴承中间，这对机床主轴箱的散热提出了更高的要求。对于高精密的数控车床，可以选择将主轴电机置于主轴后支撑轴承的后端，减小电机生热对轴承和主轴系统热特性的影响。铣削主轴最高转速 20000r/min 属于高速主轴，一般选用专用的大扭矩电主轴，铣削主轴通常是购买专用的主轴。

Z 轴直线进给运动的实现，采用滚动直线导轨导向和支撑，采用交流进给伺服电机驱动滚珠丝杠螺母副，将旋转运动转换成直线运动，进而实现 *Z* 轴的进给运动。*X* 轴直线进给运动的实现，考虑到垂直部件的重量比较大，采用双伺服电机同步驱动实现丝杠进给驱动。另外，*X* 方向重量比较大，需要考虑配重问题。*Y* 轴直线进给运动的实现是采用 *Y* 轴下面的两条滚动直线导轨支撑，采用交流进给伺服电机驱动，通过同步齿形带，将运动传递给滚珠丝杠螺母副，进而实现 *Y* 轴运动。该种结构为滑枕伸缩机构中常采用的结构形式。*B* 轴的旋转进给运动采用力矩电机新型驱动。考虑到尾台不经常移动，一般采用矩形导轨导向，采用交流伺服电机驱动滚珠丝杆螺母副实现直线运动。

8.4 加工中心的结构功能说明

8.4.1 床身结构设计和功能说明

床身为加工中心其他部分的安装基础，因此其性能的优劣将对机床的最终性能有非常重要的影响。图 8-11 为该加工中心床身的外形轮廓及其内部结构示意图。床身的前侧、左侧用于安装车削用主轴箱，其安装结构形式与数控车床主轴箱的安装形式一致。床身前侧、右侧用于安装尾台，尾台前后移动导向采用矩形导轨。进给采用交流伺服电机驱动滚珠丝杠螺母副实现。床身的后侧主要用于安装 *YB* 轴台架并实现 *Z* 轴进给。*Z* 轴进给系统采用滚动直线导轨导向。进给采用交流伺服电机驱动滚珠丝杠螺母副实现。*Z* 轴进给系统采用光栅尺作为检测装置，形成闭环控制提高了其控制精度。

在该加工中心床身结构的设计过程中采用了很多提高其刚度的措施。数控机床大件通常是中空的，非中空的大件对于提高刚度而言其材料贡献率比较低。为了提高大件的刚度，根据其性能要求在合适的位置布置筋板。床身采用纵横相交的筋板，在床身筋板和外壁面上开了一些圆形和方形的孔，这一方面考虑到大型铸件的出砂问题，另一方面考虑机床大件内部还用于电气和液压线路的走线，有利于机床外侧更加规整。为了提高机床安装部分的局部刚度，地脚结构采用了隐藏式设计。床身内部筋板的厚度和数量、开孔形状和位置，需要采用有限元分析等方法进行必要的分析和优化。

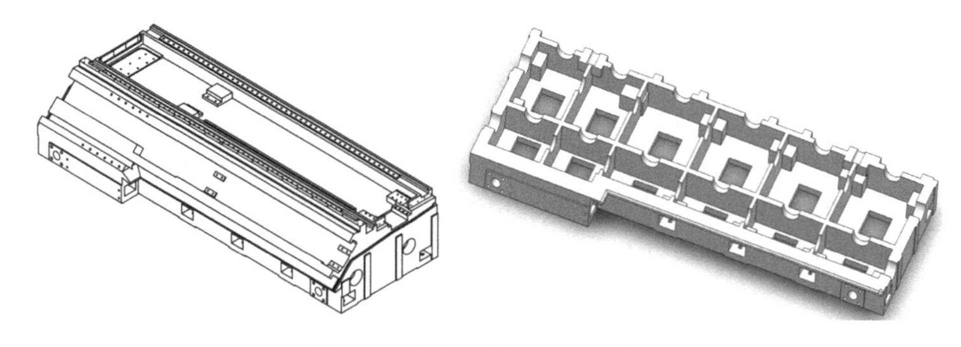

图 8-11　床身及其内部结构示意图

8.4.2　主轴系统结构设计和功能说明

数控机床的主传动是指产生主切削力的传动系统，它是数控机床的重要组成部分之一。在数控机床上，一般由主轴夹持工件或刀具旋转，直接参加表面成形运动。主运动的最高与最低转速、转速范围、传递功率和动力特性等，决定了数控机床的切削加工效率和加工工艺能力。主轴组件的回转精度、刚度、抗振性和热变形，直接影响加工零件的尺寸、位置精度和表面质量。数控机床的主传动系统除应满足普遍机床主传动要求外，还提出如下要求。

(1) 具有更大的调速范围，并实现无级调速。

数控机床为了保证加工时能选用合理的切削用量，充分发挥刀具的切削性能，获得高的生产率、加工精度和表面质量，必须具有高的转速和更大的调速范围。调速范围的指标主要由各种加工工艺对主轴最低速与最高速的要求来确定，一般标准型数控机床的调速范围均在 1:100 以上。对于自动换刀的数控机床，工序集中，工件一次装夹可完成许多工序。为了适应各种工序和各种加工材质的要求，主运动的调速范围还应进一步扩大。

(2) 具有较高的精度和刚度、传动平稳、噪声低。

数控机床加工精度的提高，与主传动系统的刚度密切相关。为此，应提高传动件的制造精度与刚度；齿轮、齿面进行高频感应淬火增加耐磨性；最后一级采用斜齿轮传动，使传动平稳；采用高精度轴承及合理的支承跨距等提高主轴组件的刚性。

(3) 良好的抗振性和热稳定性。

数控机床上一般既要进行粗加工，又要进行精加工。加工时可能由于断续切削、加工余量不均匀、运动部件不平衡，以及切削过程中的自激振动等原因引起冲击力或交变力的干扰，使主轴产生振动，影响加工精度和表面粗糙度，严重时甚至破坏刀具或零件，使加工无法进行。因此，主传动系统中的各主要零部件不但要具有一定的静刚度，而且要求具有足够的抑制各种干扰力引起振动的能力——抗振性。抗振性用动刚度或动柔度来衡量。

在切削加工中，主传动系统的发热使其所有零部件产生热变形，破坏了零部件间的相对位置精度和运动精度，造成加工误差，且热变形限制了切削用量的提高，降低传动效率，影响到生产率。为此，要求主轴部件具有较高的热稳定性，通过保持合适的配合间隙，并通过循环润滑冷却等措施来实现。

目前，我国数控机床主运动的驱动和调速方式有以下四种方式。

1) 普通交流电机驱动，齿轮有级变速方式

此种结构与普通机床的主传动相似，主要用于经济型数控机床。对于数控车床，为了车削螺纹必须在主轴变速箱上加装光电脉冲编码器。在车削螺纹时，由光电脉冲编码器检测主轴转速并反馈给数控装置，保证工件转一圈，刀具移动一个被加工螺纹的导程。光电脉冲编码器一般装在主轴箱左侧面，通过同步齿形带与主轴相连接。

图 8-12 为 CK6136 数控车床的主轴结构。主轴前支承配置高精度三列组合式角接触球轴承，后支承采用两列角接触球轴承。这种配置方式避免了高速旋转情况下主轴轴承发热对加工精度的影响。另外，通过对轴承施加预加载荷来提高轴承的接触刚度。主轴前端锥孔采用了专门淬火工艺，使其硬度达到 60 HRC 以上。在主轴中部装有运动传入的带轮或齿轮传动副。

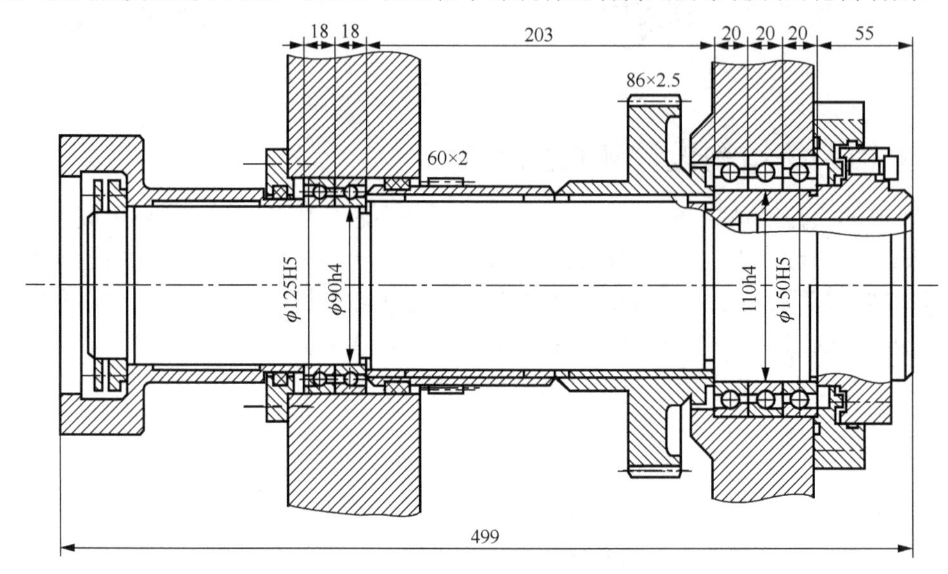

图 8-12　CK6136 数控车床的主轴结构

2) 调速电机串联齿轮有级变速器驱动

虽然调速电机的功率特性与机床主轴的要求相类似，但调速电机的恒功率范围小而主轴要求的衡功率范围大。因此，不能简单地使电动机直接拖动主轴，解决的办法是在电动机与主轴之间串联一个分级变速箱，将电机的恒功率调速范围加以扩大。

图 8-13 为采用齿轮传动的加工中心主传动结构，属于分段无级调速类型。主轴采用交流伺服电机驱动，为了扩大驱动能力和传动系统刚度，采用齿轮传动进行变速，这种结构通常用于主轴驱动转矩要求较高的情况。

加工中心主传动系统中采用带传动的加工中心主传动结构如图 8-14 所示。主轴采用交流主轴电机驱动。为了扩大主轴的恒功率范围和机床的加工能力，设计主轴变速器和主轴电机相连，该减速器可以通过控制实现 1∶1 和 1∶4 两种传动比。主轴减速器的输出通过同步齿形带将运动传递给主轴尾部的同步带轮。图 8-14 中加工中心的主轴是外购的专用主轴。为了实现加工中心的自动松开刀具，在主轴的尾部增加了增压缸。

3) 调速电机直接驱动

适用于中、小型数控机床。调速电机直接驱动最为常见的结构形式为主驱动电机的转子通过联轴器与主轴的尾部相连接，进而驱动主轴旋转。某直接驱动的数控车床的主轴箱结构如图 8-15 所示。该主轴电机采用高精度同步永磁内装主轴电机，电机转子通过联结结构直接和主轴相连，无皮带传动的径向拉力使主轴的受力更合理，提高工作精度和动态性能。主轴轴承采用液体动静压轴承，动静压轴承为整体式结构，轴承与箱体孔接触面积大。主轴工作时，油膜刚度是轴承静态刚度与动态刚度的叠加，有很强的承载能力。压力油膜的均化作用可使主轴回转精度高于轴颈和轴承的加工精度，从而保证了主轴具有极高的旋转精度和运转平稳性。

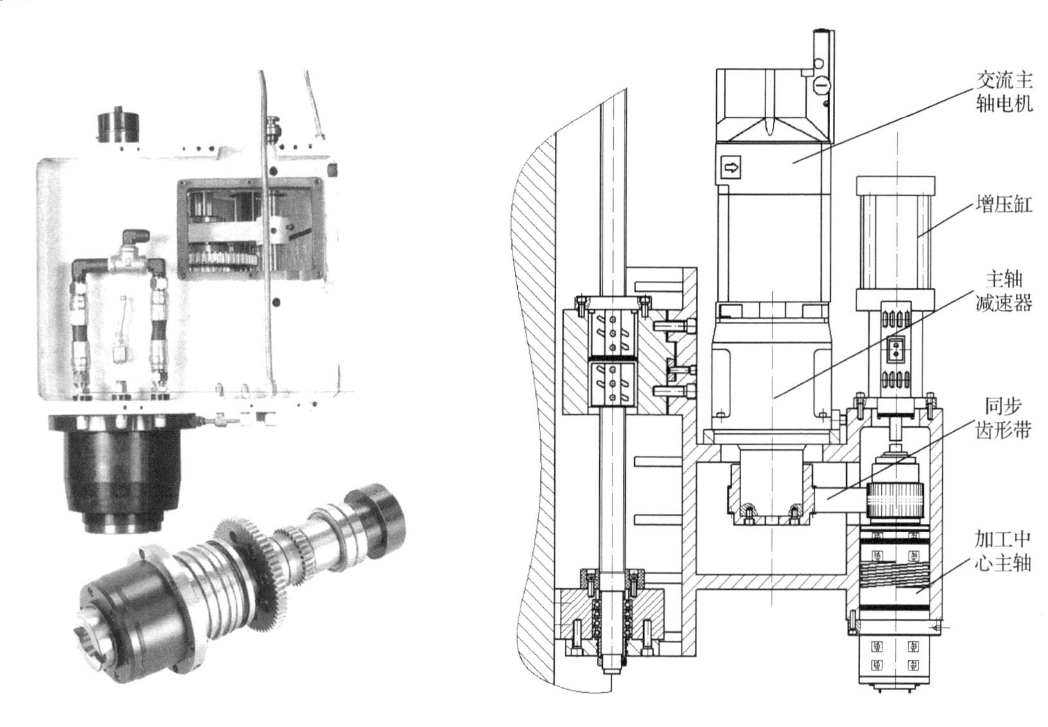

图 8-13　采用齿轮传动的加工中心主传动结构　　图 8-14　采用带传动的加工中心主传动结构

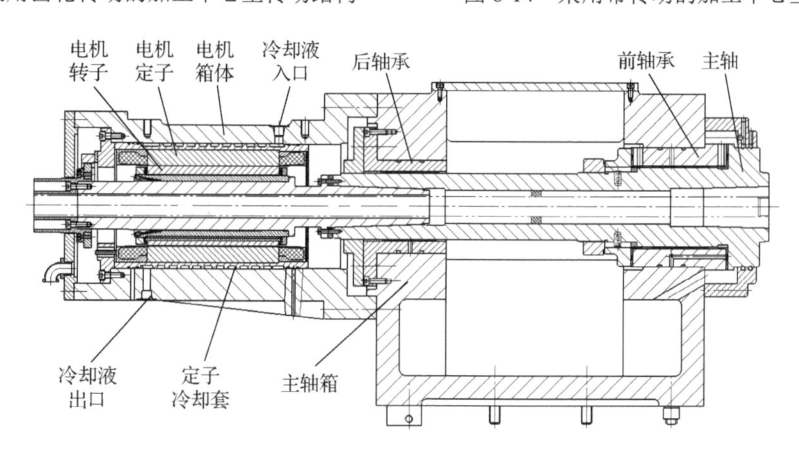

图 8-15　主轴箱及电动机二维结构图

4)采用电主轴方式

将电机轴作为主轴使用，目前主要用于中、小型高速和超高速数控机床。随着电气技术的发展和日趋完善，高速数控机床主传动的机械结构已得到极大的简化。机床主轴可由内装式电动机直接驱动，从而把机床主传动链的长度缩短为零，实现了机床的“零传动”。主轴电动机与机床主轴“合二为一”的传动结构形式，使主轴部件从机床的传动系统和整体结构中相对独立出来，因此可做成“主轴单元”，俗称“电主轴”。

某高速车床内装式电主轴的结构如图 8-16 所示，该机床主轴采用两支承结构，前端定位方式。前支承采用内锥孔双列圆柱滚子轴承来承受径向力，提高机床主轴径向刚度和回转精度，采用背靠背安装的角接触球轴承来承受轴向力。后支承采用内锥孔的双列圆柱滚子轴承，起到径向支承作用。

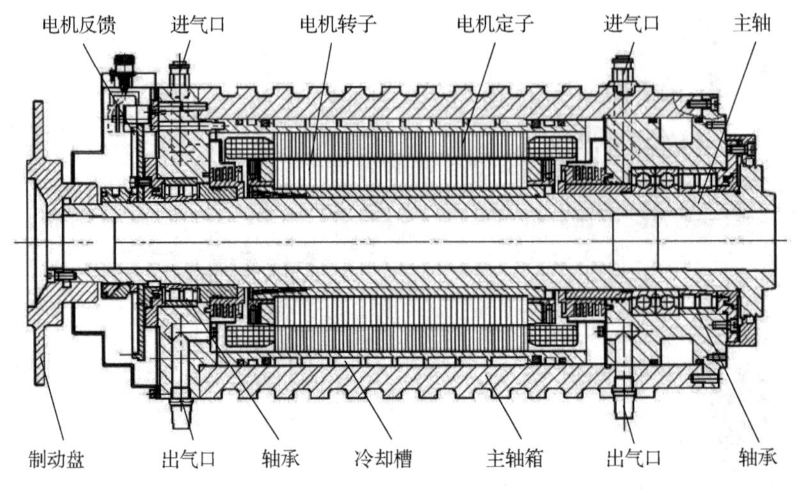

图 8-16　高速电主轴的典型结构

主轴电机的转子用过盈配合的方法安装在主轴上，由过盈配合产生的摩擦力来实现大转矩的传递。以往研究表明，电主轴定子所产生的热量占电主轴所产生热量的 2/3，转子产生的热量约占 1/3。在主轴电机与主轴箱之间有循环冷却液体，用于将电机产生的热量带走。在轴承和电机之间通有冷却空气，减小主轴电机生热对轴承性能的影响。在主轴的后部安装编码器，以实现主轴电机的全闭环控制。高速主轴电机对轴上零件的动平衡精度要求很高，因此，轴承的定位元件与主轴不宜采用螺纹连接，电机转子与主轴也不宜采用键连接，而普遍采用可拆的阶梯过盈连接。

本设计的加工中心的车削主轴配备 *C* 轴功能采用内装主轴电机式结构，具有启动快、转速高、振动小等特点。主轴后端带有一个高分辨率的编码器用于 *C* 轴控制。前端装有刹车装置，用于主轴分度定位时固定主轴。铣削主轴采用高速电主轴，最高转速可达 20000r/min。除安装旋转刀具进行铣削加工外，通过主轴前端齿盘锁紧机构，还可以安装车削刀具，实现车铣复合加工。

车削主轴箱安装在床身的前侧左侧，主轴箱通过过渡箱体与床身连接，如图 8-17 所示。过渡箱体主要解决将床身前面 45°斜角转换成其上表面的水平结构，用于支撑主轴箱体。过渡箱体的结构刚度对主轴系统的刚度和变形有很大的影响，应该对其结构进行优化设计。图 8-18 为该加工中心主轴部件的设计示意图，该主轴部件采用内装式电主轴进行驱动，其由前轴承、后轴承、电机定子、电机转子、主轴零件等部分组成。该机床主轴采用两支承和前端定位结构。前支承采用背靠背安装的角接触球轴承组合来承受轴向力和径向力，降低主轴轴向窜动量，提高轴向刚度；后支承采用内锥孔的圆柱滚子轴承起到径向支承作用。电动机的转子用过盈配合的方法安装在机床主轴上，由过盈配合产生的摩擦力来实现大转矩的传递。在电主轴与主轴箱之间装有通以循环冷却液体冷却套，用于将电机产生的热量带走。另外，在轴承和电机之间通有冷却空气，用于减小电机生热对轴承性能的产生影响。

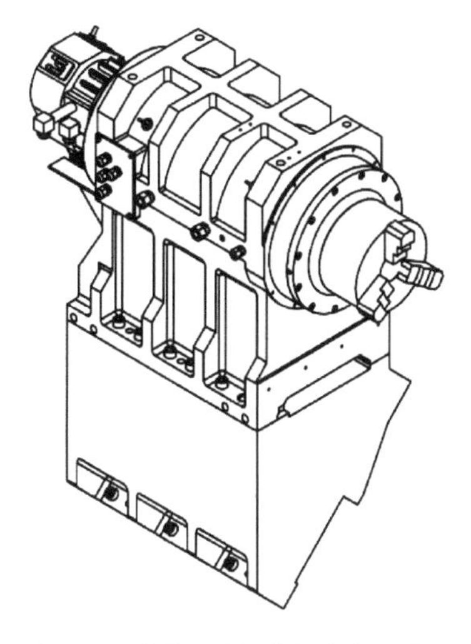

图 8-17　车削主轴系统结构示意图

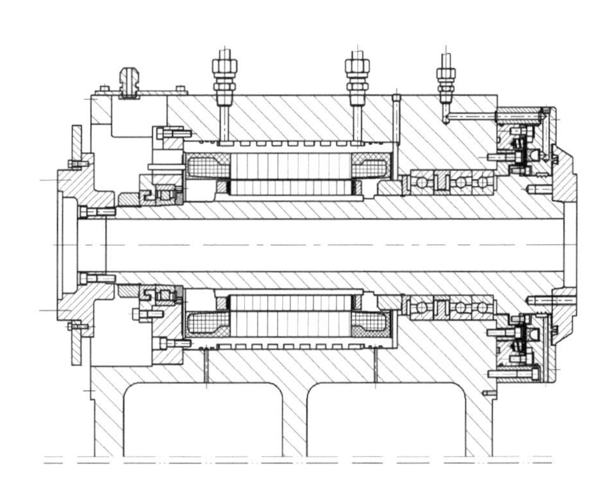

图 8-18　车削主轴内部结构示意图

8.4.3　尾台结构说明

车削轴类、筒形零件时，须用尾台顶尖支承顶紧。加工中心的尾台采用上、下分体斜挂式，这种方式便于装配和调整。尾台套筒由液压驱动，直径为 125mm，行程为 160mm，可参加编程，并配有顶紧发信号装置，安全可靠。套筒内装有活主轴，选用死顶尖即可，顶尖为 M5。尾台采用伺服电机、滚珠丝杠传动，可以参与系统编程。夹紧为液压夹紧。

图 8-19 为该加工中心尾座结构外观示意图，尾座安装在床身前侧、右侧位置。尾座可实现纵向前后移动，并提供一定压力的压紧力。顶尖能起到中心定位的作用，防止因工件尾部变形对加工精度的影响。考虑到尾顶尖的工作原理，尾顶尖的进给导向采用矩形导轨，能够提供更高的支撑刚度。尾部顶尖座的前后移动进给使用交流伺服电机，通过滚珠丝杠螺母副驱动其进给。尾部顶尖可以在液压力的作用下前进后退一定的距离，以便夹紧松开工件。尾台在工件夹紧的过程中应该相对于导轨锁紧。

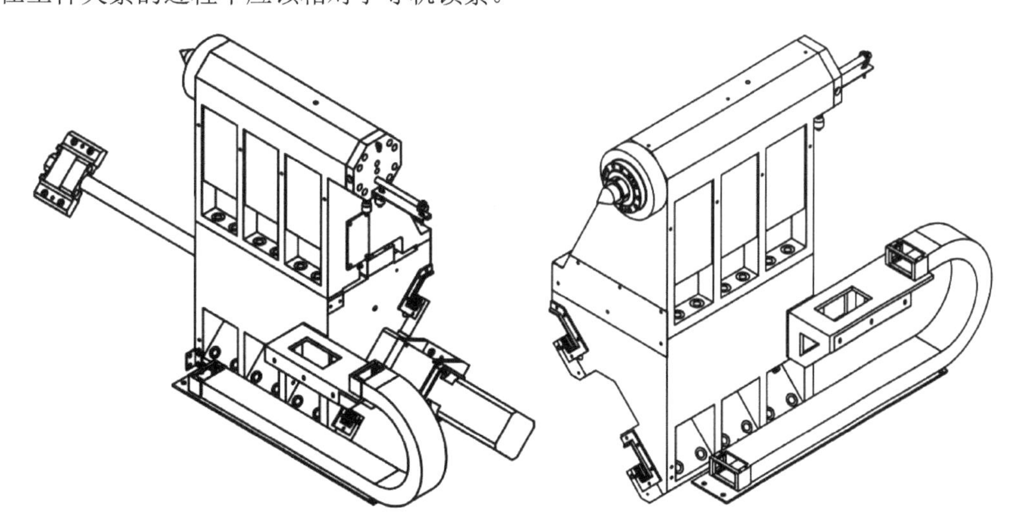

图 8-19　加工中心尾座结构外观示意图

8.4.4　进给系统结构说明

图8-20 为在实际设计过程中经常使用的双螺母垫片预紧式滚珠丝杠螺母副的结构示意图。左侧螺母有一法兰用于滚珠丝杠螺母的固定，在两螺母中间的调整垫片用于调整两螺母的轴向距离，其中两螺母中间的键用于防止两螺母相对旋转。这样在调整垫片厚度的时候，两螺母就会有沿着轴线方向相对移动，进而消除滚珠丝杠螺母副的轴向间隙。

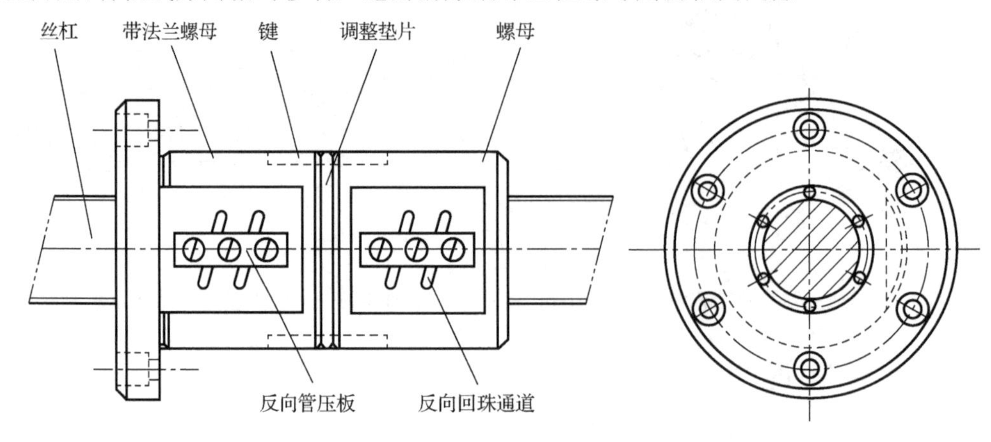

图 8-20　双螺母垫片预紧式滚珠丝杠螺母副

双片薄齿轮错齿刚性消隙的结构如图 8-21 所示。两个模数和齿数相同的大齿轮 1 套装在大齿轮 2 上，在工作过程中，大齿轮 1 和大齿轮 2 用圆柱头螺钉拧紧。当进行齿轮传动侧隙调整的时候，首先松开固定大齿轮的 3 个圆柱头螺钉，则两大齿轮就会在沿圆周方向均匀布置的弹簧的作用下，沿圆周方向相对旋转，两大齿轮分别与其相啮合的小齿轮齿槽的两侧相啮合，消除与小齿轮之间的反向齿侧间隙，之后将两大齿轮之间的圆柱头螺钉拧紧。

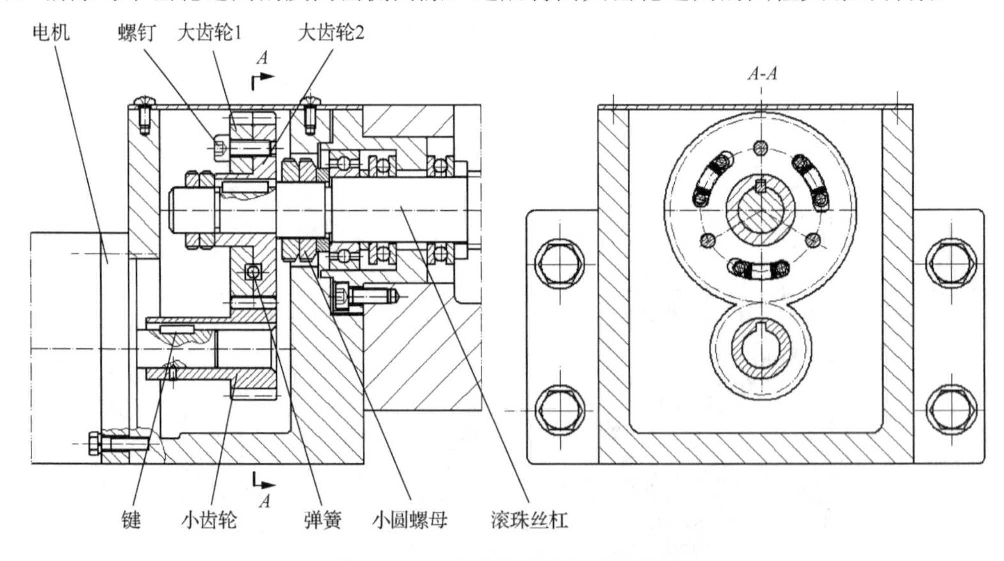

图 8-21　双片薄齿轮错齿消隙结构

滚动直线导轨副是由直线导轨、滑块和滚动体组成，可用做直线运动导向和支承的部件。滑块有滑块体、反向器和密封件组成的直线运动组件。某整体式滚动直线导轨副的结构示意如图 8-22 所示。当导轨与滑块做相对运动时，滚动体沿着导轨上的经过淬硬和精密磨削加工而成的四条滚道滚动，在滑块端部钢球又通过反向器进入反向孔后再进入滚道，钢球就这样周而复始地进行滚动。反向器两端装有密封件，可有效地防止灰尘、屑末进入滑块内部。

滚珠承载的形式与角接触球轴承相似，一个滑块就像是四个直线运动的角接触球轴承。直线导轨的安装形式可以水平，也可以竖直或倾斜；可以两条或多条直线导轨平行安装，也可一条导轨安装，也可以将导轨接长成为长导轨；一条导轨上可以安装一个滑块、两个滑块、三个滑块或四个滑块，以适应各种行程和用途的需要。

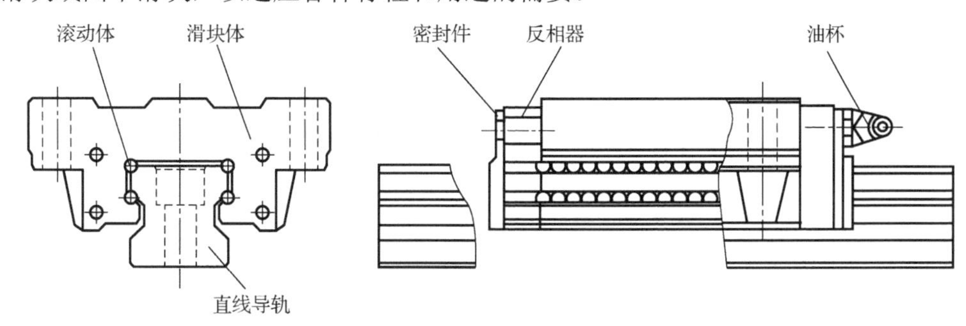

图 8-22　整体式滚动直线导轨副

所设计的加工中心的直线进给轴丝杠均选用高精度滚珠丝杠，螺母预紧，提高了进给系统刚性。直线导轨采用瑞士施耐博格滚柱导轨，增加其移动的灵活性和定位的准确性。各进给轴都配有光栅尺以便实现闭环反馈控制，其中 *X*、*Y* 轴的快移速度为 50m/min，*Z* 轴的快移速度为 60m/min。*B* 轴结构采用力矩电机直接驱动，定位精度高、动态响应特性好，提高了机床对复杂零件进行插补加工的性能。

图 8-23 为该加工中心 *Y* 轴进给机构的结构示意图，*Y* 轴的进给导向和支撑采用布置在其下部的两根滚动直线导轨；驱动采用交流伺服电机通过同步齿形带，通过带传动实现滚珠丝杠的旋转，滚珠丝杠螺母安装在横向托板上，进而实现 *Y* 轴运动。

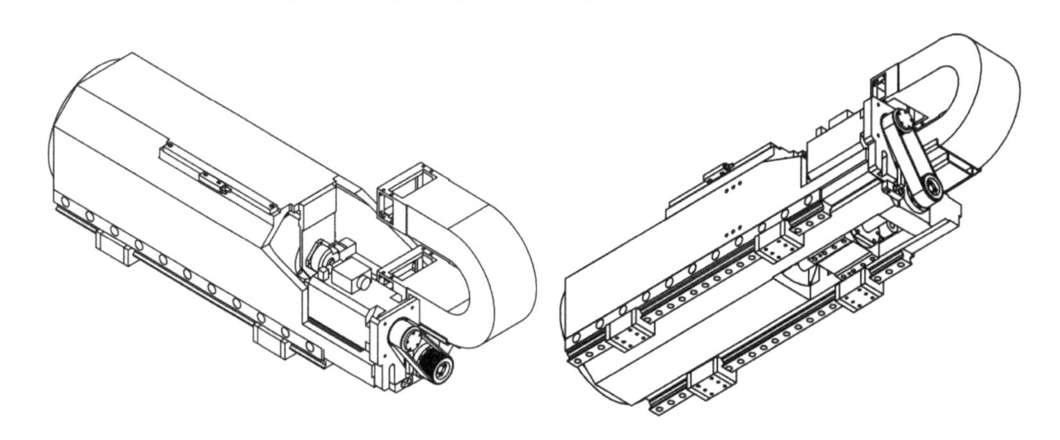

图 8-23　*Y* 轴进给传动机构示意图

图 8-24 为该加工中心 *Z* 轴进给传动机构的结构示意图，*Z* 轴进给结构采用滚动直线导轨来实现导向和支撑。*Z* 轴进给驱动采用交流伺服电机驱动，交流伺服电机通过联轴器带动滚珠丝杠旋转，滚珠螺母安装在螺母座上，螺母座与上面的台架相连接，进而实现上面的整个台架的 *Z* 轴进给运动。

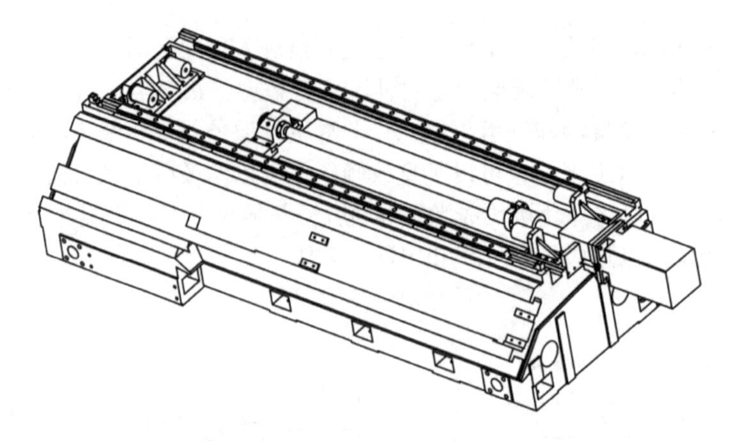

图 8-24　Z 轴进给传动机构示意图

进给系统应该能够满足足够高的定位精度和刚度，还要满足速度要求，因此需要进行必要的设计计算和校核。关于某种直线进给系统的设计计算可以参考后文。滚动直线导轨的选择也需要进行必要的选择计算以满足支撑刚度的要求。针对具体机床进给系统的滚动直线导轨选择计算可以参考相关的产品样本。

8.4.5　其他结构说明

标准配置 32 把刀具的链式刀库，组合凸轮式换刀机械手，刀对刀动作时间 2s。冷却、润滑系统采用的容积式集中润滑，机床不仅具有大流量的外冷却系统，还为刀具的中心出水，配备了高压内冷却系统。卡盘、油缸系统可按用户要求选用国际知名的卡盘油缸，能够进行压力调节，可以配置脚踏开关。自动检测装置根据用户需求可以配备工件检测系统。数控系统选用高精度五轴数控系统，具有同时控制五个轴的功能，实现机床的五轴联动数控加工。采用全封闭防护，外观简洁流畅，遵循人体工程学原理，冷却箱及排屑器与主机分离，保证机床精度免受切削热影响。

加工中心的刀库和自动换刀装置的结构和配置情况多种多样。刀库相对于机床的主轴应该有确切的位置，这样便于通过刀具自动换刀系统实现刀具的自动交换。根据刀库和机床主轴位置的不同采用不同的换刀形式。刀库系统及其支撑结构刚度应该足够大，这样避免由于刀库变形等引起的换刀故障。图 8-25 为本车铣复合加工中心刀库系统安装结构示意图。对于龙门式加工中心和单立柱式加工中心，其刀库及其换刀系统可以直接靠连接板安装到立柱上，根据换刀时主轴上刀具位置和刀库上刀具位置的不同，有多种布置形式。换刀机械手臂不宜过长，否则影响加工中心的换刀特性。图 8-26 为刀库系统外形示意图，从中可以看到刀库换刀系统与机床其他部位的连接情况。

如图 8-26 所示该加工中心链式刀库垂直放置，根据换刀机械手臂设计的位置，加工中心换刀时，刀具主轴应该移动到刀库附近的特定位置，实现刀具的交换。链式刀库通过其后面的支架与机床连接，保证其正确的安装位置。刀库系统下部支架和刀库实现连接定位，刀库系统的侧面通过连接支架和车削主轴箱的后侧连接，进而实现刀库系统的准确定位。如果想简化加工中心刀库系统的设计制造，可以选择外购的刀库及其换刀系统，目前有很多专门生产刀库和换刀系统的厂家。

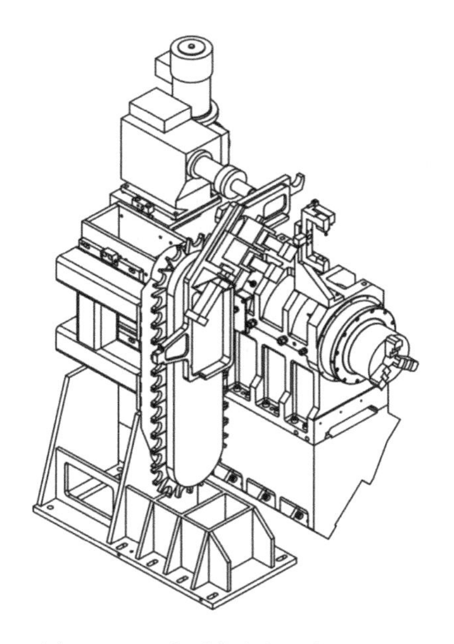

图 8-25　刀库系统安装结构示意图

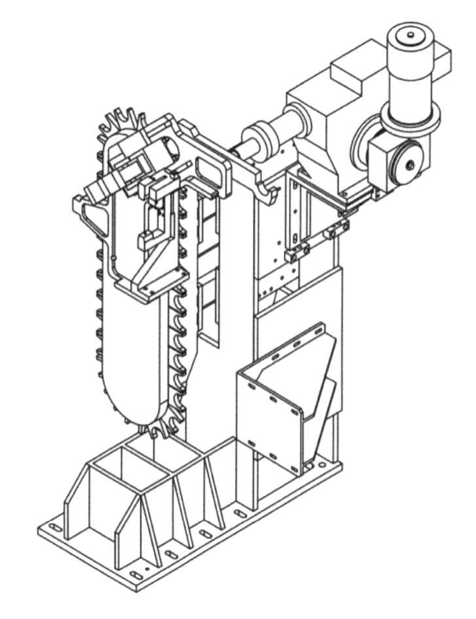

图 8-26　刀库系统外形示意图

8.5　载荷及其动力设计

对于数控机床机械结构的设计，设计人员在方案设计完成后，需要初步确定机械结构的结构布局和传动方案，初步确定关键部件的大概尺寸范围，初步设计出设计图纸。基于已经有的设计图纸，可以对机械结构进行详细的校核计算。在数控机床机械结构计算之前，需要初步设计出其中主要部件的结构，然后基于已经确定的结构设计和选择部件，对机械结构的相关性能进行校核，校核如果满足要求可以继续进行详细的设计；校核如果不满足要求，就要对初步设计进行必要的修改，然后再进行校核计算；如此反复进行，直到满足要求为止。

8.5.1　主传动系统设计

所设计加工中心的主轴结构设计图如图 8-27 所示。该主轴采用西门子内装式电主轴进行驱动。对于采用内装式电主轴，电机的散热需要重点考虑，将电机产生的热量的尽量散发出去，以免对轴承特性产生影响。该主轴采用典型的两支撑结构主轴，前支撑采用角接触球轴承组合，提供轴向支撑和径向支撑，后支撑采用圆柱滚子轴承主轴，提供径向支撑，该主轴的定位方式属于前端定位。

机床主传动系统的参数有动力参数和运动参数。动力参数是指主运动驱动电机的功率，运动参数是指主运动的变速范围。为了使所选的传动部件性能满足机床的设计要求，主要做了电机、轴承、锁紧等计算。

1. 主运动调速范围

主运动为旋转运动的机床，主轴转速 n 由切削速度 v(m/min)和工件或道具的直径 d(mm)来确定：

$$n=\frac{1000v}{\pi d}$$

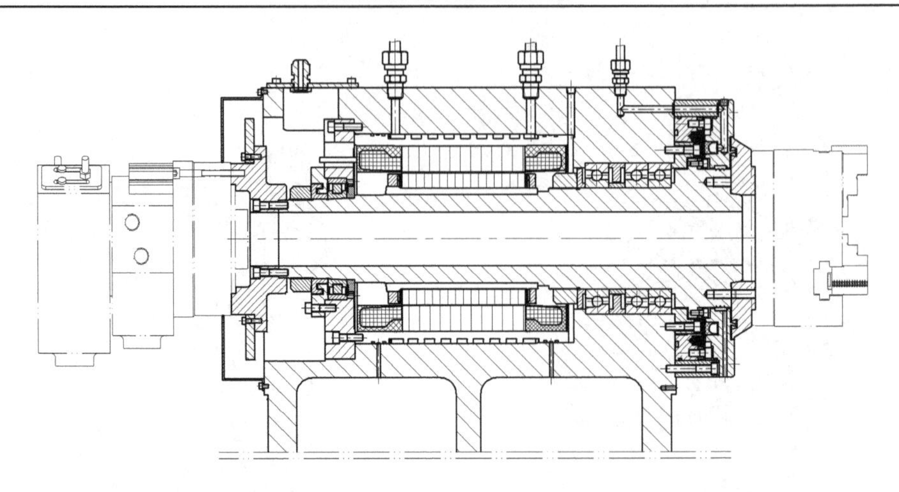

图 8-27　加工中心车削主轴结构示意图

对于数控机床，为了适应切削速度和工件或刀具执行的变化，主轴的最低和最高转速可以根据下式确定：

$$n_{\min}=\frac{1000v_{\min}}{\pi d_{\max}},\quad n_{\max}=\frac{1000v_{\max}}{\pi d_{\min}}$$

最高转速与最低转速之比称为调速范围 R_{n}，

$$R_{\mathrm{n}}=\frac{n_{\max}}{n_{\min}}=\frac{v_{\max}}{v_{\min}}\cdot\frac{d_{\max}}{d_{\min}}$$

数控机床与普通机床相同，它的加工范围广，因此切削速度和刀具或工件直径的变化也很大。可以根据机床的几种典型加工和经常遇到的加工情况来决定。因此很难将一切可能的加工情况都考虑在内，一般用理论计算与调查类比相结合的办法来确定。

2. 主电机扭矩校核

设定工件的直径为 200mm，长度为 420mm，密度为 7800kg/m^3，计算出工件的重量和转动惯量。同理可以计算出主轴上参与旋转的零件转动惯量，主要包括：卡盘、油缸及其连接盘、锁紧螺母和主轴零件惯量。通过查询电机样本可以获得电机转子惯量。

本机床主轴采用电主轴直接驱动，可以按照传动比为 1 进行计算，如果不是直连，需要计算折算到电机端的折算转动惯量。

设定主轴启动时间为 1s，最高启动转速为 1400r/min，按照匀加速进行计算，可以计算出主轴所需加速力矩约为 147N · m；所选择的西门子主轴电机 SIEMENS 1FE1113-6WX-1BE0 的额定扭矩(S1)为 1507N · m，主电机扭矩满足要求。

3. 主电机功率的校核

机床的主转动功率 P 可以根据切削功率 P_C 与主运动的传动链的总效率 η 来确定。

$$P=P_C/\eta$$

数控机床的加工范围一般都比较大，切削功率 P_C 可以根据代表性的加工情况，由主切削抗力来确定。

$$P_C=\frac{F_Z v}{60000}=\frac{M\cdot n}{655000}$$

式中，F_Z 为主切削力的切向分力，N；M 为切削扭矩，N · m；n 为主轴转速，r/min。

主传动的总效率一般可取为 0.70～0.85，数控机床的主传动多用调速电机和有限的机械变速传动来实现，因此效率可取较大值。

主传动中各运动件的尺寸都是根据其传动功率确定的，如果传动功率定得过大，将使传动件的尺寸粗大而造成浪费，电动机常在低负荷下工作，功率因素很小而浪费资源。如果功率定得很小，将限制机床的切削加工能力而降低生产率。因此，要较准确地选用传动功率。由于加工情况多变，切削用量变化范围较大，加之对传动系统因摩擦因素消耗的功率也难于掌握，单纯用理论计算的方法来确定功率尚有困难，通常用类比、测试和理论计算等几种方法相互比较来确定。

选择的典型切削加工工况为：试件的直径为 200mm，采用刀具为硬质合金刀片，切削速度为 110m/min，进给速度为 0.5mm/r，切削深度为 10mm，材料为 45#钢。

基于以上参数通过计算可以确定切削加工需要的功率大小。首先通过切削参数确定切削力的大小，然后确定出切削功率。切削力的计算方法具体可以参考切削设计手册。如果有厂家提供专用的参数计算软件，可以方便切削参数的计算。

通过计算可知需要的主轴输出功率约为 20.33kW，直联主电机 SIEMENS 1FE1113-6WX-1BE0 的额定功率(S1)为 P=22kW，主电机功率校核合格。

另外需要进行 C 轴锁紧扭矩的校核，验算在标准供油压力下锁紧扭矩是否满足要求。主轴轴承寿命的校核一般有轴承厂家协助完成。

8.5.2　进给传动系统设计

图 8-28 为加工中心某直线进给机构结构示意图。该进给机构采用交流伺服电机通过联轴器直接驱动滚珠丝杠螺母副实现进给运动，直线进给机构的导向和支撑采用滚动直线导轨。交流伺服电机与滚珠丝杠的连接采用无键切向锁紧式联轴器。采用双螺母垫片预紧式滚珠丝杠螺母副，滚动丝杠采用两端支撑结构。为了防止滚珠丝杠螺母直接碰撞轴承座带来的危险，增加了防碰撞结构设计。

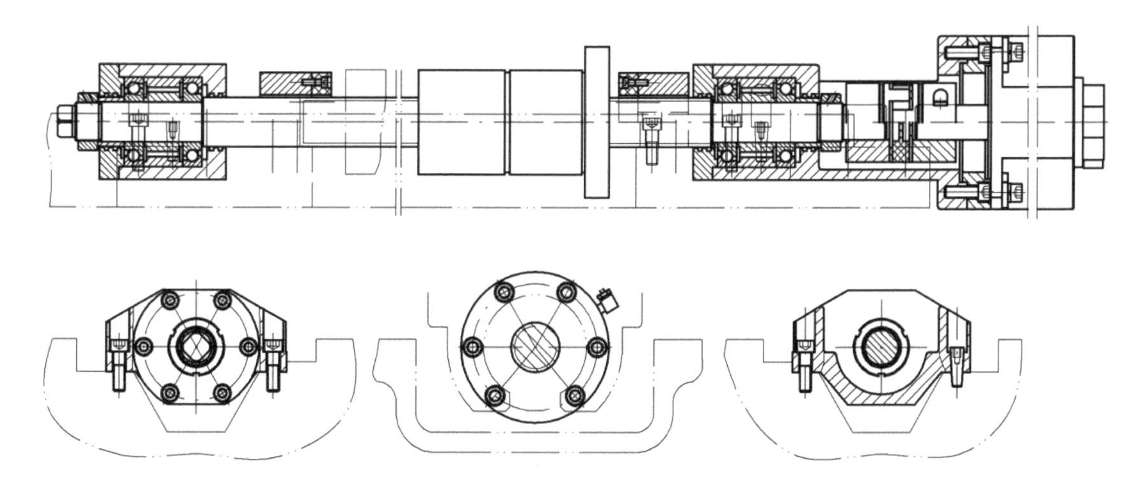

图 8-28　加工中心直线进给机构示意图

1. 滚珠丝杠的选择和计算方法

依据丝杠厂家选型样本中滚珠丝杠的校核计算，整理并编辑以下滚珠丝杠设计计算流程。本流程适用于各类产品所选择滚珠丝杠。

1）初始数据输入

在滚珠丝杠设计计算过程中，需要输入相关的初始数据，这些数据可以通过机床设计要求或查阅样本及相关资料来确定，所需数据如下所示。

$v_{\max}$——拖动轴快移速度（根据机床设计要求确定），m/min。

t_a——拖动轴加速时间（根据机床设计要求确定），s。

S——拖动轴行程（根据机床设计要求确定），mm。

$m_1,\cdots,m_i$——拖动中各零部件质量（根据机床设计情况及相关样本给定），kg。

γ——滚珠丝杠相对水平面倾斜角度（根据机床设计要求确定），(°)。

F_{rw}——导轨摩擦力（查阅样本及资料确定），N。

F_{rs}——导轨密封摩擦力（查阅样本及资料确定），N。

F_{rc}——拖链及防护阻力（查阅样本及资料确定），N。

$F_{c\max}$——滚珠丝杠轴向最大切削力（根据机床设计要求估算），N。

F_{cr}——粗加工状态下滚珠丝杠轴向切削力（根据机床设计要求估算），N。

F_{cf}——精加工状态下滚珠丝杠轴向切削力（根据机床设计要求估算），N。

$v_{c\max}$——最大切削力状态下进给速度（根据机床设计要求确定），m/min。

v_{cr}——粗加工状态下进给速度（根据机床设计要求确定），m/min。

v_{cf}——精加工状态下进给速度（根据机床设计要求确定），m/min。

$q_1,\cdots,q_i$——不同工况占机床运行时间百分比（根据机床设计要求估算，总和为100%）。

注：切削力、进给速度、运行时间比例的给定可根据机床实际情况进行调整，以尽可能接近机床实际工况为佳。

2）滚珠丝杠选型计算依据

（1）计算拖动轴加速度及快移时间。

拖动轴轴向加速度为

$$a = v_{\max} / (60 \times t_a)$$

式中，a为拖动轴轴向加速度，m/s²。

拖动轴加速距离为

$$S_a = v_{\max} \times t_a \times 1000 / 120$$

式中，S_a为拖动轴加速距离，mm。

拖动轴快移距离为

$$S_v = S - 2S_a$$

式中，S_v为拖动轴快移距离，mm。

拖动轴快移时间为

$$t_v = S_v \times 60 / (1000 \times v_{\max})$$

式中，t_v为拖动轴快移时间，s。

（2）估算拖动质量。

拖动质量直接影响滚珠丝杠的校核以及伺服驱动电机的选择，所以准确估算拖动质量 m 对滚珠丝杠的选型设计十分重要。可通过三维软件计算、查阅样本等方法来估算拖动中各个零部件的质量，所有零部件质量之和即为拖动质量。

$$m = m_1 + m_2 + m_3 + \cdots + m_i$$

(3)确定安装方式。

根据滚珠丝杠安装方式，按照表 8-3 选取与安装方法相关的系数。

表 8-3　安装方法相关系数选择

安装方法	临界转速系数λ_2	压曲负载系数η_2
固定-自由	3.4	1.3
固定-支撑	15.1	10
固定-固定	21.9	20
支撑-支撑	9.7	—

(4)计算阻力。

在机床运行过程中，导轨及其密封产生的摩擦力、拖链，以及防护产生的阻力都会对滚珠丝杠的运转产生影响，因此在设计计算过程中，应将其考虑在内。

$$F_r = F_{rw} + F_{rs} + F_{rc}$$

式中，F_r 为各项阻力之和，N。

(5)计算滚珠丝杠受载荷情况。

计算滚珠丝杠受载荷时，应分别对轴向切削力与重力轴向分力同向和轴向切削力与重力轴向分力反向两种情况进行典型工况计算。设轴向切削力与重力轴向分力同向为正方向，轴向切削力与重力轴向分力反向为负方向，正方向运动轴向力情况如表 8-4 所示，负方向运动轴向力情况如表 8-5 所示。

表 8-4　正方向运动轴向力情况

工况	F_i /N	v_i / (m/min)	q_i / %
最大切削力	$-F_{c\max} - mg \cdot \sin\gamma - F_r$	$v_{c\max}$	q_1
粗加工	$-F_{cr} - mg \cdot \sin\gamma - F_r$	v_{cr}	q_2
精加工	$-F_{cf} - mg \cdot \sin\gamma - F_r$	v_{cf}	q_3
匀速(空载)	$-mg \cdot \sin\gamma - F_r$	$v_{\max}$	q_4
加速	$-ma - mg \cdot \sin\gamma - F_r$	$v_{\max} / 2$	q_5
减速	$ma - mg \cdot \sin\gamma - F_r$	$v_{\max} / 2$	q_6

表 8-5　负方向运动轴向力情况

工况	F_i /N	v_i / (m/min)	q_i / %
最大切削力	$F_{c\max} + F_r - mg \cdot \sin\gamma$	$v_{c\max}$	q_7
粗加工	$F_{cr} + F_r - mg \cdot \sin\gamma$	v_{cr}	q_8
精加工	$F_{cf} + F_r - mg \cdot \sin\gamma$	v_{cf}	q_9
匀速(空载)	$F_r - mg \cdot \sin\gamma$	$v_{\max}$	q_{10}
加速	$ma + F_r - mg \cdot \sin\gamma$	$v_{\max} / 2$	q_{11}
减速	$F_r - mg \cdot \sin\gamma - ma$	$v_{\max} / 2$	q_{12}

计算两个方向平均载荷，正向(计算正向载荷，当 $F_i < 0$ 时，以 $F_i = 0$ 计算)为

$$F_{m1} = \sqrt[3]{\frac{\sum_{i=1} F_i^3 v_i q_i}{\sum_{i=1} v_i q_i}}$$

式中，F_{m1} 为滚珠丝杠正向平均载荷，N；F_i 为滚珠丝杠各类工况下的轴向载荷，N；v_i 为滚珠丝杠各类工况下的进给速度，m/min。

负向（计算负向载荷，当$F_i>0$时，以$F_i=0$计算）为

$$F_{m2}=\sqrt[3]{\frac{\sum\limits_{i=1}|F_i|^3 v_i q_i}{\sum\limits_{i=1} v_i q_i}}$$

式中，F_{m2}为滚珠丝杠负向平均载荷，N。

滚珠丝杠最大轴向载荷为

$$F_{\text{peak}}=\max(|F_i|)$$

式中，F_{peak}为滚珠丝杠最大轴向载荷，N。

计算用滚珠丝杠平均载荷为

$$F_{\text{m}}=\max(F_{\text{m1}},F_{\text{m2}})$$

式中，F_{m}为计算用滚珠丝杠平均载荷，N。

平均进给速度为

$$v_{\text{m}}=\sum_{i=1} v_i q_i$$

式中，v_{m}为拖动轴平均进给速度，m/min。

3）初选滚珠丝杠

（1）DN 值选择。

DN 值指滚珠丝杠公称直径（滚珠中心所在的圆的直径）D与丝杠转速N乘积。DN 实际应小于滚珠丝杠的$\text{DN}_{\text{许用}}$

$$\frac{v_{\max}}{P\times 1000\times d_p}<\text{DN}_{\text{许用}}$$

式中，P为滚珠丝杠导程，mm；d_p为滚珠丝杠钢球中心直径，mm。

（2）静态安全系数选择。

静态安全系数应满足设计要求。

$$C_{0a}>F_{\text{peak}}\cdot f_s$$

式中，C_{0a}为滚珠丝杠额定静载荷，N；f_s为静态安全系数（根据机床设计情况按样本选取）。

（3）滚珠丝杠预压选择。

滚珠丝杠预压应满足相关要求。

$$F_{a0}=f_{a0}\cdot C_a\geqslant F_{\text{peak}}/3$$

式中，F_{a0}为滚珠丝杠预压载荷，N；f_{a0}为滚珠丝杠预压系数（查阅样本或向厂家咨询确定，一般不大于 10%）；C_a为滚珠丝杠额定动载荷，N。

（4）确定技术参数。

按照上述原则初步选定滚珠丝杠后，可以确定如下技术参数：d、d_p、d_3（滚珠丝杠沟槽谷直径，mm）、P、C_a、C_{0a}（滚珠丝杠额定静载荷，N）、$DN_{\text{许用}}$、f_{a0}、L_{sp}（滚珠丝杠总长度，根据样本及设计情况确定，mm）、L_b（滚珠丝杠安装间距，根据样本及设计情况确定，mm）。

4）滚珠丝杠校核

（1）滚珠丝杠转速校核。

滚珠丝杠最大转速为

$$n_{\max} = v_{\max} / (P \times 1000)$$

滚珠丝杠临界转速为

$$n_1 = \lambda_2 \times d_3 \times 10^7 / L_b^2$$

式中，n_1 为滚珠丝杠临界转速，r/min；λ_2 为临界转速系数(根据安装方式，按照表 8-3 选取)。

转速安全系数为

$$s_v = n_1 / n_{\max}$$

式中，s_v 为滚珠丝杠转速安全系数。

如果滚珠丝杠达到或接近临界转速，就会出现丝杠轴共振的情况。所以，设计过程中一定要避免丝杠转速达到临界转速。一般情况下，转速安全系数 s_v 应不小于 1.25。

(2) 滚珠丝杠寿命校核。

根据设计快移速度确定负载系数 f_w，具体数据按表 8-6 选取。

表 8-6　负载系数选择

快速移动速度 $v_{\max}$ / (m/s)	负载系数 f_w
$0.25 < v_{\max} < 1$	1.2～1.5
$1 < v_{\max} < 2$	1.5～2.5

滚珠丝杠平均转速为

$$n_m = v_m / (P \times 1000)$$

式中，n_m 为滚珠丝杠平均转速，r/min。

滚珠丝杠计算寿命为

$$L_h = \left(\frac{C_a}{F_m / f_w} \right)^3 \frac{10^6}{60 \times n_m}$$

式中，L_h 为滚珠丝杠计算寿命，h。

滚珠丝杠实际计算寿命为

$$L_{hrun} = L_h / r_t$$

式中，L_{hrun} 为滚珠丝杠实际计算寿命，h；r_t 为运行时间比例(根据机床预计使用情况给定，不大于 100%)。

一般情况下，要求滚珠丝杠实际计算寿命 L_{hrun} 不小于 20000h，特殊用途可根据实际情况给定。

(3) 滚珠丝杠压曲负荷校核。

轴向容许压曲负荷为

$$P_1 = \frac{\eta_2 d_3^{\ 4} \times 10^4}{L_b^{\ 2}} \quad P_2 = 116 \times d_3^{\ 2} \quad P = \min(P_1, P_2)$$

式中，η_2 为压曲负载系数(根据安装方式，按照表 8-3 选取)；P_1 为轴向容许压曲负荷 1，N；P_2 为轴向容许压曲负荷 2，N；P 为轴向容许压曲负荷，N。

压曲负荷安全系数为

$$s_P = P / F_{peak}$$

式中，s_P 为压曲负荷安全系数。

通过上述计算校验过程得出的结果，若满足相关条件，即可判定该滚珠丝杠满足设计要求，可以使用。

2. 滚珠丝杠选择计算示例

1) 初始数据输入

以某机床运动轴为例，通过机床设计要求、查阅样本及相关资料确定如下数据：快移速度$v_{\max}$为30m/min；加速时间t_a为0.1s；行程S为500mm；拖动质量m为500kg；滚珠丝杠相对水平面倾斜角度γ为0°；导轨摩擦力F_{rw}为50N；导轨密封摩擦力F_{rs}为40N；拖链及防护阻力F_{rc}为80N；滚珠丝杠轴向最大切削力$F_{c\max}$为4000N；粗加工状态下滚珠丝杠轴向切削力F_{cr}为3000N；精加工状态下滚珠丝杠轴向切削力F_{cf}为1500N；最大切削力状态下进给速度$v_{c\max}$为1m/min；粗加工状态下进给速度v_{cr}为1m/min；精加工状态下进给速度v_{cf}为2m/min；正方向运动最大切削力占比q_1为1.5%；正方向运动粗加工占比q_2为20%；正方向运动精加工占比q_3为 18%；正方向运动匀速运动(空载)占比q_4为 10%；正方向运动加速状态占比q_5为0.25%；正方向运动减速状态占比q_6为0.25%；负方向运动最大切削力占比q_7为1.5%；负方向运动粗加工占比q_8为20%；负方向运动精加工占比q_9为18%；负方向运动匀速运动(空载)占比q_{10}为10%；负方向运动加速状态占比q_{11}为0.25%；负方向运动减速状态占比q_{12}为0.25%。

2) 滚珠丝杠选型计算

(1) 计算拖动轴运动时间及速度。

拖动轴轴向加速度为

$$a = v_{\max} / (60 \times t_a) = 30 / (60 \times 0.1) = 5\left(\mathrm{m/s^2}\right)$$

拖动轴加速距离为

$$S_a = v_{\max} \times t_a \times 1000 / 120 = 30 \times 0.1 \times 1000 / 120 = 25(\mathrm{mm})$$

拖动轴快移距离为

$$S_v = S - 2S_a = 500 - 2 \times 25 = 450(\mathrm{mm})$$

拖动轴快移时间为

$$t_v = S_v \times 60 / (1000 \times v_{\max}) = 450 \times 60 / (1000 \times 30) = 0.9(\mathrm{s})$$

(2) 确定安装方式。

根据机床使用要求，滚珠丝杠采用固定–支撑的安装方式，选取相关安装系数$\lambda_2 = 15.1$，$\eta_2 = 10$。

(3) 计算阻力。

$$F_r = F_{rw} + F_{rs} + F_{rc} = 50 + 40 + 80 = 170(\mathrm{N})$$

(4) 计算滚珠丝杠受载荷情况。

正向平均载荷(计算正向载荷，当$F_i < 0$时，以$F_i = 0$计算)为

$$F_{m1} = \sqrt[3]{\frac{\sum\limits_{i=1} F_i^3 v_i q_i}{\sum\limits_{i=1} v_i q_i}} = 1123\mathrm{N}$$

负向平均载荷(计算负向载荷，当$F_i > 0$时，以$F_i = 0$计算)为

$$F_{m2} = \sqrt[3]{\frac{\sum\limits_{i=1} \left|F_i\right|^3 v_i q_i}{\sum\limits_{i=1} v_i q_i}} = 1123\mathrm{N}$$

滚珠丝杠最大轴向载荷为

$$F_{\text{peak}} = \max(|F_i|) = 4170\text{N}$$

计算用滚珠丝杠平均载荷为

$$F_{\text{m}} = \max(F_{\text{m1}}, F_{\text{m2}}) = 1123\text{N}$$

平均进给速度为

$$v_{\text{m}} = \sum_{i=1} v_i q_i = 7.3\text{m/min}$$

滚珠丝杠正方向运动轴向力情况如表 8-7 所示，滚珠丝杠负方向运动轴向力情况如表 8-8 所示。

表 8-7　正方向运动轴向力情况

工况	F_i /N	v_i / (m/min)	q_i /%
最大切削力	$-F_{c\max} - mg\cdot\sin\gamma - F_r = -4170$	$v_{c\max} = 1$	$q_1 = 1.5$
粗加工	$-F_{cr} - mg\cdot\sin\gamma - F_r = -3170$	$v_{cr} = 1$	$q_2 = 20$
精加工	$-F_{cf} - mg\cdot\sin\gamma - F_r = -1670$	$v_{cf} = 2$	$q_3 = 18$
匀速(空载)	$-mg\cdot\sin\gamma - F_r = -170$	$v_{\max} = 30$	$q_4 = 10$
加速	$-ma - mg\cdot\sin\gamma - F_r = -2670$	$v_{\max}/2 = 15$	$q_5 = 0.25$
减速	$ma - mg\cdot\sin\gamma - F_r = 2330$	$v_{\max}/2 = 15$	$q_6 = 0.25$

表 8-8　负方向运动轴向力情况

工况	F_i /N	v_i / (m/min)	q_i /%
最大切削力	$F_{c\max} + F_r - mg\cdot\sin\gamma = 4170$	$v_{c\max} = 1$	$q_7 = 1.5$
粗加工	$F_{cr} + F_r - mg\cdot\sin\gamma = 3170$	$v_{cr} = 1$	$q_8 = 20$
精加工	$F_{cf} + F_r - mg\cdot\sin\gamma = 1670$	$v_{cf} = 2$	$q_9 = 18$
匀速(空载)	$F_r - mg\cdot\sin\gamma = 170$	$v_{\max} = 30$	$q_{10} = 10$
加速	$ma + F_r - mg\cdot\sin\gamma = 2670$	$v_{\max}/2 = 15$	$q_{11} = 0.25$
减速	$F_r - mg\cdot\sin\gamma - ma = -2330$	$v_{\max}/2 = 15$	$q_{12} = 0.25$

3) 初选滚珠丝杠

(1) DN 值选择。

初定滚珠丝杠导程 P 为 16mm，滚珠丝杠外径 d 为 40mm，根据样本初选某型号滚珠丝杠钢球中心直径为 42mm，DN 值应满足如下条件。

$$\text{DN} > \frac{v_{\max}}{P} \times 1000 \times d_p = \frac{30}{16} \times 1000 \times 42 = 78750$$

(2) 静态安全系数选择。

$$C_{0a} > F_{\text{peak}} \cdot f_s = 4170 \times 2 = 8340(\text{N})$$

(3) 滚珠丝杠预压选择。

滚珠丝杠额定动载荷 C_a 应满足预压要求。

$$C_a \geqslant F_{\text{peak}} / 3 / f_{a0} = 4170 / (3 \times 0.05) = 27800(\text{N})$$

(4) 确定技术参数。

按照上述原则初步选定某型号滚珠丝杠，确定如下技术参数。

滚珠丝杠外径 d 为 40mm；滚珠丝杠钢球中心直径 d_p 为 42mm；滚珠丝杠沟槽谷直径 d_3 为 34.1mm；滚珠丝杠导程 P 为 12mm；滚珠丝杠额定动载荷 C_a，为 32400N；滚珠丝杠额定静载荷 C_{0a} 为 46800N；滚珠丝杠许用 DN 值为 100000；滚珠丝杠预压系数 f_{a0} 为 0.05；滚珠丝杠总长度 L_{sp} 为 740mm；滚珠丝杠安装间距 L_b 为 643mm。

4）滚珠丝杠校核

（1）滚珠丝杠转速校核。

滚珠丝杠最大转速为

$$n_{\max} = \frac{v_{\max}}{P} \times 1000 = \frac{30}{12} \times 1000 = 1875(\mathrm{r/min})$$

滚珠丝杠临界转速为

$$n_1 = \lambda_2 \times d_3 \times 10^7 / L_b^2 = 15.1 \times 34.1 \times 10^7 / 643^2 = 2804(\mathrm{r/min})$$

转速安全系数为

$$s_v = n_1 / n_{\max} = 2804 / 1875 = 1.50$$

转速安全系数 s_v 大于 1.25，满足转速要求。

（2）滚珠丝杠寿命校核。

滚珠丝杠平均转速为

$$n_{\mathrm{m}} = \frac{v_{\mathrm{m}}}{P} \times 1000 = \frac{7.3}{16} \times 1000 = 456.25(\mathrm{r/min})$$

滚珠丝杠计算寿命为

根据快移速度 $v_{\max} = 30\mathrm{m/min}=0.5\mathrm{m/s}$，选取负载系数 $f_w = 1.4$。

$$L_h = \left(\frac{C_a}{F_{\mathrm{m}} / f_w}\right)^3 \frac{10^6}{60 \times n_{\mathrm{m}}} = \left(\frac{32400}{1123 \times 14}\right)^3 \times \frac{10^6}{60 \times 456.25}$$

滚珠丝杠实际计算寿命为

$$L_{\mathrm{hrun}} = L_h / r_t = 319722 / 0.8 = 399653(\mathrm{h})$$

滚珠丝杠实际计算寿命 L_{hrun} 大于 20000h，满足寿命要求。

（3）滚珠丝杠压曲负荷校核。

计算轴向容许压曲负荷得

$$P_1 = \frac{\eta_2 d_3^4 \times 10^4}{{L_b}^2} = \frac{10 \times 34.1^4 \times 10^4}{643^2} = 42515(\mathrm{N})$$

$$P_2 = 116 \times {d_3}^2 = 116 \times 34.1^2 = 134886(\mathrm{N})$$

$$P = \min(P_1, P_2) = 42515(\mathrm{N})$$

压曲负荷安全系数为

$$s_P = P / F_{\mathrm{peak}} = 42515 / 4170 = 10.2$$

滚珠丝杠满足压曲负荷要求。

通过上述计算，可以判定该型号滚珠丝杠满足使用要求，可以选择。

3. 进给系统驱动电机转矩计算

1）折算到电机端转动惯量的计算

（1）齿轮、轴、丝杠等圆柱体惯量计算。

$$J = \frac{MD^2}{8}$$

对于钢材 $$J = 0.78D^4L\times10^{-3}$$

式中，M 为圆柱体质量，kg；D 为圆柱体直径，cm；L 为圆柱体长度，cm；ρ 为钢材的密度，$\rho=7.8\times10^{-5}\text{kg/cm}^2$。

对于齿轮，D 可取分度圆直径，L 取齿轮宽度；对于丝杠，D 可取丝杠公称直径的值减去滚珠直径的值，L 取丝杠长度。

(2) 丝杠传动时折算到电机轴上的总转动惯量。

对于电机经一对齿轮降速后传到丝杠，此传动系统折算到电机轴上的转动惯量为

$$J = J_1 + \left(\frac{z_1}{z_2}\right)^2\left[\left(J_2+J_s\right)+\frac{G}{g}\left(\frac{L_0}{2\pi}\right)^2\right]$$

式中，J_1 为齿轮 z_1 的转动惯量，kg/cm^2；J_2 为齿轮 z_2 的转动惯量，kg/cm^2；J_s 为丝杠的转动惯量，kg/cm^2；G 为工作台及工件等移动部件的重量，N；L_0 为丝杠的导程，cm。

2) 电机力矩的计算

电机的负载力矩在各种工况下是不同的，下面分快速空载启动时所需力矩、快速进给时所需力矩、最大切削负载时所需力矩等几部分介绍其计算方法。

(1) 快速空载启动时所需力矩。

$$M_{起} = M_{\max} + M'_f + M_0$$

式中，$M_{起}$ 为快速空载启动力矩，$\text{N}\cdot\text{m}$；$M_{\max}$ 为空载启动时折算到电机轴上的加速力矩，$\text{N}\cdot\text{m}$；M_f 为折算到电机轴上的摩擦力矩，$\text{N}\cdot\text{m}$；M_0 为由于丝杠预紧时折算到电机轴上的附加摩擦力矩，$\text{N}\cdot\text{m}$；

(2) 快速进给时所需力矩。

$$M_{快} = M'_f + M_0$$

因此，对运动部件已启动，固不包含 $M_{a\max}$，显然 $M_{快} < M_{起}$。

(3) 最大切削负载时所需力矩。

$$M_{切} = M_f + M_0 + M_t$$

式中，M_t 为折算到电机轴上的切削负载力矩，$\text{N}\cdot\text{m}$。

在采用丝杠螺母副传动时，上述各种力矩可用下式计算：

$$M_{a\max} = J_\Sigma\varepsilon = J_\Sigma\frac{n_{\max}}{\dfrac{60}{2\pi}t_a}\times10^{-2} = J_\Sigma\frac{2\pi n_{\max}}{60t_a}\times10^{-2}$$

式中，J_Σ 为传动系统折算到电机轴上的总等效转动惯量，$\text{kg}\cdot\text{cm}^2$；$\varepsilon$ 为电机最大角加速度，N/s^2；$n_{\max}$ 为电机最大转速，r/min；δ_p 为脉冲当量，mm；θ_b 为步进电机的步距角，(°)；t_a 为运动部件从停止加速到最大进给速度所需要的时间，s。

摩擦力矩 M_f 为

$$M_f = \frac{F_0L_0}{2\pi\eta i}$$

式中，F_0 为导轨摩擦力，N；空载快速启动时 $F_0 = f'G$，进行切削加工时 $F_0 = f'\left(F_Z+G\right)$，其计算如计算牵引力处摩擦力的计算；$F_z$ 为垂直方向切削力，N；G 为运动部件总重量，N；f' 为导轨摩擦系数；i 为齿轮降速比，按 $i = z_2/z_1$ 计算；η 为传动链总效率，一般可取 $\eta=0.7\sim0.85$。

附加摩擦力矩 M_0 为

$$M_0 = \frac{F_{p0}L_0}{2\pi\eta i}\left(1-\eta_0^2\right)$$

式中，F_{p0} 为滚珠丝杠预加载荷，一般取 $F_m/3$，F_m 为进给牵引力，N；L_0 为滚珠丝杠导程，cm；η_0 为滚珠丝杠未预紧时的传动效率，一般取 $\eta_0 \geqslant 0.9$。

折算到电机轴上的切削负载力矩 M_t 为

$$M_t = \frac{F_t L_0}{2\pi\eta i}$$

式中，F_t 为进给方向最大切削力，N。

经过上述计算后，在 $M_{起}$、$M_{切}$ 两种力矩中取其大者作为选择电机的依据。对于大多数数控机床来说，因为要保证一定的动态性能，系统时间常数较小，而等效转动惯量又较大，故电机力矩主要是用来产生加速度的，而负载力矩往往小于加速力矩，故常常用快速空载启动力矩 $M_{起}$ 作为选择步进电机的依据。

4. 进给系统进给加速度计算方法示例

以上是数控机床典型进给系统设计计算的大概过程，对于一些具体的数控机床进给系统，如某高速机床的进给系统要求具体高的加速度和进给速度。对于这样进给系统的进给计算需要进行适当的调整，才能更好地满足设计要求。如对某高速进给机床 X 向加速度的计算可以修改成如下形式。图 8-29 为该高速车削中心 X 向进给系统的工作简图。

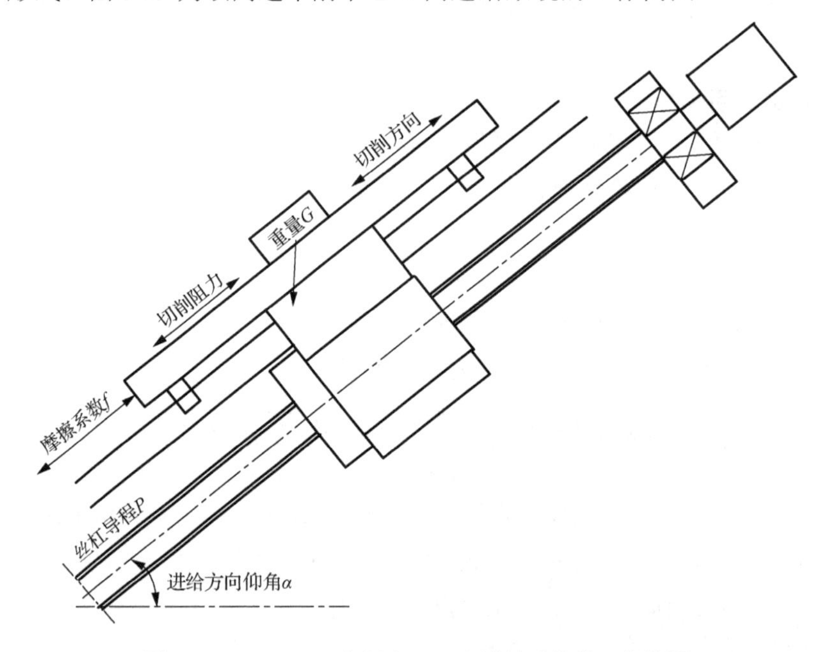

图 8-29　CHH6125 车削中心 X 向进给系统的工作简图

该高速车削中心 Z、X 两个方向的进给系统均采用直联驱动结构。在考虑重力影响情况下，可以得到 CHH6125 高速车削中心两个方向进给加速度计算公式，分别如式(8-1)和式(8-2)所示。

$$a_Z = \frac{P_Z}{2\pi} \cdot \frac{T_Z \mp G_Z \cos\alpha_Z \cdot f_Z \cdot \dfrac{P_Z}{2\pi}}{J_{MZ} + J_{lZ} + J_{sZ} + \dfrac{G_Z}{g}\left(\dfrac{P_Z}{2\pi}\right)^2} \tag{8-1}$$

$$a_X = \frac{P_X}{2\pi} \cdot \frac{T_X \mp (G_X \cos\alpha_X \cdot f_X \pm G_X \cdot \sin\alpha_X)\dfrac{P_X}{2\pi}}{J_{MX} + J_{lX} + J_{sX} + \dfrac{G_X}{g}\left(\dfrac{P_X}{2\pi}\right)^2} \tag{8-2}$$

式中，a 为进给加速度；P 为丝杠导程；T 为电机额定转矩；f 为导轨摩擦系数；J_M 为电机转子惯量；J_l 为联轴器的转动惯量；J_s 为丝杠转动惯量；G 为移动部件重量；α 为导轨倾斜角。

更准确的计算还应考虑由于丝杠预拉伸等引起的附加摩擦力矩，考虑附加摩擦力矩后的计算公式如式(8-3)和式(8-4)所示。

$$a_Z = \frac{P_Z}{2\pi} \cdot \frac{T_Z \mp \left[G_Z \cos\alpha_Z \cdot f_Z + F_{pZ}\left(1-\eta_{Z0}\right)\right]\dfrac{P_Z}{2\pi\eta_Z}}{J_{MZ} + J_{lZ} + J_{sZ}\dfrac{G_Z}{g}\left(\dfrac{P_Z}{2\pi}\right)^2} \tag{8-3}$$

$$a_X = \frac{P_X}{2\pi} \cdot \frac{T_X \mp \left[G_X \cos\alpha_X \cdot f_X + F_{pX}\left(1-\eta_{X0}\right)\right]\dfrac{P_X}{2\pi\eta_X}}{J_{MX} + J_{lX} + J_{sX}\dfrac{G_X}{g}\left(\dfrac{P_X}{2\pi}\right)^2} \tag{8-4}$$

在实际应用中有很多数控机床进给系统不是采用直联结构，而是采用一级齿轮降速或同步齿形带传动，在这种情况下，其通用计算公式分别如式(8-5)和式(8-6)所示。

$$a_Z = \frac{P_Z}{2\pi i_Z} \frac{T_Z \mp \left[G_Z \cos\alpha_Z \cdot f_Z + F_{pZ}\left(1-\eta_{Z0}\right)\right]\dfrac{P_Z}{2\pi\eta i_Z}}{J_{MZ} + J_{LZ} + J_{Z1} + \dfrac{1}{i_Z^2}\left(J_{Z2} + J_{sZ} + \dfrac{G_Z P_Z^{\ 2}}{4\pi^2 g}\right)} \tag{8-5}$$

$$a_X = \frac{P_X}{2\pi i_X} \frac{T_X \mp \left[G_X \cos\alpha_X \cdot f_X + F_{pX}\left(1-\eta_{X0}\right) \pm G_X \cdot \sin\alpha_X\right]\dfrac{P_X}{2\pi\eta i_X}}{J_{MX} + J_{LX} + J_{X1} + \dfrac{1}{i_X^2}\left(J_{X2} + J_{sX} + \dfrac{G_X P_X^{\ 2}}{4\pi^2 g}\right)} \tag{8-6}$$

使用上面的公式，可以实现进给系统的参数计算。

参 考 文 献

段铁群，2010. 机械系统设计[M]. 北京：科学出版社.
巩亚东，张耀满，2017. 数控技术[M]. 6版. 北京：机械工业出版社.
侯珍秀，2015. 机械系统设计[M]. 3版. 哈尔滨：哈尔滨工业大学出版社.
胡建钢，1991. 机械系统设计[M]. 北京：水利电力出版社.
胡胜海，2009. 机械系统设计[M]. 2版. 哈尔滨：哈尔滨工程大学出版社.
黄雨华，董遇泰，2001. 现代机械设计理论和方法[M]. 沈阳：东北大学出版社.
金钰，胡祐德，李向春，2000. 伺服系统设计指导[M]. 北京：北京理工大学出版社.
李少远，王景成，2009. 智能控制[M]. 2版. 北京：机械工业出版社.
刘杰，2003. 机电一体化技术基础与产品设计[M]. 北京：冶金工业出版社.
刘胜，彭侠夫，叶瑰昀，2001. 现代伺服系统设计[M]. 哈尔滨：哈尔滨工程大学出版社.
陆庆武，1993. 机械安全技术[M]. 北京：中国劳动出版社.
SCLATER N, CHIRONIS N P, 2007. 机械设计实用机构与装置图册[M]. 3版. 邹平，译. 北京：机械工业出版社.
孙月华，2012. 机械系统设计[M]. 北京：北京大学出版社.
王俊普，1996. 智能控制[M]. 合肥：中国科学技术大学出版社.
王艳秋，2018. 自动控制原理[M]. 北京：北京理工大学出版社.
闻邦椿，2010. 机械设计手册[M]. 5版. 北京：机械工业出版社.
吴杰，张先鹤，2017. 自动控制系统[M]. 成都：电子科技大学出版社.
武良臣，1996. 机械系统设计[M]. 北京：中国矿业大学出版社.
夏晨，2017. 自动控制原理与系统[M]. 2版. 北京：北京理工大学出版社.
谢里阳，孙红春，林贵瑜，2012. 机械工程测试技术[M]. 北京：机械工业出版社.
颜云辉，2018. 机器视觉检测与板带钢质量评价[M]. 北京：科学出版社.
颜云辉，谢里阳，韩清凯，2000. 结构分析中的有限单元法及其应用[M]. 沈阳：东北大学出版社.
张铭钧，2008. 智能控制技术[M]. 哈尔滨：哈尔滨工程大学出版社.
张耀满，2007. 数控机床结构[M]. 沈阳：东北大学出版社
张耀满，2012. 机床数控技术[M]. 北京：机械工业出版社.
周传德，2014. 机械工程测试技术[M]. 重庆：重庆大学出版社.
朱龙根，2017. 机械系统设计[M]. 2版. 北京：机械工业出版社.